जैव विविधता एवं वर्गिकी

BIODIVERSITY AND TAXONOMY

जैव विविधता एवं वर्गिकी

BIODIVERSITY AND TAXONOMY

लेखक

डॉ. डी. के. ठाकुर

एम. एससी., पीएच.डी.

डिस्कवरी पब्लिशिंग हाऊस प्राईवेट लिमिटेड

नई दिल्ली–110 002

प्रकाशकः

तिलक वासन

डिस्कवरी पब्लिशिंग हाऊस प्राइवेट लिमिटेड

4383/4B, अन्सारी रोड, दरियागंज

नई दिल्ली - 110 002

दूरभाष–23279245, 43596064-65

फैक्स–91-11-23253475

E-mail : discoverypublishinghouse@gmail.com
sales@discoverypublishinggroup.com
parul.wasan@gmail.com

web : www.discoverypublishinggroup.com

प्रथम संस्करणः 2014

ISBN: 978-93-5056-526-1

जैव विविधता एवं वर्गिकी

Printed at:
Dynamic Printers
Delhi

प्रस्तावना

वस्तुओं और जीवों को नाम देना या उनके नाम जानना, मिलती–जुलती वस्तुओं अथवा जीवों से उन्हें सम्बद्ध करना आदिकाल से मनुष्य की प्रकृति रही है। हम अपने से मिलने वाले व्यक्तियों के नाम जानना चाहते हैं। कभी–कभी दूरदर्शन, मंच या चलचित्र में अभिनय कर रहे किसी पात्र का नाम जानने को भी हम उत्सुक हो जाते हैं। किसी सुन्दर पक्षी, विचित्र जन्तु या सुगन्धित पुष्प को देखकर हम उसका नाम जानना चाहते हैं। इसी तरह घर का सामान व्यवस्थित करते समय हम पहनने के कपड़े एक ओर, मसाले के पात्र दूसरी ओर, तो सारे औज़ार किसी एक ओर जमाने की चेष्टा करते हैं। हमारा यह प्रयास कभी नहीं रहता कि एक कमीज़, एक नमकदानी और एक हथौड़ी साथ रख दी जाएँ।

शब्द प्रोटोजोआ गोल्डफस ने दिया, ए.वी. ल्यूवेनहॉक ने सर्वप्रथम प्रोटोजोआ के जन्तुओं का अध्ययन किया। प्रोटोजोआ के सदस्यों के अध्ययन को प्रोटोजुलोजी कहते हैं। प्रोटोरोस्पोरेन्जीया को प्रोटोजोआ तथा पॉरीफेरा के बीच की योजक कड़ी कहा जाता है। सबसे बड़ा प्रोटोजोआ पिलोमिक्सा पेल्स्ट्रिया है जिसका आकार 6 मिमी.। सबसे तेज दौड़ने वाला प्रोटोजोआ मोनासस्टीगमेर है। एन्ट अमीबा कोलाई मानव में कोई भी रोग नहीं फैला सकता, लेशमानिया डोनोवानी मनुष्य में काला आजार रोग फैलाता है। अमीबा की खोज रोसलवान रोसेन हॉक ने की। एण्ट अमीबा हिस्टोलेटिका की खोज लोस ने 1875 में की।

यह प्रश्न हमेशा से जटिल पहेली बना रहा है तथा वैज्ञानिक इस गुत्थी को सुलझाने का निरन्तर प्रयास करते रहे हैं। जीवन वास्तव में संगठित पदार्थ की वह अवस्था है जो सदैव सक्रिय रहती है तथा परिवर्तनशील होती है। यह सक्रियता तथा परिवर्तनशील जैविक क्रियाओं के रूप में होती रहती है। जीवन की उत्पत्ति तथा जीव जन्तुओं का जातियों के विकास के अध्ययन को मेयर (1970) ने जैव–विकासीय विज्ञान कहा है। पृथ्वी पर जीवन की उत्पत्ति हुई तथा पृथ्वी का जन्म अन्तरिक्षी उद्विकास के अन्तर्गत अध्ययन किया जाता है जिसकी आयु 5 से 7 अरब वर्ष आंकी गयी हैं। बिंग–बैंग परिकल्पना के अनुसार ब्रह्माण्ड की उत्पत्ति वाइलेम नाम के आदि पदार्थ के बने सघन गैसीय पिण्ड के भयंकर विस्फोट से

हुई है। विभिन्नताओं (variations) से हमारा आशय भिन्नताओं से है। प्रकृति में पाये जाने वाले कोई भी दो जीव एक जैसे नहीं होते हैं। एक ही जन्तु के दो अंग या अंग के भाग भी भिन्नता रखते हैं। यह उद्विकास का महत्वपूर्ण अग्रगामी (important progressive) कारक है। एक ही जातियों के समूह में प्रत्येक सदस्य अन्य सदस्य से भिन्नता रखता है जो उसकी पहचान बनाता है। एक ही पिता की सन्तान एवं एक साथ जन्मी सन्तानों में भी कुछ न कुछ भिन्नताएं अवश्य होती हैं। यहाँ यह कहा जा सकता है कि ये विभिन्नताएं अत्यन्त सूक्ष्म स्तर की होती हैं। विभिन्नताओं को कुछ इस प्रकार परिभाषित किया जा सकता है–***"सजातीय सदस्यों के लक्षणों में जो भी अन्तर या असमानताएँ पायी जाती हैं, उन्हें विभिन्नताएँ कहते हैं।"*** एक ही जाति के प्राणियों में जो विभिन्नताएं पायी जाती हैं वे या तो आनुवंशिक कारणों से अथवा वातावरण के कारण उत्पन्न होती हैं। प्रस्तुत पुस्तक में जन्तु-वर्गिकी के सिद्धांत, अकशेरूकीयों का वर्गीकरण, जीवन की उत्पत्ति एवं विकास, विभिन्नताएँ, वियोजन एवं अनुकुलताएं जीवों का भौगोलिक वितरण एवं मानव उद्वविकास को विस्तार से समझाया गया है जिससे यह पुस्तक विद्यार्थियों के साथ-साथ जन मानस के लिये भी उपयोगी हो गई है।

- लेखक

अनुक्रमणिका

इकाई 1

जन्तु-वर्गिकी

वस्तुओं और जीवों को नाम देना या उनके नाम जानना, मिलती–जुलती वस्तुओं अथवा जीवों से उन्हें सम्बद्ध करना आदिकाल से मनुष्य की प्रकृति रही है। हम अपने से मिलने वाले व्यक्तियों के नाम जानना चाहते हैं। कभी–कभी दूरदर्शन, मंच या चलचित्र में अभिनय कर रहे किसी पात्र का नाम जानने को भी हम उत्सुक हो जाते हैं। किसी सुन्दर पक्षी, विचित्र जन्तु या सुगन्धित पुष्प को देखकर हम उसका नाम जानना चाहते हैं। इसी तरह घर का सामान व्यवस्थित करते समय हम पहनने के कपड़े एक ओर, मसाले के पात्र दूसरी ओर, तो सारे औज़ार किसी एक ओर जमाने की चेष्टा करते हैं। हमारा यह प्रयास कभी नहीं रहता कि एक कमीज़, एक नमकदानी और एक हथौड़ी साथ रख दी जाएँ।

नामकरण करने, नाम जानने, वर्गीकरण करने के अपने लाभ हैं। यह कहने की आवश्यकता नहीं कि मनुष्य का इस ओर रुझान हाल ही में उत्पन्न नहीं हुआ वरन् मनुष्य बहुत–बहुत पहले से यह सब करता आया है। अपने दृष्टिकोण से उसने प्रारम्भ से ही तारों, वनस्पतियों, जन्तुओं आदि का वर्गीकरण किया तथा उन्हें नाम देने की चेष्टा की। आज प्राचीन वर्गीकरण व नाम चाहे कितने ही हास्यास्पद व बचकाने जान पड़ते हों परन्तु वे तत्कालीन समाज, आवश्यकताओं व मानवीय समझ या नज़रिए के अनुसार उचित रहे होंगे। आज जन्तुओं को खाद्य या अखाद्य वर्गों में बांट कर अध्ययन करना या तारों के समूह को कन्या, वृश्चिक आदि नाम देना भले ही अटपटा व अप्राकृतिक जान पड़ता हो परन्तु यह छोटी शुरूआत ही आधुनिक वर्गीकरण व नामकरण सिद्धान्तों का आधार बनी। अपनी इस अन्तर्जात प्रकृति के कारण मानव ने जन्तुओं का नामकरण प्रारम्भ किया। किसी जन्तु को पहचान कर उसका अद्वितीय (Unique) तथा सार्वभौम (Universally accepted) नाम रखने की विधा आज **नाम–पद्धति** (Nomenclature) कहलाने लगी है। जन्तु को समरूप जीवों के समूह में रखने के कार्य को वर्गीकरण (Classification) कहा जाने लगा। किसी जन्तु को पहचान कर पहले से ज्ञात वर्गक में व्यवस्थित करना 'पहचान' (identification) कहलाया। जन्तुओं को पहचानने तथा उन्हें वर्गीकृत करने का कार्य वर्गिकी (Taxonomy) कहा गया। वर्गीकरण, पहचान (identification), नामकरण आदि के नियम – सिद्धान्तों, विभिन्न समूहों के आपसी सम्बन्धों यानि अन्तर्जातीय सम्बन्धों (Phylogeny) की जानकारी व स्पष्टीकरण देने वाले शास्त्र को **वर्गीकरण विज्ञान** या सिस्टेमेटिक्स (Systematics) कहा गया। जैसे–जैसे ज्ञान की मात्रा बढती गई ये शास्त्र जटिल होते गए। इस अध्याय में हम यह जानने का प्रयास करेंगे कि जन्तुओं का वर्गीकरण करने तथा उन्हें नाम देने के क्या फायदे है। हमारे जीवन का लक्ष्य पतलून के साथ पतलून और पेचकस के साथ हथौडा जमाना नहीं हैं। यह हम अपनी सुविधा के लिए करते है। इसी तरह हमें यह ध्यान

रखना चाहिए कि एक वर्गिकीविज्ञ या जीव वैज्ञानिक का अन्तिम लक्ष्य वर्गीकरण नहीं है, वरन् यह तों किसी अन्य लक्ष्य की प्राप्ति हेतु एक साधन मात्र है।

जन्तु–वर्गिकी के सिद्धान्त

पहली नजर में वर्गिकी का सिद्धान्त बहुत सामान्य सा प्रतीत होता है। जातियों को उनकी समानताओं व विषमताओं के आधार पर समरूप समूहों में इस तरह रखना कि समान जातियां व समूह साथ या समीप रहें तथा असमान समूह दूर रहें, बस सूक्ष्म में यही वर्गीकरण का सिद्धान्त है। गहराई से विचार करने पर हम पाते हैं कि इस आसान से सिद्धान्त या परिभाषा के प्रत्येक शब्द पर विवाद, संशय व प्रश्न उत्पन्न हो सकते हैं। उदाहरणार्थ पहला प्रश्न यह उत्पन्न होता है कि जाति क्या होती है? यदि जाति समान दिखने वाले जन्तुओं का समूह है तो क्या रूप –रंग में अलग–अलग दिखने वाले मोर व मोरनी को दो अलग जातियों का सदस्य माना जाए? मधुमक्खियों में बहुरूपता मिलती हैं। ऐसे में क्या श्रमिक, रानी, ड्रोन मधुमक्खियों को अलग–अलग जाति माना जाए? दूसरा प्रश्न यह उत्पन्न होता है कि समानताएं क्या होती हैं? चमगादड, तितली और मैना तीनों उड़ने की क्षमता रखते है, उड़ सकने की समानता के कारण क्या इन्हें एक ही समूह में रखना चाहिए? तीसरा प्रश्न यह उठता है कि "समूह" क्या होते हैं? कोई समूह कितना बड़ा होना चाहिए? समानता –विषमता के दोहरे मापदण्ड से जन्तुओं के अनेक समूह बनाए जा सकते हैं। इस समूहों को किस प्रकार व्यवस्थित किया जाना चाहिए? एक अन्य प्रश्न यह भी उत्पन्न होता हैं कि जातियों ,समूहों आदि को क्या नाम व दर्जा दिया जाए यानि कौनसा समूह ऊपर या नीचे रहे ? इन्हीं सब प्रश्नों के हल सुझाने वाले विज्ञान को **वर्गीकरण विज्ञान** (Systematics) कहा जाता है। यह विज्ञान स्वयं इतना विस्तृत हैं कि इसका एक या दो अध्यायों में पूर्ण अध्ययन कर पाना असम्भव है फिर भी हम यहां वर्गिकी के सिद्धान्तों का स्वरूप जानने की चेष्टा करेंगे।

1. जाति (species)

वर्गीकरण करते समय हमें सबसे पहले जिस तथ्य को स्पष्ट करने की आवश्यकता महसूस होती है वह यह है कि जाति की परिभाषा क्या है? विज्ञान का गूढ़ अध्ययन किए बिना ही हम विवेक द्वारा यह जान लेते हैं कि मोर व मोरनी आकारिकी की दृष्टि से अलग–अलग होते हुए भी एक ही जाति के सदस्य हैं। बाघ, चीता, सिंह व तेंदुआ अलग–अलग जाति के जन्तु हैं, यह भी हम जानते हैं। अब प्रश्न यह उठता है कि जाति को कैसे परिभाषित किया जाए? जाति को समझना पहलीनज़र में भले ही आसान लगता हो परन्तु गहराई से विचार करने पर कई दुविधाएं पेश आती हैं। यह विडम्बना ही है कि आज भी हम जाति की एक छोटी व पूर्ण परिभाषा नहीं जान पाए हैं। जाति की अवधारणा को समझाने के लिए अनेक स्पष्टीकरण एवं परिभाषाएं दी जाती रही हैं, जिन्हें हमसुविधा की दृष्टि से तीन संकल्पनाओं के रूप में देख सकते हैं।

(क) प्रारूप विज्ञानीय जाति संकल्पना (Typological Species Concept):– प्रारम्भिक वर्गीकरण में एक जाति का वर्णन अध्ययनकर्त्ता या संचयकर्त्ता द्वारा एकत्रित जाति के एक प्रादर्श के आधार पर किया जाता था। इसे 'टाइप स्पेसिमेन' कहा जाता है तथा ऐसा माना जाता है कि यह अपने जैसे अन्य सजातियों का प्रतिनिधि है।

इस मतानुसार विश्व में पाई जाने वाली विभिन्नता के उपरान्त भी कुछ चीजें व जीव आपस में समान या एक प्रकार के हैं। जैसे सारे मनुष्य ठीक एक से नहीं होते फिर भी वे एक ही प्रकार के हैं तथा गोरिल्ला व कंगारू से अलग हैं। इस संकल्पना का मूल आध ार जन्तुओं का प्रारूप (आकार, रंग, आकृति आदि) ही है। यह संकल्पना बहुत पहले से चली आ रही है तथा मनुष्य यह मानता आया है कि जो जन्तु एक से हों, वे एक ही जाति के सदस्य हैं। यह परिभाषा या जाति की यह परिभाषा मोटे तौर पर सही है तथा काम चलाऊ भी है परन्तु अनेक कारणों से सिर्फ प्रारूप के आधार पर जाति का निर्धारण करना उचित नहीं जान पड़ता। इस संकल्पना में निम्न कमियां हैं–

(i) एक ही जाति के जन्तुओं में प्रारूप का अन्तर मिलता है। अण्डा ,लार्वा, प्यूपा आदि सब समरूप नहीं हैं क्या इन्हें अलग जाति कहा जाए? कुछ जातियों में बहुरूपता (polymorphism) (उदाहरण : दीमक व मधुमक्खी) या लैंगिक द्विरूपता (sexual dimorphism) मिलती हैं। क्या इन विभिन्न रूपों को अलग–अलग जाति का दर्जा दिया जाए? यह संकल्पना स्पष्ट नहीं कर पाती कि दुविधा की इस अवस्था में क्या करना चाहिए?

(ii) कुछ जन्तुओं में समाभासी जातियां (Sibling species) पाई जाती हैं। जिनमें प्रारूप का शायद ही कोई अन्तर दिखाई दे परन्तु ये परस्पर प्रजनन नहीं करती हैं। इस संकल्पना के अनुसार तो ऐसी दो या अधिक जातियों को एक ही जाति मानना चाहिए जो कि उचित प्रतीत नहीं होता है।

(iii) कुछ जातियों में शावकजनन (Paedogenesis) पाया जाता है अर्थात लार्वा ही प्रजननशील हो जाता है। उचित परिस्थितियों में लार्वा वयस्क में भी बदल सकता है। इस संकल्पना के अनुसार ऐसी जाति के वयस्क व लार्वा को अलग- अलग जातियों में वर्गीकृत कर दिया गया था।

(ख) अवास्तविक जाति संकल्पना (Nominalistic Species Concept):– कुछ विचारकों का मत है कि प्रकृति सिर्फ व्यष्टि (individual) उत्पन्न करती है तथा प्रकृति में जाति जैसा कोई पृथक व स्पष्ट समूह नहीं होता है। इस संकल्पना के अनुसार जाति की कल्पना मनुष्य के दिमाग की उपज हैं अतः जाति का समूह एक अवास्तविक या सांकेतिक या नाम मात्र का ही समूह है। इस मतानुसार जाति का कोई अस्तित्व नहीं है तथा इसके अस्तित्व न होने के कारण ही हमें जाति की कोई ऐसी परिभाषा नहीं मिल पा रही है जो सभी पर लागू हो सके।

(ग) जैव–जाति संकल्पना (Biological Species Concepts):–उपरोक्त दोनों संकल्पनाएं पूर्ण नहीं हैं न ही वर्तमान में मान्य हैं। एक अन्य संकल्पना ,जिसका प्रारम्भ 1750 ई. के बाद हुआ, जाति को व्यापक आधार पर परिभाषित करती है। इसके अनुसार जाति सिर्फ समान दिखने वाले (समरूप) जन्तुओं का समूह नही है। इस संकल्पना के अनुसार जाति का निर्धारण करने हेतु प्ररूप ही नहीं, अपितु जन्तु के व्यवहार ;इमींअपवनतद्धए भ्रौणिकी, पारिस्थितिकी ,कोशिकीय व जैव –रासायनिक स्थिति सभी को ध्यान रखना होता है। इस तरह व्यापक आधार पर निर्णय लेकर समरूप जन्तु ही एक जाति में नहीं रखे जाते बल्कि वे विविधता लिए हुए भी हो सकते हैं, जैसे मधुमक्खी के विभिन्न रूप या किसी कीट के अण्डे ,लार्वा या प्यूपा सभी एक ही जाति के सदस्य कहे

जाएँगे। इस आधुनिक संकल्पना के अनुसार जाति प्राकृतिक रूप से अन्तः प्रजनन कर सकने वाली समष्टियां (population) हैं जो ऐसे अन्य समूहों (दूसरी जातियों) के साथ प्रजनन नहीं करती हैं (या उनसे जननात्मक विलगन प्रदर्शित करती हैं)। जब दो जातियों के बीच संकरण होता है तो उत्पन्न सन्तति वन्ध्य होती है। इस संकल्पना को आधुनिक संकल्पना भी कहा जाता है। इसके प्रारम्भिक काल में अनेक वैज्ञानिकों ने सहयोग दिया परन्तु इसे वर्तमान स्वरूप देने का श्रेय के. जॉर्डन (1905) को जाता है।

2. कुंजी लक्षण (Key Characters)

जाति निर्धारण के साथ ही वर्गीकरण का कार्य समाप्त नहीं हो जाता है। जन्तुओं को इसके उपरान्त अन्य समूहों में रखा जाता है। समूहों को वर्गिकी की शब्दावली में वर्गक या टैक्सन (taxon) भी कहते हैं। जैसे फ़ाख़्ता (Dove) व कबूतर की जातियां अलग होकर भी परस्पर समीप हैं तथा सारस या तोते की जातियों की तुलना में आपस में अपेक्षाकृत अधिक समान हैं। इसी तरह कबूतर और सारस अलग होकर भी कुछ समानताएं लिये हुए हैं पर खरगोश या तितली से अलग हैं। यानि कबूतर व फाख्ता को एक समूह में रखा जाना चाहिए। यह समूह तथा सारसों का समूह एक अन्य बड़े समूह में रखा जाना चाहिए । इस तरह समानता, विषमता व समीपता के आधार पर जीवों को समूहबद्ध करना भी वर्गिकी में शामिल है। समूहों के नामों व दर्जे (पदानुक्रम) की चर्चा हम अगले शीर्षक "समूहों के स्तर" में करेंगे। यहां एक अन्य बिन्दु विचारणीय है वह यह कि वे कौन से लक्षण हैं जिनके आधार पर हम यह तय करते हैं कि अमुक जाति किसी अन्य जाति से समीप है या एक समूह या वर्गक किसी अन्य वर्गक से सम्बद्ध हैं या नहीं ? यों तो वर्गीकरण में जीव के लगभग सभी गुणों या लक्षणों का महत्व होता हैं परन्तु किसी एक समूह के लिए वर्गीकरण हेतु जो लक्षण विचारणीय या महत्वपूर्ण होते हैं वे कुंजी लक्षण (key characters) या विभेदक लक्षण (distinguishing characters) कहलाते हैं। उदाहरणार्थ संधित उपांग एक ऐसा लक्षण है जिसके आधार पर हम अन्य अकशेरुकियों से आर्थ्रोपोडा को अलग करते हैं। संधित उंपागों की संख्या यदि छः हों तो जन्तु आर्थ्रोपोडा होते हुए भी उसी के अन्तर्गत एक पृथक वर्ग इन्सेक्टा में रखा जाएगा। इस प्रकार यहां उपांग या उनकी संख्या कुंजी या विभेदक लक्षण हैं। उन लक्षणों से हम भली-भांति परिचित हैं जिनके आधार पर जीवों को निर्जीवों से अलग किया जाता है सजीवों को वनस्पतियों व जन्तुओं में बांटनें वाले लक्षणों से भी हम अवगत हैं। जन्तुओं को वर्गीकृत करने में काम आने वाले कुछ वर्गिकीय लक्षण (Taxonomic characters) निम्न प्रकार हैं– (1) जन्तु की बनावट का स्तर व कोशिकाओं की संख्या (2) जनन स्तरों की संख्या (3) देहगुहा का प्रकार (4) सममिति (5) भ्रूण परिवर्धन (6) अन्तः या बाह्य कंकाल की उपस्थिति आदि। वर्गीकरण करते समय किस लक्षण का कब चुनाव किया जाए यह एक महत्वपूर्ण कदम है। उदाहरणार्थ जन्तुओं का वर्गीकरण करते समय हम यदि पृष्ठ रज्जु (notochord) की उपस्थिति को पहला विभाजक लक्षण मान लें तो जन्तु अरज्जुकी (non-chordata) व रज्जुकी (chordata) वर्गकों में बट जाएंगे। यदि हम पहला लक्षण पंखों की उपस्थिति को ले बैठें तो जन्तु 'पंखयुक्त' व 'पंखविहीन' दो वर्गकों में बंट जाएंगे। यदि पहला लक्षण जन्तु में कोशिकाओं की संख्या को लें तो जन्तु प्रोटोज़ोआ (एककोशिकीय) व मेटाज़ोआ (बहुकोशिकीय) समूहों

में बंट जाएंगे। स्पष्ट है कि लक्षणों को किसी एक सोचे–समझे क्रम से चुना जाना चाहिए। यों वर्गीकरण किसी भी प्रकार से किया जा सकता हैं परन्तु एक अच्छा वर्गीकरण वही है जिसमें उद्वैकासिक दृष्टि से समान जन्तु या समूह साथ रहें। बहुत से लेखक व वैज्ञानिक ऐसे वर्गीकरण को **प्राकृतिक वर्गीकरण** (natural system of classification) कहते हैं। इसका आशय यह है कि उद्विकास या जातियों की सृष्टि जिस क्रम से हुई है वर्गीकरण भी उसी क्रम में किया जाए। कुछ विद्वानों के अनुसार यह एक भ्रमोत्पादक संकल्पना हैं क्योंकि जन्तुओं व वनस्पतियों का उद्विकास किस क्रम से हुआ है यह अभी ठीक ढंग से ज्ञात नहीं है। जातियों के उद्विकास के सम्बन्ध में हमारी जानकारी काफी कुछ प्रमाणित है फिर भी यह सम्पूर्ण नहीं है तथा बहुत से तथ्य आज भी अज्ञात हैं अतः कोई भी प्रचलित वर्गीकरण सिद्धान्ततः या पूर्णतः प्राकृतिक वर्गीकरण नहीं है। हां, वर्गीकरण करते समय यह प्रयास अवश्य रहना चाहिए कि वर्गीकरण जातियों की सृष्टि के क्रम के अधिकतम निकट हो। व्यवहार में उस वर्गीकरण को ही प्राकृतिक कह दिया जाता हैं जो कि उपलब्ध वर्गीकरणों में उद्विकासिक क्रम के सबसे अधिक निकट हो। इसी कारण से नई तकनीकों व नई जानकारी के ज्ञात होने पर वर्गीकरण में समय–समय पर परिवर्तन होता रहता है। इसके विपरीत ऐसा वर्गीकरण जो किसी सुविधाजनक व सुस्पष्ट (convenient or conspicuous) विभेदक लक्षण के आधार पर जन्तुओं को उनके सम्बन्धों को अनदेखा कर के बांट देता हो कृत्रिम वर्गीकरण (artificial classification) कहलाता है।

(3) समूहों का स्तर

कुंजी लक्षणों के आधार पर जन्तुओं को जाति से बड़े समूहों में एकत्र किया जाता है। जैसे आपस में समानता रखने वाली जातियों को एक ही वंश (genus) में रखा जाता है। उदाहरणार्थ बाघ (tiger) व सिंह (lion) दोनों एक ही वंश पैन्थरा *(Panthera)* की दो जातियां है। परस्पर समानताएं रखने वाले वंश (genera) एक कुल (family) में रखे जाते हैं। इस तरह जो प्रमुख सात मान्य समूह या वर्गक बनाए गए हैं वर्गकों के अलावा आवश्यकता पड़ने पर अधि–(supra), उप–(sub), व अव– (infra) पूर्वप्रत्यय लगाकर अन्य वर्गक भी बना लिए जाते है। उदाहरणार्थ– अधिकुल, कुल उपकुल व अवकुल।

इनके अतिरिक्त कुछ अन्य समूह भी बनाए जाते हैं जैसे उपसंघ व वर्ग के बीच शाखा ;इतंदबीद्धए वर्ग व गण के बीच कोहर्ट ;बवीवतजद्धए कुल व वंश के बीच ट्राइब ;जतपइमद्ध। विभाग ;कपअपेपवद द्धए कोटि ;हतंकमद्ध व अन्य श्रेणी `;मतपमेद्ध जैसे समूह भी अन्य समूहों को उपविभाजित करने के लिए बनाए जाते हैं परन्तु इनका प्रयोग औपचारिक वर्गीकरण में मान्य व आवश्यक नहीं है। वर्गकों को इस तरह पदानुक्रम या उच्चोच्च परम्परा में व्यवस्थित करने के तंत्र को **"लिनियस या पदानुक्रम तंत्र"** ;स्पददमंद ीपमतंतबीपबंस `लेजमउद्ध कहा जाता है। जन्तुओं के अधिकांश वर्गकों में स्पष्ट अन्तर हैं, जैसे तितलियां विभिन्न जातियों की होकर भी जाति से बड़ा एक वर्गक बनाती हैं जिसे अन्य वर्गकों से अलग करना कठिन नहीं है। इसके उपरान्त भी यह देखा गया है कि किसी वर्गक को एक विशेषज्ञ एक स्तर पर रखता है तो दूसरा वर्गिकीविज्ञ उसे किसी अन्य स्तर पर रखता है। उदाहरणार्थ निमेटोडा वर्गक को कुछ विशेषज्ञ संघ का दर्जा देते हैं तो कुछ वर्गिकीविज्ञ इसे संघ एस्कहेल्मिन्थीज के एक वर्ग का दर्जा देते हैं। मतों की विभिन्नता के ऐसे अनेक उदाहरण आपको आगे देखने को मिलेंगे।

कार्लवॉन लिने (Carl Von Linne, 1707-1778)

चित्र –1: कार्लवान लिने

कार्लवॉन लिने को वर्गीकरण विज्ञान का पिता माना जाता है। उन्होंने जीवों के नामकरण के लिए द्विनाम पद्वति प्रस्तावित की और उसी क्रम में उनका अपना नाम भी लेटिनीकृत कर केरोलस लीनियस (Carolus Linnaeus) किया गया। उन्होंने कई पुस्तकों की रचना की जिसमें उनकी पुस्तक 'सिस्टेमा नेचरी' व 'स्पीशीज प्लान्टेरम (1853)' प्रमुख हैं। 'सिस्टेमा नेचरी' का पहला संस्करण 1835 में होलैण्ड से प्रकाशित हुआ तथा उनके जीवन काल में ही इसके 16 संस्करण प्रकाशित हुए। उपरोक्त दोनों पुस्तकें प्राणियों व वनस्पतियों के वर्गीकरण की आधार पुस्तकें मानी जाती हैं।

(4) नामकरण (Nomenclature)

अध्याय के प्रारम्भ में एक अन्य प्रश्न उत्पन्न हुआ था कि जिन जातियों और वर्गकों की पहचान व स्थापना हो चुकी है उन्हें क्या नाम दिया जाए ? अलग–अलग भाषा में जन्तुओं के अलग-अलग नाम मिलते हैं। उदाहरणार्थ– एक ही जाति के तेन्दुए के लिए हिन्दी में गुलदार व बघेरा नाम भी प्रचलित हैं। अंग्रेजी में भी इसके दो नाम हैं– लेपर्ड (leopard) व पैन्थर (panther)। अन्य भाषाओं में अन्य नाम भी प्रचलित होंगें। एक और उदाहरण देखें। भारत में मिलने वाली गोरैया को भारत की विभिन्न भाषाओं में भिन्न–भिन्न नामों से जाना जाता है। गुजराती इसे *चकली,* मलयाली इसे *कुरुवी, अंगन्दी कुरुवी* या *नारायन पक्षी* तथा बंगाली इसे *छोटी चरई* कहते हैं। बलूच लोग इसे *गिन्जिश्की* कहते हैं तो नेपाली इसे *ग्वोरा* नाम से जानते हैं। अन्य भारतीय उपभाषाओं व बोलियों में भी इसके कई नाम हैं। अमेरिका में इसे इंग्लिश स्पैरो तो इग्लैण्ड में इसे हाउस स्पैरो कहा जाता है। इसके कुछ अन्य नाम निम्न प्रकार हैं– यदि एक एक विज्ञान का विद्यार्थी, शोधकर्त्ता या वैज्ञानिक इन भाषाओं में छपे शोधपत्रों का अध्ययन करे तो उसे कैसे ज्ञात होगा कि विभिन्न नामों से ज्ञात यह पक्षी एकही जाति का है या अलग–अलग जातियों से। स्पष्ट है कि सामान्य या स्थानीय नामों ;बवउउवद वत सवबंस वत अमतदंबनसंत दंउमेद्ध में विविधता होती है। अनेक बार एक ही भाषा या विभिन्न भाषाओं में एक ही जाति को विभिन्न नामों से जाना जाता है। दूसरी ओर अनेक बार एक ही सामान्य नाम से एक से ज्यादा जातियों को जाना जा सकता है। उदाहरणार्थ भारत व अफ्रीका दोनों में एक गिद्ध जाति को 'व्हाइट बैक्डवल्चर' कहा जाता है परन्तु दोनों जातियाँ भिन्न हैं। इसका आशय यह है कि सामान्य नाम अद्वितीय नहीं होते हैं। यदि अलग–अलग क्षेत्रों में एक ही जाति का अध्ययन अलग–अलग प्रचलित नामों से किया जाता रहे तो तथ्यों के आदान–प्रदान में परेशानी आएगी। जीव विज्ञान के हर अध्येयता को हर भाषा की जानकारी हो यह आवश्यक नहीं है, अतः नामों का मानकीकरण करना आवश्यक है।

नामकरण का अन्तर्राष्ट्रीय कोड

जातियों व अन्य वर्गकों के नामकरण की समस्या सुलझाने हेतु विश्व के प्रमुख प्राणिशास्त्रियों की ओर से एक नामकरण नियमावली तैयार की गई जिसे सिद्धान्ततः बर्लिन में हुई पांचवी अन्तर्राष्ट्रीय प्राणिविज्ञान कांग्रेस में अपना लिया गया। यह नियमावली "इन्टरनेशनल कोड ऑन जूओलॉजिकल नोमेनक्लेचर" (International Code on Zoological Nomenclature) कहलाती है तथा इसकी निर्मात्री संस्था इन्टरनेशन कमीशन ऑन जूओलोजिकल नोमेनक्लेचर (ICZN) कहलाती है। इसका मुख्यालय नेचुरल हिस्ट्री म्यूजियम, लन्दन में है तथा इसकी स्थापना 18 सितम्बर 1895 में की गई थी। वर्तमान में 21 देशों से इसके 28 सदस्य हैं। इस नियमावली का पहला संस्करण 1961 में प्रकाशित हुआ तथा वर्तमान में इसका चौथा संस्करण मान्य है जिसका प्रारम्भ 1 जनवरी 2000 से है। इसमें जन्तुओं के नाम रखने हेतु लिनियस की द्विनाम पद्धति (binomial method) को अपनाया गया। यों लिनियस से पूर्व भी कुछ विशेषज्ञों ने द्विनाम पद्धति काम ली थी परन्तु कार्ल वॉन लिने ने ही इसे प्रचलित किया। अन्तर्राष्ट्रीय नियमावली हेतु उनकी पुस्तक सिस्टेमा नेचरी" (Systema Naturae) के दसवें संस्करण (1758) को ही आधार माना गया है।

सम्पूर्ण नियमावली यहां उद्धृत करना सम्भव नहीं है। यहां नियमावली के कुछ संगत बिन्दु प्रस्तुत किए जा रहे हैं।

(i) यह नामकरण वर्तमान या विलुप्त (extant or extinct) जातियों पर लागू होता है परन्तु यह कुल (family) से उच्चतर वर्गकों, संकरों (hybrids) व विरूपों (terata) पर लागू नहीं होता है।

(ii) नामकरण कोड का प्रारम्भिक बिन्दु (starting point) 1 जनवरी 1758 यादृच्छिक रूप से (arbitrarily) चुना गया है तथा दो ग्रन्थ इस दिनांक को प्रकाशित माने गए हैं–

1. लिनियस को 'सिस्टेमा नेचरी' (दसवां संस्करण)
2. क्लेरेक (Clerek) का एरेनी स्वेसिसी (Aranei Svecici)

(iii) किन्ही भी दो वर्गकों का नाम समान नहीं हो सकता है।

(iv) एक ही वर्गक को दो बार अलग–अलग नाम दे दिया गया हो तो पहले दिया गया नाम वैधानिक या मान्य होगा। इस नियम को वरीयता या प्राथमिकता का नियम (Principle of priority) कहते हैं।

(v) नियमावली के अनुसार जाति के ऊपर के वर्गकों का नाम एकपदीय होगा जैसे प्रोटोज़ोआ, इन्सेक्टा, डेमोस्पान्जिआ आदि (नियमावली का बिन्दु (article)–5)।

(vi) जाति का नाम द्विपदीय (binomial) होगा और उपजाति का नाम त्रिपदीय (trinomial) होगा। प्रथम शब्द वंश हेतु, द्वितीय शब्द जाति हेतु तथा तृतीय शब्द उपजाति हेतु प्रयुक्त होगा जैसे *टीनिया सोलियम* में टीनिया वंश व सोलियम जाति का नाम है। इस प्रकार *टीनिया सोलियम* द्विनाम (Binomen or binomial name) है।

(vii) नाम लेटिन भाषा से होना चाहिए। यदि यह अन्य भाषा से लिया जाए तो इसे लेटिनीकृत (Latinize) कर लिया जाना चाहिए।

(viii) जिस व्यक्ति ने जाति का प्रथम बार वैज्ञानिक वर्णन किया हो उसे इस जाति का लेखक (author) या प्रस्तावक माना जाता है तथा उसका नाम व जाति के वर्णन किए जाने का वर्ष भी जाति के नाम के आगे लिखा जा सकता है। जैसे– *Nereis diversicolor* Müller, 1776 यहाँ 1776 इस जाति का वर्णन मुलर द्वारा किए जाने का वर्ष है (date of description) तथा इसके व लेखक (author) के नाम के बीच कोमा (comma) लगाया जाता है। वर्णनकर्ता के नाम का प्रयोग ऐच्छिक है तथा यह जाति के नाम का एक भाग नहीं है। उदाहरणार्थ – *टीनिया सोलियम* लिनियस, 1758 *(Taenia solium* Linneaus, 1758) या *शिस्टोसोमा मैनसोनाई* सैम्बॉन, 1907 *(Schistosoma mansoni* Sambon, 1907) जातियों का सर्वप्रथम वैज्ञानिक वर्णन क्रमशः लिने व सैम्बान ने किया था। व्यवहार में अक्सर ऑथर या लेखक का नाम जाति के नाम के साथ लघुरूप (abbreviated) में भी लिख दिया जाता है जैस–*Cuculus coromandus* L. *Cuculus coromandus* Linn. में ऑथर लिनियस (Linnaeus) हैं।

(ix) यदि किसी जाति का नाम बाद में बदल दिया जाए तो भी मूल वर्णनकर्ता का नाम व वर्ष ही जाति के आगे लिखा जाता है परन्तु तब यह छोटे कोष्ठक में लिखा जाता है। उदाहरण *Entomoeba histolytica* (Schaudinn 1930)

(x) अन्तर्राष्ट्रीय प्राणिविज्ञानीय नामकरण नियमावली बीसवीं शताब्दी में बनी तथा तभी लागू या प्रभावी हुई परन्तु द्विनाम व त्रिनाम पद्धति जॉन रे तथा लिनियस के समय प्रचलित थी। इस समय से विभिन्न स्थानों पर वैज्ञानिक, संग्रहकर्त्ता और वर्गीकरण वैज्ञानिक लगातार जातियों का वर्णन रहे थे और ऐसा कितनी ही बार हो गया कि एक ही जाति को अलग- अलग वैज्ञानिकों ने अलग–अलग स्थानों पर विभिन्न नाम दे डाले। उदाहरणार्थ घरेलु चिड़िया या गौरैया को निम्न वैज्ञानिक नाम दिए गए–

नियमावली स्पष्ट करती है कि ऐसी परिस्थिति में वही नाम मान्य होगा जो सबसे पुराना है। (परन्तु 1758 से पूर्व का न हो क्योंकि यह नियमावली का प्रारम्भिक बिन्दु है) इस तरह उपरोक्त उदाहरण में लिनियस द्वारा दिया गया नाम मान्य होगा। इस नियम को प्राथमिकता का नियम या सिद्धान्त (Rule or principle of priority) कहते हैं। इस नियम में कुछ अपवाद भी हैं।

उदाहरणार्थः–

कुछ वैज्ञानिक नाम बहुत प्रचलित हो गए परन्तु बाद में पता चला कि इन जातियों का वर्णन पूर्व में किसी अन्य नाम से किया जा चुका है। ऐसे नामों को बदलने से समस्या उत्पन्न हो जाती। अतः नियमावली में कुछ नामों को अपवाद स्वरूप काम लेने की अनुमति दे दी गई। उदहारणार्थ–शिस्टोसोमा हिमेटोबियम (*Schistosoma haematobium* Weinland, 1858) का नाम मान्य होने के बाद पता लगा कि इसका वर्णन तो 1852 में बिलहार्ज़ द्वारा एक अन्य नाम ;ठपसींत्रपंद्ध से किया जा चुका है परन्तु इस तथ्य के पता लगने से पूर्व

शिस्टोसोमा नाम को मान्यता दी जा चुकी थी अतः यही नाम अपवाद स्वरूप चलने दिया गया। इस जाति व लेखकों का नाम इस प्रकार लिखा जाना चाहिए– *Schistosoma haematobium* (Bilharz, 1852) Weinland 1858. जाति का नाम अंग्रेजी में लिखते समय वंश तथा अन्य उच्चतर वर्गकों का नाम 'कैपिटल' अक्षरों से तथा जाति व उपजाति का नाम 'स्मॉल' अक्षरों से प्रारम्भ होना चाहिए। छपाई में इन्हे इटेलिक्स में छापना चाहिए तथा हाथ से लिखते समय इनके नीचे रेखा खींचनी चाहिए।

वर्गीकरण का आधार

कबूतर, मुर्गा, साँप, छिपकली, बन्दर, खटमल, जूँएँ, मच्छर, तितली, कनखजूरा, बिच्छू, मकड़ी, कीड़े–मकोड़े आदि अनेक किस्मों के जन्तुओं को हम जानते-पहचानते हैं, परन्तु **जन्तु–जगत** हमारे इस ज्ञान से कही अधिक विशाल है। प्रकृति में जन्तुओं की कुल संख्या का तो हम अनुमान भी नहीं लगा सकते, लेकिन वैज्ञानिक इनकी 10 लाख से भी अधिक विभिन्न किस्मों का पता लगा चुके हैं। इसके अतिरिक्त चट्टानों से प्राप्त **जीवाश्मों** से हमें जन्तुओं की अनेक ऐसी किस्मों का पता चला है जो पुरातन काल में पृथ्वी पर वास करती थीं, लेकिन अब **बिलुप्त** हो चुकी है। जन्तुओं की प्रत्येक किस्म को एक **जन्तु–जाति** कहते हैं। जन्तु–जातियों की 10 लाख से अधिक संख्या से जन्तु–जगत् की **विषमता या विविधता** का पता चलता है। अधिकांश जातियों के सदस्य संख्या में अधिक, परन्तु कुछ के कम पाये जाते हैं कुछ के सदस्य भूमि पर कुछ के समुद्र में कुछ के नदियों, तालाबों, झीलों में कुछ के पेड़ों पर तथा कुछ अन्य जन्तुओं एवं पौधों के शरीर में परजीवी वास करते हैं। कुछ हवा में भी उड़ते हैं। समुद्री जन्तु इसके तल पर स्थानबद्ध जीवन व्यतीय करने वाले (**बेन्थिक**) या इसके जल में स्वतन्त्र जीवन व्यतीत करने वाले (**पिलैजिक**) होते हैं। वे पिलैजिक जन्तु जो तट के निकटवर्ती भागों (जहाँ समुद्र की गहराई लगभग 200 मीटर तक होती है) के जल में रहते हैं **नेरीटिक** कहलाते हैं। अन्य पिलैजिक जन्तु जो तट से दूर 200 मीटर से अधिक गहरे भागों के जल में रहते हैं **महासागरीय** कहलाते है। महासागरीय जन्तु फिर, समुद्र की गहराई के अनुसार, ऊपर से नीचे की ओर क्रमशः **अधिपिलैजिक, मध्यपिलैजिक, मज्जीपिलैजिक** तथा **गर्तपिलैजिक** होते हैं। कुछ समुद्री मछलियाँ जनन के लिए समुद्र में गिरने वाली नदियों के मुहानों **ज्वारनदमुख** में चढ़ती है। इसके विपरीत कुछ अलवणीय मछलियाँ जनन के लिये नदियों के मुहानों से समुद्र में जाती है। अलवणीय जल के जन्तु स्थिर जलाशयों (झीलों, तालाबों आदि) के वासी। समुद्री या अलवणीय जल में बहती हुई नदियों, सरिताओं आदि के वासी **लोटिक** हो सकते हैं। समुद्री या अलवणीय जल में निष्क्रिय उतरने वाले जन्तु प्लैंक्टोनिक और सक्रिय तैरने वाले **नेक्टोनिक** होते हैं। कुछ जातियाँ संसारभर में, परन्तु कुछ सीमित भागों में फैली होती है। कुछ रचना में सरल, परन्तु कुछ जटिल होती है। इसी प्रकार, विविध जातियों के बीच माप, आकृति, भार, रंग, सममिति रचना, शरीर संगठन, भोजन व भोजन ग्रहण, जनन वृद्धि, जीवनकाल, स्वभाव आदि अनेक लक्षणों में विविधताएँ पायी जाती है।

वर्गीकरण विज्ञान (TAXONOMY)

जन्तुओं की इतनी बड़ी संख्या और विविधता के कारण प्रकृति एक अस्त–व्यस्त सी लगती है। यदि ध्यानपूर्वक देखे तो इतनी विविधता होने पर भी जन्तु–जगत् क्रमबद्ध और

व्यवस्थित दिखायी देगा। यहाँ तक कि, पारस्परिक समानताओं एवं असमानताओं के आधार पर तुलनात्मक विभाजन करके, सारी जन्तु–जातियों को हम अनेक छोटे–बड़े **समूहों या टैक्सा** में भी बाँट सकते हैं। उदाहरणार्थ, मछलियाँ अनेक प्रकार की होती हैं, परन्तु इन सबकी रचना और कार्यिकी में इतनी समानताएँ होती है कि इनका एक ही समूह–**पिसीज** बनाया गया है। इसी प्रकार, चूहे, बिल्ली, गाय, मनुष्य, बन्दर आदि परस्पर काफी भिन्न होते हैं, लेकिन इन सभी में **स्तन** और बाल होते हैं। अतः इन्हें एक ही समूह, **मैमेलिया** में रखते हैं। रचना में ऐसी समानताओं को **समजातता** कहते हैं। ध्यानपूर्वक देखें तो पता चलेगा कि मछली, मेंढक, छिपकली, पक्षी, मनुष्य आदि की रचना में, विभिन्नताओं के साथ–साथ कुछ महत्वपूर्ण समानताएँ भी होती है– जैसे कि इन सबसे शरीर में कंकाल का ढाँचा होता है। अतः इन्हें एक बड़े समूह **वर्टीब्रेटा** में रखा जाता है।

वर्गीकरण–विज्ञान (Taxonomy or Systematics) : समानताओं एवं असमानताओं के आधार पर सही निर्धारण करके इन्हें वैज्ञानिक नाम देना वर्गिकी की प्रथम आवश्यकता होती है। इसे **नामकरण** (Nomenclature) कहते हैं। नामकरण और वर्गीकरण तथा इनके सिद्धान्तों, नियमों, विधियों आदि के अध्ययन को **वर्गीकरण–विज्ञान या वर्गिकी** कहते हैं। यह आधुनिक जीव–विज्ञान की एक महत्वपूर्ण शाखा है।

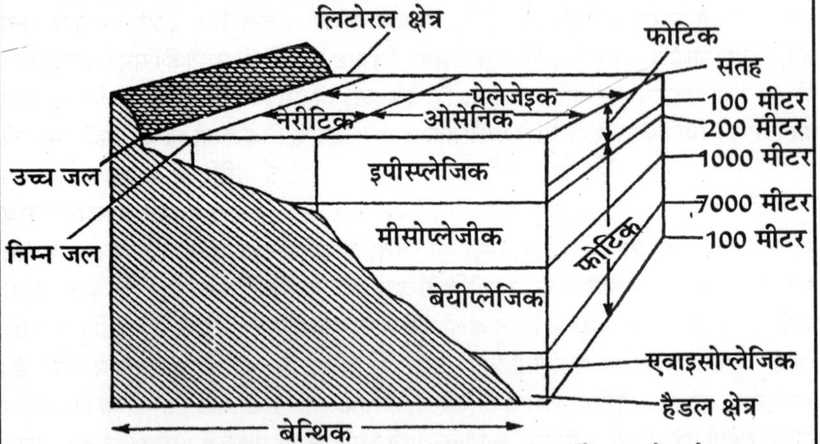

समुद्री जीवों के सम्बन्ध में सागर का क्षेत्रीयकरण वर्गीकरण के उद्देश्य

(1) "**अध्ययन की सुविधा**" वर्गीकरण का प्रथम उद्देश्य रहा है। लाखों जन्तु–जातियों का अलग–अलग अध्ययन करना सम्भव नहीं होता, लेकिन मिलती–जुलती जातियों के समूह में से किसी एक का अध्ययन कर लेने से पूरे समूह की जातियों का मूल ज्ञान हो जाता है। उदाहरणार्थ, किसी एक मछली के अध्ययन से हमें इनकी सभी जातियों की मूल रचना, स्वभाव, आवास, कार्यिकी आदि का ज्ञान हो जायेगा।

(2) वर्गीकरण का दूसरा, अधिक महत्वपूर्ण उद्देश्य होता है विविध जन्तु–जातियों के

मौलिक अर्थात् **प्राकृतिक, विकासीय सम्बन्धों** (natural or phylogenetic relationships) का स्पष्ट बोध करवाना।

वर्गीकरण का संक्षिप्त इतिहास पहले लोग जन्तुओं को कई पृथक आधारों पर वर्गों में बाँटते थे, जैसे घातक-अघातक, उड़ने वाले-न उड़ने वाले, भक्ष्य-अभक्ष्य (edible nonedible), लाभकारी-हानिकारक आदि। प्रसिद्ध ग्रीक दार्शनिक, **अरस्तु** (Aristotle, 384-322 ई. पू.) ने, जिन्हें "**जन्तु विज्ञान का पिता** (Father of Zoology)" कहते हैं, सबसे पहले अपने समय में ज्ञात जन्तुओं का मौलिक अर्थात् प्राकृतिक समानताओं एवं विषमताओं के आधार पर दो प्रमुख समूहों में वर्गीकरण किया-

(1) **ऐनैइमा** (Anaima) : वे जन्तु जिनमें लाल रुधिर नहीं होता, जैसे कि स्पंज, निडेरिया, मौलस्का, आथ्रोपोडा, एकाइनोडर्मेटा आदि अकशेरुकी।

(2) **इनैइमा** (Enaima) : वे जन्तु जिनमें लाल रुधिर होता है। इसमें उन्होंने केवल कशेरुकी जन्तु सम्मिलित किये और इन्हें दो उपसमूहों में बाँटा-

(क) जरायुज (vivipara) : बच्चे देने वाले, जैसे मनुष्य, पशु एवं अन्य स्तनी,

(ख) अण्डयुज (Ovipara) : अण्डे देने वाले, जैसे मछलियाँ, उभयचर साँप व अन्य सरीसृप एवं पक्षी।

अरस्तु के लगभग 2000 साल बाद, सत्रहवीं सदी में, जॉन रे (John Ray, 1693) ने पहले-पहल जन्तु जाति (species) की परिभाषा देकर विभिन्न जातियों का, प्राकृतिक संरचनात्मक सम्बन्धों के आधार पर, वर्गीकरण किया। **कैरोलस लिनियस** (Carolus Linnaeus, 1735) ने अपनी पुस्तक- "Systema Naturae" के दसवां संस्करण (1758) में 4236 ज्ञात जातियों का वर्गीकरण किया और इसके लिये जो प्रणाली अपनायी उसी से आधुनिक वर्गीकरण प्रणाली की नींव पड़ी। उन्होंने ही जन्तु-जातियों के नामकरण हेतु एक **द्विनाम पद्धति** (binomial nomenclature) भी बनायी। उन्हे इसीलिए "**आधुनिक वर्गीकरण का पिता** (Father of Modern Taxonomy) " कहते हैं। 19वीं सदी में अनेक वैज्ञानिकों ने वर्गीकरण-विज्ञान में महत्वपूर्ण योगदान किया।

जन्तु-जातियों का निर्धारण

जाति (Species) वर्गीकरण की सबसे छोटी **मूल इकाई** (basic unit) होती है। अतः जातियों की स्पष्ट पहचान एवं परिभाषा एवं शुद्ध प्राकृतिक वर्गीकरण प्रणाली के लिए सबसे महत्वपूर्ण एवं प्रथम आवश्यकता होती है। **जॉर रे** (1963) ने विभिन्न जातियों की पहचान **सन्तानोन्पत्ति** (reproduction) के आधार पर की। उन्होंने **लिनियस** तथा कुछ अन्य वैज्ञानिकों ने जातियों के निर्धारण केवल संरचना के आधार पर किया। **मेयर** (Mayr 1942) ने कहा, "प्राकृतिक दशाओं में परस्पर लैंगिक जनन (= **अन्तराप्रजनन**-interbreeding) " द्वारा अपनी ही जैसी जननक्षम सन्ताने उत्पन्न करने वाले जन्तु एक जाति के सदस्य होते हैं। * सभी कसौटियों में कठिनाइयाँ आयी, अनेक जन्तुओं में लैंगिकजनन ही नहीं होता, कुछ में एक ही जाति के सदस्य **बहुरूपी** होते हैं, जैसे मधुमक्खी में नर, रानी तथा श्रमिक; ड्रोसोफिला मक्खी की कई जातियों में संरचना लगभग समान होती है। अतः अन्त में वैज्ञानिक इस निष्कर्ष पर पहुँचे कि

जाति-निर्धारण में ही नहीं, वरन् संरचना, भौगोलिक वितरण, कार्यिकी, स्वभाव, विकास आदि की कसौटियों से काम लेना चाहिए। आधुनिक वैज्ञानिक-स्वभाव एवं व्यवहार को अधिक महत्व देते हैं। कुछ मछलियों में नर द्वारा मादा को रिझाने के लिए प्रस्तुत ''**नाच**'' तथा झिंगुरों में नर द्वारा मादा को मैथुन के लिए बुलाने हेतु प्रस्तुत ''**ध्वनियों**'' के आधार पर जातियों के निर्धारण की सफल चेष्टा की गयी है। अब जाति-निर्धारण में आधुनिक वैज्ञानिक **जैव-रासायनिक** विधियों पर बल देने लगे हैं। किसी एक जाति के सदस्यों के अधिकांश **आनुवंशिक लक्षण** समान से होते हैं। अब क्योंकि आनुवंशिक लक्षणों को DNA के जीन्स पीढ़ी-दर पीढ़ी ले जाते हैं, एक ही जाति के सदस्यों के गुणसूत्र, DNA और जीन्स के लगभग समान होंगे। फिर, क्योंकि DNA से RNA का लिप्यन्तरण होता है तथा RNA शरीर की प्रोटीन्स के संश्लेषण का नियंत्रण करता है, एक जाति के सदस्यों में **प्रोटीन्स** लगभग समान, परन्तु जातियों में कम या अधिक भिन्न होनी चाहिए। वास्तव में ही रंगा पदार्थों, रक्त के हीमोग्लोबिन आदि की प्रोटीन्स में वैज्ञानिकों ने विभिन्न जातियों के बीच स्पष्ट भेद पाये हैं।

आधुनिकतम् विचारधारा के अनुसार किसी भी एक जन्तु-जाति के निम्नलिखित लक्षण होते हैं–

(1) यह **अन्तराप्रजनन** (interbreeding) करने वाले जन्तुओं की आबादी होती है।

(2) इस आबादी का एक **जीन समूह** (gene pool) होता है जिसमें कि जीन्स का स्वतंत्र अपव्यूहन होता रहता है।

(3) इसकी प्रत्येक आबादी में वातावरणीय दशाओं के अनुसार **अनुकूलन** (adaptation) और प्राकृतिक चयन की प्रक्रियाएँ सदैव चलती रहती हैं।

(4) इस प्रकार, इसमें **उद्विकास** द्वारा नयी जातियों की उत्पतित करने की मूल क्षमता होती है।

जातियों का नामकरण (Nomenclature)

सामान्य या देशी नाम (Common or Vernacular names) **:** आम जन्तु-जातियों को विभिन्न देशों के वासी अपनी-अपनी भाषाओं में विभिन्न स्थानीय देशी नामों से जानते हैं। उदाहरणार्थ, साधारण घरेलू चिड़िया को हम लोग **गौरया,** अंग्रज स्पैरो, जर्मन **हॉस्परलिंग,** हॉलैंडवासी **मुश,** स्पेनवासी गोरिऑन, जापानी **सुजून** तथा पुर्तगाली **पर्डल** कहते हैं। वैज्ञानिकों ने ''कृत्रिम दशाओं में परस्पर मिलती-जुलती जातियों के बीच प्रसंकरण द्वारा कृत्रिम संकर जातियाँ उत्पन्न की हैं-शेरनी और नर चीते की सन्तान को **टिगलॉएन**, गधे और जेब्रा की सन्तान को **जेब्राएड** (zebroid), नर बाघ एवं मादा तेन्दुए की सन्तान को **पैन्थोपार्ड** (Panthopard) तथा शेर व मादा चीते की सन्तान को **लाइगर** (liger) कहते हैं। मेहनत का काम करने के लिए घोड़ी व गधे से **खच्चर** (mules) पैदा किये जाते हैं।'' ये संकर जातियाँ प्राकृतिक जन्तु-जातियाँ नहीं हैं, क्योंकि इनके सदस्यों में सन्तानोत्पत्ति की क्षमता नहीं होती।

वैज्ञानिक नाम, द्विनाम पद्धति (Binomial nomenclature) **: लिनियस** ने, अपनी पुस्तक "Systema Nature" के दसवें संस्करण (1758) में, जीव-जातियों का नामकरण एक नयी विधि से किया। जैसे कुछ लोगों में बेटों के नाम के साथ पिता का नाम जोड़ने की प्रथा होती

है, वैसे ही **लिनियस** ने प्रत्येक जाति को **दोहरा नाम** दिया। ऐसे नाम में दूसरा पद **जाति** का तथा पहला उस **श्रेणी** का नाम था जिसमें उन्होंने इस जाति से मिलती-जुलती सभी जातियों को सम्मिलित किया। उदाहरणार्थ, गौरया को उन्होंने **पैसर डोमेस्टिकस**, मनुष्यों को **होमो सैपियन्स** कुत्ते को **कैनिस फैमीलिऐरिस** आदि नाम दिये। नामकरण की इसी प्रणाली को **द्विनाम पद्धति** कहा गया। आधुनिक वैज्ञानिक इसी विधि का उपयोग करते हैं। जीव-जातियों के इसकेअनसार निर्धारित नाम, देशी नामों के विपरीत, अन्तर्राष्ट्रीय **वैज्ञानिक नाम** होते हैं।

त्रिनाम पद्धति (Trinomial Nomenclature) : कुछ जातियों की विभिन्न आबादियों के बीच, विभिन्न वातावरण में रहने या अन्य कारणों से, कुछ महत्वपूर्ण असमानताएँ हो जाती है तो इन्हें **उपजातियां** मान लेते हैं। प्रत्येक उपजाति के लिए एक नया नाम निर्धारित कीके इस जाति के नाम के आगे जोड़ दिया जाता है। इसे **त्रिनाम पद्धति** कहते हैं। उदाहरणार्थ, **कौवे** का वैज्ञानिक नाम **कोवर्स स्प्लेंडेस** है। भारत, लंका तथा बर्मा में कौवों की स्थानीय आबादियाँ हैं जिनमें कुछ अन्तर होते हैं अतः भारतीय कौवे को बर्मी कौवे की तथा लंका के कौवे को उपजातीय नाम दिये गये हैं।

अन्तर्राष्ट्रीय नियम (International Rules of Nomenclature) सन् 1901 में, अन्तर्राष्ट्रीय जन्तु-विज्ञान कांग्रेस के तत्वाधान में, जन्तु जातियों के नामकरण हेतु, **लिनियस** की द्विनाम पद्धति के ही अनुसार कुछ **अन्तर्राष्ट्रीय नियमों** को मान्यता दी गयी, ताकि प्रत्येक जाति की संसारभर में एक ही वैज्ञानिक नाम हो, और कोई एक नाम कई जातियों के लिए न निर्धारित कर लिया जाये। ये नियम सन् 1961 में संशोधित भी हुए। इनके अनुसार प्रत्येक जाति के नाम में श्रेणी का नाम बड़े अक्षर से तथा जाति का छोटे से, परन्तु पूरा नाम तिरछे अक्षरों (italics) में लिखा जाना चाहिए। यदि किसी एक ही जाति के लिए संसार के विभिन्न वैज्ञानिक विभिन्न नाम रख देते हैं तो सबसे पहले नाम को ही मान्यता दी जाती है।

वर्गीकरण के क्रमबद्ध समूह एवं सिद्धान्त

जैसे साइकिल, मोटर, रेल, जहाज आदि के प्रथम नमूने भद्दे और घटिया होते थे, वैसे ही जन्तु-वर्गीकरण के प्रथम नमूने, सीमित लक्षणों पर आधारित होने के कारण, अप्राकृतिक थे। स्वयं **लिनियस** ने मिलती-जुलती जन्तु-जातियों के लिए श्रेणियाँ बनाकर सारी श्रेणियों का पहले केवल 6 वर्गों में मुख्यतः संरचनात्मक लक्षणों के आधार पर, अप्राकृतिक वर्गीकरण प्रस्तुत किया। ये वर्ग थे **मैमेलिया, एवीज, ऐम्फीबिया, पाइसेस, इन्सेक्टा** एवं **वर्मीस** (Mammalia, Aves, Amphibia, Pisces, Insecta and Vermes)। धीरे-धीरे वर्गीकरण में सुधार हुए जिनके फलस्वरूप जन्तुओं के वर्गीकरण के लिए छः प्रमुख क्रमबद्ध समूह नामों को मान्यता दी गयी। **लिनियस** ने भी बाद में (1758) इन समूह नामों को अपनाया।

(1) **जाति या प्रजाति अर्थात स्पीसीज** (2) **श्रेणी** अर्थात् **जीनस** (Genus)
(3) **कुल** या **कुटुम्ब** (Family) (4) **गण** (Order)
(5) **वर्ग** (Class) (6) **समुदाय** या **संघ** (Phylum)

इन समूहों के क्रम के अनुसार, मिलती-जुलती जातियाँ एक **श्रेणी** में मिलती-जुलती श्रेणियाँ एक जातियों की संख्या बढ़ने के साथ-साथ अब कई समूह-नामों के पहले **उप** (sub)

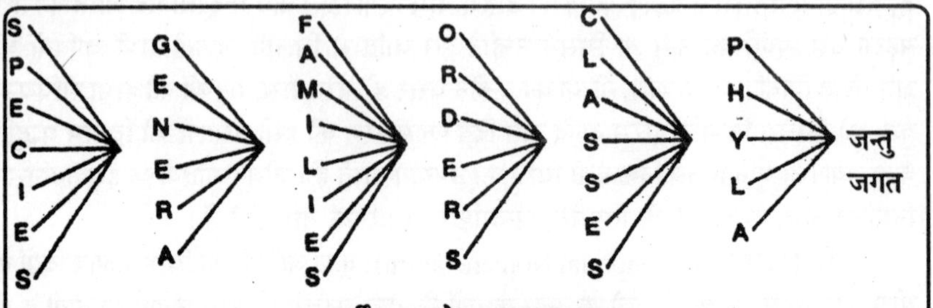

वर्गीकरण के क्रमबद्ध समूह

अधि (super or supra) एवं **अधः** आदि उपसर्ग लगाकर समूह संख्या को बढ़ाना पड़ा है।

कृत्रिम एवं प्राकृतिक वर्गीकरण (Artificial and Natural Classification)

वैज्ञानिक मानते हैं कि वर्तमान जन्तु-जातियों की उत्पत्ति सहपूर्वजों से बहुदिशाई **जैव उद्धिकास** के फलस्वरूप हुई। अतः सभी जातियों में कम या अधिक विकासीय सम्बन्ध होते हैं। हम इन्हीं के आधार पर जन्तु-जातियों को छोटे-बड़े समूहों में बाँट सकते हैं। इस प्रकार पहले के **अप्राकृतिक या कृत्रिम वर्गीकरण** (artificial classification) के विपरीत **प्राकृतिक वर्गीकरण**, प्रकृति की सुव्यवस्था एवं क्रम के अन्तर्गत जन्तु-जगत स्वयं में ही छिपा हुआ है, बस हमें इसकी पूरी खोज करनी है। स्पष्ट है कि प्राकृतिक वर्गीकरण में जातियों को विविध समूह में बाँटने के लिए इनके ऐसे मूल लक्षणों की कसौटियों होनी चाहिए जिनसे कि इनके **आनुवंशिक एवं रुधिर सम्बन्धों** का पता चले। शरीर की सममिति और मूल रचना, इसका विखण्डन, उपांगों, कंकाल तथा देहगुहा आदि की किस्में, लिंग लक्षण, **कोशिकीय** विशिष्टीकरण, आवास एवं स्वभाव, भ्रूणीय परिवर्धन एवं शिशु प्रावस्थाओं की किस्में आदि ऐसे ही लक्षण होते हैं। प्राकृतिक या जातिवृत वर्गीकरण प्रणाली इन्हीं लक्षणों पर आधारित है।

जन्तुओं का वंश-वृक्ष (Genealogical Tree)

उपरोक्त वर्णन के अनुसार, जन्तुओं की प्राकृतिक वर्गीकरण प्रणाली की तुलना हम एक घने वृक्ष से कर सकते हैं जिसकी पत्तियाँ **जातियों** की, छोटी महीनतम् टहनियाँ **श्रेणियों** की बड़ी टहनियाँ कुटुम्बों की, छोटी शाखाएँ **वर्गों** की, प्रमुख मोटी शाखाएँ **समुदायों या संघों** की तथा मुख्य तना **जन्तु-जगत** का द्योतक होता है।

जन्तुओं का आधुनिक वर्गीकरण (स्टोरर तथा यूसिंगर के अनुसार)

प्रकृति के समस्त जीवों के पाँच जगत् (Kingdoms)

मानव ने प्रारम्भ से ही प्रकृति में दो प्रकार के जीवों की पहचान की है-जन्तु एवं पादप। तदनुसार **लिनियस** ने इन्हें क्रमशः जगत एवं पादप जगत में तीन प्रमुख लक्षणों के आधार पर पृथक किया-केवल पादप कोशाओं में **पर्णहरिम** (chlorophyll) की तथा कोशाओं के चारों ओर **सेलुलोज** (cellulose) की बनी दृढ़ **कोशा-भित्ति** की उपास्थिति और केवल जन्तुओं में **गमन** एवं **संवेदनशीलता** का विकास। जीवों की यह दो-जगत वर्गीकरण प्रणाली बड़े (स्थूलकाय macroscopic) जीवों के लिए तो ठीक है, परन्तु **सूक्ष्म** (microscopic) एवं अधिकांश एककोशीय **जीवों** (बैक्टीरिया, नीले हरे शैवाल एवं प्रोटोजोआ) और पर्णहरिमरहित, लेकिन

फिर भी पादप समान **कवकों** (fungi) को इस प्रणाली में फिट करने में वैज्ञानिक प्रारम्भ से ही सकुचाते रहे हैं। इस प्रणाली में प्रोटेजोआ को जन्तु-जगत् में और बैक्टीरिया, नीले हरे शैवालों तथा कवकों को पादप-जगत् में सम्मिलित किया जाता रहा है। बैक्टीरिया एवं नीले हरे शैवाल ऐसे एककोशीय जीव होते हैं जिनमें आनुवंशिक पदार्थ तो होता है, परन्तु इस पदार्थ को कोशाद्रव से पृथक रखने हेतु केन्द्रक नहीं होता। इन्हें इसीलिए केन्द्रकविहीन अर्थात् पूर्वकेन्द्रकीय कोशाएँ कहते हैं। **हीकेल** (Ernst Haeckel, 1984) ने इनके लिए एक पृथक **मोनेरा-जगत्** (Kingdom Monera) की स्थापना की। प्रोटेजोआ भी एककोशीय होते हैं, परन्तु इनमें केन्द्रक होता है, अर्थात् ये स्वतंत्र जीवनयापी सुकेन्द्रीय कोशाओं के रूप में होते हैं। इनकी विभिन्न जातियों में या तो जन्तुओं अथवा पादपों के स्पष्ट लक्षण ही नहीं होते या फिर दोनों ही के लक्षण एक साथ पाये जाते हैं। अतः **हीकेल** ने सन् 1868 में ही इनके लिए भी एक पृथक **प्रोटिस्टा जगत्** की स्थापना की थी।

वर्तमान सदी के मध्य से सूक्ष्म जीवों के बारे में हमारे ज्ञान में अभूतपूर्व वृद्धि हुई है। तभी से आधुनिक वैज्ञानिक दो-जगत वर्गीकरण प्रणाली को बदलने पर विचार करते आ रहे हैं। पहले एक तीन-जगत प्रणाली में समस्त एककोशीय जीवों के लिए **प्रोटोक्टिस्टा जगत,** बहुकोशीय पादपों एवं कवकों के लिए **पादप जगत** तथा बहुकोशीय जन्तुओं के लिए **जन्तु जगत** का विचार प्रेषित हुआ। इसके बाद चार-जगत प्रणाली का विचार प्रस्तुत हुआ। इस प्रणाली में प्रोटोक्टिस्टा के स्थान पर **मोनेरा** और **प्रोटिस्टा** जगतों को मान्यता दी गयी। अन्त में, कवकों को भी पादपों से पृथक करके, **फन्जी जगत** (Kingdom Fungi) में रखा गया। इस प्रकार जीवों के वर्गीकरण में **ह्वीटेकी** (Whittaker, 1961) के अनुसार, अब पाँच जगत प्रणाली को मान्यता दी गयी है। इसी प्रणाली को **स्टोरर** तथा **यूसिंगर** की पुस्तक ने 1983 के संशोधित संस्करण में अपनाया गया है।

प्रोटिस्टा जगत् (Kingdom Protista)

सुकेन्द्रकीय एककोशीय (eukaryotic unicellular) **जीव।**

संघ प्रोटोजोआ (Phylum Protozoa) : सारे प्रोटिस्ट इसी संघ में रखे जाते हैं। पहले इस जन्तु-समूह को जन्तु-जगत का एक उपजगत् मानते थे। इन जन्तुओं में पूरा शरीर ही स्वतंत्र जीवन व्यतीत करने योग्य एक ही सुकेन्द्रकीय कोशा के रूप में होता है। उदाहरण अमीबा ।

जन्तु जगत् (Kingdom Animal or Metazoa)

समस्त सु केन्द्रकीय बहुकोशीय (eukaryotic multicellular) **जन्तु।**

यह जगत बहुत विशाल और विषम है। इसके सदस्यों की विविधता के कारण, इसका विस्तृत वर्गीकरण निम्नवत् किया जाता है-

शाखाएँ (Branches):-मेटाजोआ को तीन **शाखाओं** में बाँटा जाता है।

(क) शाखा मीसोजोआ (Mesozoa) : समुद्री अकशेरुकी (invertebrate) जन्तुओं के सूक्ष्म, कृमि सदृश **परजीवी**। कुछ में शरीर **द्विपार्श्वीय** (biateral) ऊतक नहीं, एक या अधिक जनन कोशाओं के चारों ओर रोमाभि (ciliated) पाचन कोशाओं का बाहरी स्तर। एक ही संघ-**मीसोजोआ** (Phylum Mesozoa) में। उदाहरण-**डाइसिएमा।**

(ख) शाखा पैराजोआ (Parazoa) : जलीय, **स्पंज जन्तु।** ऊतक नहीं होते। अतः शरीर–गठन केवल **कोशीय स्तर** का। देहभित्ति छिद्रयुक्त एवं **द्विस्तरीय,** अर्थात् केवल दो भ्रूणीय जननिक स्तरों–**एक्टोडर्म एवं एण्डोडर्म** (ectoderm and endoderm) की बनी। स्पष्ट मुख एवं पाचन गुहा अनुपस्थित। पाचन कोशाएँ कशाभिकीय और शरीर में भीतर की ओर स्थित। एक ही संघ–**पोरीफेरा** (Phylum Porifera) में। उदाहरण–**साइकॉन**

(ग) शाखा एन्टीरोजोआ या यूमेटाजोआ (Enterozoa or Eumetazoa) शेष मेटाजोआ। शरीर गठन **ऊतकीय या अंगीय स्तर** का। देहभित्ति छिद्रयुक्त नहीं। स्पष्ट मुख एवं पाचन गुहा उपस्थित।

प्रभाग (Divisions):- शाखा यूमेटाजोआ को दो प्रभागों में बांटा जाता हैं–

(अ) प्रभाग रेडिएटा (Radiata) : शरीर की मूल सममिति **अरीय।** अतः शरीर को लम्बाई में कई रेखाओं पर समान अर्धभागों में बाँटा जा सकता है। शरीर गठन **द्विस्तरीय** और केवल **ऊतकीय स्तर** का। अतः स्पष्ट अंग नहीं बनते। शरीर में केवल एक ही जठरवाहिनी गुहा होती है जो भोजन के पाचन और पचे हुए पदार्थों के वितरण, दोनों का कार्य करती है। गुदा अनुपस्थित। रेडिऐटा को दो संघों में बाँटा गया है–

(i) **संघ निडेरिया या सीलेण्ट्रेटा** (Phylum Cnidaria Coelenterata) : विशेष प्रकार की दंश–कोशाओं की उपस्थिति इन जन्तुओं का सबसे महत्वपूर्ण लक्षण होता है। रोमाभि कंकत प्लेटें अनुपस्थित। मुख कोमल स्पर्शकों द्वारा घिरा। उदाहरण–**हाइड्रा** *(Hydra)*

(ii) **संघ टीनोफोरा** (Phylum Ctenophora) : दंश–संपुट एवं स्पर्शक अनुपस्थित। गमन के लिए रोमाभि कंकत प्लेटों की आठ बाह्य श्रृंखलाएँ । उदाहरण–**बीरो** *(Beroe)*। वयस्क **एकाइनोडर्मेटा** (Echinodermata) में अरीय सममिति होती है, लेकिन यह एक मूल, भ्रूणीय द्विपार्श्वीय सममिति के रूपान्तरण के कारण होती है।

(ब) प्रभाग बाइलैटरिया (Bialateria) : इनमें शरीर **त्रिस्तरीय** तीन भ्रूणीय जननिक स्तरों से बना, अर्थात् भ्रूण में मीसोडर्म भी एवं **द्विपार्श्व** होता है, इसे लम्बाई में केवल मध्य रेखा पर ही दो समान अर्धभागों (दाँया एवं बाँया) में बाँटा जा सकता है। इसमें स्पष्ट अंग भी ।

उपप्रभाग (Subdivisions)

मुख्यतः भ्रूणीय विकास के आधार पर द्विपार्श्वीय यूमेटाजोआ को दो उपप्रभागों – प्रोटोस्टोमिया एवं ड्यूटरोस्टोमिया– में बाँटा गया है–

(i) **उपप्रभाग प्रोटोस्टोमिया** (Protostomia) **प्रथम** तो इनमें भ्रूणीय विदलन **निश्चात्मक एवं सर्पिल** (determinate and spiral) होता है। ऐसे विदलन में कोरकखण्डों का भविष्य प्रारम्भ से ही निश्चित हो जाता है। उदाहरणार्थ, जाइगोट के प्रथम दो विदलन के फलस्वरूप बने चार कोरकखण्डों को परस्पर पृथक भी कर दें तो भी प्रत्येक से भावी गैस्टुआ और लार्वा का पुर्वनिश्चित चौथाई भाग ही बनेगा। दूसरे, प्रोटोस्टोम्स में वयस्क का मुख भ्रूणीय ब्लैस्टोपोर से ही या इसके निकट बनता है। तीसरे, प्रोटोस्टोम्स में मीसोडर्म भ्रूण के एक पृथक कोरकखण्ड से

बनती है। यह कोरकखण्ड, पहले, दो प्राथमिक मीसोडर्मी कोशाओं (primordial mesoderm cells) में विभाजित होता है जो भावी गुदा के निकट स्थित होती है। बाद में इन कोशाओं के सक्रिय विभाजनों से शरीर के दोनों ओर मीसोडर्मी कोशाओं की पट्टियाँ बन जाती है। खण्डयुक्त प्रोटोस्टोम्स में प्रत्येक मीसोडर्मी पट्टी खण्डीय पिण्डों में बँट जाती है। वास्तविक/सीलोमयुक्त प्रोटोस्टोम्स में **सीलोम गुहा (प्रगुहा)** प्रत्येक मीसोडर्मी पिण्ड में एक चीर के रूप में बन कर विकसित होती है। सीलोम के बनने की इस विधि को **शाइजोसील (=विखन्डनी-** schizocoelic **)** कहते हैं।

खण्ड (Sctions) :-उपप्रभाग प्रोटोस्टोमिया को तीन खण्डों में बाँटा जाता है-

(A) खण्ड ऐसीलोमैटा (Acoelomata) : इनमें देहगुहा नहीं होती। देहभित्ति और आंतरांगों के बीच **पैरेनकाइमा** नामक एक ढीला सा मीसोडर्मल ऊतक भरा रहता है। इन्हें तीन संघों में बाँटा गया है।

(1) **संघ प्लैटीहेल्मिन्थीज** (Phylum Platyhelminthes) **: चपटे कृमि** (flatworms)। अधिकांश सदस्य अन्य जन्तुओं के बाह्य या अन्तः परजीवी। शरीर चपटा, पत्ती या फीतेनुमा। गुदा अनुपस्थित। अधिकांश द्विलिंगी। उदाहरण-**फेशिओला** *(Fasciola)* **टीनिया** (*Taenia)* आदि।

(2) **संघ निमर्टीनिया** (Phylums Nemertinea) **: फीताकृमि** (Ribbon worms) अधिकांश जलीय। शरीर लम्बा, पतला, लचीला, रोमाभि एवं खण्डविहीन। मुख आगे की ओर एक बहिवर्तनीय शुण्ड पर। गुदा उपस्थित। अधिकांश एकलिंगी। उदाहरण-**स्टिकोस्टेमा** *(Stichostemma)*।

(3) संघ नैथोस्टोमुलाइडा (Phylum Gnathostomulida) : समुद्रतल पर मिट्टी और कीचड़ के वासी। शरीर सूक्ष्म (1 मिमी. तक), नालाकार, अर्धपारदर्शक, रोमाभयुक्त एवं खण्डविहीन। गुदा अनुपस्थित। द्विलिंगी। उदाहरण-**हैपैग्नैथा** *(Hapagnatha)*।

(B) खण्ड स्यूडोसीलोमैटा (Pseudocoelomata) इनमें भ्रूणीय ब्लैस्टोसील से व्युत्पन्न देहगुहा होती है जो वयस्कों में मीसोडर्मी एवं एण्डोडर्मी रचनाओं के बीच में स्थित रहती है। इसे मिथ्या देहगुहा कहा जाता है। गुदा उपस्थित। स्यूडोसीलोमैटा को सात संघों में बाँटा गया है-

(1) संघ एन्टोप्रोक्टा (Phylum Entoprocta) : सूक्ष्म, डंठलयुक्त, स्थानबद्ध जलीय जन्तु। आहारनाल U के आकार की। अतः मुख व गुदा-द्वारा अग्रछोर पर पास-पास और रोमाभि स्पर्शकों के एक सहघेरे में बन्द। स्युडोसील गुहा पैरेनकाइमा से भरी। उदाहरण-**पेडिसिलाइना** (pedicellina).

(2) संघ रोटिफेरा (Phylum Rotifera) **: चक्र जन्तुक** (Wheel animalcules)। मुख्यतः अलवणीय जल या गीली मिट्टी में। शरीर सूक्ष्म, बेलनाकार, कड़ोर क्यूटिकिल के खोल में सुरक्षित। अग्र छोर रोमाभि चक्रांग के रूप में। पश्च छोर द्विशाखित। उदाहरण-**फाइलोडाइना** *(Pedicellina)*.

(3) संघ गैस्ट्रोट्राइका (Phylum Gastrotricha) : अतिसूक्ष्म जलीय कृमि। शरीर लम्बा, पतला लचीला, खण्डविहीन। अधरतल पर रोमाभ, पृष्ठ पर कंटक, शल्क या अन्य उभार। मुख अग्र छोर पर, कंटिकाओं द्वारा घिरा। एकलिंगी या द्विलिंगी। उदाहरण-**कीटोनोटस** (*Chetonotus*).

(4) संघ काइनोरिका (Phylum Kinorchyncha) : सूक्ष्म कृमि, समुद्रतल की कीचड़ के वासी। शरीर नालाकार, 13 या 14 मुद्राकार खण्डों में बँटा, कंटकयुक्त, परन्तु रोमाभविहीन। शीर्ष कटकमय शुण्ड के रूप में। मुख शुण्ड के शिखर पर। एकलिंगी। उदाहरण-**एकाइनोडेरीस** (*Echinoderes*) ।

(5) संघ निमैटोमॉरफा (Phylum Nematomorpha) : अश्वरोम कृमि शरीर से 70 से 700 मिमी. लम्बा, महीन, धागेनुमा। शिशु प्रावस्था में कीटों के परजीवी; वयस्क अलवणीय जल में स्वतंत्र। शरीर खण्डविहीन। उदाहरण-**गॉर्डियस** (*Gordius*). ।

(6) संघ निमैटोडा (Phylum Nematoda) सूत्र कृमि : जल या गीली मिट्टी में या अन्य जन्तुओं और पादपों के परजीवी। शरीर एक मिमी. 25 ।

(7) संघ ऐकैन्थोसिफैला (Phylum Acathocephala) : कशेरुकियों के छोटे व कुछ चपटे परजीवी। अग्र छोर पर आकुंचनशील कंटकयुक्त शुण्ड। आहारनाल अनुपस्थित। एकलिंगी उदाहरण-**एकाइनोरिंकस** (*Echinorhynchus*)।

(C) खण्ड यूसीलोमेटा (Eucoelomata) इसमें मीसोडर्मी कला, अर्थात् पेरीटोनियम से स्तरित वास्तविक देहगुहा अर्थात् **सीलोम** होती है। इन्हें सत्रह संघों में बाँटा गया है। प्रथम तेरह संघों के सदस्य प्रोटोस्टोम्स होते हैं तथा शेष चार के ड्यूरोस्टोम्स।

पोटोस्टोमी यूसीलोमैटा

(1) संघ ब्रायोजोआ (Phylum Bryozoa or Ectoprocta) सूक्ष्म संघीय जन्तु जिनकी जल में पत्थरों आदि पर काई- जैसी अपवृद्धियाँ होती है। आहारनाल U के आकार की। अतः मुख एवं गुदा पास-पास। मुख के चारों ओर रोमाभि स्पर्शकों का घेरा। द्विलिंगी। उदाहरण-**बगुला** (Bugula) ।

(2) संघ फोरोनाइडा (Phylum Phoronida) : कृमि-सदृश समुद्री जन्तु। नालाकार शरीर खण्डविहीन। आहारनाल U सदृश। अग्र छोर अर्धचन्द्राकार रोमाभि लोफोफोर के रूप में। मुख व गुदा लोफोफोर से बाहर। द्विलिंगी। उदाहरण-**फोरोनिस** (*Phoronis*) ।

(3) संघ ब्रैकिओपोडा (Phylum Brachiopoda) : द्विकपाटीय चूनेदार (limy) खोल में बन्द, स्थानबद्ध सवृन्त समुद्री जन्तु। रोमाभि स्पर्शकयुक्त दो लोफोफोर। गुदा उपस्थित या अनुपस्थित। एकलिंगी। उदाहरण-**लिंगुला**।

(4) संघ मोलस्का (Phylum Mollusca) : जलीय या स्थलीय। कोल व लसलसा शरीर बाह्य भित्ति के एक प्रावार तथा प्रायः एक चूनेदार खोल द्वारा ढका। गमन के लिए मांसल पाद। श्वसन अधिकतर क्लोमों द्वारा। सीलोम लघुकृत। अधिकांश एकलिंगी। उदाहरण-**सीप,**

घोंघा (Snail) आदि।

(5) संघ ऐनीलिडा (Phylum Annelida) : खण्डयुक्त कृमि। जलीय या भूमिगत। गमन देहभित्ति में गड़े शूकों या अन्य असंयुक्त उपांगों (पैल्प्स, पैरापोडिया, स्पर्शक आदि) द्वारा। सीलोम वृहद्। देहभित्ति की क्यूटिकिल काइटिनरहित। उदाहरण–**केंचुए** (Earthworms), **जोंके** (Leeches) आदि।

(6) संघ साइपनकुलॉइडिया (Phylum Sipunculoidea) : समुद्री **मूँगफली कृमि** (Peanut worms)"। नालाकार अखण्डीय शरीर अत्यधिक संकुचनशील। मुख छोटे-छोटे खोखले स्पर्शकों द्वारा घिरा। सीटी का अभाव। अग्र छोर पतला व आकंचनशील। सीलोम वृहद अखण्डीय व रोमाभि। एकलिंगी। उदाहरण–**साइपनकुलस** (*Sipunculus*)।

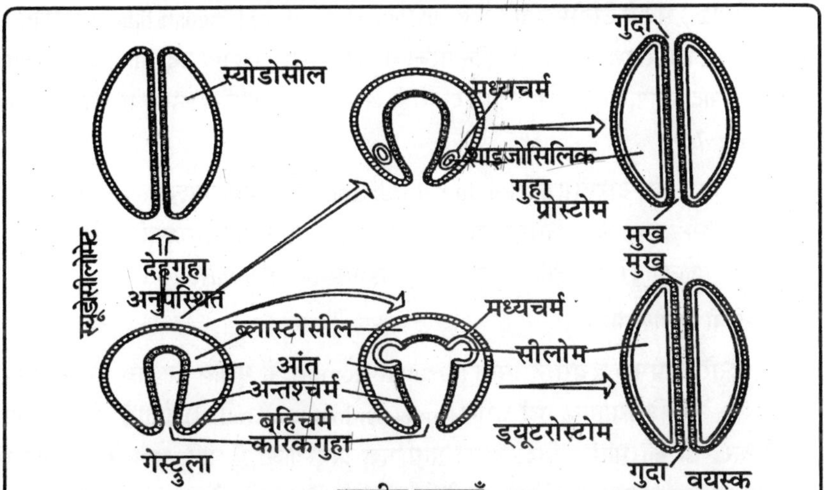

प्रगुहीय रचनाएँ

(7) संघ एकीयूरॉइडिया (Phylum Echiuroidea) : समुद्री शरीर खण्डविहीन। अग्र छोर मुख के आगे स्थित एक लम्बी व लचीली शुण्ड के रूप में। आहारनाल कुण्डलित। गुदा पश्च छोर पर। मुख के पीछे, अधरतल पर एक जोड़ी बड़े शूक। एकलिंगी। उदाहरण–**एकीयूरस** (*Echiurus*)।

(8) संघ प्रोयपुलाइडा (Phylum Priapulida) : छिछले समुद्रतल की कीचड़ के वासी। कृमि-सदृश शरीर सँकरा, नालाकार 15 सेमी. तक लम्बा, पीला या भूरा, खण्डविहीन। अग्र भाग कंटकयुक्त खण्ड के रूप में। पश्च भाग पर गुदा को घेरे छोटी-छोटी कोमल व खोखली क्लोम-सदृश रचनाएँ। एकलिंगी। उदाहरण–**प्रायपुलस** (*Pripulus*)।

(9) संघ पोगोनोफोरा (Phylum Pogonophora) : समुद्री "**ढाढ़ी कृमि** (beard worms)"। शरीर पतला, नालाकार, 50 से 350 मिमी. लम्बा, काइटिनयुक्त खोल में बन्द। रोमाभि स्पर्शक उपस्थित। आहारनाल का अभाव। उदाहरण–**पोलीब्रैकिया** (*Polybrachia*)।

(10) संघ ओनाइकोफोरा (Phylum Onychophora) : बिलों में रहने वाले छोटे, स्थलीय कृमि। शरीर लगभग 50 मिमी. लम्बा व पतला, नालाकार एवं खण्डविहीन। अग्र छोर पर जोड़ीदार ऐन्टीना व पैल्प्स, परन्तु स्पष्ट शीर्ष नहीं। गमन 15 से 44 जोड़ी छोटे, अखण्डीय ठूँठनुमा पादों द्वारा। प्रत्येक पाद के छोर पर दो पंजे। एकलिंगी व जरायुजी। उदाहरण-**पेरीपैटस** (*Peripatus)* ।

(11) संघ आर्थ्रोपोडा (Phylum Arthropoda) : जलीय, स्थलीय या वायुवीय। शरीर खण्डयुक्त तथा सिर, वक्ष एवं उदर भागों में विभेदित। चार या अधिक जोड़ी संयुक्त उपांग। शरीर पर काइनिटनयुक्त क्यूटिकल का बाह्य कंकाल। सीलोम लघुकृत। अधिकांश एकलिंगी उदाहरण-**केकड़ा, झींगा, मक्खी मच्छर** आदि।

(12) संघ पेन्टैस्टोमाइडा (Phylum Pentastomida or Linguatulida) : कशेरुकियों के कोमल, कृमि-सदृश एवं खण्डविहीन परजीवी। शरीर सिर, वक्ष एवं उदर भागों में विभेदित। ऐन्टिनी व पाद अनुपस्थित। मुख के पास दो जोड़ी अधर हुक। एकलिंगी। उदाहरण-**लिंग्वाटुला** (*Linguatula)* ।

(13) संघ टारडीग्रेडा (Phylum Tardigrada) : "**जल भालू** (Water bears)"। सूक्ष्म (1 मिमी. तक लम्बा) शरीर नालाकार, खण्डविहीन। चार जोड़ी अखण्डीय छोटे, ठूँठनुमा व पंजेयुक्त चलनपाद। एकलिंगी। उदाहरण-**ऐकाइनिस्कस** (*Echiniscus)* ।

इ्यूरोस्टोमी यूसीलोमैटा

दूसरे उपप्रभाग **ड्यूरोस्टोमिया** (Deuterostomia), में भ्रूणीय विदलन, प्रोटोस्टोमिया के विपरीत, **अनिश्चियात्मक एवं अरीय** (indeterminate and radial) होता है। ऐसे विदलन में कोरकखण्डों का भविष्य विदलन की प्रारम्भिक प्रावस्थाओं में नहीं, वरन् काफी बाद में ब्लैस्टुला या गैस्टुला प्रावस्था में निश्चित होता है। अतः यदि जाइगोट के प्रथम चार कोरकखण्डों को परस्पर पृथक कर दें तो प्रत्येक से एक पूर्ण लार्वा बन जायेगा। प्रोटोस्टोम्स के विपरीत, डॅयूरोस्टोम्स में गुदा ब्लास्टोपोर से या इसके निकट परन्तु मुख इससे दूर बनता है। मीसोडर्म एवं सीलोम गुहा का विकास भी ड्यूरोस्टोम्स में भिन्न विधि से होता है। गैस्टुला में आरकेन्ट्रॉन गुहा की दीवार (एण्डोडर्म-endoderm) से जोड़ीदार खण्डीय प्रवर्ध निकलते हैं जो बाद में इससे पृथक हो जाते हैं। यही प्रवर्ध बाद में परस्पर जुड़कर दोनों ओर की मीसोडर्म बनाते हैं। कुछ (एकाइनोडर्मेटा एवं निम्न कोटि के कॉर्डेटा) में ये प्रवर्ध खोखले, थैलीनुमा होते हैं और इन्ही की गुहाएँ मिलकर भावी सीलोम गुहा बनाती है। गुहा के बनने की विधि को **एन्टीरोसीली** (enterocoely) तथा सीलोम को **एन्टीरोसीलिक** (enterocoelic) कहते हैं। उच्च कॉर्डेटा (= वर्टीब्रेटा-Vertebrata) में आकेन्ट्रॉन के प्रवर्ध ठोस होते हैं। अतः सीलोम गुहा इनमें चीर के रूप में प्रकट होकर विकसित होती है। इस प्रकार वर्टीब्रेटा मूलतः एन्टीरोसीलिक, परन्तु परोक्ष रूप में शाइजोसीलिक होते हैं।

(14) संघ कीटोग्नैथा (Phylum Chaetognatha) "**बाण कृमि** (arriw worms)"। छोटे, पतले, पारदर्शक समुद्री जन्तु। शरीर सिर, धड़ एवं पूँछ में विभेदित। तैरने के लिए पंखने (fins)। मुख के चारों ओर कंटिकाओं का घेरा। एकलिंगी। उदाहरण–**सैजीटा** (*Sagitta)*।

(15) संघ एकाइनोडर्मेटा (Phylum Echinodermata) : पंच अरीय (pentamerous) एवं अखण्डीय समुद्री जल। देहभित्ति में अनेक कंटक तथा इसकी डर्मिस में चूनेदार प्लेटों का अन्तः कंकाल। गमन के लिए खोखले, नालाकार पाद (tube feet) अधिकांश एकलिंगी। उदाहरण–**ऐस्टीरियस** (*Asterias)*।

(16) संघ हेमीकॉर्डेटा (Phylum Hemichordata) : समुद्री **लिह्वाकृमि** (tongue worms)" प्रायः लम्बा, नालाकार, खण्डविहीन एवं शुण्ड, कॉलर तथा धड़ (proboscis, collar and trunk) में विभेदित। निम्न कोटि की नोटोकॉर्ड, ग्रसनीय क्लोम दरारें तथा पृष्ठ नालाकार तंत्रिका रज्जु उपस्थित। उदाहरण–**बैलेनोग्लोमस**।

(17) संघ कॉर्डेटा (Phylum Chordata) : जलीय, स्थलीय या वायुवीय। आजीवन या भ्रूण में नोटोकॉर्ड। केन्द्रीय तंत्रिका-तंत्र पृष्ठ एवं नालावत्। जोड़ीदार ग्रसनीय क्लोम दरारें। गुदा के पीछे प्रायः स्पष्ट पूँछ। उदाहरण–**मछली, मेंढक, छिपकली, पक्षी, पशु, मनुष्य** आदि।

उपरोक्त वर्णन के अनुसार प्रमुख जन्तु-समुह **संघ** (phylum) होते हैं। **स्टोरर तथा यूसिंगर** ने पूरे जन्तु-जगत् को इकत्तीस संघों में बाँटा है। इनमें से केवल दस संघ प्रमुख हैं। जीवों की वर्तमान वर्गीकरण प्रणाली में इनके स्थान पीछे चार्ट में दिखाये गये हैं। संघ मीसोजोआ, पोरीफरा, निडेरिया एवं टीनोफोरा के जन्तु **द्विस्तरीय** (diploblastic) होते हैं, अर्थात् इनके भ्रूण में केवल दो प्राथमिक जननिक स्तर - एक्टोडर्म एवं एण्डोडर्म बनते हैं। अन्य मेटाजोआ **त्रिस्तरीय** (triploblastic) होते हैं। इनके भ्रूण में मीसोडर्म स्तर भी बनता है।

द्विपार्श्वीय एवं प्रोटोस्टोमी यूसीलोमेट यूमेटाजोआ जिनका कोमल शरीर (Mollusca-L., mollis or molluscum = soft) **खण्डयुक्त नहीं होता और इस पर देहभित्ति के वलन से बना मैन्टल** (mantle) **नाम का लिफाफेनुमा आवरण होता है जो अधिकांश सदस्यों में कैल्शियमयुक्त कवच** (shell) **का स्त्रावण करता है।**

इनकी लगभग 80,000 विद्यमान और 40,000 विलुप्त जातियाँ ज्ञात है। तालाबों, पोखरों, नदियों झीलो, सरिताओं आदि के किनारे पाये जाने वाले **घोंघे** (snails) एवं **सीप** (mussels), पूजा-पाठ में बजाया जाने वाला समुद्री **शंख, कौड़ियाँ** आदि सब मोलस्का ही होते हैं। कवचों सहित इनके अध्ययन को **मैलैकोलॉजी** (Malacology) या **कॉन्कोलॉजी** (Conchology) कहते हैं। कुछ मॉलस्का खाने के और कुछ बटन, मोती आदि बनाने के काम आते हैं।

संक्षिप्त इतिहास

अरस्तु (Aristotle) ने इस संघ के कई सदस्यों का वर्णन किया। **जोन्स्टन** (Johnston, 1650) ने इसे वर्तमान नाम दिया।

प्रमुख लक्षण

1. अधिकांश समुद्री, कुछ अलवणीय जल में, कुछ नम भूमि पर। अधिकांश स्वतंत्र रेंगने वाले, कुछ चट्टानों आदि से चिपके, कुछ तैरने वाले तथा कुछ सुरंगों में रहने वाले।

2. कोमल शरीर प्राय: **श्लेष्म** में सरोबार रहने के कारण गिलगिला।

3. शरीर मूलत: **द्विपार्श्वीय**, परन्तु अनेक सदस्यों में **ऐंठन** (torsion) के कारण कुण्डलित।

4. **त्रिस्तरीय** (triploblastic) एवं **अखण्डीय** (unsegmented) शरीर के चारों ओर देहभित्ति के वलय (folding) से बना **प्रावार या मेण्टल** होता है जो प्राय: एक **कैल्शियमयुक्त कवच** (calcified shell) का स्त्रावण करता है। शरीर-सतह प्राय: रोमाभि (ciliated)।

5. सीलोम गुहा केवल हृदय के चारों ओर तथा उत्सर्जी अंगों एवं जननांगों में।

6. अधिकांश सदस्यों में स्पष्ट **शीर्ष** और रेंगने, तैरने या बिल बनाने के लिए एक अधरतलीय मांसल **पाद**।

7. पाचन, परिसंचरण, उत्सर्जी एवं तंत्रिका-तंत्र विकसित।

8. **पाचन तंत्र** में पाचन ग्रन्थियाँ तथा एक यकृत (liver) भोजन को चबाने के लिए **रैडुला** (radula) नाम का एक विशिष्ट अंग मुखगुहा में प्राय: उपस्थित।

9. **खुला रुधिर परिसंचरण तंत्र** (Open type of blood vascular system)"। रुधिर रंगहीन या **हीमोसायनिन** (haemocyanin) के कारण नीला या हरा सा।

10. उत्सर्जन जोड़ीदार **अधिउत्सर्गिकाओं** (metanephridia) द्वारा।

11. तंत्रिका तंत्र में कुछ जोड़ीदार गुच्छक (gangila) और इन्हें जोड़ने वाली तथा कुछ अन्य तंत्रिकाएँ।

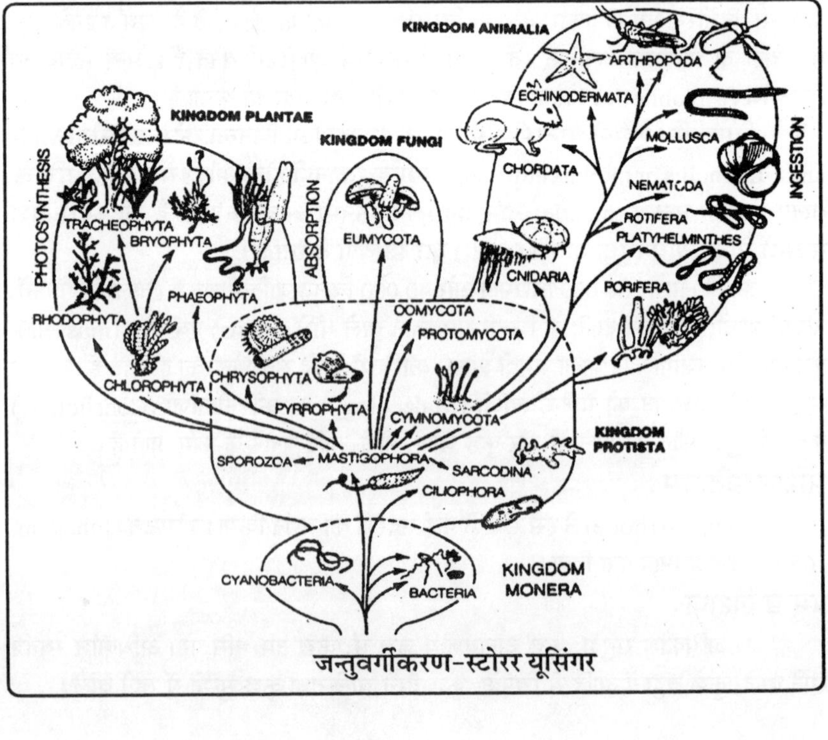

जन्तुवर्गीकरण-स्टोरर यूसिंगर

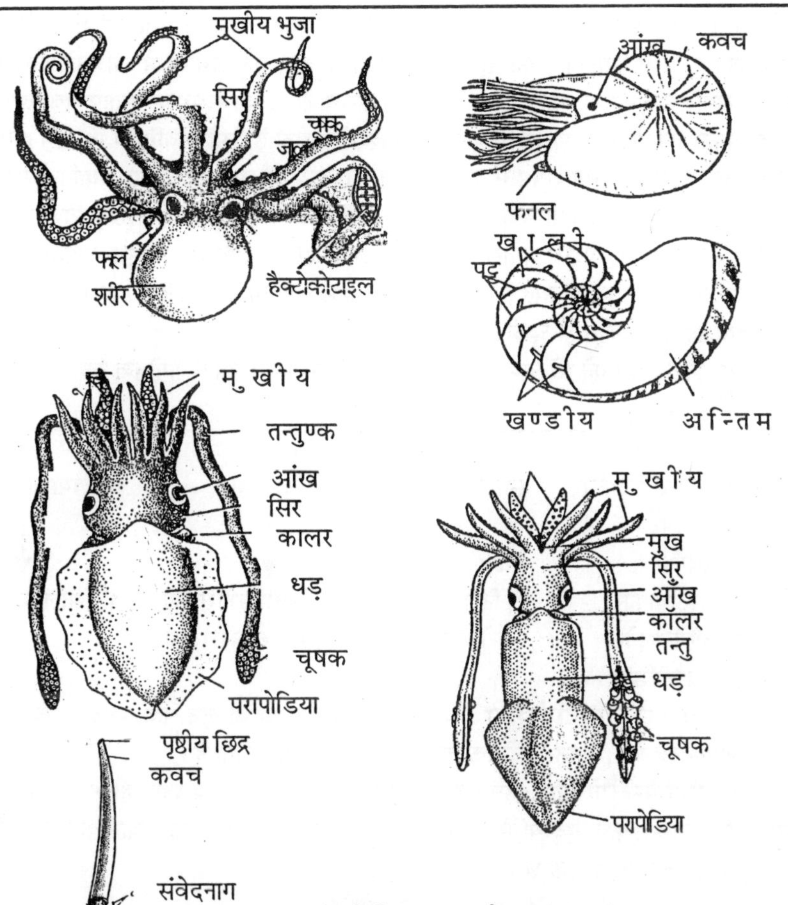

विभिन्न प्रकार के मालस्कन जन्तु

अकशेरूकी जन्तुओं का वर्गीकरण

संघ प्रोटोजोआ

शब्द प्रोटोजोआ गोल्डफस ने दिया, एवील्युवेन हॉक ने सर्वप्रथम प्रोटोजोआ के जन्तुओं का अध्ययन किया। प्रोटोजोआ के सदस्यों के अध्ययन को प्रोटोजुलोजी कहते हैं। प्रोटोरोस्पोरेन्जीया को प्रोटोजोआ तथा पॉरीफेरा के बीच की योजक कड़ी कहा। सबसे बड़ा प्रोटोजोआ पिलोमिक्सा पेल्स्ट्रिया है जिसका आकार 6 मिमी.। सबसे तेज दौड़ने वाला प्रोटोजोआ मोनासस्टीगमेर है। एन्ट सीबा कोलाई मानव में कोई भी रोग नहीं फैला सकता, लशमानिया डोनोवानी मनुष्य में काला आजार रोग है। अमीबा की खोज रोसलवान रोसेन हॉक ने की। एण्ट अमीबा हिस्टोलेटिका की खोज लोस ने 1875 में की। प्रोटोजोआ संघ के जन्तु आदिम प्रकार के होते हैं जबकि शारीरिक संगठन जीव द्रव्य युक्त होता है। इनका शरीर सूक्ष्मदर्शीय तथा एककोशिय लेकिन बहुकोशियों के समान सभी जैविक क्रियाएं होती है। इसी कारण डोनेल ने अकोशिय जन्तु कहा।

लेदरमुलर ने 1760 में प्रोटोजोआ के जंतुओं को इन्फुसोरिया कहा। डुजर्डिन 1841 में राइजोपोडा शब्द दिया। पेटरी ने सिलिएटा का नाम दिया। पेटरी ने कहा की अमीबा में अधिकोशिकीय कार्यिकी समविभाजन पाया जाता है। पोषण प्राणी समभोजी, पादप समभोजी मृतोपजीवी तथा परजीवी प्रकार का होता है। पाचन क्रिया अन्त कोशिकीय होती है गैसीय विनिमय विसरण द्वारा होता है। अमीबा तथा पेरामीशियम में जल नियमन की क्रिया के नए संकुचनशील धानियाँ पाई जाती है। जीवन चक्र लैंगिक पीढ़ियों के एकान्तरण द्वारा होता है। इन जन्तुओं की प्राकृतिक मृत्यु नहीं होती है। चलनांग, पादाभ, सीलिया तथा कशाभिक होते हैं। स्वभाव में मुक्त प्लावी और कभी–कभी अन्त परजीवी भी होते हैं। इस वर्ग में 50,000 जातियां पाई जाती है जिसमें 30,000 जीवित तथा 20000 विलुप्त हो चुकी हैं।

संघ प्रोटोजोआ को बी. एम. होमनीबर्ग ने 1964 में निम्न प्रकार वर्गीकृत किया।

प्रोटोजोआ

उपसंघ

साइकोमेस्टीगोफोरा	स्पोरोजोआ	निडोस्पोरा	सिलियोफोरा
अधिवर्ग	वर्ग		
1. मैस्टीगोफोरा	1. टिलोस्पोरिया	1. मिक्सोस्पोरिडिया	1. सिलिएटा
2. ओवेलाइनेटा	2. टोक्योप्लाज्मीया	2. माइकोस्पोरेडिया	
3. साइकोडिना			

उपसंघ सास्कोमेस्टीगोफोरा : चलनांग कशाभिक अथवा कुट पाद, केन्द्रक एक से अधिक, पोषण स्वपोषी, जनन अलैंगिक तथा लैंगिक विधि द्वारा होता है।

अधिवर्ग मैस्टीगोफोरा : सरल तथा आदिम प्रकार का जन्तु, चलनांग ही भोजन ग्रहण में सहायता करते हों, कुछ सदस्यों में क्लोरोफिल पाए जाने के कारण स्वपोषी केन्द्रक संख्या में एक संकुचनशील धानियों युक्त शरीर होता है।

मैस्टीगोफोरा

वर्ग

फाइटोमैस्टीगोफोरा	जुनैस्टीगोफोरा

1. अधिवर्ग मेस्टीगोफोरा

शरीर पर पेलिकिल का आवरण होता है जलनांग कशाभिक है जन्तुओं के शरीर में पर्णहरित होने के कारण स्वपोषी होते है। मुक्त जीवी, संकुचनशील धानि युक्त तथा द्विखण्डन जनन होता है।

इस अधिवर्ग को दो वर्गों में बाँटा जाता है।

वर्ग 1. फाइटोमेस्टीगोफोरा : जन्तुओं में पर्णहरित पाया जाता है। इसी कारण जन्तु पादप समभोजी होते हैं। स्वतंत्र जीवी होते हैं। भोजन का संचय स्टार्च के रूप में होता है।

उदाहरण : युग्लिना (पादप तथा जन्तु के बीच की कड़ी)

नोक्टीलुका (ल्युसीफेरोन प्रोटीन के कारण रात में प्रकाश उत्पन्न करता है)

वर्ग-जमैस्टीगोफोरिया : जन्तुओं में पर्णहरित का अभाव होता है। इसी लिए प्राणी समभोजिता पाई जाती है। स्वभाव में परजीवी तथा कभी-कभी सहजीवी होते हैं।

उदाहरण-लेशमानिया डोनोवानी (कालाजार) (रेतमक्खी द्वारा फैलता है)

2. अधिवर्ग ओपेलाइनेटा

शरीर पर समान आकार के रोम पाए जाते हैं संकुचनशील धानियां अनुपस्थित स्वभाव में मृतोपजीवी तथा जनन द्विविखण्डन प्रकार का होता है। उदाहरण-ओपेलाइना

3. अधिवर्ग सारकोडिना

शरीर नग्न, चलनांग कूटपाद होते हैं भोजन पादों के द्वारा अन्तग्रहण किया जाता है। स्वभाव में प्राणी समभोजी व मृतोपजीवी। उदाहरण-अमीबा। सबसे बड़ा अमीबा एण्ट अमीबा **हिस्टोलेरिका** है। जिससे अमीबीय पेचीस हो जाती है। एण्ट अमीबा जन्जैवेलिस से मुख में पाइरिया रोग हो जाता है। एण्ट अमीबा कोलाई मानव के लिए हानिकारक नहीं है।

उपसंघ स्पोरोजोआ : अन्त परजीवी, चलनांग अनुपस्थित शरीर पर पैलिकिल का आवरण, मृतोपजीवी होते हैं। यह उपसंघ तीन वर्गों में बाँटा जाता है।

वर्ग 1 टिलोस्पोरिया : बीजाणु लम्बे अन्तकोशिय तथा पुट्टी से घिरे हुए होते हैं।

उदाहरण : प्लाज्मोडियम वाइवेक्स मलेरिया रोग में फैलाता है।

वर्ग 2. टोक्सोप्लाज्मिया : बीजाणु अनुपस्थित स्वभाव में एकलिंगी होते हैं। उदाहरण-टोक्सोप्लाज्मा

वर्ग 3 हेप्लोस्पोरिया : बीजाणु कोश उपस्थित इस वर्ग के जन्तु मछलियों के परजीवी होते हैं। उदाहरण-इक्थीयोस्पोरीडियम।

उपसंघ निडोस्पोरो : दो वर्गों में वर्गीकृत करते हैं।

वर्ग 1. मिक्सोस्पोरिडिया : केन्द्रक से बीजाणु का निर्माण होता है। जीवन पर्यन्त बीजाणुओं का निर्माण होता रहता है। उदाहरण-मिक्सीडियम।

वर्ग 2 माइक्रोस्पोरिडिया : बीजाणु छोटे, छिल्ली से घिरे हुए जीवन पर्यन्त बीजाणुओं का निर्माण होता है। उदाहरण-नोसेमा।

उपसंघ सिलियोफोरा : इस उपसंघ को वर्ग सिलिएटा में वर्गीकृत किया गया है।

वर्ग सिलिएटा : शरीर पर दृढ़ पेलिकिल का आवरण जन्तु प्राणी समभोजी होते हैं। शरीर में कोशिका मुख तथा कोशिका गुदा पाई जाती है। उदाहरण-पेरामिशियम।

संघ-पोरिफेरा

शब्द पोरिफेरा दो शब्दों से मिलकर बना हैं पोरस-छिद्र युक्त फेरान-शरीर बना है। अर्थात् पोरिफेरा में वे जन्तु आते हैं जिनका शरीर छिद्र युक्त होता है शरीर में श्रम विभाजन होता है। स्पंजों में शरीर का गठन केवल कोशिकीय स्तर का होतां है। ऊतकीय रचना का अभाव होता है। 10,000 जातियां ज्ञात है अधिकांश जातियां स्वच्छ जलवासी, स्थानबद्ध होती है। अरस्तु ने इन्हें समुद्री वनस्पति माना। 1765 में एलीस ने स्पंजों में जल धारा को देखा। एलीस ने कहा शरीर पर असंख्य छिद्र पाये जाते हैं जिन्हें आस्टीया कहते हैं मुख के पास बड़ा छिद्र आपर कूलम

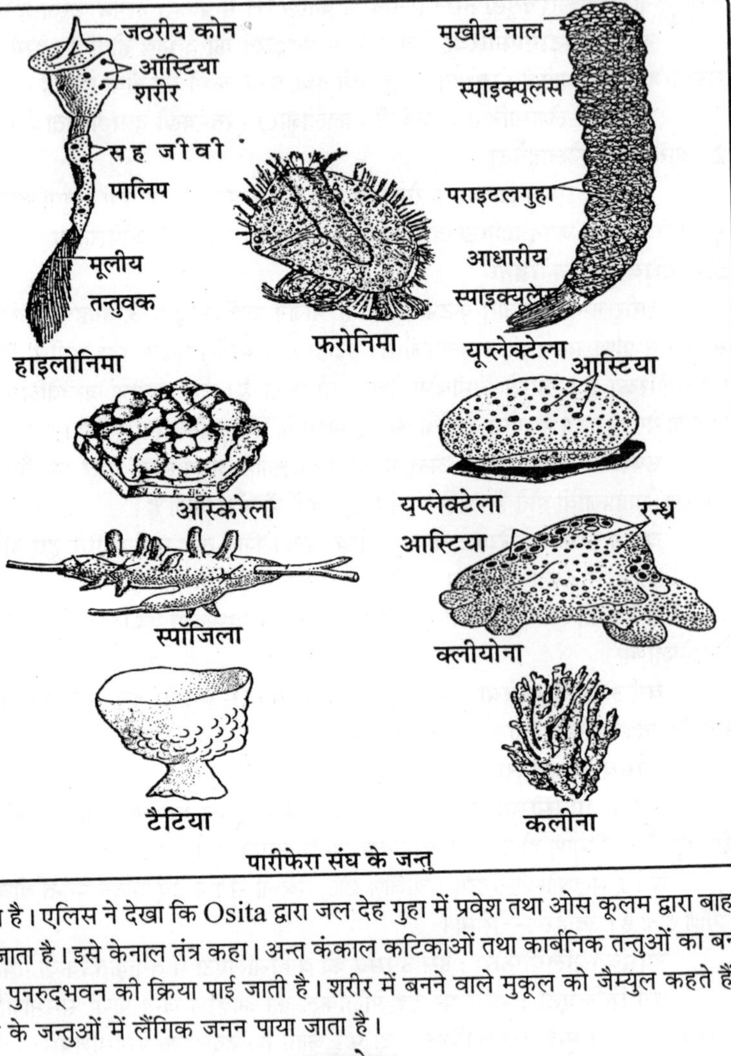

पारीफेरा संघ के जन्तु

कहलाता है। एलिस ने देखा कि Osita द्वारा जल देह गुहा में प्रवेश तथा ओस कूलम द्वारा बाहर निकल जाता है। इसे केनाल तंत्र कहा। अन्त कंकाल कटिकाओं तथा कार्बनिक तन्तुओं का बना होता है। पुनरुद्भवन की क्रिया पाई जाती है। शरीर में बनने वाले मुकूल को जैम्युल कहते हैं। पोरीफेरा के जन्तुओं में लैंगिक जनन पाया जाता है।

साइकोन

संघ-पोरीफेरा (छिद्रित शरीर स्थानबद्ध, सम्मीत)

वर्ग-केल्केरिया (कैलसीयम कार्बोनेट कटिकाओं का आवरण)

गण-हैट्रीसीला (सामान्य प्रकार का केनाल तंत्र)

वंश-साइफा जाति-कोरोनेटा

प्रकृति आवास : अलवणीय जलवासी साइफा स्थानबद्ध तथा निवही प्राणी है। जबकि अलवणीय जल में पाई जाने वाली जाति मुक्त प्लावी होता है।

साइकॉन में निम्न कोशिकाएं पायी जाती है-

1. आरकियोसाइट–RNA युक्त भ्रूणधीय आरक्षित
2. क्रोमोसाइट–रंगक कणिका
3. थीसोसाइट–पोषक पदार्थ संग्रहण
4. स्कीलीरोब्लार–कंकाल कठिकाओं का निर्माण
5. मायोसाइट–आस्कूलम के चारों ओर अवरोधनी
6. ग्रंथिल कोशिका–श्लेष्मा श्रवण
7. ट्रोफोसाइट–पोषणों के रूप में।
8. कोलेनोसाइट–कोलेजन तन्तु का श्रवण
9. जनन कोशिका – जनन स्तर बनाता है।

स्पंजों में केनाल तंत्र :

देह भित्ति की कोशिकाओं के कशाभिकाओं की विशेष प्रकार की गति के फलस्वरूप जल प्रवाह होता है। बाहरी जल की अविरल धारा असंख्य ओस्टीयाओं से स्पंज गुहा में आती है और ओस कूलम द्वारा बाहर निकलती है। अतः पूरा स्पंज शरीर एक नाल प्रणाली अथवा जल वाहिका तंत्र के रूप में कार्य करता है।

नाल प्रणाली

एस्कोन नाल प्रणाली | साइकोन नाल प्रणाली | ल्युकोन नाल प्रणाली

ल्यूकोसोलोनिया तथा साइकोन जैसे कुछ स्पंजों में सरलतम प्रकार का अर्थात एस्कोन प्रकार का नाल तंत्र पाया जाता है। साइकोन प्रकार का नाल तंत्र एस्कोन स्पंजों की दीवार की तहें वलयित हो जाने से होता है। वलन के कारण देह भित्ति चिकनी न रहकर महीन नलिकाओं का रूप ले लेती हैं जिन्हें अरिय नाल कहते हैं। प्रत्येक अरिय नाल बाहर की ओर क्रोसोपाइल तथा अन्दर एपोपाइल नाम से खुलती है। कभी–कभी अरीय नालों की दीवार समेकित होकर अन्तरवाही नालिका में परिवर्तित हो जाती है। जिस प्रकार साइकोन नाल प्रणाली एस्कोन की दीवार के वलन से बनती है। वैसे ही ल्यूकोन प्रणाली साइकोन की कशाभि नलिकाओं की दीवार के वलन से बनती है। वलन से दीवार में छोटे–छोटे गोल कक्ष बन जाते हैं जिन्हें कशाभिकक्ष कहते हैं। अरीय नलिकाओं की गुहा के चारों ओर अपवाही नलिका पाई जाती है जिससे जल पहले अन्तरवाही नलिका में फिर प्रोसोपाइल में फिर कशाभी कक्षों में, फिर एपोपाइल में फिर अपवाही नाल, फिर स्पंजी गुहा तथा बाद में ओसमकूलम में जाता है।

नाल प्रणाली का महत्व

जल धारा के साथ भोजन व ऑक्सीजन शरीर में आते हैं तथा कार्बन डाई ऑक्साइड का परित्याग होता है। 10 सेमी. लम्बे स्पंज से दिन भर में 20–22 लीटर जल बह जाता है।

संघ पोरिफेरा के जंतुओं में किसी रूप में बाह्य कंकाल के साथ–साथ अन्तः कंकाल भी पाया जाता है। अंतः कंकाल की रचना के आधार पर पोरीफेरा को वर्ग केल्केरिया, डेमोस्पंजीया तथा हेक्सेक्टेनिलिडा वर्ग में बाँटा गया है। साइकोन में कंटिकाएँ कैल्सियम कार्बोनेट की बनी

होती है जो एक्टोडर्म तथा एन्डोडर्म के मध्य मीसनकाइम में धंसी रहती हैं। कंटिकाओं का निर्माण द्विकेन्द्रीय केल्कोब्लास्ट कोशिकाओं से होता हैं। दो केन्द्रकों के बीच कार्बोनिक पदार्थ की एक अक्ष बनती है। अक्ष के चारों ओर कैल्सियम कार्बोनेट जमा होने लगता है। ज्योंही कंटिका बड़ी होने लगती है तो कैल्कोब्लास्ट दो संतति कोशिकाओं (संस्थापक कोशिका/सघन कोशिका) मे बँट जाती है।

अलैंगिक जनन : स्पंज के शरीर से कलिकाएं बन जाती हैं। जो अनुकूल वातावरण में एकल अथवा निर्वही स्पंज में बदल जाती है। प्रतिकूल स्थितियों में स्पंजों के टूकड़े हो जाने पर ज्यों ही अनूकूल वातावरण मिलने पर पुनरुदभवन द्वारा नया स्पंज बनता है। यह क्रिया विल्सन ने 1907 में देखी। यदि प्रतिकूल वातावरण स्पंज को मिले और स्पंज के असंख्य टूकड़े हो जाए तो स्पंज का वह छोटे से छोटा टुकड़ा जो पीनेकोडर्म से ढका हो अनुकूल वातावरण मिलने पर स्पंज में परिवर्तित हो जाता है। प्रतिकूल वातावरण से लड़ने के लिए स्पंज के शरीर में आरकियोसाइट कोशिकाओं के छोटे–छोटे पिण्ड बन जाते हैं स्पंज तो समाप्त हो जाता है लेकिन अनुकूल ऋतु आने पर छोटे–छोटे पिण्ड जैम्यूल का आरकियोसाइट पिण्ड बाहर निकल कर स्पंज के भांति कार्य करता हैं।

लैंगिक जनन : साइकोन उभयलिंगी प्राणी हैं अर्थात् शुक्राणु तथा अण्डाणु का निर्माण एक ही जीव में होता है स्पंजों में स्त्रीपूर्वीता पाई जाती हैं। अण्डों तथा शुक्राणुओं का निर्माण मिजोहाइला की अमीबीय कोशिका करती है। एक ही जन्तु के शुक्राणु जल में पहुचने के बाद जल धारा के माध्यम से अन्य जन्तुओं तक पहुंचते हैं अरीय नाल में आने पर कीप कोशिकाएँ अन्तगर्हित कर लेती है जो बदल कर अमीबीय कोशिका में बदलकर युग्मनज कहलाती है। युग्मनज में पूर्णभंजी विदलन के द्वारा 8 कोशिकीय मोरुला बन जाता है। 16 कोरक खण्ड तथा ब्लास्टोसील युक्त रचना ब्लास्टुला कहलाती है। भीतरी गुहा की और एक कशाभ तथा मध्य में छिद्र बन जाता है इस स्टोमोब्लास्टुला में उत्क्रमण के द्वारा अन्दर का पूरा शरीर बाहर तथा बाहर का अन्दर चला जाता है। इस उल्टी अवस्था को एम्फीब्लास्टुला कहते हैं। ब्लास्टुला में छोटी सी गुहा बनने लगती है जिससे स्पंज गुहा का निर्माण होकर गैस्टुला के नाम से जानी जाती है। गैस्टुला ब्लास्टोपोर द्वारा किसी पत्थर से चिपक जाता है। और गैस्टुला लम्बा, बेलनाकार हो जाता है यहाँ पर अमीबीय कोशिकाएँ पोरोसाइट तथा ओस्टीया बनाती है। स्वतंत्र सिरे पर औस्कूलम बन जाता है तथा जल धारा प्रवाहित होनी शुरु हो जाती है।

संघ–सीले–ट्रेटा

शब्द सीलेन्ट्रेटा ल्यूकार्ट ने 1847 में दिया। ऐरिस्टोटल में सीलेन्ट्रेटा को सीनिडि नाम दिया। स्पर्शकों पर दंश कोशिकाओं का समुह पाया जाता है। इसीलिए इस समुह को निडेरिया तथा अध्ययन को निडोलोजी कहते है। पीढ़ी का एकान्तरण पालिप तथा मड्यूसी द्वारा होता है। इस प्रकार के पीढ़ी एकान्तरण को मेटा जैनेसीस कहते है। हाइड्रा की दंश कोशिकाएं मानव के लिए हानिकारक नहीं होती लेकिन मिलीपोरा की दंश कोशिकाएं मनुष्य को पीड़ा पहुंचाती है। इस वर्ग के जन्तुओं के लारवा प्लैनुला कहलाते है। हैल्सिटेमा की दंश कोशिकाएं सबसे बड़ी होती है शब्द हाइड्रा सर्वप्रथम लिनियस ने दिया कोरेलियम रुबम सबसे मंहगा मूंगा है। कारसेलिया

को पुत्रगाली युद्ध पोत अथवा पुत्र गाल का लडाकु योद्धा कहते है। काइसेलिया मनुष्य के लिए सबसे खतरनाक सिलेन्ट्रेटा है। इस संघ के जंतुओं में केन्द्रीय गुहा सैलेन्ट्रोना पाई जाती है। सभी सदस्यों में दंश कोशिका पाई जाती है। मायर के अनुसार 10,000 जातियां पाई जाती हैं। हैचेक 1888 में दंश कोशिकाओं के आधार पर सीलेन्ट्रेटा को स्पंजीरिया, निडेरिया तथा टीनोफोरा नाम से वर्गीकृत किया। जंतुओं के शरीर में ऊतकीय रचना का अभाव होता है। शरीर में जठर वाहिनी गुहा पाई जाती है। भोजन को ग्रहण करने के लिए त था उत्सर्जी पदार्थों को त्यागने के लिए अलग-अलग रन्ध्र होते हैं।

वर्ग 1 हाइड्रोजोआ : एकल कभी-कभी निर्वही जननांगों का निर्माण एपीडर्मिस की अन्तरालीय कोशिका द्वारा होता है। पीढ़ी एकान्तरण पाया जाता है। उदाहरण-हाइड्रा ओबेलिया (समुद्री फर, वैलेला)

वर्ग 2. साइफोजोआ : स्वभाव में लवणीय जलवासी है एकल होते हैं पालिप अवस्था अविकसित तथा अनुपस्थित संवेदांग मुख को घेरे हुए पाए जाते हैं। जनन कोशिका का निर्माण गैस्टोडर्मिस की अन्तरालीय कोशिका द्वारा होता है। उदाहरण-ऑरिलिया।

3. वर्ग एन्थोजोआ : इस वर्ग के जन्तु स्वभाव में लवणीय जलवासी तथा मैड्यूसी अनुपस्थित होती है। जठरवाहिनी गुहा खण्ड युक्त होती है। पीढ़ी एकान्तरण अनुपस्थित होता है।

विशिष्ट नाम

ओबीलिया	-	समुद्री फर	वेलेला	-	चुट्टी नाँव
एस्ट्रीया	-	स्टार कोरल	कोरेलियम	-	लाल मुगा
हैल्युपोरा	-	नीला मुगा	एण्टीपेथोस	-	काला मुगा
गोरगोनिया	-	समुद्री पंखा	पेनेटूला	-	समुद्री पेन

संघ- प्लेटी हैल्मंथीज

लीनियस ने 1736 में प्लेटी हैल्मंथीज के जंतुओं को वर्मीस समुह में रखा। गैगन बार ने 1859 में प्लेटी हैल्मंथीज संघ की स्थापना की। अधिकांश जंतु परजीवी, शरीर में ऊतक अंग, त्वचा तीन जनन स्तरों से मिलकर बनी होती है। मुख के चारों ओर चूषकांग अथवा हुक पाए जाते हैं। शरीर में प्रगुहा का अभाव शरीर लम्बा फीते के आकार का तथा विषम खण्डीय, कंकाल तंत्र, श्वसन तंत्र तथा परिसंचरण तंत्र अनुपस्थित तथा उत्सर्जी अंग ज्वाला कोशिकाएं। टीनियां सोलियम को फीता कृमि या पार्क कर्मी जबकि टीनियां सेजीनेटा को गोमास्कर्मी तथा इकाइनोकोकस को कुत्ता कर्मी कहते हैं।

प्लेटी हैल्मंथीज

वर्ग

टबेलेरिया ट्रीमेटोडा सैस्टोडा

वर्ग 1-टर्वेलेरिया

स्वतंत्र जीवी तथा मांसाहारी देह भित्ति पर पाए जाने वाले कशाभिक रेंगने, तैरने में सहायक शरीर चपटा लारवा को रेब्डीटायर्ड, स्वभाव में उभयलिंगी होते हैं। उदाहरण- 1.

प्लेनेरिया 2. बाइबेलियम तथा नोटोप्लाना

वर्ग 2 – ट्रीमेटोडा :– स्वभाव में परजीवी, शरीर के चारों ओर मोटा प्रतिरोधक आवरण पाया जाता है जिसे टेग्युमेट कहते हैं। सिर पर चुषक तथा हुक, शरीर खण्ड विहिन आहार नाल द्विशाखित, मुख उपस्थित लेकिन गुदा अनुपस्थित होती है। उदाहरण–फेशियोला हिपेटीका

वर्ग 3–सैस्टोडा :– इस वर्ग के सभी सदस्य अन्त परजीवी शरीर फीते के समान लम्बा विषम खण्डीय, ज्ञानेन्द्रीयाँ अनुपस्थित, सिर पर चुषक तथा हुक, प्रत्येक खण्ड द्विलिंगी होता हैं। उत्सर्जन तंत्र तथा तंत्रिका तंत्र उपस्थित, लारवा अवस्था हैक्सोकेन्थ कहलाती है।

विशिष्ट नाम :– केशुलाइपेटीका–यकृत कर्मी; सिस्टोसोमा–रक्त कर्मी; पेरागोनिमस–फुफ्फुस कर्मी ; टीनिया सोलियम – सुअर माँस फीताकर्मी ; मोनिजिया–अन्त परजीवी

संघ-एस्केहैल्मंथीज

1819 में रुडोल्फी ने इस संघ के जंतुओं को निमेटाइडिया में वर्गीकृत किया। गैगन बार ने 1859 में निमेटोहैल्मंथीज, 1910 में ग्रोबन ने एस्केहैल्मंथीज नाम दिया। इस संघ के जन्तु

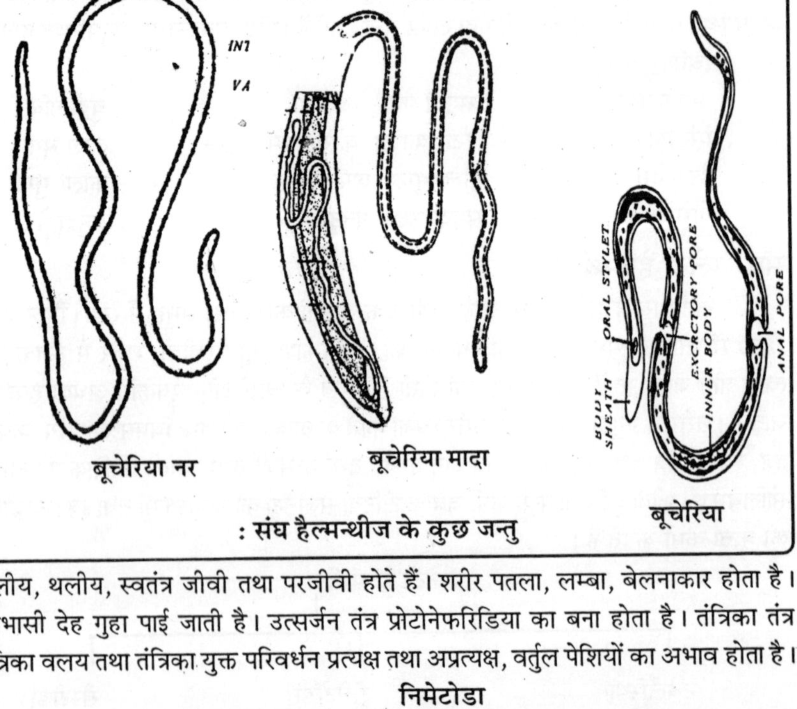

बूचेरिया नर   बूचेरिया मादा   बूचेरिया

: संघ हैल्मन्थीज के कुछ जन्तु

जलीय, थलीय, स्वतंत्र जीवी तथा परजीवी होते हैं। शरीर पतला, लम्बा, बेलनाकार होता है। आभासी देह गुहा पाई जाती है। उत्सर्जन तंत्र प्रोटोनेफरिडिया का बना होता है। तंत्रिका तंत्र तंत्रिका वलय तथा तंत्रिका युक्त परिवर्धन प्रत्यक्ष तथा अप्रत्यक्ष, वर्तुल पेशियों का अभाव होता है।

निमेटोडा

वर्ग

एफेस्मीडिया   फेस्मीडिया

वर्ग एम्फेस्मीडिया : इस वर्ग के जन्तु में फैस्मिड अनुपस्थित, उत्सर्जी नलिकाएं कम विकसित या अनुपस्थित पश्च भाग पर आसंजक ग्रन्थियां पाई जाती है। उदाहरण–डेस्मोस्कोलेक्स

वर्ग फेस्मीडिया : शरीर के अग्र भाग पर रन्ध्र के समान एम्फीडस पाए जाते हैं। उत्सर्जी अंग में एक जोड़ी पार्श्वनलिका होती है।

विशिष्ट नाम

एस्केरिस	–	गोल कर्मी	ट्राइक्यूरिस	–	चाबूककर्मी
एन्टीरोबीयस	–	पिनकर्मी	ड्रेकन कूलस	–	गीनीकर्मी
लोआ–लोआ	–	नेत्रकर्मी	एन्काइलोस्टोमा	–	हुककर्मी
बाऊचेरिया	–	हाथी पाँव कर्मी			

संघ-एनिलिडा

ग्रीक भाषा के एनोलस : छल्लेदार, इडोसा, आकृति से मिलकर बना है। इस संघ के जंतुओं का शरीर लम्बा, पतला, सम खण्डीय दिपार्श्व सममित व त्रिअरीय होता है। मेयर के अनुसार 1953 में इस संघ की सात हजार जातियां ज्ञात है। लीनियस ने 1776 में इस संघ के जंतुओं को भी वर्मिस समुह में रखा। लेमार्क ने 1801 में इस संघ कि स्थापना की। ये जन्तु गीली मिट्टी में अलवणीय व लवणीय जल में पाये जाते हैं। वास्तविक देह गुहा पाई जाती है। श्वसन गिल्स द्वारा होता है। तंत्रिका तंत्र, तंत्रिका वलय तथा तंत्रिका रज्जु से मिलकर बना होता है। उत्सर्जन नेफ्रिडिया द्वारा होता है। परिवर्धन से बनने वाला लारवा ट्रीकोफोर होता है। चलनांग काइटिन के बने होते हैं। जिन्हें सीटी कहते हैं। सिर स्पष्ट नहीं होता है। हीरोडिनेरिया के जन्तु में 33 खण्ड होते हैं जो स्वभाव में परजीवी होते हैं।

एनिलिडा

वर्ग

पोलीकीटा   ओलिगोकीटा   हीरुडिनिया

(1) **वर्ग - पालिकीटा:**–जन्तु लवणीय जलवासी, सिर स्पष्ट स्पर्शकों युक्त, सिर पर एक जोड़ी नेत्र पाये जाते हैं, गमन के लिए पार्श्व पाद पाये जाते हैं, जनन काल में ही जनन अंगों का निर्माण होता है तथा शिशु प्रावस्था में ट्रीकोफोर लारवा बनता है। उदाहरण–नेरीज

(2) वर्ग - ओलिगीकीटा:- जन्तु जलीय व स्थलीय होता है, 14, 15, 16 खण्ड मिलकर क्लाइटेलम बनाते हैं, पाद अनुपस्थित लेकिन गमन के लिए सीटी पाये जाते हैं जो S के आकार के होते हैं, निषेचन कि क्रिया शरीर के बाहर लेकिन कोकून में होती है तथा शरीर में खण्डों की संख्या 120 निश्चित होती है।

(3) वर्ग -हीरुडीनिया:- स्वभाव में बाह्य परजीवी व रुधिर धारी होते हैं, शरीर में निश्चित 33 खण्ड पाये जाते हैं, पार्श्व पाद अनुपस्थित, शरीर के दोनों सिरों पर चूषक उपस्थित, देह भित्ति आहार नाल के बीच बोडीआइकल युक्त होती है तथा जन्तु द्विलिंगी तथा बाह्य निषेचन पाया जाता है।

(4) वर्ग – आरकएनिलिडाः छोटे आकार के लवणीय जलवासी होते हैं। चलनांग अनुपस्थित। स्वभाव में एकलिंगी होते हैं। उदाहरण–डाइनोफाइलम।

विशिष्ट नाम

नेरीस	–	रेत कृमि;	एफ्रोडाइट	–	समुद्री चूहा
एटीनीकोलाई	–	शाखा कृमि;	पेलीनोई	–	स्केल कृमि
हीरोडिनेरिया	–	जोंक;	हीमोलिक	–	अश्व जोंक

संघ आर्थ्रोपोडा

शब्द आर्थ्रोपोडा ग्रीक भाषा के शब्द आर्थोस–जोड़युक्त, पोडान–पैर से मिलकर बना होता है इस संघ में वे जन्तु आते हैं। जिनमें जोड़युक्त पाद पाए जाते हैं। एनीलिडा तथा आर्थ्रोपोडा की संयोजक कड़ी को पेरीपेटस कहते हैं। लीनियस ने इनसैक्टा समुह नाम दिया। लेमार्क ने इनसैक्टा को क्रस्टेशिया हैक्सापीडा तथा अरेकनेडा नाम दिया। वानसीबोल्ड ने 1845 में आर्थ्रोपोडा संघ की स्थापना की स्वभाव में सर्वव्यापी, शरीर सिर, वक्ष, उदर में बंटा तथा बाह्य कंकाल क्यूटिकिल युक्त देहगुहा को हीमोसील कहते हैं, क्योंकि देह गुहा में हीमोलिक भरा रहता है। श्वसन अंग गिल्स ट्रेकिया पुस्तफुफ्स होते हैं। रुधिर परिसंचरण खुला प्रकार का, उत्सर्जी अंग मैलपीगी नलिकाएं तथा ग्रीन ग्रन्थियां हैं। स्वभाव में एकलिंगी तथा इस संघ के प्राणियों में सीलिया का अभाव होता है। कीटों का रक्त रंगहीन होता है।

विशिष्ट नाम

काकरोच	–	पैरिप्लेनेटा अमेरिकाना;
लाइकोसा	–	भेड़ीया मकड़ी
डेफनीया	–	जल पीसु;
साइक्लोपस	–	सौ पत्नियों का पति
पेलीमोन	–	जींग मछली;
युपेगुरस	–	साधु केकड़ा
रानाटरा	–	जलीय बिच्छु;
फारफीकुला	–	कान का कीट;
टरडीग्रेडा	–	जल भालू

स्टोरर तथा यूसिगर ने आर्थ्रोपोडा संघ के जन्तुओं का शरीर विभाजन श्रृंगिकाओं एवं जबड़ों के आधार पर छः उपसंघों तथा अनेक वर्गों में वर्गीकृत किया।

संघ टाइलोबाइटा : स्वभाव में समुद्री जलवासी थे। आज सभी लुप्त हो चुके हैं। लेकिन समुद्री की तली में जीवांश पाए जाते हैं। उदाहरण–ट्राॅइआरथस

उपसंघ केलीसीरेटा : स्वभाव में स्थलीय शरीर सोफेलोथोरेक्स तथा आफिस्थोसोमा में बंटा होता है। दो सरल नेत्र, एक जोड़ी केलीसरी, एक जोड़ी पेडीपेल तथा चार टांगे पाई जाती है। श्वसन क्रिया गिल्स या ट्रेक्रिया द्वारा तथा स्वभाव में एकलिंगी होते हैं।

वर्ग 1. मेरीस्टोमेटा : समुद्री जलवासी छः जोड़ी उपांग श्वसन गिल्स द्वारा उदर के अन्तिम भाग पर टेल्सन पाया जाता है। उदाहरण–ल्यूमिलस (जीवित जीवांश)

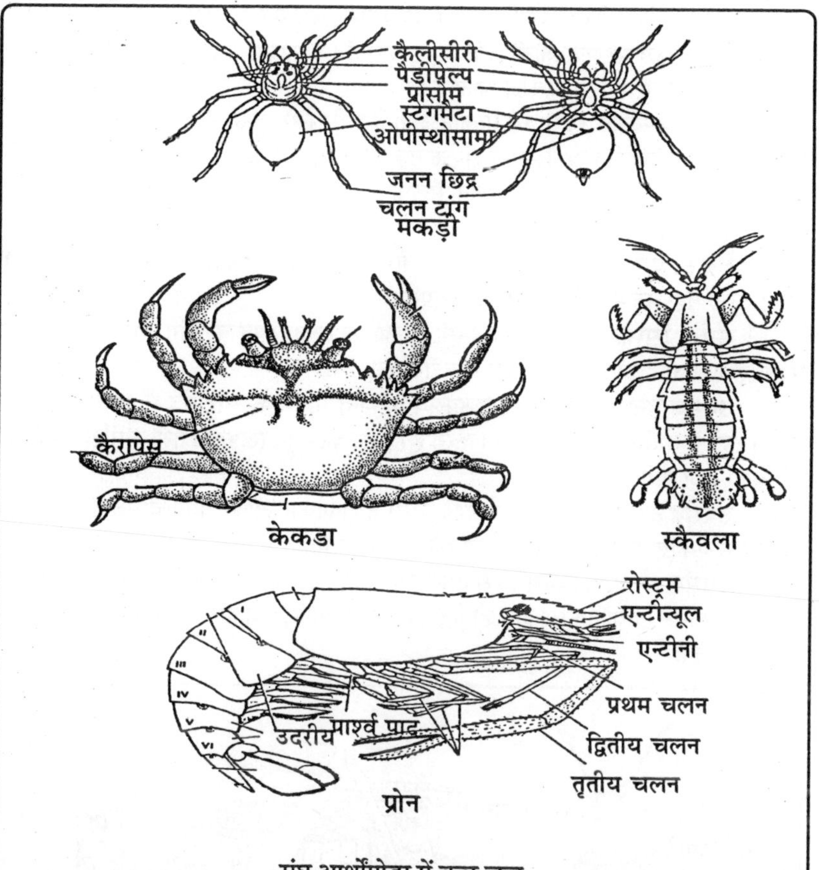

संघ आर्थोपोड़ा में कुछ जन्तु

वर्ग 2. अरेकनिडा : स्थलीय आकार में छोटे शरीर प्रोसोमा तथा आफिस्थोसोमा युक्त होते हैं। प्रोसोमा पर एक जोड़ी नेत्र, 6 जोड़ी संधि युक्त उपांग, श्वसन बुकलंग अथवा ट्रेक्रिया के द्वारा, उत्सर्जन मैलपीगी नलिकाओं द्वारा स्वभाव में एकलिंगी होते हैं। उदाहरण–बिच्छु

वर्ग 3. पीकनोगोनिडा : इस वर्ग में समुद्री मकड़ियां आती है। उदर कम विकसित, सिर पर तीन जोड़ी उपांग, 2 (दो) जोड़ी नेत्र, 8 जोड़ी श्वसन तथा उत्सर्जी अंग अनुपस्थित होते हैं।

उपसंघ मैन्डीबुलेटा : शरीर पर वक्ष, उदर में बंटा हुआ उत्सर्जन मैलपीगी नलिका द्वारा श्वसन क्लोम द्वारा।

वर्ग 1. क्रस्टेशिया : जलीय वासी शरीर का अग्र भाग सिफेलोथोरेक्स तथा पश्च भाग उदर शरीर पर मोटा काइटिन अथवा क्यूटिकिल का आवरण, उपांग द्विशाखित, श्वसन गिल्स द्वारा उत्सर्जन काक्सल ग्रन्थि द्वारा शिशु अवस्था को नोप्लीयस, मेटानोप्लीयस तथा जोइयां है।

वर्ग 2. डिपलोपोडा : शरीर लम्बा बेलनाकार उदर सौ खण्डों में बंटा हुआ तथा शरीर पर असंख्य टांगे पाई जाती हैं। उदाहरण–जूलस अथवा सहस्रपादी।

वर्ग 3. कीलोपोडा : जन्तु स्थलीय, शरीर सिर, धड़ में बंटा हुआ सिर पर सैकड़ों उपांग, धड़ के प्रत्येक खंड पर एक जोड़ी उपांग पाए जाते हैं। उदाहरण–कानखजुरा डीपलोपोडा तथा कीलोपोडा को मिरियापोडा में रखा जाता है।

वर्ग 4. इन्सैक्टा : इस वर्ग में कीट आते हैं शरीर सिर, वक्ष, उदर में बंटा हुआ। इस वर्ग के जंतुओं में तीन जोड़ी पंख, सिर पर संयुक्त नेत्र सिर छ:, वक्ष तीन तथा उदर 7 से 11 खण्डों में बंटा श्वसन ट्रेंक्रिया द्वारा तथा उत्सर्जन मैलपीगी नलिकाओं द्वारा होता है। उदाहरण–घरेलू मक्खी, मधुमक्खी।

वर्ग 5. पेरापोडा : सभी सदस्य स्थलीय शरीर सूक्ष्म नलिकाकार कर्मी रूपी तथा 12 खण्डों युक्त नेत्र अनुपस्थित। उदाहरण–पेरोपस।

वर्ग 6. सिम्फाइला : शरीर 6 मिमी. लम्बा नेत्र अनुपस्थित चलनांग 10 से 12 सेमी. धड़ में 15 से 22 खण्ड होते हैं। उदाहरण–स्कुटीजेरेला।

उपसंघ पेन्टोस्टोमीडा : इस उपसंघ के जन्तु मानव के स्वर यंत्र में अन्त परजीवी के रूप में रहते हैं तथा खांसी को नियंत्रित करते हैं। शरीर कोमल अखण्डीत तथा कर्मीरूपी होता है। श्रृंगिकाएं तथा पाद अनुपस्थित।

उपसंघ टरडीग्रेडा : 1 मीटर लम्बे, शरीर नलिकाकार खण्डविहीन चार जोड़ी चलनपाद, स्वभाव में एकलिंगी इस संघ के जंतुओं को जल भालू कहते हैं।

उपसंघ ओनाइकोफोरा : इस उपसंघ के जन्तु स्थलीय पतले कृमीरूपी लगभग 44 जोड़े गमन पाद श्वसन क्रिया ट्रेकीया द्वारा होती है। उत्सर्जन नेफरिडिया द्वारा स्वभाव में एकलिंगी तथा जरायुज होते हैं।

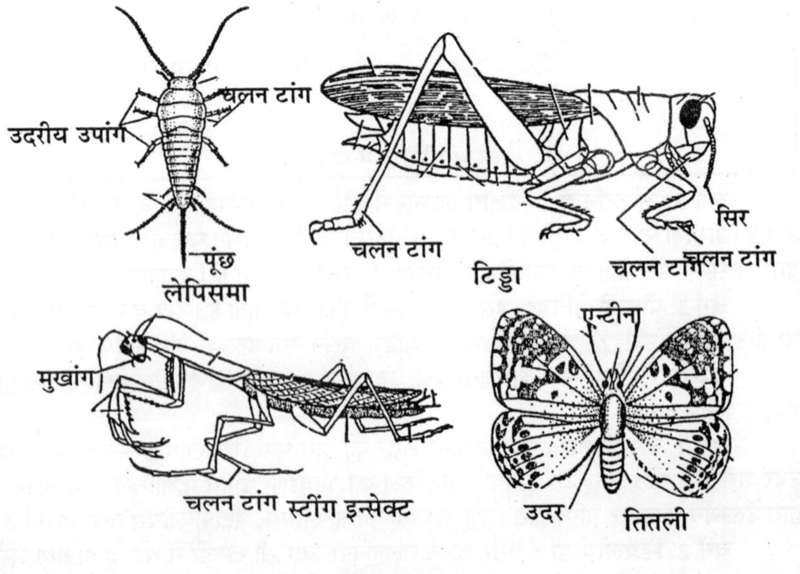

वर्ग इन्सेक्टा के जन्तु

संघ-मोलस्का

शब्द मोलस्का लेटिन भाषा के मोलिस-सौक से लिया गया है अर्थात इस संघ के सदस्यों का शरीर कोमल, खण्डविहीन तथा लिफाफे नुमा मैण्टल से घिरा रहता है यही मैन्टल बाह्य कवच का श्रवण करता है। मैयर 1953 के अनुसार इस संघ में अस्सी हजार जातियां पाई जाती है। इस संघ के अध्ययन को मैलेकोलोजी कहते हैं। शब्द मोलस्का जोन्ट स्टोन ने 1650 में दिया इनके कवच के अध्ययन को कोग्कोलोजी कहते हैं।

सामान्य लक्षण

इस संघ के जन्तु अलवणीय जल अथवा नम मिट्टी पर पाए जाते हैं। जैसे पाइला, यूनियों। कुछ जन्तु लवणीय जल में भी पाए जाते हैं जैसे आक्टोपस, सीपिया। स्वतंत्र जीवी और चट्टानों से चिपके हुए। शरीर का बाहरी आवरण श्लेषमा युक्त होने पर गिलगीला होता है। शरीर

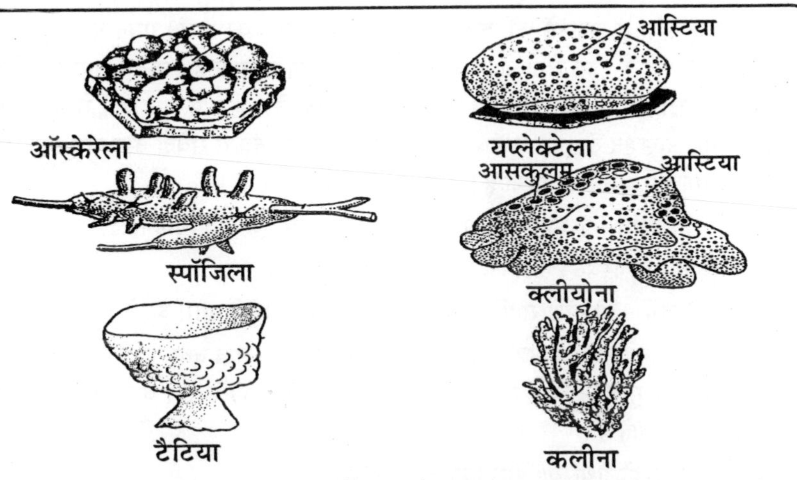

संघ मोलस्का के कुछ जन्तु

सिर, पाद आन्तरांग तथा मैन्टल में बंटा होता है। मैन्टल ही कठोर कैल्सीयमी आवरण का श्रवण करती है। सिर पर मुख, नेत्र, स्पर्शक तथा संवेदांग पाए जाते हैं। पाद पेशीय होते हैं जो रेंगने, बिल बनाने और तैरने में सहायक होते हैं। मॉलस्का के श्वसन अंग क्लोन होते हैं जिसे टिनेडिया भी कहते हैं। परिसंचरण तंत्र खुले प्रकार का होता है। श्वसन वर्णक हीमोसाइनीन उत्सर्जी अंग मैटनिफरीडिया कहलाते हैं जिन्हें बोजनस के अंग अथवा कैबर की ग्रन्थि भी कहते हैं। मुख में विशेष प्रकार की रचना रेडूला होता है। बाह्य निषेचन होता है। स्वभाव में अण्ड प्रजनक होते हैं।

लैंगिक द्विरपता पायी जाती है। बाह्य निषेचन होता है। निषेताण्ड में सर्पि विदलन पाया जाता है। परिवर्धन अप्रत्यक्ष तथा प्रत्यक्ष दोनों अप्रत्यक्ष परिवर्धन में टोकीफोर, टेलिगर या ग्लाइकोडियम लारवा बनते हैं। तंत्रिका तंत्र युग्मित गुच्छक संयोजक तथा तंत्रिकाओं का बना होता है। संवेदी अंगों को नेत्र स्टेटोसिसिस अथवा ओफरीडियम कहते हैं।

विशिष्ट नाम

1. काइटन – समुद्री चूहा
2. डेन्टीलीयम – हाथी दाँत कवच
3. पाइला – सेब घोंघा
4. एपल्सीया – समुद्री खरगोश
5. डेरिस – समुद्री नीबू
6. टेरिडो – जहाज कर्मी
7. सोलन – रेजर मछली
8. सीपिया – कटल मछली
9. आक्टोपस – प्रेत मछली
10. लोलीगो – समुद्री बाण
11. पिन्केटेडा – मुर्ति बनाने वाली सिप्पी
12. टीयक – समुद्री मक्खी।

संघ इकाइनोडर्मेटा

इस संघ के सभी सदस्य समुद्री जलवासी होते हैं। 1738 में इस संघ का नाम जैकबक्लीन ने दिया। 1758 में मॅलीनियस ने इस संघ को मोलस्का में रखा। 1801 में लेमार्क ने इकाइनोडर्मिस में रखा। इस संघ के सदस्यों को कंटकिय त्वचा वाला जन्तु कहते हैं। गमन के लिए इनमें नालपाद पाये जाते हैं। इन जन्तुओं में जल संवहनी तंत्र पाया जाता है। जीवन चक्र में लारवा अवस्था में बाइपिनेरिया कहलाती है। फैलनामा वैज्ञानिक ने 1965 में चार वर्गों में विभाजित किया। इनमें उत्सर्जन तंत्र का अभाव पाया जाता है। तंत्रिका तंत्र व संवेदी अंग कम विकसित होते हैं। स्वभाव में एकलिंगी प्राणी है।

1. उपसंघ – इकाइनोजोआ – सदस्य गोलकृमि एवं वृन्त विहिन।

भुजायें अनुपस्थित। नालपाद पर चूषक पाये जाते हैं।

(1) वर्ग – होलोथोराइडिया – इन्हें सामान्यतया समुद्री खीरा कहते हैं।

शरीर लम्बा तथा चिम्मड होता है। भुजायें अनुपस्थित। मुख तथा गुदा विरोधी सिरों पर होते हैं। नालपाद मुख के चारों तरफ खोखले स्पर्शक बनाती है। श्वसन व उत्सर्जन के लिए श्वसन वृक्ष पाये जाते हैं।

उदाहरण–होलोथूरिया, साइनेप्टा

(2) वर्ग – इकाइनोईडिया–शरीर गोल व गेन्दनुमा होता है।

इन्हें सामान्यतया समुद्री आर्चिन कहते हैं। भुजायें अनुपस्थित। नालपाद पर चूषक पाये जाते हैं। ऐरिस्टॉटल की लालटैन नामक उपकरण मुख के चारों तरफ पाया जाता है।

उदाहरण–इकाइनस, कलाइपियस्टर।

(2) उपसंघ-क्राइनोजोआः- केन्द्रीय बिम्ब से पांच या पांच के बहुगुणक में भुजायें स्थित होती है। मुख तथा गुदा दोनों सतह पर उपस्थित होती है। नाल पादों पर चूषक अनुपस्थित।

(1) वर्ग-क्रिनॉयडिया-केन्द्रीय बिम्ब से पांच के बहुगुणक में भुजायें निकलती हैं। केन्द्रीय बिम्ब मुखीय एवं अपमुखीय सतह पाया जाता है। प्रत्येक भुजा पर पार्श्वीय पिन्युलय पाये जाते हैं। नालपाद चूषक रहित होते हैं। उदाहरण–एन्टीडॉन

(3) उपसंघ-एस्टीरोजोआः- इस उपसंघ के जन्तु स्वतंत्र जीवी, नालपादों पर चूषक उपस्थित, मुख अधर तल पर पाया जाता है।

(1) वर्ग-एस्टेराइडिया:-शरीर चपटा तारे के आकार का, पांच भुजाकार होता है, मुख भी पंच कोशीय होता है, नालपाद चूषकों पर उपस्थित। उदाहरण-तारा मछली

(2) वर्ग-ऑफीयोराइडिया-चूषक युक्त नालपाद, केन्द्र से पांच भुजायें निकलती हैं। उदाहरण-आफ्यूडर्मा

कशेरुकी जन्तुओं का वर्गीकरण

संघ पृष्ठवंश या कॉर्डेटा - दिपार्श्वीय एवं ड्यूटरोस्टोमी, यूसीलोमैट व यूमेटाजोआ जिनमें जीवनभर या भ्रूण में, शरीर को सहारा देने हेतु, एक लम्बी, लचीली व दृढ़ अन्तः कंकालीय छड़ - मेरुदण्ड या नोटोकॉर्ड की उपस्थिति एक मूल लक्षण होता है। संघ कार्डेटा (Gr., *chorda* = string) की लगभग 55 हजार विद्यमान और 25 हजार विलुप्त जातियाँ ज्ञात हैं। ये भूमि पर, जल या हवा में, संसारभर में पाये जाते हैं। **नॉनकॉर्डेट** जन्तुओं से अधिक विकसित और बड़े होते हैं।

मूल कॉर्डेट लक्षण (Fundamental Chordate Characters)

कॉर्डेट जन्तुओं के तीन **प्राथमिक या मूल, अद्वितीय** (diagnostic) लक्षण होते हैं–

(1) मेरुदण्ड अर्थात् नोटोकॉर्ड (Notochord)- यह भ्रूण की मीसेन्डोडर्म से बनी और मेरुरज्जु एवं आहारनाल के बीच, शरीर की मध्यपृष्ठ रेखा में फैली एक ठोस, अक्षीय अन्तः कंकाल छड़ होती है। यह बड़ी-बड़ी कोशाओं की बनी तथा संयोजी ऊतक के आवरण से ढकी होती है। कुछ में यह आजीवन, परन्तु अधिकांश में केवल भ्रूणीय प्रावस्था में होती है- वयस्क में, इसके स्थान पर, मेरुरज्जु के चारों ओर, मीसोडर्मी **कशेरुकदण्ड** बन जाती है।

(2) पृष्ठ नालवत् केन्द्रीय तन्त्रिका-तन्त्र (Dorsal Turbular Central Nervous System)- उच्च श्रेणी के नॉनकॉर्डेट जन्तुओं (ऐनीलिड़ा, आर्थोपोडा आदि) में तन्त्रिका रज्जु होती है, परन्तु यह ठोस, प्रायः दोहरी तथा मध्यअधर रेखा में स्थित होती है। कॉर्डेटा में तंत्रिका रज्जु इकहरी, खोखली (नालवत्) तथा शरीर की मध्यपृष्ठ रेखा में होती है। यह भ्रूण की एक्टोडर्म से बनती है। इसकी गुहा को न्यूरोसील (neurocoel) कहते हैं। अधिकांश कॉर्डेट्स में यह सिर में मस्तिष्क बनाती है। शेष भाग **रीढ़रज्जु, मेरुरज्जु या सुषुम्ना** (spinal cord) होती है। दोनों मिलकर **केन्द्रीय तन्त्रिका-तंत्र** बनाते हैं।

(3) ग्रसनीय क्लोम दरारें (Pharyngeal gill-clefts)- प्रत्येक कॉर्डेट के भ्रूण में, फैरिंक्स की दीवार में, मूलतः श्वसन के लिए, जोडीदार पार्श्व **क्लोम दरारें** बनती हैं। इनके बनने की विधि विचित्र होती है। और इनके बीच की भित्तियाँ समाप्त हो जाती हैं। अतः इन दरारों से फैरिंक्स की गुहा बाहर खुल जाती है। जलीय कॉर्डेट्स में दरारें प्रायः आजीवन रहतीं और श्वसन में भाग लेती हैं, परन्तु स्थलीय कॉर्डेट्स में ये वयस्क अवस्था तक बन्द हो जाती हैं।

उपरोक्त तीन मूल लक्षणों के अतिरिक्त कॉर्डेटा के अन्य विशिष्ट लक्षण निम्नवत् होते हैं।

(4) अधर हृदय (Ventral heart)- नॉनकॉर्डेटा के विपरीत, कॉर्डेटा में, देहगुहा के अधरभाग में, स्पष्ट, पेशीयुक्त हृदय होता है। यह एक थैलीनुमा हृदयावरण (pericardium) द्वारा

घिरा होता है। हृदयवरणी गुहा (pericardial cavity) देहगुहा (coelom) का भाग होती है।

(5) रुधिर परिसंचरण तंत्र (Blood vascular system)– कॉर्डेटा तथा कुछ उच्च नॉनकॉर्डेटा में रुधिरवाहिनियों एवं केशिकाओं (capillaries) में, एक निश्चित दिशा में बहता है। ऐसे परिसंचरण तन्त्र को **बन्द परिसंचरण तंत्र** (closed blood vascular system) कहते हैं। कॉर्डेटा में यह अधिक विकसित होता है। नॉनकॉर्डेटा के विपरित, कार्डेटा में, पृष्ठ रुधिरवाहिनी (dorsal vessel) में रक्त आगे सी पीछे की ओर तथा प्रमुख अधर रुधिरवाहिनी (ventral vessel) में पीछे से आगे की ओर बहता है। इसके अतिरिक्त, कार्डेटा में आहारनाल से रुधिर लाने वाली शिरा, हृदय में न जाकर, यकृत में जाती है और इस प्रकार एक यकृती निर्वाहिका तन्त्र (hepatic portal system) बनाती है।

(6) लाल रुधिराणु (Red blood corpuscles)- कॉर्डेटा के रुधिर में लाल श्वसन रंगा- **हीमोग्लोबिन** (haemoglobin) होती है। यह एक विशेष प्रकार की कोशाओं **-लाल रुधिराणुओं** – में होती है। स्तनियों के अतिरिक्त, अन्य कॉर्डेटा में, रुधिराणु केन्द्रमय होते हैं। नॉन–कार्डेटा में पूँछ शरीर का गुदा से पीछे का ठोस, पेशीयुक्त, कंकालयुक्त एवं मूलतः खण्डयुक्त (segmented) भाग होती है। यह मुख्यतः गमन में सहायता करती है।

नॉनकॉर्डेटा तथा कॉर्डेटा जन्तुओं की तुलनात्मक रचना

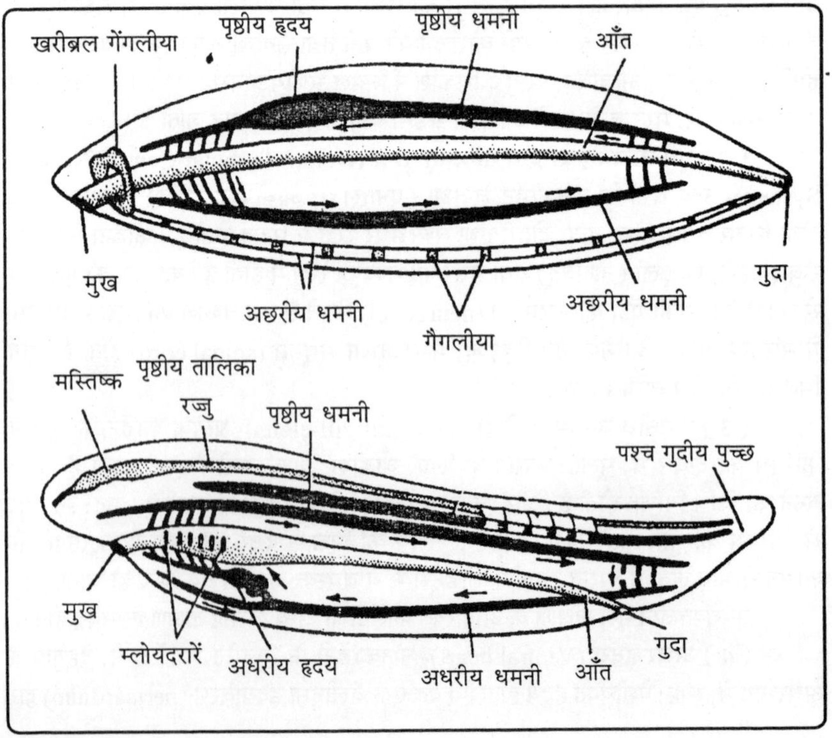

कॉर्डेटा एवं नॉन-कॉर्डेटा जन्तुओं में प्रमुख अन्तर

	कॉर्डेटा (Chordata)	नॉन कॉर्डेटा (Nonchrodata)
1.	जीवन की किसी-न-किसी प्रावस्था में नोटोकॉर्ड।	1. नोटोकॉर्ड का पूर्ण अभाव।
2.	केन्द्रीय तन्त्रिका तन्त्र मध्यपृष्ठ एवं नालवत्	2. मध्यअधर एवं ठोस।
3.	जीवन की किसी-न-किसी अवस्था में ग्रसनीय क्लोम दरारें।	3. इनका पूर्ण अभाव।
4.	ठोस व पेशीय पश्च-गुद पुच्छ वयस्क में या केवल भ्रूण में उपस्थित।	4. पश्च-गुद पुच्छ अनुपस्थित।
5.	हृदय अधरतल की ओर	5. हृदय पृष्ठतल की ओर।
6.	हृदय रुधिरवाहिनी में रुधिर का बहाव आगे पीछे से पीछे की ओर।	6. पृष्ठ रुधिरवाहिनी में रुधिर का बहाव से आगे की ओर।
7.	यकृती निवीहिका तन्त्र उपस्थित।	7. इस तन्त्र का अभाव।
8	हीमोग्लोबिन लाल रुधिराणुओं में।	8. हीमोग्लोबिन या अन्य श्वसन रंगा पदार्थ रुधिर के प्लाज्मा में घुला।

वर्गीकरण

तीन मूल कॉर्डेट लक्षणों की दशाओं के आधार पर, कॉर्डेटा को **तीन उपसंघों** में बाँटा गया है-

1. उपसंघ यूरोकॉर्डेटा या ट्यूनीकेटा (Urochordata or Tunicata)

सबसे निम्न कोटि के कॉर्डेटा। (i) लगभग 2,000 जातियाँ। समुद्र में एकाकी या संघीय; स्वतन्त्र तैरते हुए या चट्टानों आदि से चिपके। (ii) वयस्क सूक्ष्म, या व्यास में 30 सेमी० तक; इनमें ग्रसनीय क्लोम दरारों के अतिरिक्त कोई अन्य महत्वपूर्ण कॉर्डेट लक्षण नहीं, परन्तु स्वतंत्र तैरने वाली **टैडपोल शिशु प्रावस्था** में अन्य मूल कॉर्डेट लक्षण भी उपस्थित। (iii) मेरुदण्ड लार्वा की पूँछ में सीमित (*uros* = tail; *chorda* = notochord)। (iv) लार्वा से वयस्क के **रूपाण्तरण** में, पूँछ के साथ-साथ, नोटोकॉर्ड एवं मेरुरज्जु का अधिकांश भाग समाप्त हो जाता है। इसलिए, इसे **अधोगामी रूपांतरण** (*retrogressive metamorphosis*) कहते हैं। (v) वयस्क शरीर असममित, थैलीनुमा। (vi) इस पर ट्यूनीसिन नामक सेलुलोज-सदृश कार्बनिक पदार्थ का एक चिम्मड़ खोल - टेस्ट या ट्यूनिक। (vii) आहारनाल U के आकार की। (viii) ग्रसनी बड़ी, थैलीनुमा। इसकी पार्श्व दीवारों में अनेक क्लोम छिद्र। (ix) ग्रसनी के बाहर ऐट्रियल गुहा जो बड़े द्वारा बाहर खुलती है। (x) हृदय अधरतल की ओर। (xi) विशिष्ट संवेदांग अनुपस्थित। (xii) जनन अलैंगिक या लैंगिक। द्विलिंगी। प्रत्येक जनद में नर व मादा भाग (ओवोटेस्टिस - ovotestis)। टेस्ट की रचना, मुख की स्थिति तथा ऐट्रियल छिद्र एवं गुहा, क्लोम छिद्रों, जीवन-वृत्त आदि की दशाओं के आधार पर तीन वर्ग-

वर्ग (1) **लार्वेसिया** (Class Larvacea) - (i) सूक्ष्म इन दरारों से फैरिंक्स की गुहा बाहर खुल जाती समुद्र के जल में एकाकी व स्वतन्त्र तैरते में भाग लेती हैं, परन्तु स्थलीय कॉर्डेट्स में

ये के नहीं, वरन् इनके टैडपोल लार्वी की भाँति के होते हैं। इनमें जननांग भी होते हैं। स्पष्ट है कि ये ऐसे विशिष्ट लक्षण निम्नवत् होते हैं- यूरोकॉर्डेटा होते हैं जिनमें की टैडपोल प्रावस्था तक विपरीत, कॉर्डेटा में, देहगुहा के अधरभाग में, भ्रूणीय विकास होकर कायान्तरण नहीं हो पाता और (ericardium) द्वारा घिरा होता है। हृदयावरणी टैडपोल ही जनन करने योग्य हो जाते हैं। टैडपोल **नियोटीनिक** (neotenic) कहलाते है। (stem) कॉर्डेटा तथा कुछ उच्च नॉनकॉर्डेटा में स्पष्ट है कि लार्वेसिया में सामान्य वयस्क नहीं बनते। छिद्रों की केवल एक जोड़ी, ऐट्रियल गुहा छोटी, कार्डेटा के रुधिर में लाल श्वसन रंगा तथा जनन केवल लैंगिक।

वर्ग (2) ऐसीडिऐसिया (Class Ascidiacea) - (i) स्थान-बद्ध एवं अवृन्त (sessile), एकाकी (solitary) या संघचारी (colonial) अपेक्षाकृत बड़े ट्यूनीकेट। (ii) टेस्ट में तन्तु एवं कोशाएँ; अतः यह संयोजी ऊतक जैसा; इसमें अन्तर्वाही ब्रैंकिअल (branchial) तथा बहिर्वाही ऐट्रियल (atrial) छिद्र। (iii) क्लोम छिद्र (स्टिग्मैटा - stigmata) संख्या में बहुत अधिक। ऐट्रियल गुहा बड़ी। (iv) वयस्क में पूँछ, नोटोकॉर्ड एवं तन्त्रिका रज्जु का अभाव। (v) जनन अलैंगिक या लैंगिक। उदाहरण - ऐसीडिया *(Ascidia),* **हर्डमैनिया** (*Herdmania*)।

वर्ग (3) थैलिऐसिया (Thaliacea) - (i) समुद्र की सतह के पास एकाकी या समूहों में स्वतन्त्र तैरने वाले मध्यम माप के ट्यूनीकेटा। (ii) टेस्ट साफ, पारदर्शक। (iii) शरीर लम्बा, नालाकार, प्रायः ढोलकी की आकृति का; ब्रैकियल एवं ऐट्रियल छिद्र इसके विरोधी छोरों पर। (iv) देहभित्ति में शरीर के चारों ओर फैली मोटी पेशियाँ। (v) जीवन-वृत्त में द्विरूपी (dimorphic) अलैंगिक (asexual) एवं लैंगिक (sexual) सदस्यों का पीढ़ी-एकान्तरण (alternation of generations)। उदाहरण - **पाइरोसोमा** (*Pyrosoma*); **डोलिओलम** (*Doliolum*)।

(2) उपसंघ सिफैलोकॉर्डेटा (Subphylum Cephalochordata)

(i) लगभग 30 जातियाँ। (ii) समुद्र में स्वतन्त्र तैरते या मिट्टी में धँसे; एकाकी। (iii) शरीर छोटा (10 सेमी० लम्बा), पार्श्वों में चपटा, मछली-जैसा। (iv) स्पष्ट मूल कॉर्डेट लक्षण आजीवन उपस्थित। (v) शरीर की पूरी लम्बाई में अग्र छोर तक फैली पृष्ठ नालवत् तन्त्रिका रज्जु एवं नोटोकॉर्ड (*Cephalos* = head; *chorda* = notochord)। (vi) ग्रसनीय क्लोम दरारें स्पष्ट, संख्या में अधिक, इनका विन्यास खण्डीय। (vii) ऐट्रियल गुहा विशाल। (viii) जल में तैरने के लिए पखने (fins)। (ix) एकलिंगी; जनद खण्डीय। उदाहरण - **ब्रैंकिओस्टोमा या एम्फिऑक्सम** (Branchiostoma or Amphioxus,)।

(3) उपसंघ कशेरुकी (Subphylum Vertebrata)

(i) विकसित कॉर्डेटा जिनमे जटिल **मस्तिष्क** का क्रमिक विकास हुआ है। मस्तिष्क अस्थि या उपास्थि के **मस्तिष्क या क्रैनियम** में बन्द। (iii) भ्रूणीय नोटोकॉर्ड के स्थान पर, वयस्क में, अस्थि या उपास्थि की मुद्राकार **कशेरुकाओं** की बनी छड़ के रूप में, **कशेरुकदण्ड** । अन्य अस्थियाँ और उपस्थियाँ भी उपस्थित और ये सब मिलकर शरीर को सहारा देने हेतु एक **अन्तः कंकाल** बनाती हैं। (iv) मस्तिष्क के साथ-साथ, शरीर के अग्र छोर पर, संवेदागों का विकास हुआ। अतः अग्र छोर एक स्पष्ट **शीर्ष** में विभेदित। शेष शरीर भी, अधिकांश में, ग्रीवा, धड़ एवं पूँछ में विभेदित। (v) ग्रसनीय क्लोम दरारें भ्रूणावस्था में तो सभी कशेरुकियों में बनती हैं, परन्तु

वयस्क अवस्था में ये केवल निम्न कोटि के सदस्यों में रहती हैं। (vi) नालवत् तन्त्रिका रज्जु आजीवन उपस्थित और कशेरुकदण्ड में बन्द। इसी का अग्र छोर मस्तिष्क में विभेदित। (vii) **त्वचा** में बाहरी स्तृत एपीडर्मिस तथा भीतरी डर्मिस। एपीडर्मिस पर प्रायः शल्कों, पिच्छों या बालों का **बाह्य कंकाल**। (viii) दो जोड़ी उपांग पखने या पाद। इनमें संयुक्त अन्तः कंकाल। प्रत्येक का अन्तः कंकाल एक मेखला द्वारा कशेरुकदण्ड से निलम्बित। (ix) अन्तः कंकाल से जुड़ी पेशियों द्वारा अंगों की गति एवं गमन। (x) कशेरुकदण्ड के नीचे विकसित **आहारनाल** और इससे जुड़ी **यकृत** एवं **अग्न्याशय** नामक बड़ी पाचन ग्रन्थियाँ। (xi) हृदय, रुधिरवाहिनियों एवं केशिकाओं का बना बन्द **परिसंचरण तन्त्र**। हृदय अधरतलीय, पेशीय एवं पम्प-सदृश। रुधिर का बहाव पृष्ठवाहिनियों में पीछे की ओर तथा अधरवाहिनियों में आगे की ओर। **रुधिर** में श्वेत व लाल कोशाएँ (रुधिराणु - corpuscles);) लाल रुधिराणुओं में **हीमोग्लोबिन**। (xii) **श्वसन** जलीय कशेरुकियों में जोड़ीदार क्लोमों द्वारा, स्थलीय में एक जोड़ी फेफड़ों द्वारा। (xiii) **उत्सर्जन** जोड़ीदार वृक्कों द्वारा। निम्न कोटि के सदस्यों में वृक्क खण्डीय और सीलोम तथा रुधिर, दोनों से सम्बन्धित। (xiv) एकलिंगी; जनद प्रायः एक जोड़ी। मछलियों से मानव तक सभी जन्तु कशेरुकी होते हैं। इनमें पृष्ठवंशीय लक्षणों का **क्रमिक उद्विकास** हुआ है। यह उद्विकास पहले जलीय जीवन (aquatic life) और फिर स्थलीय जीवन की ओर अग्रसर हुआ।

(1) समूह ऐग्नैथा (Group Agnatha)

सबसे निम्न कोटि के कशेरुकी। (i) नोटोकॉर्ड आजीवन स्थायी। इस पर अल्पविकसित कशेरुकाएँ। (ii) जबड़े, उपांग, मेखलाएँ एवं जननवाहिनियाँ अनुपस्थित। (iii) मुख, शरीर के अग्र छोर पर, गोल व कीपनुमा। (iv) शीर्ष पर, दो पार्श्व नेत्रों के अतिरिक्त, एक मध्यवर्ती पीनियल नेत्र दो वर्ग - में बंटा होता है

वर्ग (1) ओस्ट्रैकोडर्माई (Class Ostracodermi) - (i) विलुप्त, अलवणजलीय मछलियाँ जिन्हें सबसे प्रथम कशेरुकी माना जाता है। (ii) शरीर पर दृढ़ शल्कों का रक्षात्मक कवच होता था। (iii) अन्तः कर्णो में दो-दो अर्धवर्तुल्य कुल्याएँ। उदाहरण - **सिफैलैस्पिस** (*Cephalaspis*)।

वर्ग (2) चक्रमुखा या साइक्लोस्टोमैटा (Class Cyclostomata) - (i) अधिकांश समुद्री, कुछ अलवणजलीय। (ii) शरीर लम्बा, सँकरा, नालाकार; पूँछ कुछ चपटी। (iii) मुख गोल, चूषक-सदृश, काटने-खाने योग्य। (iv) त्वचा कोमल, चिकनी, शल्करहित। (v) जोड़ीदार पखने अनुपस्थित; मध्यपृष्ठ एवुं पुच्छ पखने उपस्थित। (vi) केवल एक, मध्यवर्ती नथुना। (vii) करोटि एवं ग्रसनीय चापें उपास्थीय। (viii) अर्धवर्तुल्य कुल्याएँ एक-एक या दो-दो। (ix) एकलिंगी; जनद केवल एक। संसेचन जल में । जीवन-बृत्त में शिशु प्रावस्था नहीं। उदाहरण - **लैम्प्रेज** (Lampreys) जैसे - **पेट्रोमाइजॉन** (*Petromyzon*) तथा **हैग मछलियाँ** (Hagfishes) जैसे **मिक्साइन** (Myxine)।

(2) समूह नैथोस्टोमैटा (Group Gnathostomata)

विकसित कशेरुकी। (i) अधिकांश में नोटोकॉर्ड स्थायी नही। वयस्क में इसके स्थान पर कशेरुकदण्ड। (ii) जबड़े, मगन के लिए जोड़ीदार पखने या पाद, तथा इनसे सम्बन्धित मेखलाएँ (girdles) एवं जननवाहिनियाँ उपस्थित। (iii) मुख गोल नहीं। (iv) पीनियल नेत्र

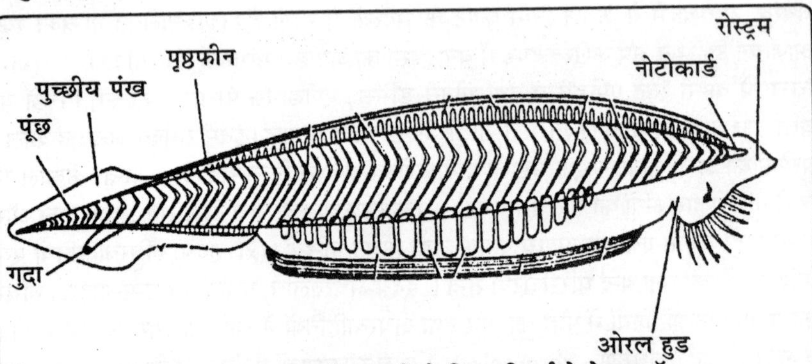

चित्र- 4 : एक समुद्री मछली से चिपकी हुई पेट्रोमाइजॉन

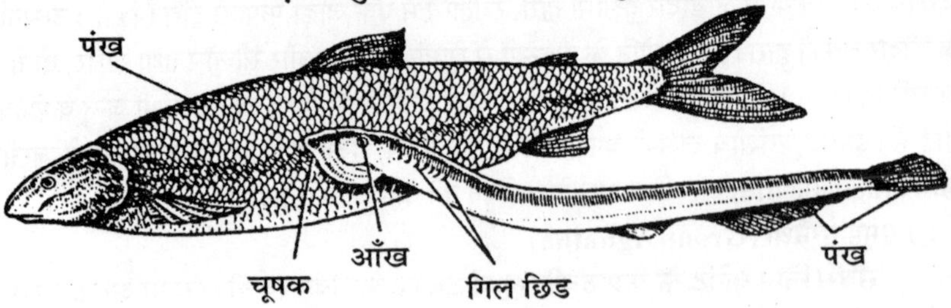

एक समुद्री मछली से चिपकी हुई पेट्रोमाइजॉन

अनुपस्थित। (v) हृदय में 2,3 या 4 कक्ष। (vi) श्वसन के लिए क्लोम या फेफड़े। (vii) अन्तः कर्णो में तीन-तीन अर्धवर्तुल्य कुल्याएँ। (viii) एकलिंगी; जनद जोड़ीदार।

(अ) महावर्ग पिसीज (Superclass Pisces)

वास्तविक मछलियाँ या मीन (fishes)। लगभग 33,000 जातियाँ। (i) सब जलीय। (ii) गमन (जल में तैरने) की सुविधा के लिए शरीर धारा-रेवित (streamlined) और पादों के स्थान पर जोड़ीदार तथा अन्य शुद्धिकरण के लिए क्लोमों में जाकर वहाँ से सीधे विभिन्न अंगों में चला जाता है। (iv) बाह्यकर्णों का अभाव। (v) त्वचा पर प्रायः **शल्क** (scales)। (vi) दो नासावेश्म; अन्तः नासाद्वार नहीं। भारत के बम्बई शहर में विभिन्न प्रकार की मछलियों का विशाल **जलपात्र संग्रहालय** (aquarium) है।

शल्कों की किस्म, कशेरुकदण्ड के विकास तथा अंतः कंकाल की दशा के आधार पर इस महावर्ग को तीन वर्गों में बाँटा गया है-

वर्ग (1) प्लैकोडर्माई (Class Placodermi) - सबसे पहली, अलवणजलीय, प्राचीनकालीन (डिवोनियन से परमियन कल्प तक) विलुप्त (extinct) मछलियाँ। (i) शरीर पर अस्थीय शल्कों (bony scales) का रक्षात्मक कवच (armour)। (ii) जबड़े एवं दाँत कम विकसित। (iii) पखनों में बडे-बडे काँटे। (iv) कंकाल अस्थीय। उदाहरण - **कॉक्सोस्टिसय** (*Coccosteus*)।

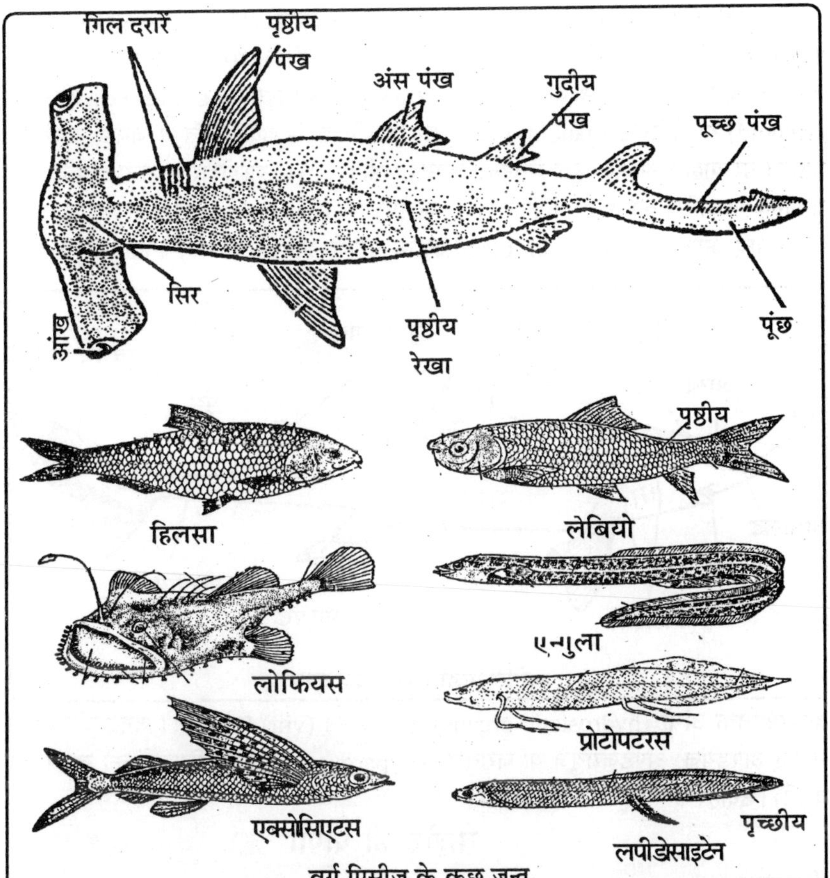

वर्ग पिसीज के कुछ जन्तु

वर्ग (2) कॉण्ड्रिक्थीज (Class Chondrichthyes) - **उपास्थीय** (cartilaginous) मछलियाँ। (i) अधिकांश समुद्री। (ii) अन्तः कंकाल उपास्थि का बना; नोटोकॉर्ड प्रायः वयस्क में भी उपस्थित। (iii) त्वचा की शल्के सूक्ष्म दाँत-सदृश **दन्ताभ** अर्थात् **प्लैकॉएड शल्कें** (placoid scales)। (iv) क्लोम चापों (gill arches) एवं क्लोम दरारों (gill clefts) की प्रायः पाँच से सात जोड़ियाँ, परन्तु क्लोमढापन (operculum) अनुपस्थित। (v) वायु आशय (air bladder) या फेफड़े अनुपस्थित। (vi) प्रायः दो बाह्य नासाद्वार; अन्तः नासाद्वार नहीं। (vii) मुखद्वार सिर के अधरतल पर; जबड़े दाँतयुक्त। (viii) आँत में प्रायः एक सर्पिल कपाट (spiral or scroll valve)। (ix) एकलिंगी संसेचन मादा के शरीर में। मादाएँ **अण्डज** (oviparous) या **अण्डजरायुज** (ovoviviparous) - अण्ड़ों से निकले अपरिपक्व शिशु तुरन्त मादा के शरीर से बाहर निकल जाते है; लार्वा प्रावस्था नहीं। उदाहरण - शार्क (sharks) मछलियाँ जैसे **डॉगफिश** या **स्कोलिओडॉन** (Dogfish or Scoliodon)। रे (ray) मछलियाँ जैसे **टॉरपीडो** (Torpedo), **काइमेरा** (Chimaera) आदि।

वर्ग (3) ओस्टाइक्थीज या टीलिओस्टोमाई (Class Osteicthyes or Teleostomi)- सबसे अधिक विकसित, अस्थीय मछलियाँ। (i) सभी प्रकार के जल में। (ii) अन्तः कंकाल मुख्यतः अस्थि का बना। (iii) त्वचा की शल्कें **साइक्लॉइड** (cycloid), **टीनॉएड** (ctenoid) या **गैनॉएड** (ganoid)। (iv) सिर के छोर पर मुखद्वार; दाँत व जबड़े उपस्थित; पृष्ठतल पर बाह्य नासाद्वार; कुछ में अन्तः नासाद्वार भी। (v) जोड़ीदार व अन्य पखने; इनमें उपास्थि या अस्थि का अन्तः कंकाल। (vi) क्लोमढापन (operculum) से ढकी क्लोम दरारें। (vii) वायु आशय (air or swim bladder) या फेफड़े प्रायः उपस्थित; इनका प्रमुख कार्य

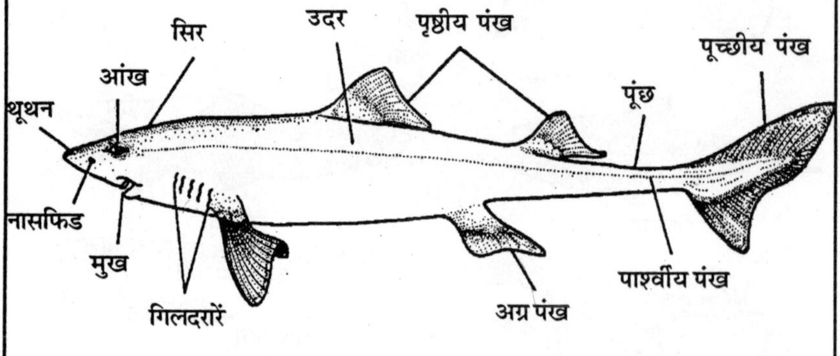

स्कोलिओडॉन का पार्श्व दृश्य

द्रव्यस्थैतिक अंगों (hydrostatic organs) के रूप में। (viii) एकलिंगी। जनद जोड़ीदार। मादाएँ अण्डयुज, अण्डजरायुज या जरायुज (viviparous - विकसित शिशुओं को जनम देने वाली)। उदाहरण – **रोहू** अर्थात् **लेबियो।**

कशेरुकी प्राणी

पीसीज

सभी जन्तु जलीय होते है कुछ जन्तु अलवणीय व कुछ जन्तुलवणीय जल में पाये जाते है शरीर तर्कुरूपी, सिर, पूँछ, धड में वियोजित, शल्कों में ढका हुआ, अन्तः कंकाल अस्थि तथा उपस्थीयों युक्त, श्वसन गिलस के द्वारा, क्लेमों की संख्या 5 से 7 होती है, इसमें एक आलिन्द तथा एक निलय पाये जाने के कारण ह्दय नलिकाकार होता है इस ह्दय को वीनस ह्दय कहते हैं, मस्तिष्क से 10 जोड़ी कपाल तंत्रिकाए, अन्तःकण पाये जाते है, स्वभाव से यूरियोटेलीड, एकलिंगी तथा आन्तरिक निषेचन वाली होती है। कुछ जन्तु अण्डज व कुद, अण्ड जरायुज, शिशु अवस्था को फ्राई कहते है। तैतीस हजार जातियाँ पाई जाती हैं। वैज्ञानिक 1959 में तथा पार्कर हैजवेल ने 1908 में मछलियों को तीन वर्गो में बाँटा।

पीसीज वर्ग

प्लेकोडर्मी | कोन्डर्थिज | आँस्ट्रकथिज

(1) प्लेकोडर्मी – इस वर्ग में आने वाली सभी मछलियाँ अलवणीय जल में पायी जाती थी आज विलुप्त हो चुकी है। इन मछलियों के शरीर पर अस्थिल शल्कों युक्त रक्षात्मक कवच पाया जाता था। जबड़े व दाँत कम विकसित होते है, पंखों में बडे-बडे काँटे होते थे इन मछलियों को कवचित मछलियाँ भी कहते हैं। उदाहरण- डायनीक्वचीज, काक्सोसिस्टीयस

(2) कोन्डकर्थिज – यह शब्द ग्रीक भाषा के कान्ड्रोम उपस्थि तथा स्थिज (मछली) अर्थात इस वर्ग में वे मछलिया आती है जिनमें उपास्थिल कंकाल पाया जाता है।

सभी जन्तु लवणीय जलवासी होते है, शरीर प्लेकाएड शल्कों से ढँका रहता है, कंकाल उपास्थियों से बना होता है, क्लोम 5 से 7 जोडी, क्लोम दरार के ऊपर, आपरकुलम अनुपस्थित लेकिन 5 स्पाईरेकिल्स पाये जाते हैं यकृत दो पिण्डीय, आमाश्य J के आकार का हृदय में एक अलिन्द व एक निलय, नर में क्लास्पर मैथुन अंग तथा निषेचन अन्तः होता है। उदाहरण- स्कोलियोडोन और टारपिडो

(3) ऑस्कट्रैकथिज – ग्रीक भाषा के ओस्टिमोन (कंकाल) तथा इकबीज (मछली) अर्थात इस वर्ग में वे मछलियाँ आती है जिनका कंकाल अस्थियों से मिलकर बना होता है शरीर पर पाये जाने वाले शल्क गैनोइड, टीनोइड, साइक्नोइड तथा एस्केनोयड प्रकार के होते हैं। क्लोम दरार चार जोडी तथा ऑपर कुलम से ढकी रहती है आँत सर्पिल, कपाट विहिन होती है, यकृत तीन पिण्डो युक्त जनन वाहिनियाँ जनन छिद्रों के द्वारा बाहर खुलती है बाह्यः निषेचन होता है जनद जोड़ीदार होती है कुछ मछलियाँ जरायुज होती है।

विशिष्ट नाम

स्कोलियोडोन	–	कुत्ता मछली	एमिया	–	धनुष मछलियाँ
स्फीरेना	–	हथोडा मछली	क्लेरियस	–	कैट फीश
टारपीडो	–	विद्युत मछली	हिप्पोकम्पश	–	समुद्री घोडा
ट्राईगोन	–	डंक मछली	एक्सोसियेटस	–	उडन मछली
प्रिस्टीज	–	आरा मछली	लैअमिरीया	–	जीवित जीवांश
राइनोबेटस	–	गियर मछली	सिग्नैथम	–	पाइप मछली
स्टेगोस्टोमा	–	चित्ता मछली	गैम्बिसिया	–	मच्छर मछली
राइनोडोम	–	सबसे बडी शार्क	फिराटुलेरिया	–	बाँसुरी मछली

इन मछलियों के अतिरिक्त फुफुस मछलियाँ भी पाई जाती है जिन्हें डिटनोई मछलियाँ कहते है जो अलवणीय जल में रहती है

जैसे – प्रोटोपैट्स – अफ्रीका में; मियोसैरोटस – आस्ट्रेलिया में; लिकियोसायरन- दक्षिणी अमेरिका में

एम्फीबीया

ग्रीकभाषा के जन्तु एम्फी – दो, बायोस – जीव अर्थात इस वर्ग में वे जन्तु आते है जो दो वातावरणों में रह सकते है इसीलिए जलस्थल चर कहलाते है। त्वचा चिकनी होने के कारण श्वसन में सहायक, दो जोडी पेर अग्रपाद चार अगुंलीयों सहित तथा पश्च 5 अंगुलियों सहित दो नासाछिद्र, स्वभाव में असमतापी, हृदय में 2 आलिंद और 1 निलय। प्रतिकुल वातावरण से बचने

के लिए ग्रीष्म निष्क्रियता तथा शीत निष्क्रियता को दर्शाते है। उत्सर्जी अंग एक जोडी वृक्क है, स्वभाव में युरियोटेलिक, मस्तिष्क में 10 जोडी कपाल तंत्रिकाएँ बाह्यकर्ण अनुपस्थित, अन्त कर्ण–कोल्युमैला में स्थित स्वभाव में अण्डज, अण्डे भी पीतक युक्त, मध्य पीतकी प्रकार के, असमान पूर्णभंजी विदलन तथा कायान्तरण की क्रिया पाई जाती है प्रत्येक कशेरुका दो कोण्डाइलो युक्त लाल रुधिर कणिका डिस्क के आकार की, निषेचन क्रिया बाह्य तथा भ्रुणीय परिवर्धन शरीर के बाहर होता है।

एम्फीबीया

गण

एपोडा — यूरोडेला — एन्यूरा

गण (1) एपोडाः– एपोडा ग्रीक भाषा के ए– सिवाय, पोडास – पाद अर्थात इस गण में वे जन्तु आते हैं। जिनके पैर नही होते बिलकारी, शरीर लम्बा, पतला कर्मीरुपी, पाद अनुपस्थित, शरीर पर 4 धारीयाँ पाई जाती है, सिर मजबूत, शिशु में नेत्र अर्द्धविकसित पलक रहित, मेखला अनुपस्थित, मैथुनी अंग उपस्थित, पैतृक संरक्षण का गुण पाया जाता है। व्यस्क में श्वाँस फेफडो तथा शिशु में क्लोम द्वारा, पूँछ छोटी व अविकसित होती है।

उदाहरण :– इक्थीयोफीस, यूरियोटीफेलस, जिमनोफीस, एपोडोम।

गण (2) यूरोडेला :– शब्द यूरोडेला यूरो–पूँछ तथा डेला दिखाई देता है अर्थात इस संघ में वे जन्तु आते है जिनकी पूँछ दिखाई देती है। इनमें दो जोडी पैर तथा दोनों जबडों में दाँत, लारवा जल में रहते हैं। इस अवस्था में लारवा अवस्था में जननांग विकसित हो जाते हैं। इस अवस्था को चीर भ्रुणता अथवा नियोटनी कहते हैं। धड़ लम्बा कशेरुकाएँ नोटो कार्ड को घेरे हुए होती है। कायान्तरण लगभग अनुपस्थित होता है।

गण (3) एन्यूरा :– इस वर्ग को सैलेन्सीया भी कहते हैं इस गण में पूँछ रहित जन्तु आते हैं अग्र पाद छोटे तथा पश्च पाद लम्बे जालयुक्त अगुलियां होती है। कशेरूक दण्ड में 10 कशेरुकाएँ, पसलियाँ अनुपस्थित कायान्तरण उपस्थित।

विशिष्ट नाम

1. इक्थीयोफीस – अन्धाकर्मी
2. यूरीयोटीफेलस – चर्मकर्मी
3. सैलाबेन्डर – लम्बा जनन काल युक्त
4. नोप्टयूरस – जलीयकुत्ता
5. एम्बाईस्टोमा – चीतास्टोमेडर
6. एम्फीयूमा – RBC सबसे बड़ी
7. रानाटीग्रीना – भारतीय बुलक्लोग
8. एलाइटस – डाई भेक
9. हाइला – वृक्षवासी मेढ़क
10. रानाबुलियथ – सबसे बडा मेंढ़क
11. एस्टाइोर्स्टनस – रोम युक्त मेंढ़क
12. जीनोपस – आँखों में पलकें मुख में दाँत होते हैं।

रेप्टीलिया

लेटिन भाषा के रेप्टम–रेंग कर चलना से लिया गया है कि जन्तु कवच युक्त अण्डे देते हैं। मिसोजोइक युग इस वर्ग के लिए रेप्टाइलों का स्वर्ण युग कहा जाता है। रेप्टोइलों के अध्ययन

को हरपेटोलोजी कहते हैं। त्वचा शुष्क, खुरदरी, श्रगित शल्कों युक्त कभी-कभी अस्थिमप्लेटस पाई जाती हैं। शरीर सिर, गर्दन, धड, पूँछ में बटा होता है। अन्त कंकाल अस्थियुक्त, हृदय दो आंलिद 2 निलय युक्त, मस्तिष्क से 12 जोडी कपाल तंत्रिका, जनन छिद्र तथा गुदा अलग-अलग नहीं होते हैं। लैंगिक द्विरुपता अतः निषेचन होता है। रेप्टीलिया वर्ग के जन्तु में शिशु को बाह्य आघातों से बचाने के लिए एम्नीयान, केरीयोन तथा अलेन्टोयस तीन छिल्लीयाँ मिलकर सुरक्षात्मक आवरण बनाती हैं।

उत्सर्ग (1) अनेप्सीडा :- करोटी में टेम्पोरल छिद्र अनुपस्थित अतः करोटी की छत पुरी व पैर मजबूत होते हैं। इस उपवर्ग के दो गण हैं।

(1) गण कोर्टलिसोरिया :- इस गण के सभी सदस्य लुप्त

(2) गण कीलोनिया :- शरीर चोडा अण्डाकार समस्त शरीर दृढ अस्थियों से घिरा

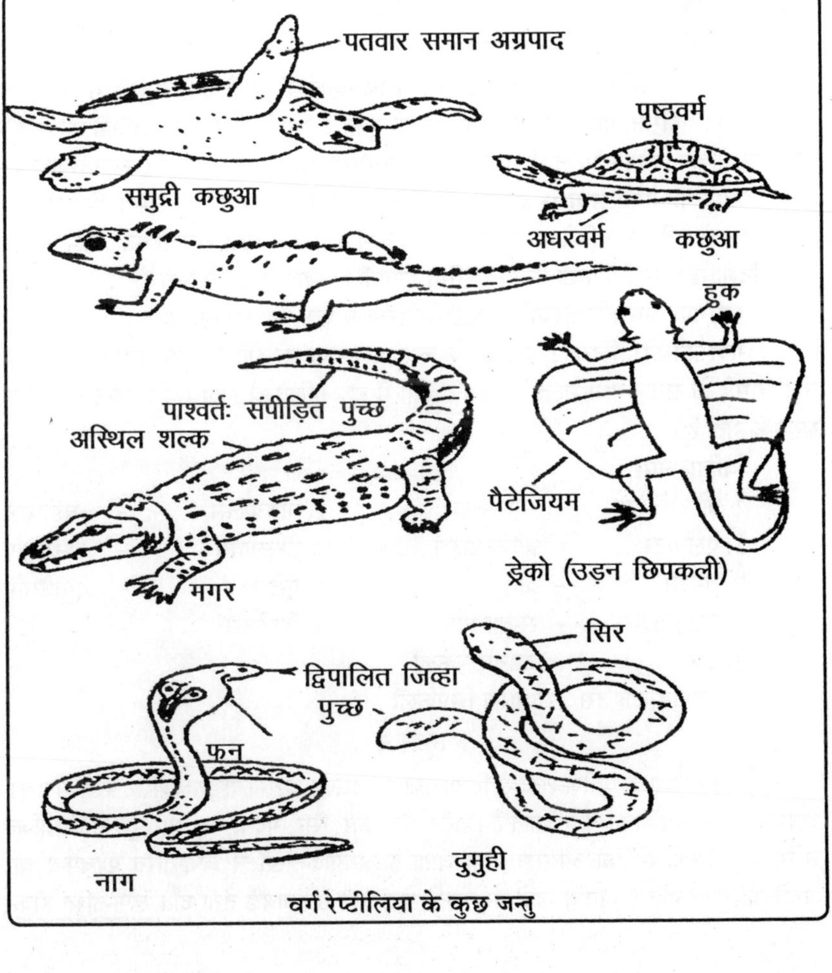

वर्ग रेप्टीलिया के कुछ जन्तु

हुआ पृष्ठ को केरोपेरा तथा अधर भाग को प्लस्ट्रोन कहते हैं। पैरों की अगुलियां नाखुनों युक्त, दाँत अनुपस्थित व अण्डजरायुज होते हैं।

उपवर्ग (2) डाइएपसीडा :- करोटी के टेम्पोरल भाग में दो जोडी टेम्पोरल छिद्र पाए जाते हैं।

लेपीडोसोरिया दो गणों में विभाजित होता है।

गण (1) रिकोसेफेलिया :- अधिकांश जातियाँ जीवाश रूप में आज न्यूजीलैण्ड में जीवीत अवस्था में पाई जाती है शरीर 75 cm लम्बा पूँछ चपटी15 अगुलियाँ युक्त पैर होते हैं, तालाबों के पास की मिट्टी में बिल बनाकर रहते हैं आयु लगभग 100 वर्ष। उदाहरण :- स्फीनोडोन

गण (2) स्क्वेमेटा :- इस गण में साँप ता छिपकलीयाँ आती हैं। इस गण के जन्तुओं के शरीर पर श्रृंगिक शल्क, टेम्पोरल छिद्र कुछ समय बाद समाप्त पेरों की अगुंलीयाँ नाखुनों युक्त इसमें दो उपगण हैं।

(1) लेस्ट्रीलिया (2) आकीडिया

उपगण लेस्ट्रीलिया :- इस उपगण में छिपकलीयाँ आती है। जन्तुओं में पाद तथा मेखला पूर्ण विकसित, पाद दो जोडी तथा नाखुनों युक्त 5 अगुलियाँ होती है। आँखों की पलके गतिशील लेकिन निमेषक पटल भी तथा कर्ण परत उपस्थित। उदाहरण :- ड्रेकों (उड़नछिपकली)

उपगण ओफीडिया :- इस उपगण में सांप आते हैं। शरीर पतला, लम्बा, चिकना तथा पादविहिन होता है। नेत्र निमेष्क द्वारा ढके हुए। कर्ण तथा कर्ण छिद्र अनुपस्थित, जीभ पतली, लम्बी दिशाखित बायाँ फेफडा कम विकसित होता है। उदाहरण :- कोबरा

महागण आरकोसोरिया :- आरकोसोरिया में एक गण पाया जाता है।

गण क्रोकोडीलिया :-इस गण के जन्तु जलस्थल चर होते हैं। सिर बडा लम्बा, त्वचा मोटी चमडे के समान तथा शल्कों से ढ़की हृदय में दो आलिद दो निलय, पूँछ जल में तैरने में सहयक होती है।

विशिष्ट नाम

1. क्रोकोड्लिस	–	मगरमच्छ	2. गेवियलिस	–	घडीयाल
3. एलीगेटर	–	क्रोकोडाइल	4. टीक्लोक्स	–	अन्धासाँप
5. बुगेरस	–	क्रेट	6. एरीक्स	–	दुमुहीसाँप
7. हाइड्रोकीस	–	समुद्री साँप	8. कैलोटस	–	गिरगीट
9. ड्रेको	–	उडनछिपकली			
10. हेमोडक्टाइलस	–	साधारण छिपकली			

एवीज

लेटिन भाषा के एवीज शब्द से लिया गया है जिसका अर्थ–चिड़िया। शरीर पंखों से ढका, अग्रपाद रूपान्तरित होकर पंख बनाते हैं। शरीर नौकाकार, सिर, गर्दन, धड और पूँछ में विभाजित शरीर पर कोमल परों का आवरण पाया जाता है अग्रपाद पंखों में रूपान्तरित पश्चपाद चार अगुलियों युक्त होते हैं। पश्च पादों पर शल्क पाए जाते हैं। जबडे तथा दाँत रूपान्तरित होकर

चोंच बनाते हैं नेत्र बड़ी जो स्केलीरोटीक छल्लों से घिरी रहती है। त्वचा शुष्क लेकिन पूँछ के नीचे प्रीन ग्रन्थियाँ पाई जाती है। गरम रुधिर वाले अर्थात समतापी होते हैं। अन्त ककांल अस्थियों से बना हुआ अस्थियाँ खोखली तथा वायु से भरी हुई। उड़न पेशियाँ पाई जाती है। श्वसन फेफडों द्वारा होता है। पक्षीयों में ध्वनि उत्पादक क्षेत्र सीरिंग्स कहलाता है। हृदय दो आलिंद व दो निलय युक्त, लाल रक्त कंणिकाएँ केन्द्रक युक्त, कपाल तंत्रिकाएँ 2 जोड़ी व युरियोटेलिक होती है। स्वभाव में एकलिंगी, अन्तनिषेचन पाया जाता है। अण्डों पर कैल्सीयम कॉबोनेट का कवच पाया जाता है। ऐसे अण्डो को क्सीडोसक अण्डे कहते हैं। वैज्ञानिक वेटमोर के अनुसार वर्ग एवीज में 34 गण है। 7 गणों के सदस्य विलुप्त तथा 27 गण के सदस्य जीवीत हैं।

वर्ग एवीज के कुछ जन्तु

उपवर्ग आरकीओनिथिज :– इस उपवर्ग के जन्तु छिपकली सदृश्य पक्षी होते थे। जिनमें पंखों युक्त लम्बी पूँछ पाई जाती थी। इस उपवर्ग के जन्तुओं को रेप्टाइल तथा पक्षियों के बीच की योजक कड़ी कहते हैं। उदाहरण :– आरकियोपट्रीक्स

उपवर्ग निओरनीथीज :– जबडो में चोंच, दाँतों विहिन पादास्थि समेकित अगुलियाँ नखर विहिन पूँछ में 13 कशेरूकाएँ पाई जाती है। इस उपवर्ग को चार अधिगणों में बांटा गया है।

अधिगण (1) ओडेन्टोग्नेथी :– सभी जन्तु विलुप्त।

अधिगण (2) नियाग्नेथी :– दंत विहिन उड़ने वाले पक्षी इस अधिगण में आते हैं। पंख विकसित तथा करोटी में सीवन रेखाएँ पाई जाती है।

गण (1) काल्म्बीफोंमिस :– कबूतर **गण (2) सीस्टीफोंस :–** तोता

गण (3) एन्सेरीफोंस :– हंस **गण (4) पेसारीफोंस :–** कौआ

गण (5) गेलीफोंस :– मोर

अधिगण प्लेयोग्नेथी :– इन पक्षियों में दौड़ने की ताकत तो होती है लेकिन पंखो का कम विकास होने के कारण उड़ नही सकते ध्वनि यन्त्र अनुपस्थित होते हैं।

अचिगण इम्पेनी :– जलीजन्तु अग्रपाद कीलोपर्स में रूपान्तरित और पश्च पाद जालयुक्त होते हैं।

उदाहरण:–पेग्विन

विशिष्ट नाम

कबूतर	–	कोल्म्बा लीविया	तोता	–	सीटकुला
जगली बतक	–	एनस	हंस	–	सीगनस
कौआ	–	कारवस स्पेलेन्डस			

मैमेलिया

ग्रीक भाषा के मैमी (स्तनग्रन्थि) से लिया गया है अर्थात इस वर्ग के सभी जन्तुओं में स्तनग्रन्थियाँ पाई जाती है। इनके अध्ययन को मैमलोजी कहते हैं। इस वर्ग के जन्तु जलीय, स्थलीय, वक्षवासी, वायवीय तथा भूमिगत होते हैं। त्वचा पर बालो का आवरण पाया जाता है त्वचा मोटी, पसीना ग्रन्थि, तेल ग्रन्थि और स्तनग्रन्थियों युक्त होती हैं। कभी–कभी सिर पर सींग अगुलियों पर नाखुन, पंजे तथा खुर पाए जाते हैं। विषम दंती/गर्त दंती कहलाते हैं। विषम प्रकार के विषम दंत दो बार निकलते है द्विबारदंती कहलाते हैं। कपांल तंत्रिकाएँ 12 जोडी स्वभाव में यूरियोटेलिक, लैंगिक द्विरूपी तथा जरायुज होते हैं।

अभ्यास प्रश्न

बहुचयनात्मक प्रश्नोत्तर

1. प्रोटोजोआ शब्द का प्रयोग सर्वप्रथम किया?
   (अ) टीकल (ब) गोल्डफस
   (स) लामार्क (द) ल्यूवेनहॉक
2. बाथ स्पंज है?
   (अ) यूस्पांजिया (ब) स्पांजिला
   (स) हिप्पोस्पांजिला (द) ऐन्ट्रोसील
3. "हाथी दांत" के समान कवच है?
   (अ) नाटिलस (ब) लाइमेक्स
   (स) काइटन (द) डेन्टेलियम
4. ऐनेलिडा एवं मौलस्का के बीच की योजक कड़ी है?
   (अ) पेरीपेटस (ब) नियोपिलाइना
   (स) लिमुलस (द) लाइमेक्स
5. निम्न में से सबसे बड़ा अकशेरुकी जन्तु है?
   (अ) दैत्य स्क्विड (ब) कटलमीन
   (स) फाईसेलिया (द) बेलेनोप्टेरा
6. 'अरस्तु की लालटेन' किसमें मिलती है?
   (अ) तारामछली (ब) ब्रिटिल स्टार
   (स) सी-अर्चिन (द) सी-एनीमोन
7. मौलस्का में कवच किससे बनता है?
   (अ) पाद (ब) मेन्टल
   (स) टिनिडिया (द) प्लेकोइडा
8. प्रोटोजोआ संघ के वर्गीकरण का आधार है-
   (अ) कंकाल (ब) पोषण
   (स)जनन (द) गमन अंगक
9. जीवद्रव्यी स्तर का संगठनात्मक स्वरूप किस संघ के प्राणियों में होता है-
   (अ) कार्डेटा (ब) प्रोटोजाआ
   (स) पोरीफेरा (द) एनिलिडा
10. निम्न में किस प्रोटोजोअन जन्तुक में संकुचनशील रिक्तिका नहीं पायी जाती है-
   (अ) पैरा गीशियम (ब) यूग्लीना
   (स) एण्ट अमीबा हिस्टोलिटिका (द) अमीबा प्रोटियस

11. प्रोटोजोआ के कौन से वर्ग के जन्तुओं में गमन स्यूडोपोडिया द्वारा होता है-

(अ) स्पोरोजोआ (ब) सार्कोडिना
(स) सिलिएटा (द) मेस्टीगोफोरा

12. प्रोटोजोआ के सदस्य होते हैं-

(अ) एक कोशिकीय (ब) बहुकोशिकीय
(स) अकोशिकीय (द) कोई नहीं

13. संघ पोरीफेरा में क्या विशिष्टता पायी जाती है-

(अ) पराजठर गुहा (ब) प्रगुहा
(स) आभासी देहगुहा (द) आन्तरगुहा

15. कौन से स्पंज को जापान में 'विवाह उपहार' के रूप में दिया जाता है-

(अ) ल्यूसीला (ब) ग्रन्शिया
(स) यूप्लैक्टैला (द) फेरोनीमा

16. निम्न में से द्विस्तरीय, अरीय सममित व निमेटोब्लास्ट्स किस संघ की विशेष होती है-

(अ) पोरीफेरा (ब) प्लेटीहेल्मिन्थिज
(स) सीलेन्ट्रेटा (द) ऐनेलिडा

17. सीलेन्ट्रेटा के किस वर्ग में दोनों अवस्थाएं (पॉलिप एवं मैड्यूसा) विकसित होते हैं-

(अ) हाइड्रोजोआ (ब) एन्थोजोआ
(स) स्काइफोजोआ (द) सभी में

18. पुर्तगाली युद्ध पोत या 'पुर्तगाल का लड़ाकू यौद्धा' कहते हैं-

(अ) मिलिपोरा (ब) पोर्पिटा
(स) फाइसेलिया (द) वलैला

19. निम्नलिखित में से किसमें सोलेनोसाइट्स मुख्य उत्सर्जी रचनाएँ हैं-

(अ) इकॉनोडर्मेट्स (ब) प्लेटीहैल्मिन्थीज
(स) ऐनेलिड्स (द) मौलस्क

20. निम्न में से कौन से संघ के जन्तु त्रिस्तरीय, द्विपार्श्व सममित एवं अगुहीय होते हैं-

(अ) सीलेन्ट्रेटा (ब) प्लैटीहेल्मिन्थीज
(स) पोरीफेरा (द) एनेलिडा

उत्तरमाला

1. (ब)	2. (अ)	3. (द)	4. (ब)	5. (अ)
6. (स)	7. (ब)	8. (द)	9. (ब)	10. (स)
11. (ब)	12. (स)	13. (अ)	14. (स)	15. (स)
16. (अ)	17. (स)	18. (ब)	19. (ब)	20. (ब)

अतिलघूत्तरात्मक प्रश्न

प्रश्न 1. जीव व जन्तु विज्ञान का जनक कौन है?

प्रश्न 2. विज्ञान वह शाखा जिसमें प्राणियों का अध्ययन किया जाता है?

प्रश्न 3. द्विनाम पद्धति में दो पदा क्रमशः समूह को प्रकट करते है?

प्रश्न 4. मनुष्य का वैज्ञानिक नाम लिखिये?

प्रश्न 5. वर्गीकरण पदानुक्रम का सही क्रम लिखिये?

प्रश्न 6. पंच जगत वर्गीकरण किस वैज्ञानिक द्वारा किया गया?

प्रश्न 7. जन्तुओं को पहचानने के लिए कुंजी किस वैज्ञानिक द्वारा प्रस्तुत की गई थी?

प्रश्न 8. वर्गिकी के पदानुक्रम में अन्तजनन का कर संतान उत्पति करने वाले जीवों को कौनसे पद समूह में रखा जाता है?

प्रश्न 9. साधारण घरेलू चिड़ियां का जापानी देशी नाम क्या हैं?

प्रश्न 10. केरोलस लिनियस द्वारा रचित एक पुस्तक का नाम लिखिए।

प्रश्न 11. भारतीय कौवे का वैज्ञानिक नाम लिखिये?

प्रश्न 12. पंच जगत वर्गीकरण में स्तनधारियों को कौनसे वर्ग में रखा गया है?

प्रश्न 13. सजीवों की आकारिकी संरचना, कोशिकीय परिवर्धन विकास, जीवों के अवशेष एवं सजीवों में विविधता तथा उनमें अर्न्तसम्बन्ध का अध्ययन किस विज्ञान में किया जाता है?

प्रश्न 14. बच्चे देने वाले प्राणियों को कहते है?

प्रश्न 15. पंच जगत् वर्गीकरण में एक कोशिकीय ससीमकेन्द्रकी जीवों को कौनसे वर्ग में रखा गया है?

प्रश्न 16. कोशिकीय स्तर का संगठन कौनसे संघ में पाया जाता है?

प्रश्न 17. कोर्डेटा प्राणियों में किस प्रकार की सममिति होती है?

प्रश्न 18. ऐसे प्राणी जिनमे कोरक रध्र से गुदा का निर्माण होता है वह क्या कहलाते है?

प्रश्न 19. जन्तुओं में वास्तविक देहगुहा कौनसे संघ से प्रारम्भ होती है?

प्रश्न 20. त्रिस्तरीय जन्तुओं का ऐसा संघ जिसमें देहगुहा का अभाव होता है?

लघूत्तरात्मक प्रश्न

प्रश्न 1. जाति की आधुनिक परिभाषा दीजिये।

प्रश्न 2. वर्गीकरण विज्ञान को परिभाषित कीजिये?

प्रश्न 3. जीवों के द्विजगत वर्गीकरण को संक्षिप्त में परिभाषित कीजिये?

प्रश्न 4. जीवों के जगत् प्रोटिस्टा के कोई दो विशेष लक्षण लिखिये?

प्रश्न 5. एनिमैलिया जगत् के दो विशिष्ट लक्षण बताइये?

प्रश्न 6. जीवों के वर्गीकरण के लिए आवश्यक उपकरणों के नाम बताइये?

प्रश्न 7. अरीय सममिति को परिभाषित कीजिये?

प्रश्न 8 आंत्रगुहा से क्या तात्पर्य है?

प्रश्न 9. देहगुहा के आधार पर वर्गीकृत संघों के नाम लिखिए?

प्रश्न 10. संघ प्रोटोजोआ को गमन के आधार पर कितने वर्गों में विभाजित किया गया है?

निबन्धात्मक प्रश्न

प्रश्न 1. पिसीज महावर्ग के प्रमुख लक्षणें का वर्णन कीजिये।

प्रश्न 2. प्रोटोजोआ संघ के वर्गीकरण का आधार बताइये।

प्रश्न 3. ऐनेलिडा संघ के प्रमुख लक्षण एवं वर्गीकरण सउदाहरण लिखिये।

प्रश्न 4. प्रोटोजोआ संघ के प्रमुख लक्षण बताते हुए प्रत्येक उपसंघ के विभिन्न वर्गों के नाम लिखिये।

❑❑❑

इकाई 2 विभिन्न प्रकार के जीव, वर्गीकरण व वर्गीकरण के प्रकार

कबूतर, मुर्गा, साँप, छिपकली, बन्दर, खटमल, जूँएँ, मच्छर, तितली, कनखजूरा, बिच्छू, मकड़ी, कीड़े-मकोड़े आदि अनेक किस्मों के जन्तुओं को हम जानते-पहचानते हैं, परन्तु **जन्तु-जगत** हमारे इस ज्ञान से कहीं अधिक विशाल है। प्रकृति में जन्तुओं की कुल संख्या का तो हम अनुमान भी नहीं लगा सकते, लेकिन वैज्ञानिक इनकी 10 लाख से भी अधिक विभिन्न किस्मों का पता लगा चुके हैं। इसके अतिरिक्त चट्टानों से प्राप्त **जीवाश्मों** से हमें जन्तुओं की अनेक ऐसी किस्मों का पता चला है जो पुरातन काल में पृथ्वी पर वास करती थीं, लेकिन अब **बिलुप्त** हो चुकी है। जन्तुओं की प्रत्येक किस्म को एक **जन्तु-जाति** कहते हैं। जन्तु-जातियों की 10 लाख से अधिक संख्या से जन्तु-जगत् की **विषमता या विविधता** का पता चलता है। अधिकांश जातियों के सदस्य संख्या में अधिक, परन्तु कुछ के कम पाये जाते हैं कुछ के सदस्य भूमि पर कुछ के समुद्र में कुछ के नदियों, तालाबों, झीलों में कुछ के पेड़ों पर तथा कुछ अन्य जन्तुओं एवं पौधों के शरीर में परजीवी वास करते हैं। कुछ हवा में भी उड़ते हैं। समुद्री जन्तु इसके तल पर स्थानबद्ध जीवन व्यतीय करने वाले (**बेन्थिक**) या इसके जल में स्वतन्त्र जीवन व्यतीत करने वाले (**पिलैजिक**) होते हैं। वे पिलैजिक जन्तु जो तट के निकटवर्ती भागों (जहाँ समुद्र की गहराई लगभग 200 मीटर तक होती है) के जल में रहते हैं **नेरीटिक** कहलाते हैं।

अन्य पिलैजिक जन्तु जो तट से दूर 200 मीटर से अधिक गहरे भागों के जल में रहते हैं **महासागरीय** कहलाते है। महासागरीय जन्तु फिर, समुद्र की गहराई के अनुसार, ऊपर से नीचे की ओर क्रमशः **अधिपिलैजिक, मध्यपिलैजिक, मज्जीपिलैजिक** तथा **गर्तपिलैजिक** होते हैं। कुछ समुद्री मछलियाँ जनन के लिए समुद्र में गिरने वाली नदियों के मुहानों **ज्वारनदमुख में** चढ़ती है।

इसके विपरीत कुछ अलवणीय मछलियाँ जनन के लिये नदियों के मुहानों से समुद्र में जाती है। अलवणीय जल के जन्तु स्थिर जलाशयों (झीलों, तालाबों आदि) के वासी। समुद्री या अलवणीय जल में बहती हुई नदियों, सरिताओं आदि के वासी **लोटिक** हो सकते हैं। समुद्री या अलवणीय जल में निष्क्रिय उतरने वाले जन्तु प्लैंक्टोनिक और सक्रिय तैरने वाले **नेक्टोनिक** होते हैं। कुछ जातियाँ संसारभर में, परन्तु कुछ सीमित भागों में फैली होती है। कुछ रचना में सरल, परन्तु कुछ जटिल होती है। इसी प्रकार, विविध जातियों के बीच माप, आकृति, भार, रंग, सममिति रचना, शरीर संगठन, भोजन व भोजन ग्रहण, जनन, वृद्धि, जीवनकाल, स्वभाव आदि अनेक लक्षणों में विविधताएँ पायी जाती है।

वर्गीकरण विज्ञान (TAXONOMY)

जन्तुओं की इतनी बड़ी संख्या और विविधता के कारण प्रकृति एक अस्त-व्यस्त सी लगती है। यदि ध्यानपूर्वक देखे तो इतनी विविधता होने पर भी जन्तु-जगत् क्रमबद्ध और व्यवस्थित दिखायी देगा। यहाँ तक कि, पारस्परिक समानताओं एवं असमानताओं के आधार पर तुलनात्मक विभाजन करके, सारी जन्तु-जातियों को हम अनेक छोटे-बड़े **समूहों या टैक्सा** में भी बाँट सकते हैं। उदाहरणार्थ, मछलियाँ अनेक प्रकार की होती हैं, परन्तु इन सबकी रचना और कार्यिकी में इतनी समानताएँ होती है कि इनका एक ही समूह-**पिसीज** बनाया गया है। इसी प्रकार, चूहे, बिल्ली, गाय, मनुष्य, बन्दर आदि परस्पर काफी भिन्न होते हैं, लेकिन इन सभी में **स्तन** और बाल होते हैं। अतः इन्हें एक ही समूह, **मैमेलिया** में रखते हैं। रचना में ऐसी समानताओं को **समजातता** कहते हैं। ध्यानपूर्वक देखें तो पता चलेगा कि मछली, मेंढक, छिपकली, पक्षी, मनुष्य आदि की रचना में, विभिन्नताओं के साथ-साथ कुछ महत्वपूर्ण समानताएँ भी होती है- जैसे कि इन सबसे शरीर में कंकाल का ढाँचा होता है। अतः इन्हें एक बड़े समूह **वर्टीब्रेटा** में रखा जाता है।

वर्गीकरण-विज्ञान (Taxonomy or Systematics) : समानताओं एवं असमानताओं के आधार पर सही निर्धारण करके इन्हें वैज्ञानिक नाम देना वर्गिकी की प्रथम आवश्यकता होती है। इसे **नामकरण** (Nomenclature) कहते हैं। नामकरण और वर्गीकरण तथा इनके सिद्धान्तों, नियमों, विधियों आदि के अध्ययन को **वर्गीकरण-विज्ञान या वर्गिकी** कहते हैं। यह आधुनिक जीव-विज्ञान की एक महत्वपूर्ण शाखा है।

(1) "**अध्ययन की सुविधा**" वर्गीकरण का प्रथम उद्देश्य रहा है। लाखों जन्तु-जातियों का अलग-अलग अध्ययन करना सम्भव नहीं होता, लेकिन मिलती-जुलती जातियों के समूह में से किसी एक का अध्ययन कर लेने से पूरे समूह की जातियों का मूल ज्ञान हो जाता है। उदाहरणार्थ, किसी एक मछली के अध्ययन से हमें इनकी सभी जातियों की मूल रचना, स्वभाव, आवास, कार्यिकी आदि का ज्ञान हो जायेगा।

(2) वर्गीकरण का दूसरा, अधिक महत्वपूर्ण उद्देश्य होता है विविध जन्तु-जातियों के **मौलिक** अर्थात् **प्राकृतिक, विकासीय सम्बन्धों** (natural or phylogenetic relationships) का स्पष्ट बोध करवाना।

वर्गीकरण का संक्षिप्त इतिहास पहले लोग जन्तुओं को कई पृथक आधारों पर वर्गों में बाँटते थे, जैसे घातक-अघातक, उड़ने वाले-न उड़ने वाले, भक्ष्य-अभक्ष्य (edible nonedible), लाभकारी-हानिकारक आदि। प्रसिद्ध ग्रीक दार्शनिक, **अरस्तु** (Aristotle, 384-322 ई. पू.) ने, जिन्हें "**जन्तु विज्ञान का पिता** (Father of Zoology)" कहते हैं, सबसे पहले अपने समय में ज्ञात जन्तुओं का मौलिक अर्थात् प्राकृतिक समानताओं एवं विषमताओं के आधार पर दो प्रमुख समूहों में वर्गीकरण किया-

(1) **ऐनैइमा** (Anaima) : वे जन्तु जिनमें लाल रुधिर नहीं होता, जैसे कि स्पंज, निडेरिया, मौलस्का, आर्थ्रोपोडा, एकाइनोडर्मेटा आदि अकशेरुकी।

(2) **इनैइमा** (Enaima) : वे जन्तु जिनमें लाल रुधिर होता है। इसमें उन्होंने केवल कशेरुकी जन्तु सम्मिलित किये और इन्हें दो उपसमूहों में बाँटा-

(क) **जरायुज** (vivipara) : बच्चे देने वाले, जैसे मनुष्य, पशु एवं अन्य स्तनी,

(ख) **अण्डयुज** (Ovipara) : अण्डे देने वाले, जैसे मछलियाँ, उभयचर साँप व अन्य सरीसृप एवं पक्षी। **अरस्तु** के लगभग 2000 साल बाद, सत्रहवीं सदी में, जॉन रे (John Ray, 1693) ने पहले-पहल जन्तु जाति (species) की परिभाषा देकर विभिन्न जातियों का, प्राकृतिक संरचनात्मक सम्बन्धों के आधार पर, वर्गीकरण किया। **कैरोलस लिनियस** (Carolus Linnaeus, 1735) ने अपनी पुस्तक- "Systema Naturae" के दसवां संस्करण (1758) में 4236 ज्ञात जातियों का वर्गीकरण किया और इसके लिये जो प्रणाली अपनायी उसी से आधुनिक वर्गीकरण प्रणाली की नींव पड़ी। उन्होंने ही जन्तु-जातियों के नामकरण हेतु एक **द्विनाम पद्धति** (binomial nomenclature) भी बनायी। उन्हे इसीलिए "**आधुनिक वर्गीकरण का पिता** (Father of Modern Taxonomy) " कहते हैं। 19वीं सदी में अनेक वैज्ञानिकों ने वर्गीकरण-विज्ञान में महत्वपूर्ण योगदान किया।

जन्तु-जातियों का निर्धारण

जाति (Species) वर्गीकरण की सबसे छोटी **मूल इकाई** (basic unit) होती है। अतः जातियों की स्पष्ट पहचान एवं परिभाषा एवं शुद्ध प्राकृतिक वर्गीकरण प्रणाली के लिए सबसे महत्वपूर्ण एवं प्रथम आवश्यकता होती है। **जॉर रे** (1963) ने विभिन्न जातियों की पहचान **सन्तानोत्पत्ति** (reproduction) के आधार पर की। उन्होंने **लिनियस** तथा कुछ अन्य वैज्ञानिकों ने जातियों के निर्धारण केवल संरचना के आधार पर किया। **मेयर** (Mayr 1942) ने कहा, "प्राकृतिक दशाओं में परस्पर लैंगिक जनन (= **अन्तराप्रजनन**-interbreeding) " द्वारा अपनी ही जैसी जननक्षम सन्ताने उत्पन्न करने वाले जन्तु एक जाति के सदस्य होते हैं। * सभी कसौटियों में कठिनाइयाँ आयी, अनेक जन्तुओं में लैंगिकजनन ही नहीं होता, कुछ में एक ही जाति के सदस्य **बहुरूपी** होते हैं, जैसे मधुमक्खी में नर, रानी तथा श्रमिक; ड्रोसोफिला मक्खी की कई जातियों में संरचना लगभग समान होती है। अतः अन्त में वैज्ञानिक इस निष्कर्ष पर पहुँचे कि **जाति-निर्धारण** में ही नहीं, वरन् संरचना, भौगोलिक वितरण, कार्यिकी, स्वभाव, विकास आदि की कसौटियों से काम लेना चाहिए। आधुनिक वैज्ञानिक-स्वभाव एवं व्यवहार को अधिक महत्व देते हैं। कुछ मछलियों में नर द्वारा मादा को रिझाने के लिए प्रस्तुत "**नाच**" तथा झिंगुरों में नर द्वारा मादा को मैथुन के लिए बुलाने हेतु प्रस्तुत "**ध्वनियों**" के आधार पर जातियों के निर्धारण की सफल चेष्टा की गयी है। अब जाति-निर्धारण में आधुनिक वैज्ञानिक **जैव-रासायनिक** विधियों पर बल देने लगे हैं। किसी एक जाति के सदस्यों के अधिकांश **आनुवंशिक लक्षण** समान से होते हैं। अब क्योंकि आनुवंशिक लक्षणों को DNA के जीन्स पीढ़ी-दर पीढ़ी ले जाते हैं, एक ही जाति के सदस्यों के गुणसूत्र, DNA और जीन्स के लगभग समान होंगे। फिर, क्योंकि DNA से RNA का लिप्यन्तरण होता है तथा RNA शरीर की प्रोटीन्स के संश्लेषण का नियंत्रण करता

है, एक जाति के सदस्यों में **प्रोटीन्स** लगभग समान, परन्तु जातियों में कम या अधिक भिन्न होनी चाहिए। वास्तव में ही रंगा पदार्थों, रक्त के हीमोग्लोबिन आदि की प्रोटीन्स में वैज्ञानिकों ने विभिन्न जातियों के बीच स्पष्ट भेद पाये हैं। आधुनिकतम् विचारधारा के अनुसार किसी भी एक जन्तु-जाति के निम्नलिखित लक्षण होते हैं-

(1) यह **अन्तराप्रजनन** (interbreeding) करने वाले जन्तुओं की आबादी होती है।

(2) इस आबादी का एक **जीन समूह** (gene pool) होता है जिसमें कि जीन्स का स्वतंत्र अपव्यूहन होता रहता है।

(3) इसकी प्रत्येक आबादी में वातावरणीय दशाओं के अनुसार **अनुकूलन** (adaptation) और प्राकृतिक चयन की प्रक्रियाएँ सदैव चलती रहती हैं।

(4) इस प्रकार, इसमें **उद्धिकास** द्वारा नयी जातियों की उत्पतित करने की मूल क्षमता होती है।

जातियों का नामकरण (Nomenclature)

सामान्य या देशी नाम (Common or Vernacular names) : आम जन्तु-जातियों को विभिन्न देशों के वासी अपनी-अपनी भाषाओं में विभिन्न स्थानीय देशी नामों से जानते हैं। उदाहरणार्थ, साधारण घरेलू चिड़िया को हम लोग **गौरया,** अंग्रज स्पैरो, जर्मन **हॉस्परलिंग**, हॉलैंडवासी **मुश**, स्पेनवासी गोरिऑन, जापानी **सुजून** तथा पुर्तगाली **पर्डल** कहते हैं। वैज्ञानिकों ने "कृत्रिम दशाओं में परस्पर मिलती-जुलती जातियों के बीच प्रसंकरण द्वारा कृत्रिम संकर जातियाँ उत्पन्न की हैं-शेरनी और नर चीते की सन्तान को **टिगलॉएन**, गधे और जेब्रा की सन्तान को **जेब्राएड** (zebroid), नर बाघ एवं मादा तेन्दुए की सन्तान को **पैन्थोपार्ड** (Panthopard) तथा शेर व मादा चीते की सन्तान को **लाइगर** (liger) कहते हैं। मेहनत का काम करने के लिए घोड़ी व गधे से **खच्चर** (mules) पैदा किये जाते हैं।" ये संकर जातियाँ प्राकृतिक जन्तु-जातियाँ नहीं हैं, क्योंकि इनके सदस्यों में सन्तानोत्पत्ति की क्षमता नहीं होती।

वैज्ञानिक नाम, द्विनाम पद्धति (Binomial nomenclature) : **लिनियस** ने, अपनी पुस्तक "Systema Nature" के दसवें संस्करण (1758) में, जीव-जातियों का नामकरण एक नयी विधि से किया। जैसे कुछ लोगों में बेटों के नाम के साथ पिता का नाम जोड़ने की प्रथा होती है, वैसे ही **लिनियस** ने प्रत्येक जाति को **दोहरा नाम** दिया। ऐसे नाम में दूसरा पद **जाति** का तथा पहला उस **श्रेणी** का नाम था जिसमें उन्होंने इस जाति से मिलती-जुलती सभी जातियों को सम्मिलित किया। उदाहरणार्थ, गौरया को उन्होंने **पैसर डोमेस्टिकस**, मनुष्यों को **होमो सैपियन्स** कुत्ते को **कैनिस फैमीलिऐरिस** आदि नाम दिये। नामकरण की इसी प्रणाली को **द्विनाम पद्धति** कहा गया। आधुनिक वैज्ञानिक इसी विधि का उपयोग करते हैं। जीव-जातियों के इसकेअनसार निर्धारित नाम, देशी नामों के विपरीत, अन्तर्राष्ट्रीय **वैज्ञानिक नाम** होते हैं।

त्रिनाम पद्धति (Trinomial Nomenclature): कुछ जातियों की विभिन्न आबादियों के बीच, विभिन्न वातावरण में रहने या अन्य कारणों से, कुछ महत्वपूर्ण असमानताएँ हो जाती है तो इन्हें **उपजातियां** मान लेते हैं। प्रत्येक उपजाति के लिए एक नया नाम निर्धारित कीके इस जाति के नाम के आगे जोड़ दिया जाता है। इसे **त्रिनाम पद्धति** कहते हैं। उदाहरणार्थ, **कौवे** का

वैज्ञानिक नाम **कोवर्स स्प्लेंडेस** है। भारत, लंका तथा बर्मा में कौवों की स्थानीय आबादियाँ हैं जिनमें कुछ अन्तर होते हैं अतः भारतीय कौवे को बर्मी कौवे की तथा लंका के कौवे को उपजातीय नाम दिये गये हैं।

अन्तर्राष्ट्रीय नियम (International Rules of Nomenclature) सन् 1901 में, अन्तर्राष्ट्रीय जन्तु-विज्ञान कांग्रेस के तत्वाधान में, जन्तु जातियों के नामकरण हेतु, **लिनियस** की द्विनाम पद्धति के ही अनुसार कुछ **अन्तर्राष्ट्रीय नियमों** को मान्यता दी गयी, ताकि प्रत्येक जाति की संसारभर में एक ही वैज्ञानिक नाम हो, और कोई एक नाम कई जातियों के लिए न निर्धारित कर लिया जाये। ये नियम सन् 1961 में संशोधित भी हुए। इनके अनुसार प्रत्येक जाति के नाम में श्रेणी का नाम बड़े अक्षर से तथा जाति का छोटे से, परन्तु पूरा नाम तिरछे अक्षरों (italics) में लिखा जाना चाहिए। यदि किसी एक ही जाति के लिए संसार के विभिन्न वैज्ञानिक विभिन्न नाम रख देते हैं तो सबसे पहले नाम को ही मान्यता दी जाती है।

वर्गीकरण के क्रमबद्ध समूह एवं सिद्धान्त

जैसे साइकिल, मोटर, रेल, जहाज आदि के प्रथम नमूने भद्दे और घटिया होते थे, वैसे ही जन्तु-वर्गीकरण के प्रथम नमूने, सीमित लक्षणों पर आधारित होने के कारण, अप्राकृतिक थे। स्वयं **लिनियस** ने मिलती-जुलती जन्तु-जातियों के लिए श्रेणियाँ बनाकर सारी श्रेणियों का पहले केवल 6 वर्गों में मुख्यतः संरचनात्मक लक्षणों के आधार पर, अप्राकृतिक वर्गीकरण प्रस्तुत किया। ये वर्ग थे **मैमेलिया, एवीज, ऐम्फीबिया, पाइसेस, इन्सेक्टा** एवं **वर्मीस** (Mammalia, Aves, Amphibia, Pisces, Insecta and Vermes)। धीरे-धीरे वर्गीकरण में सुधार हुए जिनके फलस्वरूप जन्तुओं के वर्गीकरण के लिए छः प्रमुख क्रमबद्ध समूह नामों को मान्यता दी गयी। **लिनियस** ने भी बाद में (1758) इन समूह नामों को अपनाया।

(1) **जाति या प्रजाति अर्थात स्पीसीज**
(2) **श्रेणी** अर्थात् **जीनस** (Genus)
(3) **कुल** या **कुटुम्ब** (Family)
(4) **गण** (Order)
(5) **वर्ग** (Class)
(6) **समुदाय या संघ** (Phylum)

इन समूहों के क्रम के अनुसार, मिलती-जुलती जातियाँ एक **श्रेणी** में मिलती-जुलती श्रेणियाँ एक जातियों की संख्या बढ़ने के साथ-साथ अब कई समूह-नामों के पहले **उप** (sub) **अधि** (super or supra) एवं **अधः** आदि उपसर्ग लगाकर समूह संख्या को बढ़ाना पड़ा है।

कृत्रिम एवं प्राकृतिक वर्गीकरण (Artificial and Natural Classification)

वैज्ञानिक मानते हैं कि वर्तमान जन्तु-जातियों की उत्पत्ति सहपूर्वजों से बहुदिशाई **जैव उद्विकास** के फलस्वरूप हुई। अतः सभी जातियों में कम या अधिक विकासीय सम्बन्ध होते हैं। हम इन्हीं के आधार पर जन्तु-जातियों को छोटे-बड़े समूहों में बाँट सकते हैं। इस प्रकार पहले के **अप्राकृतिक या कृत्रिम वर्गीकरण** (artificial classification) के विपरीत **प्राकृतिक वर्गीकरण,** प्रकृति की सुव्यवस्था एवं क्रम के अन्तर्गत जन्तु-जगत स्वयं में ही छिपा हुआ है, बस हमें इसकी पूरी खोज करनी है। स्पष्ट है कि प्राकृतिक वर्गीकरण में जातियों को विविध समूह में बाँटने के लिए इनके ऐसे मूल लक्षणों की कसौटियों होनी चाहिए जिनसे कि इनके **आनुवंशिक**

एवं रुधिर सम्बन्धों का पता चले। शरीर की सममिति और मूल रचना, इसका विखण्डन, उपांगों, कंकाल तथा देहगुहा आदि की किस्में, लिंग लक्षण, **कोशिकीय** विशिष्टीकरण, आवास एवं स्वभाव, भ्रूणीय परिवर्धन एवं शिशु प्रावस्थाओं की किस्में आदि ऐसे ही लक्षण होते हैं। प्राकृतिक या जातिवृत वर्गीकरण प्रणाली इन्हीं लक्षणों पर आधारित है।

जन्तुओं का वंश-वृक्ष (Genealogical Tree)

उपरोक्त वर्णन के अनुसार, जन्तुओं की प्राकृतिक वर्गीकरण प्रणाली की तुलना हम एक घने वृक्ष से कर सकते हैं जिसकी पत्तियाँ **जातियों** की, छोटी महीनतम् टहनियाँ **श्रेणियों** की बड़ी टहनियाँ कुटुम्बों की, छोटी शाखाएँ **वर्गों** की, प्रमुख मोटी शाखाएँ **समुदायों या संघों** की तथा मुख्य तना **जन्तु-जगत** का द्योतक होता है।

जन्तुओं का आधुनिक वर्गीकरण

(स्टोरर तथा यूसिंगर के अनुसार)

प्रकृति के समस्त जीवों के पाँच जगत् (Kingdoms)

मानव ने प्रारम्भ से ही प्रकृति में दो प्रकार के जीवों की पहचान की है-जन्तु एवं पादप। तदनुसार **लिनियस** ने इन्हें क्रमशः जगत एवं पादप जगत में तीन प्रमुख लक्षणों के आधार पर पृथक किया-केवल पादप कोशाओं में **पर्णहरिम** (chlorophyll) की तथा कोशाओं के चारों ओर **सेलुलोज** (cellulose) की बनी दृढ़ **कोशा-भित्ति** की उपास्थिति और केवल जन्तुओं में **गमन** एवं **संवेदनशीलता** का विकास। जीवों की यह दो-जगत वर्गीकरण प्रणाली बड़े (स्थूलकाय macroscopic) जीवों के लिए तो ठीक है, परन्तु **सूक्ष्म** (microscopic) एवं अधिकांश एककोशीय **जीवों** (बैक्टीरिया, नीले हरे शैवाल एवं प्रोटोजोआ) और पर्णहरिमरहित, लेकिन फिर भी पादप समान **कवकों** (fungi) को इस प्रणाली में फिट करने में वैज्ञानिक प्रारम्भ से ही सकुचाते रहे हैं। इस प्रणाली में प्रोटेजोआ को जन्तु-जगत् में और बैक्टीरिया, नीले हरे शैवालों तथा कवकों को पादप-जगत् में सम्मिलित किया जाता रहा है। बैक्टीरिया एवं नीले हरे शैवाल ऐसे एककोशीय जीव होते हैं जिनमें आनुवंशिक पदार्थ तो होता है, परन्तु इस पदार्थ को कोशाद्रव से पृथक रखने हेतु केन्द्रक नहीं होता। इन्हें इसीलिए केन्द्रकविहीन अर्थात् पूर्वकेन्द्रकीय कोशाएँ कहते हैं। **हीकेल** (Ernst Haeckel, 1984) ने इनके लिए एक पृथक **मोनेरा-जगत्** (Kingdom Monera) की स्थापना की। प्रोटेजोआ भी एककोशीय होते हैं, परन्तु इनमें केन्द्रक होता है, अर्थात् ये स्वतंत्र जीवनयापी सुकेन्द्रीय कोशाओं के रूप में होते हैं। इनकी विभिन्न जातियों में या तो जन्तुओं अथवा पादपों के स्पष्ट लक्षण ही नहीं होते या फिर दोनों ही के लक्षण एक साथ पाये जाते हैं। अतः **हीकेल** ने सन् 1868 में ही इनके लिए भी एक पृथक **प्रोटिस्टा जगत्** की स्थापना की थी। वर्तमान सदी के मध्य से सूक्ष्म जीवों के बारे में हमारे ज्ञान में अभूतपूर्व वृद्धि हुई है। तभी से आधुनिक वैज्ञानिक दो-जगत वर्गीकरण प्रणाली को बदलने पर विचार करते आ रहे हैं। पहले एक तीन-जगत प्रणाली में समस्त एककोशीय जीवों के लिए **प्रोटोक्टिस्टा जगत**, बहुकोशीय पादपों एवं कवकों के लिए **पादप जगत** तथा बहुकोशीय जन्तुओं के लिए **जन्तु जगत** का विचार प्रेषित हुआ। इसके बाद चार-जगत प्रणाली का विचार प्रस्तुत हुआ। इस प्रणाली में प्रोटोक्टिस्टा के स्थान पर **मोनेरा** और **प्रोटिस्टा** जगतों को मान्यता दी गयी। अन्त में, कवकों को भी पादपों से पृथक

करके, **फन्जी जगत** (Kingdom Fungi) में रखा गया। इस प्रकार जीवों के वर्गीकरण में **व्हीटेकर** (Whittaker, 1961) के अनुसार, अब पाँच जगत प्रणाली को मान्यता दी गयी है। इसी प्रणाली को **स्टोरर** तथा **यूसिंगर** की पुस्तक ने 1983 के संशोधित संस्करण में अपनाया गया है।

प्रोटिस्टा जगत् (Kingdom Protista)

सुकेन्द्रकीय एककोशीय (eukaryotic unicellular) **जीव।**

संघ प्रोटोजोआ (Phylum Protozoa) : सारे प्रोटिस्ट इसी संघ में रखे जाते हैं। पहले इस जन्तु-समूह को जन्तु-जगत का एक उपजगत् मानते थे। इन जन्तुओं में पूरा शरीर ही स्वतंत्र जीवन व्यतीत करने योग्य एक ही सुकेन्द्रकीय कोशा के रूप में होता है। उदाहरण अमीबा ।

जन्तु जगत् (Kingdom Animal or Metazoa)

समस्त सु केन्द्रकीय बहुकोशीय (eukaryotic multicellular) **जन्तु।**

यह जगत बहुत विशाल और विषम है। इसके सदस्यों की विविधता के कारण, इसका विस्तृत वर्गीकरण निम्नवत् किया जाता है-

शाखाएँ (Branches):-मेटाजोआ को तीन **शाखाओं** में बाँटा जाता है।

(क) शाखा मीसोजोआ (Mesozoa) : समुद्री अकशेरुकी (invertebrate) जन्तुओं के सूक्ष्म, कृमि सदृश **परजीवी।** कुछ में शरीर **द्विपार्श्वीय** (biateral) ऊतक नहीं, एक या अधिक जनन कोशाओं के चारों ओर रोमाभि (ciliated) पाचन कोशाओं का बाहरी स्तर। एक ही संघ-**मीसोजोआ** (Phylum Mesozoa) में। उदाहरण-**डाइसिएमा।**

(ख) शाखा पैराजोआ (Parazoa) : जलीय, **स्पंज जन्तु।** ऊतक नहीं होते। अत: शरीर-गठन केवल **कोशीय स्तर** का। देहभित्ति छिद्रयुक्त एवं **द्विस्तरीय**, अर्थात् केवल दो भ्रूणीय जननिक स्तरों-**एक्टोडर्म एवं एण्डोडर्म** (ectoderm and endoderm) की बनी। स्पष्ट मुख एवं पाचन गुहा अनुपस्थित। पाचन कोशाएँ कशाभिकीय और शरीर में भीतर की ओर स्थित। एक ही संघ-**पोरीफेरा** (Phylum Porifera) में। उदाहरण-**साइकॉन**

(ग) शाखा एन्टीरोजोआ या यूमेटाजोआ (Enterozoa or Eumetazoa) शेष मेटाजोआ। शरीर गठन **ऊतकीय या अंगीय स्तर** का। देहभित्ति छिद्रयुक्त नहीं। स्पष्ट मुख एवं पाचन गुहा उपस्थित।

प्रभाग (Divisions):- शाखा यूमेटाजोआ को दो प्रभागों में बांटा जाता हैं-

(अ) प्रभाग रेडिएटा (Radiata) : शरीर की मूल सममिति **अरीय।** अत: शरीर को लम्बाई में कई रेखाओं पर समान अर्धभागों में बाँटा जा सकता है। शरीर गठन **द्विस्तरीय** और केवल **ऊतकीय स्तर** का। अत: स्पष्ट अंग नहीं बनते। शरीर में केवल एक ही जठरवाहिनी गुहा होती है जो भोजन के पाचन और पचे हुए पदार्थों के वितरण, दोनों का कार्य करती है। गुदा अनुपस्थित। रेडिऐटा को दो संघों में बाँटा गया है-

(i) **संघ निडेरिया या सीलेण्ट्रेटा** (Phylum Cnidaria Coelenterata) : विशेष प्रकार की दंश-कोशाओं की उपस्थिति इन जन्तुओं का सबसे महत्वपूर्ण लक्षण होता हैं। रोमाभि कंकत प्लेटें अनुपस्थित। मुख कोमल स्पर्शकों द्वारा घिरा। उदाहरण-**हाइड्रा** *(Hydra)*

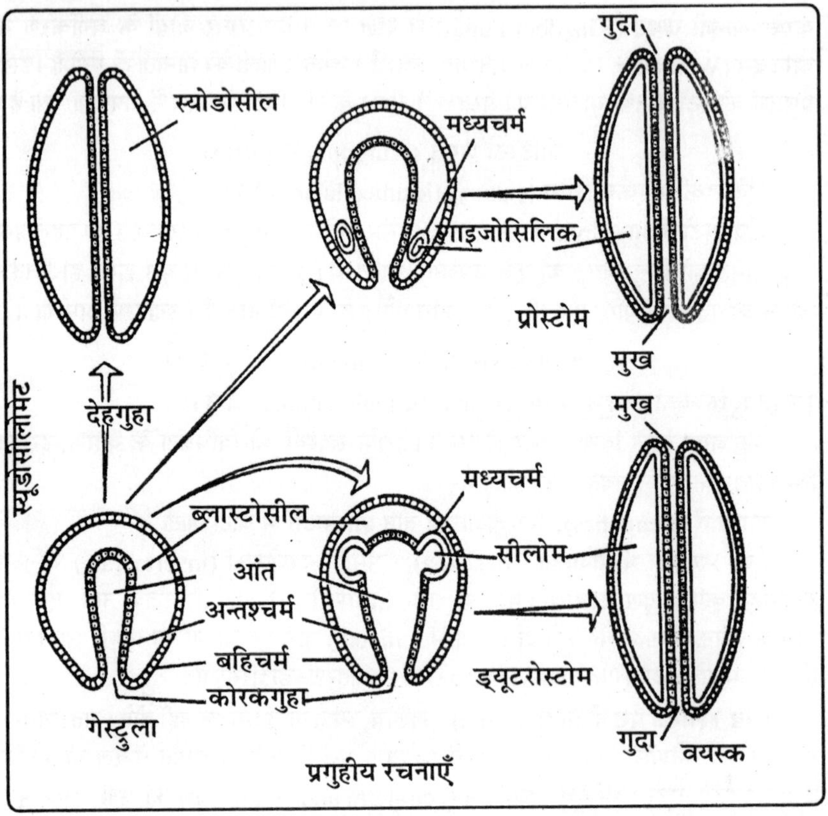

(ii) **संघ टीनोफोरा** (Phylum Ctenophora) : दंश-संपुट एवं स्पर्शक अनुपस्थित। गमन के लिए रोमाभि कंकत प्लेटों की आठ बाह्य श्रृंखलाएँ। उदाहरण-**बीरो** *(Beroe)*। वयस्क **एकाइनोडर्मेटा** (Echinodermata) में अरीय सममिति होती है, लेकिन यह एक मूल, भ्रूणीय द्विपार्श्वीय सममिति के रूपान्तरण के कारण होती है।

(ब) प्रभाग बाइलैटरिया (Bialateria) : इनमें शरीर **त्रिस्तरीय** तीन भ्रूणीय जननिक स्तरों से बना, अर्थात् भ्रूण में मीसोडर्म भी एवं **द्विपार्श्व** होता है, इसे लम्बाई में केवल मध्य रेखा पर ही दो समान अर्धभागों (दाँया एवं बाँया) में बाँटा जा सकता है। इसमें स्पष्ट अंग भी ।

उपप्रभाग (Subdivisions)

मुख्यत: भ्रूणीय विकास के आधार पर द्विपार्श्वीय यूमेटाजोआ को दो उपप्रभागों - प्रोटोस्टोमिया एवं ड्यूटरोस्टोमिया- में बाँटा गया है-

(i) **उपप्रभाग प्रोटोस्टोमिया** (Protostomia) **प्रथम** तो इनमें भ्रूणीय विदलन **निश्चात्मक एवं सर्पिल** (determinate and spiral) होता है। ऐसे विदलन में कोरकखण्डों का भविष्य प्रारम्भ से ही निश्चित हो जाता है। उदाहरणार्थ, जाइगोट के प्रथम दो विदलन के फलस्वरूप बने चार कोरकखण्डों को परस्पर पृथक भी कर दें तो भी प्रत्येक से भावी गैस्टुआ और लार्वा का

पुर्वनिश्चित चौथाई भाग ही बनेगा। दूसरे, प्रोटोस्टोम्स में वयस्क का मुख भ्रूणीय ब्लैस्टोपोर से ही या इसके निकट बनता है। तीसरे, प्रोटोस्टोम्स में मीसोडर्म भ्रूण के एक पृथक कोरकखण्ड से बनती है। यह कोरकखण्ड, पहले, दो प्राथमिक मीसोडर्मी कोशाओं (primordial mesoderm cells) में विभाजित होता है जो भावी गुदा के निकट स्थित होती है। बाद में इन कोशाओं के सक्रिय विभाजनों से शरीर के दोनों ओर मीसोडर्मी कोशाओं की पट्टियाँ बन जाती है। खण्डयुक्त प्रोटोस्टोम्स में प्रत्येक मीसोडर्मी पट्टी खण्डीय पिण्डों में बँट जाती है। वास्तविक/सीलोमयुक्त प्रोटोस्टोम्स में **सीलोम गुहा (प्रगुहा)** प्रत्येक मीसोडर्मी पिण्ड में एक चीर के रूप में बन कर विकसित होती है। सीलोम के बनने की इस विधि को **शाइजोसील (=विखन्डनी-** schizocoelic **)** कहते हैं।

खण्ड (Sctions) :-उपप्रभाग प्रोटोस्टोमिया को तीन खण्डों में बाँटा जाता है-

(A) खण्ड ऐसीलोमैटा (Acoelomata) **:** इनमें देहगुहा नहीं होती। देहभित्ति और आंतरांगों के बीच **पैरेनकाइमा** नामक एक ढीला सा मीसोडर्मल ऊतक भरा रहता है। इन्हें तीन संघों में बाँटा गया है।

(1) **संघ प्लैटीहेल्मिन्थीज** (Phylum Platyhelminthes) **: चपटे कृमि** (flatworms)। अधिकांश सदस्य अन्य जन्तुओं के बाह्य या अन्तः परजीवी। शरीर चपटा, पत्ती या फीतेनुमा। गुदा अनुपस्थित। अधिकांश द्विलिंगी। उदाहरण-**फेशिओला** (*Fasciola)* **टीनिया** (*Taenia)* आदि।

(2) **संघ निमर्टीनिया** (Phylums Nemertinea) **: फीताकृमि** (Ribbon worms) अधिकांश जलीय। शरीर लम्बा, पतला, लचीला, रोमाभि एवं खण्डविहीन। मुख आगे की ओर एक बहिवर्तनीय शुण्ड पर। गुदा उपस्थित। अधिकांश एकलिंगी। उदाहरण-**स्टिकोस्टेमा** *(Stichostemma)*।

(3) संघ नैथोस्टोमुलाइडा (Phylum Gnathosto-mulida) **:** समुद्रतल पर मिट्टी और कीचड़ के वासी। शरीर सूक्ष्म (1 मिमी. तक), नालाकार, अर्धपारदर्शक, रोमाभयुक्त एवं खण्डविहीन। गुदा अनुपस्थित। द्विलिंगी। उदाहरण-**हैपैग्नैथा** (*Hapagnatha)*।

(B) खण्ड स्यूडोसीलोमैटा (Pseudocoelomata) इनमें भ्रूणीय ब्लैस्टोसील से व्युत्पन्न देहगुहा होती है जो वयस्कों में मीसोडर्मी एवं एण्डोडर्मी रचनाओं के बीच में स्थित रहती है। इसे मिथ्या देहगुहा कहा जाता है। गुदा उपस्थित। स्यूडोसीलोमैटा को सात संघों में बाँटा गया है-

(1) संघ एन्टोप्रोक्टा (Phylum Entoprocta) **:** सूक्ष्म, डंठलयुक्त, स्थानबद्ध जलीय जन्तु। आहारनाल U के आकार की। अतः मुख व गुदा-द्वारा अग्रछोर पर पास-पास और रोमाभि स्पर्शकों के एक सहघेरे में बन्द। स्युडोसील गुहा पैरेनकाइमा से भरी। उदाहरण-**पेडिसिलाइना** (pedicellina).

(2) संघ रोटिफेरा (Phylum Rotifera) **: चक्र जन्तुक** (Wheel animalcules)। मुख्यतः अलवणीय जल या गीली मिट्टी में। शरीर सूक्ष्म, बेलनाकार, कठोर क्यूटिकिल के खोल में सुरक्षित। अग्र छोर रोमाभि चक्रांग के रूप में। पश्च छोर द्विशाखित। उदाहरण-**फाइलोडाइना** (*Pedicellina).*

(3) संघ गैस्ट्रोट्राइका (Phylum Gastrotricha) : अतिसूक्ष्म जलीय कृमि। शरीर लम्बा, पतला लचीला, खण्डविहीन। अधरतल पर रोमाभ, पृष्ठ पर कंटक, शल्क या अन्य उभार। मुख अग्र छोर पर, कंटिकाओं द्वारा घिरा। एकलिंगी या द्विलिंगी। उदाहरण-**कीटोनोटस** (*Chetonotus).*

(4) संघ काइनोरिका (Phylum Kinorchyncha) : सूक्ष्म कृमि, समुद्रतल की कीचड़ के वासी। शरीर नालाकार, 13 या 14 मुद्राकार खण्डों में बँटा, कंटकयुक्त, परन्तु रोमाभविहीन। शीर्ष कटकमय शुण्ड के रूप में। मुख शुण्ड के शिखर पर। एकलिंगी। उदाहरण-**एकाइनोडेरीस** (*Echinoderes)* ।

(5) संघ निमैटोमॉरफा (Phylum Nematomorpha) : अश्वरोम कृमि शरीर से 70 से 700 मिमी. लम्बा, महीन, धागेनुमा। शिशु प्रावस्था में कीटों के परजीवी; वयस्क अलवणीय जल में स्वतंत्र। शरीर खण्डविहीन। उदाहरण-**गॉर्डियस** (*Gordius).* ।

(6) संघ निमैटोडा (Phylum Nematoda) सूत्र कृमि : जल या गीली मिट्टी में या अन्य जन्तुओं और पादपों के परजीवी। शरीर एक मिमी. 25 ।

(7) संघ ऐकैन्थोसिफैला (Phylum Acathocephala) : कशेरुकियों के छोटे व कुछ चपटे परजीवी। अग्र छोर पर आकुंचनशील कंटकयुक्त शुण्ड। आहारनाल अनुपस्थित। एकलिंगी उदाहरण-**एकाइनोरिंकस** (*Echinorhynchus)* ।

(C) खण्ड यूसीलोमेटा (Eucoelomata) इसमें मीसोडर्मी कला, अर्थात् पेरीटोनियम से स्तरित वास्तविक देहगुहा अर्थात् **सीलोम** होती है। इन्हें सत्रह संघों में बाँटा गया है। प्रथम तेरह संघों के सदस्य प्रोटोस्टोम्स होते हैं तथा शेष चार के ड्यूरोस्टोम्स।

पोटोस्टोमी यूसीलोमैटा

(1) संघ ब्रायोजोआ (Phylum Bryozoa or Ectoprocta) सूक्ष्म संघीय जन्तु जिनकी जल में पत्थरों आदि पर काई- जैसी अपवृद्धियाँ होती है। आहारनाल U के आकार की। अतः मुख एवं गुदा पास-पास। मुख के चारों ओर रोमाभि स्पर्शकों का घेरा। द्विलिंगी। उदाहरण-**बगुला** (Bugula) ।

(2) संघ फोरोनाइडा (Phylum Phoronida) : कृमि-सदृश समुद्री जन्तु। नालाकार शरीर खण्डविहीन। आहारनाल U सदृश। अग्र छोर अर्धचन्द्राकार रोमाभि लोफोफोर के रूप में। मुख व गुदा लोफोफोर से बाहर। द्विलिंगी। उदाहरण-**फोरोनिस** *(Phoronis)* ।

(3) संघ ब्रैकिओपोडा (Phylum Brachiopoda) : द्विकपाटीय चूनेदार (limy) खोल में बन्द, स्थानबद्ध सवृन्त समुद्री जन्तु। रोमाभि स्पर्शकयुक्त दो लोफोफोर। गुदा उपस्थित या अनुपस्थित। एकलिंगी। उदाहरण-**लिंगुला**।

(4) संघ मोलस्का (Phylum Mollusca) : जलीय या स्थलीय। कोल व लसलसा शरीर बाह्य भित्ति के एक प्रावार तथा प्रायः एक चूनेदार खोल द्वारा ढका। गमन के लिए मांसल पाद। श्वसन अधिकतर क्लोमों द्वारा। सीलोम लघुकृत। अधिकांश एकलिंगी। उदाहरण-**सीप, घोंघा** (Snail) आदि।

(5) संघ ऐनीलिडा (Phylum Annelida) : खण्डयुक्त कृमि। जलीय या भूमिगत। गमन देहभित्ति में गड़े शूकों या अन्य असंयुक्त उपांगों (पैल्प्स, पैरापोडिया, स्पर्शक आदि) द्वारा। सीलोम वृहद्। देहभित्ति की क्यूटिकिल काइटिनरहित। उदाहरण–**केंचुए** (Earthworms), **जोंके** (Leeches) आदि।

(6) संघ साइपनकुलॉइडिया (Phylum Sipunculoidea) : समुद्री **मूँगफली कृमि** (Peanut worms)"। नालाकार अखण्डीय शरीर अत्यधिक संकुचनशील। मुख छोटे-छोटे खोखले स्पर्शकों द्वारा घिरा। सीटी का अभाव। अग्र छोर पतला व आकंचनशील। सीलोम वृहद अखण्डीय व रोमाभि। एकलिंगी। उदाहरण–**साइपनकुलस** (*Sipunculus)*।

(7) संघ एकीयूरॉइडिया (Phylum Echiuroidea) : समुद्री शरीर खण्डविहीन। अग्र छोर मुख के आगे स्थित एक लम्बी व लचीली शुण्ड के रूप में। आहारनाल कुण्डलित। गुदा पश्च छोर पर। मुख के पीछे, अधरतल पर एक जोड़ी बड़े शूक। एकलिंगी। उदाहरण–**एकीयूरस** (*Echiurus)*।

(8) संघ प्रोयपुलाइडा (Phylum Priapulida) : छिछले समुद्रतल की कीचड़ के वासी। कृमि-सदृश शरीर सँकरा, नालाकार 15 सेमी. तक लम्बा, पीला या भूरा, खण्डविहीन। अग्र भाग कंटकयुक्त खण्ड के रूप में। पश्च भाग पर गुदा को घेरे छोटी-छोटी कोमल व खोखली क्लोम-सदृश रचनाएँ। एकलिंगी। उदाहरण–**प्रायपुलस** (*Pripulus)*।

(9) संघ पोगोनोफोरा (Phylum Pogonophora) : समुद्री "**ढाढ़ी कृमि** (beard worms)"। शरीर पतला, नालाकार, 50 से 350 मिमी. लम्बा, काइटिनयुक्त खोल में बन्द। रोमाभि स्पर्शक उपस्थित। आहारनाल का अभाव। उदाहरण–**पोलीब्रैकिया** (*Polybrachia)*।

(10) संघ ओनाइकोफोरा (Phylum Onychophora) : बिलों में रहने वाले छोटे, स्थलीय कृमि। शरीर लगभग 50 मिमी. लम्बा व पतला, नालाकार एवं खण्डविहीन। अग्र छोर पर जोड़ीदार ऐन्टीना व पैल्प्स, परन्तु स्पष्ट शीर्ष नहीं। गमन 15 से 44 जोड़ी छोटे, अखण्डीय ठूँठनुमा पादों द्वारा। प्रत्येक पाद के छोर पर दो पंजे। एकलिंगी व जरायुजी। उदाहरण–**पेरीपैटस** (*Peripatus)*।

(11) संघ आर्थ्रोपोडा (Phylum Arthropoda) : जलीय, स्थलीय या वायुवीय। शरीर खण्डयुक्त तथा सिर, वक्ष एवं उदर भागों में विभेदित। चार या अधिक जोड़ी संयुक्त उपांग। शरीर पर काइनिटनयुक्त क्यूटिकल का बाह्य कंकाल। सीलोम लघुकृत। अधिकांश एकलिंगी उदाहरण–**केकड़ा, झींगा, मक्खी मच्छर** आदि।

(12) संघ पेन्टैस्टोमाइडा (Phylum Pentastomida or Linguatulida) : कशेरुकियों के कोमल, कृमि-सदृश एवं खण्डविहीन परजीवी। शरीर सिर, वक्ष एवं उदर भागों में विभेदित। ऐन्टिनी व पाद अनुपस्थित। मुख के पास दो जोड़ी अधर हुक। एकलिंगी। उदाहरण–**लिंग्वाटुला**।

(13) संघ टारडीग्रैडा (Phylum Tardigrada) : "**जल भालू** (Water bears)"। सूक्ष्म (1 मिमी. तक लम्बा) शरीर नालाकार, खण्डविहीन। चार जोड़ी अखण्डीय छोटे, ठूँठनुमा व पंजेयुक्त चलनपाद। एकलिंगी। उदाहरण–**ऐकाइनिस्कस** (*Echiniscus)*।

ड्यूरोस्टोमी यूसीलोमैटा

दूसरे उपप्रभाग **ड्यूरोस्टोमिया** (Deuterostomia), में भ्रूणीय विदलन, प्रोटोस्टोमिया के विपरीत, **अनिश्चियात्मक एवं अरीय** (indeterminate and radial) होता है। ऐसे विदलन में कोरकखण्डों का भविष्य विदलन की प्रारम्भिक प्रावस्थाओं में नहीं, वरन् काफी बाद में ब्लैस्टुला या गैस्टुला प्रावस्था में निश्चित होता है। अतः यदि जाइगोट के प्रथम चार कोरकखण्डों को परस्पर पृथक कर दें तो प्रत्येक से एक पूर्ण लार्वा बन जायेगा। प्रोटोस्टोम्स के विपरीत, डॅयूरोस्टोम्स में गुदा ब्लास्टोपोर से या इसके निकट परन्तु मुख इससे दूर बनता है। मीसोडर्म एवं सीलोम गुहा का विकास भी ड्यूरोस्टोम्स में भिन्न विधि से होता है। गैस्टुला में आरकेन्ट्रॉन गुहा की दीवार (एण्डोडर्म-endoderm) से जोड़ीदार खण्डीय प्रवर्ध निकलते हैं जो बाद में इससे पृथक हो जाते हैं। यही प्रवर्ध बाद में परस्पर जुड़कर दोनों ओर की मीसोडर्म बनाते हैं। कुछ (एकाइनोडर्मेटा एवं निम्न कोटि के कॉर्डेटा) में ये प्रवर्ध खोखले, थैलीनुमा होते हैं और इन्ही की गुहाएँ मिलकर भावी सीलोम गुहा बनाती है। गुहा के बनने की विधि को **एन्टीरोसीली** (enterocoely) तथा सीलोम को **एन्टीरोसीलिक** (enterocoelic) कहते हैं। उच्च कॉर्डेटा (= वर्टीब्रेटा-Vertebrata) में आकेन्ट्रॉन के प्रवर्ध ठोस होते हैं। अतः सीलोम गुहा इनमें चीर के रूप में प्रकट होकर विकसित होती है। इस प्रकार वर्टीब्रेटा मूलतः एन्टीरोसीलिक, परन्तु परोक्ष रूप में शाइजोसीलिक होते हैं। यूसीलोमैटा के निम्नलिखित चार संघ ड्यूटरोस्टोमी होते हैं-

(14) संघ कीटोग्नैथा (Phylum Chaetognatha) "**बाण कृमि** (arriw worms)"। छोटे, पतले, पारदर्शक समुद्री जन्तु। शरीर सिर, धड़ एवं पूँछ में विभेदित। तैरने के लिए पंखने (fins)। मुख के चारों ओर कंटिकाओं का घेरा। एकलिंगी। उदाहरण-**सैजीटा** (*Sagitta)*।

(15) संघ एकाइनोडर्मेटा (Phylum Echinodermata) : पंच अरीय (pentamerous) एवं अखण्डीय समुद्री जल। देहभित्ति में अनेक कंटक तथा इसकी डर्मिस में चूनेदार प्लेटों का अन्तः कंकाल। गमन के लिए खोखले, नालाकार पाद (tube feet) अधिकांश एकलिंगी। उदाहरण-**ऐस्टीरियस** (*Asterias)*।

(16) संघ हेमीकॉर्डेटा (Phylum Hemichordata) : समुद्री **जिव्हाकृमि** (tongue worms)" प्रायः लम्बा, नालाकार, खण्डविहीन एवं शुण्ड, कॉलर तथा धड़ (proboscis, collar and trunk) में विभेदित। निम्न कोटि की नोटोकॉर्ड, ग्रसनीय क्लोम दरारें तथा पृष्ठ नालाकार तंत्रिका रज्जु उपस्थित। उदाहरण-**बैलेनोग्लोमस**।

(17) संघ कॉर्डेटा (Phylum Chordata) : जलीय, स्थलीय या वायुवीय। आजीवन या भ्रूण में नोटोकॉर्ड । केन्द्रीय तंत्रिका-तंत्र पृष्ठ एवं नालावत्। जोड़ीदार ग्रसनीय क्लोम दरारें। गुदा के पीछे प्रायः स्पष्ट पूँछ। उदाहरण-**मछली, मेंढक, छिपकली, पक्षी, पशु, मनुष्य** आदि।

उपरोक्त वर्णन के अनुसार प्रमुख जन्तु-समुह **संघ** (phylum) होते हैं। **स्टोरर तथा यूसिंगर** ने पूरे जन्तु-जगत् को इकत्तीस संघों में बाँटा है। इनमें से केवल दस संघ प्रमुख हैं। जीवों की वर्तमान वर्गीकरण प्रणाली में इनके स्थान पीछे चार्ट में दिखाये गये हैं। संघ मीसोजोआ, पोरीफरा,

निडेरिया एवं टीनोफोरा के जन्तु **द्विस्तरीय** (diploblastic) होते हैं, अर्थात् इनके भ्रूण में केवल दो प्राथमिक जननिक स्तर - एक्टोडर्म एवं एण्डोडर्म बनते हैं। अन्य मेटाजोआ **त्रिस्तरीय** (triploblastic) होते हैं। इनके भ्रूण में मीसोडर्म स्तर भी बनता है। द्विपार्श्वीय एवं प्रोटोस्टोमी यूसीलोमेट यूमेटाजोआ जिनका कोमल शरीर (Mollusca-L., mollis or molluscum = soft) खण्डयुक्त नहीं होता और इस पर देहभित्ति के वलन से बना मैन्टल (mantle) नाम का लिफाफेनुमा आवरण होता है जो अधिकांश सदस्यों में कैल्शियमयुक्त कवच (shell) का स्त्रावण करता है। इनकी लगभग 80,000 विद्यमान और 40,000 विलुप्त जातियाँ ज्ञात है। तालाबों, पोखरों, नदियों झीलो, सरिताओं आदि के किनारे पाये जाने वाले **घोंघे** (snails) एवं **सीप** (mussels), पूजा-पाठ में बजाया जाने वाला समुद्री **शंख, कौड़ियाँ** आदि सब मोलस्का ही होते हैं। कवचों सहित इनके अध्ययन को **मैलैकोलॉजी** (Malacology) या **कॉन्कोलॉजी** (Conchology) कहते हैं। कुछ मॉलस्का खाने के और कुछ बटन, मोती आदि बनाने के काम आते हैं।

वर्गीकरण

अरस्तु (Aristotle) ने इस संघ के कई सदस्यों का वर्णन किया। **जोन्स्टन** (Johnston, 1650) ने इसे वर्तमान नाम दिया।

प्रमुख लक्षण

1. अधिकांश समुद्री, कुछ अलवणीय जल में, कुछ नम भूमि पर। अधिकांश स्वतंत्र रेंगने वाले, कुछ चट्टानों आदि से चिपके, कुछ तैरने वाले तथा कुछ सुरंगों में रहने वाले।
2. कोमल शरीर प्रायः **श्लेष्म** में सरोबार रहने के कारण गिलगिला।
3. शरीर मूलतः **द्विपार्श्वीय,** परन्तु अनेक सदस्यों में **ऐंठन** (torsion) के कारण कुण्डलित।
4. **त्रिस्तरीय** (triploblastic) एवं **अखण्डीय** (unsegmented) शरीर के चारों ओर देहभित्ति के वलय (folding) से बना **प्रावार या मेण्टल** होता है जो प्रायः एक **कैल्शियमयुक्त कवच** (calcified shell) का स्त्रावण करता है। शरीर-सतह प्रायः रोमाभि (ciliated)।
5. सीलोम गुहा केवल हृदय के चारों ओर तथा उत्सर्जी अंगों एवं जननांगों में।
6. अधिकांश सदस्यों में स्पष्ट **शीर्ष** और रेंगने, तैरने या बिल बनाने के लिए एक अधरतलीय मांसल **पाद**।
7. पाचन, परिसंचरण, उत्सर्जी एवं तंत्रिका-तंत्र विकसित।
8. **पाचन तंत्र** में पाचन ग्रन्थियाँ तथा एक यकृत (liver) भोजन को चबाने के लिए **रैडुला** (radula) नाम का एक विशिष्ट अंग मुखगुहा में प्रायः उपस्थित।
9. **खुला रुधिर परिसंचरण तंत्र** (Open type of blood vascular system)"। रुधिर रंगहीन या **हीमोसायनिन** (haemocyanin) के कारण नीला या हरा सा होता है।
10. उत्सर्जन जोड़ीदार **अधिउत्सर्गिकाओं** (metanephridia) द्वारा होता है।
11. तंत्रिका तंत्र में कुछ जोड़ीदार गुच्छक (gangila) और इन्हें जोड़ने वाली तथा कुछ अन्य तंत्रिकाएँ।

12. **जनन** लैंगिक; अधिकांश सदस्य एकलिंगी; जीवन वृत्त में प्राय: एक शिशु–प्रावस्था।

शरीर की आकृति एवं सममिति (symmetry) तथा पाद, मेण्टल, कवच, श्वसनांगों और तंत्रिका तंत्र आदि के लक्षणों पर इस संघ को सात वर्गों में बाँटा गया है।

वर्ग (1) मोनोप्लैकोफोरा (Class monoplacophora) :

इसकी स्थापना सन् 1952 में, प्रशान्त महासागर में पाये गये एक विशेष प्रकार के चपटे, द्विपार्श्वीय एवं अण्डाकार मौलस्क के लिए की गई। इस मौलस्क का द्विपार्श्वीय अण्डाकार-सा चपटा शरीर (चित्र) कई लक्षणों में **ऐनीलिडा** से मिलता है। उदाहरणार्थ, इसमें 8 जोड़ी पेशियों, 5 या 6 जोड़ी जलक्लोमों (gills) तथा 5 जोड़ी उत्सर्गिकाओं का विन्यास समखण्डीय (segmental) है। फिर भी इस जन्तु को मौलस्का ही माना गया है, क्योंकि (i) शरीर पर मेण्टल और गुम्बदनुमा कवच होता है तथा (ii) गमन के लिए चौड़ा व चपटा मांसल पाद। ये जन्तु सम्भवत: ऐनीलिडा और मोलस्का के बीच की **संयोजक कड़ी** (connecting link) होते हैं। इन्हें **नियोपिलाइना** *(Neopilina)* का नाम दिया गया है।

वर्ग (2) ऐप्लैकोफोरा (Class Aplacophora)

(a) निम्न कोटि के कृमि सदृश समुद्री मौलस्का। (b) शरीर छोटा, पूरा एक मोटे मैण्टल द्वारा ढका। (c) कवच अनुपस्थित, मैण्टल में कैल्शियमयुक्त कंटिकाएँ। (d) पाद लघुकृतया अनुपस्थित। (e) अधिकांश एकलिंगी। उदाहरण–**नियोमीनिया** *(Neomenia)*।

वर्ग (3) पोलीप्लैकोफोरा (Class Polyplacophora)

(i) अधिकांश सदस्य छिदले समुद्र में चट्टानों पर चिपके पाये जाते हैं।

(ii) दीर्घवृत्ताकार (elliptical) शरीर चपटा सा, बड़ा, पृष्ठ कुछ उत्तल, अधरतल अवतल।

(iii) पृष्ठतल पर आठ चपटी, कैल्शियमयुक्त प्लेटों का कवच। कवच के पार्श्वों में कंटकयुक्त मैन्टल।

(iv) अधरतल पूरा चपटे व मांसल पाद द्वारा ढका।

(v) नेत्रों एवं स्पर्शकों की अनुपस्थित के कारण शीर्ष अस्पष्ट।

(vi) पाचन तंत्र विकसित, मुख अग्र गुदा पश्च छोरों पर, मुखगुहा में रेड्यूला।

(vii) श्वसन के लिए 3 से 40 जोड़ी जल-क्लोम। (viii) एकलिंगी, जीवन वृत्त में ट्रोकोफोर लार्वा प्रावस्था। उदाहरण–**विभिन्न प्रकार के काइटन** *(Chitons)*।

वर्ग (4) गैस्ट्रोपोडा (Class Gastropoda): **घोंघे** (snails), **शंख** (whelks) **कौड़ी** आदि।

(a) समुद्र, तालाबों, झीलों, सरिताओं या गीली मिट्टी के वासी।

(b) ऐंठन (torsion) के कारण शरीर कुण्डलित एवं असममित, कवच भी प्राय: कुण्डलित।

(c) शरीर के अग्र छोर पर नेत्रों एवं स्पर्शकों सहित विकसित **शीर्ष**।

(d) पाद बड़ा, चपटा, मांसल व मजबूत रेंगने के लिए उपयोजित।

(e) रैडुला उपस्थित।

(f) श्वसन के लिए क्लोम या पल्मोनरी स्यून या दोनों।

(g) तंत्रिका तंत्र में प्राय: 4 जोड़ी गुच्छक

(h) जननांग एकलिंगी या द्विलिंगी। कुछ द्विलिंगी सदस्यों में (जैसे कि भूमिगत घेंघा) एक ही जनद में नर व मादा भाग। ऐसे जनद को **ओवोटेस्टिस** कहते हैं।

(i) जीवन-वृत्त में प्राय: **ट्रोकोफोर एवं वेलीजर** शिशु प्रावस्थाएँ।

उदाहरण- **पाइला** (*Pila*) **टर्बनिला** (*turbinella* - शंख), **डोरिस** (*Doris*), **लाइमैक्स** (*Limax*) आदि।

वर्ग (5) स्कैफोपोडा (Class Scaphopoda) :

समुद्री तल पर कीचड़ में धँसे। (i) शरीर लम्बा, बेलनाकार एवं द्विपार्श्वीय। (ii) मेण्टल तथा कवच नालाकार, शंक्वाकार सा कवच हाथी-दाँत के समान मुड़ा हुआ और दोनों सिरों पर खुला। (iii) मुख के चारों ओर रोमसभयुक्त एवं संकुचनशील स्पर्शकों का घेरा। रैडुला उपस्थित। (iv) स्पष्ट शीर्ष एवं नेत्रों का अभाव। (v) छोटा, शंक्वाकार-सा पाद रेंगने या बिना बनाने के लिए उपयोजित। (vi) एकलिंगी। (vii) जीवन-वृत्त में **ट्रोकोफोर एवं वेलीजर** शिशु प्रावस्थाएँ। उदाहरण-**डेण्टैलियम** (*Dentalium*)।

वर्ग (6) पेलीसिपोडा (Class Pelecypoda) या **बाइवाल्विया** (bivalvia) या **लैमेलीब्रैंकिएटा** (Lamellibranchiata) समुद्री या अलवणीय **सीप** आदि। (i) शरीर द्विपार्श्वीय, पार्श्वों में चपटा। (ii) मेण्टल महीन, परन्तु कवच मोटा एवं कठोर, ये दोनों पार्श्व अर्धभागों या कपाटों में बँटे अर्थात द्विकपाटीय कवच के दोनों कपाट, मध्यपृष्ठ रेखा में, कब्जा-सन्धि द्वारा जुड़े और मध्य-अधर रेखा में स्वतंत्र। (iii) पाद खूँटी या कीलक-सदृश, रेंगने या मिट्टी में धँसने के लिए उपयोजित। (iv) एक या अधिक जोड़ी चपटे क्लोम। (v) शीर्ष पर नेत्रों एवं स्पर्शकों का, तथा रैडुला का अभाव। (vi) तंत्रिका तंत्र में तीन जोड़ी प्रमुख गुच्छक। (vii) एकलिंगी। (viii) जीवन-वृत्त में **ट्रोकोफोरा या ग्लोकीडियम** शिशु प्रावस्था। उदाहरण-**लैमेलीडेंस** (*Lamellidens*), **सोलेन** (*Solen*), **नौकृमि अर्थात् टेरिडो** (*teredo*), **पेक्टेन** (*Pecten*), **माइटिलस** (*Mytilus*), **पर्ल ओइस्टर** (*Pearl*)।

वर्ग (7) सिफैलोपोडा (Class Cephalopoda) **:** समुद्र में स्वतंत्र तैरने वाले, सबसे अधिक विकसित मौलस्का, कुछ सदस्य विशालकाय सबसे बड़े अकशेरुकी। (i) द्विपार्श्वीय शरीर पर कवच बाहरी, भीतरी या अनुपस्थित। (ii) मेण्टल मोटा एवं मांसल। (iii) अधिकांश सदस्य, गमन के लिए, मेण्टल गुहा में पानी भरकर इसकी तेज धार निकालते हैं। (iv) विकसित शीर्ष पर कशेरुकियों की भाँति, बड़ी-बड़ी आँखे। रैडुला उपस्थित। (v) पाद शीर्ष को चारों ओर से घेर और कई लम्बी भुजाओं में बँटा जिन पर कि छोटे-छोटे चूषक होते हैं। (vi) तंत्रिका तंत्र अत्यधिक विकसित। (vii) एकलिंगी। जीवन वृत्त में कोई शिशु प्रावस्था नहीं। उदाहरण-**सीपिया** (*Sepia*), **ऑक्टोपस** (*Octopus*), **नॉटिलस** (*Nautilus*)। **श्रेणी आर्किट्यूथिस** (*Architeuthis*) के सदस्य **विशाल स्क्विड्स** होते हैं। ये गहरे समुद्र में रहते हैं और सबसे बड़े अकशेरुकी जन्तु होते हैं। इनके 18 मीटर तक लम्बे सदस्य पकड़े गये है, जिनकी मोटाई 6 मीटर तथा भार कई-कई टन तक होता है।

विषाणु

वाइरस शब्द का शाब्दिक अर्थ वेनोमे अर्थात जीव विष होता है। वाइरस शब्द लैटिन भाषा से लिया गया है जिसका अर्थ जहर या जहरीले कण होता है।

महत्वपूर्ण अनुसंधान

1. लूईस पाश्चर ने रोग उत्पन्न करने वाले अज्ञात कणों को दिया।
2. बेजेरनिक ने तम्बाकू में मोजेक रोग उत्पन्न करने वाले कणों को दिया। अत: वाइरस शब्द के उपयोग का श्रेय इन्ही को दिया जाता है।

चार्ल्स इक्लूज ने सर्वप्रथम विषाणुओं को देखा। जर्मनी के **एडॉल्फ मेयर** ने सर्वप्रथम तम्बाकू की पत्तियों पर होने वाले मोजेक रोग का पता लगाया तथा मोजेक कर्न्हट नाम दिया। इस रोग की संक्रामक प्रकृति को मेयर ने सिद्ध किया किन्तु रोगजनक की कोई जानकारी नही दी। रूसी वैज्ञानिक डी.जे.इवानोस्की ने तम्बाकू के मोजेक रोग के कारण पता लगाकर तम्बाकू मोजेक वाइरस नाम दिया। इवानोस्की के अनुसार यह संक्रामक रोग अत्यन्त सूक्ष्म कणों द्वारा होता है जो कि जीवाणु फिल्टर से भी गुजर सकते है। अत: विषाणु की खोज का श्रेय इवानोस्की को दिया जाता है। बेजेरनिक ने इवानोस्की के परिणामों को सत्यापित करते हुए विषाणुओं की तरल प्रकृति के बारे में बताया तथा विषाणुओं को संक्रामक जीवित रस या संक्रामक जीवित तरल नाम दिया। लाफ्लर तथा फ्रॉश ने चौपायों के पैर तथा मुख रोग के विषाणु को खोजा। डेविस ने विषाणुओं को विटामॉल नाम दिया। टॉर्ट तथा डी हैरल ने टॉर्ट डी हैरल प्रक्रिया के आधार पर जीवाणुभोजीविषाणु को खोजा। डी हैरल ने वेक्टिरियोफेज नाम दिया। एम. श्लेसिन्गर ने सर्वप्रथम तकनीक की सहायता से ई०कोलाई नामक जीवाणु पर पाये जाने वाले जीवाणुभोजी विषाणु को पृथक किया। डब्ल्यू.एम.स्टेनले ने टीएमवी क्रिस्टलीकरण करके उसकी प्रोटीनीय प्रकृति को सिद्ध किया। इसके लिए स्टेनले को 1946 में नोबल पुरस्कार प्राप्त हुआ। बाउडन तथा पियरे ने टीएमवी का न्यूक्लियोप्रोटीन प्रकृति को खोजा। जे.एन्डर्स ने सर्वप्रथम विषाणु (पोलियो विषाणु) को संवर्द्धित किया। हरेश तथा चेज ने जीवाणुभोजीविषाणु में डीएनए को खोजा। साक तथा सैबिन ने पोलियो से सुरक्षा के टीके को खोजा। आर.एस.सिन्शियेमर ने भोजी में एक कुण्डलित डीएनए को खोजा। टैमिन तथा बाल्टीमोर ने आरएनए निर्भर डीएनए संश्लेषण को खोजा जिसके लिए उन्हें 1915 में नोबल पुरस्कार दिया गया। लॉफ एण्ड टरनियर ने विषाणुओं के भौतिक तथा रसायनिक गणों पर आधारित वर्गीकरण दिया। डी.शाडलोवस्की तथा आर. अहमद ने प्राइमेट्स विषाणु द्वारा होने वाले केन्सर को खोजा । नील हरित शैवालभोजी– नील हरित शैवाल पर संक्रमण करने वाला विषाणु। कवक भोजी कवक पर संक्रमण करने वाला विषाणु। जाइमोभोजी – यीस्ट पर आक्रमण करने वाला विषाणु। कॉलीभोजी – ई.कालाई पर संक्रमण करने वाला विषाणु। विरियॉन्स – विषाणुओं के अक्रिय कणों को लूरिया तथा डॉरनैल ने विरियॉन नाम दिया।

परिभाषा –

1. इवॉनोस्की के अनुसार – विषाणु रोग उत्पन्न करने वाले अति सूक्ष्मदर्शीय परजीवी है।
2. बाउडन के अनुसार – विषाणु अतिसूक्ष्म अविकल्पी परजीवी है।

3. फ्रेयरब्रदर के अनुसार – विषाणु मनुष्यों तथा पशुओं में महत्वपूर्ण संक्रामक रोग उत्पन्न करने वाले कणिकारूपी पिण्ड होते है।
4. फंक एवं वैग्राल के अनुसार – विषाणु एक घातक विष है, जिससे संक्रामक रोग उत्पन्न होते है।
5. ग्रीन के अनुसार – विषाणु अतिसूक्ष्म रचनायें है जो प्रजनन कर सकती है।
6. मैथ्यूस के अनुसार – विषाणु एक न्यूक्लिक अम्ल युक्त डीएनए या आरएनए प्रोटीन आवरण से घिरी तथा जैवीय लक्षणयुक्त संरचना है।
7. होम्स के अनुसार – यह रोगों के हेतु वैज्ञानिक कर्मक है।
8. लूरिया के अनुसार – विषाणु केवल विशिष्ट पोषक कोशिकाओं में पुनरावृत्ति करने वाली संरचनायें हैं।

विषाणु के लक्षण

यह अकोशिकीय अतिसूक्ष्म कण होते है। यह जीवद्रव्य रहित होते है। यह इलेक्ट्रॉन सूक्ष्मदर्शी द्वारा ही देखे जा सकते है। यह सदैव अविकल्पी परजीवी होते है। इनमें जैविक क्रियायें जैसे– श्वसन, वृद्धि तथा प्रकाश–संश्लेषण इत्यादी नही पायी जाती है। इनका संवर्द्धन कृत्रिम माध्यम में संभव नही होता है। यह न्यूक्लिओप्रोटीन्स होते है। यह केवल न्यूक्लिक अम्ल द्वारा ही संक्रमण कर सकते है। इनमें डीएनए या आरएनए पाया जाता है। यह आसानी से एक परपोषी से अन्य परपोषी संचारित हो जाते है। यह केवल जीवित कोशिकाओं में ही गुण तथा उत्पत्ति करने में सक्षम होते है। इनको 90°से. से अधिक तापक्रम पर निष्क्रिय किया जा सकता है तथा इस ताप को टीडीपी (नार्मल डेथ पाइन्ट) कहा जाता है। विषाणु में पाये जाने वाले निम्न लक्षणों के आधार पर इनको सजीव तथा निर्जीव के बीच की कड़ी माना जाता है।

(a) निर्जीव के लक्षण

1. इनमें जीवद्रव्य अनुपस्थित होता है।
2. इनमें विभिन्न जैविक क्रियाओं जैसे – श्वसन, वृद्धि इत्यादि होती है।
3. यह विशिष्ट परपोषी ऊतक के बाहर सक्रिय नही होते है।
4. इनमें कोशिका भित्ति तथा कोशिका झिल्ली अनुपस्थित होती है।
5. इनका क्रिस्टलीकरण किया जा सकता है।
6. इनमें कार्यिकी स्वायत्तता अनुपस्थित होती है।
7. इनमें एन्जाइम्स का अभाव होता है।

(b) सजीव के लक्षण

1. यह जीवाणुओं एवं कवकों के समान रोग उत्पन्न करने में सक्षम होते है।
2. यह परपोषी के प्रति विशिष्टता प्रदर्शित करते है।
3. यह विभिन्न उद्दीपकों तथा रसायनिक पदार्थो के प्रति प्रदर्शित करते है।
4. इनमें न्यूक्लिक अम्ल पाया जाता है।
5. इनमें गुणन करने की क्षमता होती है।
6. न्यूक्लिक अम्ल के सजीव मं पाये जाने वाले गुण समान जीन उत्परिवर्तन प्रदर्शित करता है।

विषाणुओं का परिमाप

विषाणुओं का सामान्य परिमाप 2nm से 300 nm के बीच होता है। विषाणुओं का औसत परिमाप 100 nm से 1000 nm के बीच होता है।

सूक्ष्मतम विषाणु

1. F_2—Coliphage (F_2—कॉलीभोजी) परिमाप = 2nm
2. Foot & Mouth disease of Cattle virus (चौपायो जानवरों में मुख रोगों का विषाणु–जन्तु विषाणु), परिमाप = 10 nm.
3. Tobacco Necrosis Virus [तम्बाकू का क्षय विषाणु पादप विषाणु], परिमाप = 17 nm.

सबसे बड़ा विषाणु

Pox virus (चेचक विषाणु), परिमाप = 400 ×250 nm

सिट्रस ट्रिस्टेजा विषाणु

Citrus Tristeza Virus (स्ट्रिस टिस्टेजा विषाणु)परिमाप = 2000 nm

विषाणुओं का आकार

ताकाहाशी तथा रैवलिन ने इलैक्ट्रॉन सूक्ष्मदर्शी तथा एक्स–रे क्रिस्टैलोग्राफी की सहायता से विषाणुओं के आकार को खोजा। इन वैज्ञानिकों के अनुसार विषाणुओं के आकार को निम्नलिखित तीन सममित समूहों में वर्गीकृत किया जाता है।

(A) घनाकृति सममित– यह सममित बहुफलकीय प्रकार की होती है जिसमें कि विंशफलकीय शीर्ष पाया जाता है। इस विंशफलकीय शीर्ष का निर्माण बीस समपार्श्विक त्रिभुजों के मिलने से होता है जिसके फलस्वरूप बीस शीर्षों या किनारों का निर्माण होता है। इस सममित में एक शीर्ष या किनारे पर उपस्थित कैप्सोमीयर्स की संख्या के आधार पर यह दो सममित समूहों में विभाजित की जाती है।

1. **पैन्टामीयर** – वह घनाकृति सममित जिसके एक शीर्ष पर पाँच कैप्सोमीयर्स पाये जाते हैं जैसे – हर्पीज विषाणु।
2. **हैक्सामीयर** – वह घनाकृति सममित जिसके एक शीर्ष पर छः कैप्सोमीयर्स पाये जाते है जैसे – एडीनोविषाणु।

(B) कुण्डलीय सममित – इस सममिती में कैप्सिड के कैप्सोमीयर्स कुण्डलीय व्यवस्था प्रदर्शित करते है। यह कैप्सोमीयर्स न्यूक्लिक अम्ल के साथ कुण्डलीय रूप में व्यवस्थित होते हैं जैसे– इन्फ्ल्यूएन्जा विषाणु (आवरणयुक्त) तथा (आवरण रहित)

4. जटिल सममित – विषाणुओं में धनाकृति कुण्डलीय सममित के अतिरिक्त पायी जाने वाली सममिति जटिल सममित कहलाती है। उदा०– चेचक विषाणु, रेबीज विषाणु – बन्दूक की गोली के समान, जीवाणुभोजी टेडपोल के समान।

विषाणुओं की संरचना

सभी विषाणु न्यूक्लियोकैप्सिड के बने होते है तथा कुछ जन्तु विषाणुओं के चारों ओर आवरण पाया जाता है।

रोचक विशिष्टताएं

विषाणुओं का संक्रमण मुख्य रूप में शैवाल, कवक तथा आवृतवीजी पादपों पर होता है। घनाकृति सममित दर्शाने वाले विषाणुओं में कुल कैप्सोमीयर्स की संख्या निम्न सूत्र द्वारा ज्ञात की जाती है– n = कैप्सिड के एक किनारे पर उपस्थित कैप्सोमीयर्स की संख्या उदा०– हर्पीज विषाणु में एक किनारे पर 5 कैप्सोमीयर्स पाये जाते है। अतः कुल कैप्सोमीयर्स – $10(5-1)^2+2$ अर्थात् 162 होते है। **(A) न्यूक्लियोकैप्सिड** – यह विषाणु की आधारीय इकाई होती है जिसमें कि कैप्सिड या पेटिका प्रोटीनयुक्त तथा न्यूक्लिक अम्ल डीएनए या आरएनए होता है।

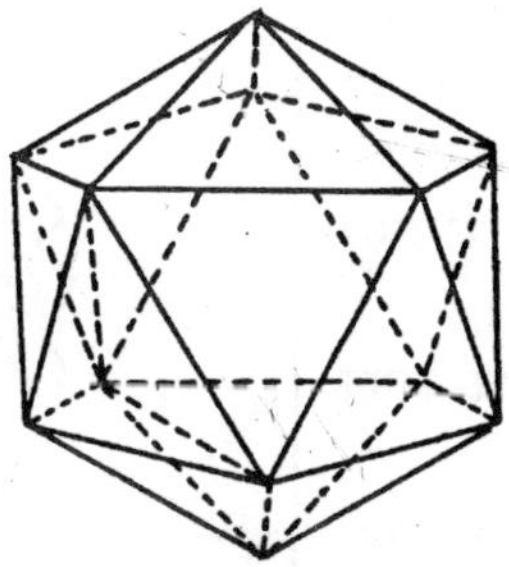

चित्र-6 : बहुफलीकय विशफलकीय शीर्ष

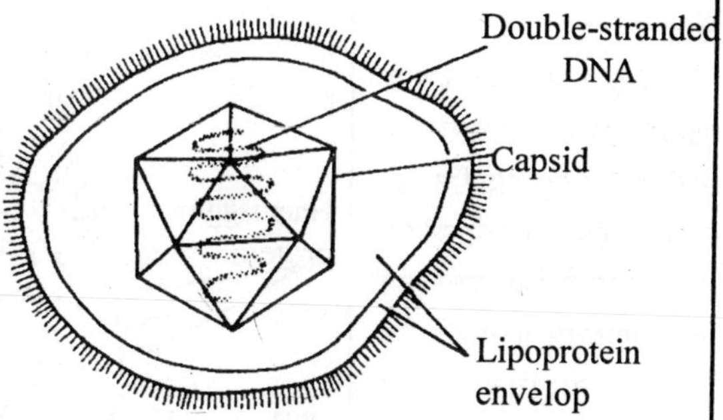

हर्पीज विषाणु

(1) कैप्सिड या पेटिका– का निर्माण संभागी प्रोटीन की इकाईयों से होता है। इन इकाइयों को पेटिकांश या कैप्सोमीयर्स कहते है। यह कैप्सोमीयर्स प्रोटीन के बने होते है इसलिए स्टेनले ने इनको प्रोटोमीयर्स नाम दिया। पेटिकांश की संख्या विषाणुओं में भिन्न-भिन्न होती है

पादप विषाणु का नाम	पेटिकांश की संख्या
तम्बाकू मोजेक विषाणु	2130
जीवाणुभोजी विषाणु	2000
एडीनोविषाणु	252
हर्पीज विषाणु	162
रियो विषाणु	92
गलफाड विषाणु	42
शलजम का पीत मोजेक विषाणु	32
भोजी	12

पेटिका का मुख्य कार्य न्यूक्लिक अम्ल की सुरक्षा करना तथा संक्रमण के दौरान संचरण में

सहायता करना होता है। पेटिका प्रतिजन गुण भी प्रदर्शित करती है। अपवाद – वीरोइडस में पेटिका अनुपस्थित होती है।

(2) न्यूक्लिक अम्ल – यह डीएनए या आरएनए प्रकार का रेखीय या वृत्ताकार होता है। अपवाद – प्रीओन्स में न्यूक्लिक अम्ल अनुपस्थित होता है।

(B) आवरण – कुछ जन्तु विषाणुओं के चारों ओर लिपिड या लिपोप्रोटीन का बना आवरण (100 से. मोटा) पाया जाता है ऐसे विषाणुओं को लिपोविषाणु' कहते है। इन्फ्लूएन्जा विषाणु का आवरण कार्बोहाइड्रेटस से बना होता है। पॉक्स तथा वैसिनीया विषाणुओ में प्रोटीनयुक्त आवरण पाया जाता है। इस आवरण पर अतिवृद्धियाँ पायी जाती है जिनको कि स्पाइक या पैप्लोमर्स कहते है।

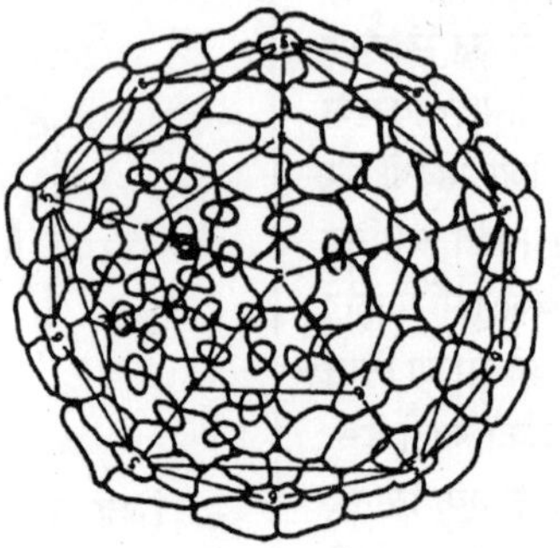

एडीनोविषाणु

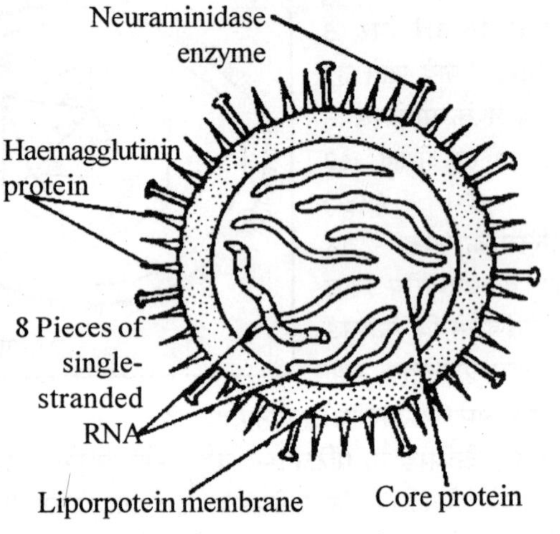

इन्फ्ल्यूएन्जा विषाणु

विषाणुओं की परासंरचना –होम्स ने विषाणुओं को परपोषी के आधार पर निम्न तीन प्रकार से विभक्त किया है–

1. पादप विषाणु 2. जन्तु विषाणु 3. जीवाणुभोजी विषाणु

1. पादप विषाणु – यह उच्च श्रेणी के पादपों (जैसे – आवृतबीजी) पर संक्रमण करते हैं तथा इनमें न्यूक्लिक अम्ल आरएनए पाया जाता है। इस श्रेणी के अन्तर्गत तम्बाकू मोजेक विषाणु का सर्वाधिक विस्तृत अध्ययन किया जा चुका है।

तम्बाकू मोजेक विषाणु की परासंरचना – स्टेनले ने इसका क्रिस्टलीकरणकिया। बाउडन तथा पियरे ने इसकी रसायनिक संरचना का अध्ययन करके इनको न्यूक्लिओप्रोटीन बताया। गिरेर तथा श्रमेन ने टी एम वी के संक्रामक भाग आर एन ए की खोज की । ताकाहाशी तथा फ्रैन्कल–

कॉनरेट ने प्रोटीन्स एवं आर एन ए द्वारा टी एम वी की संरचना को पुन: स्थापित किया। फ्रैंकलिन तथा क्लग ने इसकी विस्तृत संरचना को खोजा। यह विषाणु आवरण रहित कुण्डलीय छड़ाकर होता है। इसका परिमाप 300 से 15 एनएम होता है। इसका कैप्सिड असंख्य छोटी-छोटी उप-इकाइयों से मिलकर बना होता है जिनको कैप्सोमियर्स कहते है। इन कैप्सोमियर्स की संख्या लगभग 2130 होती है जिनमें प्रोटीन समरूपी होती है। कैप्सोमीयर्स में 158 अमीनों अम्ल की एक श्रृंखला होती है जिनका अणुभार लगभग 18,000 होता है। विषाणु कणों में कुल पदार्थों का लगभग 94.5 प्रतिशत प्रोटीन तथा 5.5 प्रतिशत न्यूक्लिक अम्ल पाया जाता है। इसमें आनुवंशिक पदार्थ आर एन ए के रूप में पाया जाता है जिसकी लम्बाई लगभग 330एन एम होती है। इस आर एन ए में लगभग 7300 न्यूक्लिओटाइड पाये जाते है जिनका अणुभार 2.4 लाख होता है। TMV कणों का भार 40 लाख के करीब होता है तथा इसके आर एन ए में लगभग 130 वलय पाये जाते है। विषाणु में न्यूक्लियोटाइड्स तथा कैप्सोमीयर्स का अनुपात 3:1 होता है। TMV का TDP 90°C (10 मिनट) होता है। इसके संक्रमण से पत्तिया चितकबरी हो जाती है तथा पौधे की वृद्धि घट जाती है।

2. जन्तु विषाणु /मानव विषाणु - यह मनुष्यों तथा जन्तुओं में संक्रमण करते है तथा इनमें न्यूक्लिक अम्ल प्राय: डी एन ए होता है तथा कभी-कभी आर एन ए भी हो सकता है। जन्तु विषाणु की खोज लोफ्लर एवं फ्राश न की थी।

एन्फ्लूएन्जा विषाणु की परासंरचना - स्मिथ तथा एण्ड्रयूज ने एन्फ्लूएन्जा विषाणु को खोजा। यह आवरण युक्त कुण्डलीय या गोलाकार होता है। इसका परिमाप 70 एन एम से 125 एन एम होता है। कैप्सिड के चारों ओर कार्बोहाइड्रेट का बना 7 एन एम से 10 एन एम मोटा आवरण पाया जाता है। इसमें न्यूक्लिक अम्ल एक रज्जुकीय आर एन ए (एसएस आर एन ए) होता है। इसको निष्क्रिय करने का तापमान 10 मिनट के लिए 65°C होता है। यह कण श्वसन नलिका में गुणन करते है जिसके फलस्वरूप परपोषी में खांसी, जुकाम, छींक, तथा नियमित अन्तराल पर बुखार उत्पन्न हो जाता है।

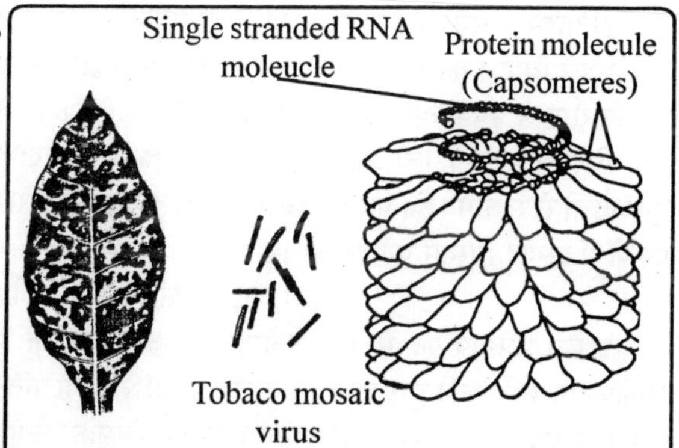

(A) वाइरस के प्रभावित तम्बाकू की पत्ती, (B) तम्बाकू मोजैक वाइरस, (C) तम्बाकू मोजैक वाइरस का एक भाग

चेचक विषाणु या वेरियोला विषाणु की परासंरचना - विषाणु को सर्वप्रथम बैक्सबेय

ने पहचाना। यह आवरण युक्त जटिल सममित ईटाकार विषाणु होता है जिसका त्रिस्तरीय आवरण सीटोन प्रोटीन से बना होता है। इसका परिमाप 400 × 250 एन एम होता है। इस विषाणु में 89 प्रतिशत प्रोटीन, 6 प्रतिशत डी एन ए तथा 5 प्रतिशत लिपिड एवं आर एन ए और एन्जाइम उपस्थित होते है। न्यूक्लिक अम्ल द्विरज्जुकीय डी एन ए होता है। इसको निष्क्रिय करने का तापमान 10 मिनट के लिए 60°C होता है। इसके संक्रमण से परपोषी में पुटिकामय विक्षत उत्पन्न होते है तथा नियमित अन्तराल पर बुखार आता है। संक्रमित परपोषी की कोशिकाओं में ग्वारनेरी सरंचनाओं का पाया जाना इस विषाणु की उपस्थिति को दर्शाता है। इसके संक्रमण की साधारण अवस्था को एलेस्ट्रेन कहते है।

रेबीज विषाणु की परासंचना - इस विषाणु को रैबडो या स्ट्रीट विषाणु भी कहते है।

पाश्चर ने सर्वप्रथम रैबीज की वैक्सीन को खोजा। यह विषाणु बन्दूक की गोली के समान छड़ाकार होता है जिसका परिमाप 76 एन एम से 175 एन एम होता है। इसमें न्यूक्लिक अम्ल एक रज्जुकी आर एन ए पाया जाता है। इसको निष्क्रिय करने का तापमान 5 मिनट के लिए 60°C होता है। यह विषाणु मनुष्यों में रैबीज या हाइड्रोफोबिया उत्पन्न करता है जिसका संक्रमण रेबीज विषाणु युक्त कुत्ते द्वारा होता है।

एड्स - विषाणु की परासंचना - इसकी खोज मोन्टगनीर एवं गलो निर्देशित डीएनए पॉलीमरेज ने की ।

इतिहास - सर्वप्रथम एड्स 1881 में यूएसए में न्यूमोनिया समलैंगिको में देखा गया।

एड्स विषाणु को मोन्टगनीर ने पृथक किया। पेरिस 1983 ने पश्चिम अफ्रिकन रोगी व ने यूएसए रोगी से पृथक किया। भारत में एड्स विषाणु (1986) को मद्रास में खोजा गया।

विस्तार - डब्लू. एच.ओ. (जुलाई 1993) के अनुसार लगभग 8 से 12 मिलियन लोग इस एचआईवी से संक्रमित हैं। भारत में अगस्त 1994 तक 650 एड्स रोगी थे। महिलाओं की अपेक्षा पुरूषों में इसकी विस्तार की दर अधिक 2:1 है।

एड्स वाइरस की आकारिकी

इसका परिमाप 90 से 120 नेनोमीटर व आकार होता है। विषाणु का बाह्य आवरण लिपोप्रोटीन का व काँटे युक्त होता है। जीनोम SS-RNA(दो प्रति) व रिवर्स ट्रांसक्रिप्टेस एन्जाइम युक्त (डी एन ए पॉलीमरेज रिट्रो विषाणु) होता है जिसके जीनोम में 9 जीन (तीन संरचनात्मक जीन तथा पाँच असंरचनात्मक जीन) होते है। इसके संरचनात्मक जीन Gag (for core & shell proteins), Pol (for reverse transcriptase)) तथा Env (for Glycoprotein envelope) होते है। यह एचआईवी वाइरस दो मुख्य रूपों से पाया जाता है-

(a) HIV-1 (पूर्व प्रभावी वाइरस) वितरण में विश्वव्यापी ।

(b) HIV-2, पश्चिम अफ्रिका में ।

रोग जनन - एचआईवी संक्रमण द्वारा टी-लिम्फोसाइट सहायक टी-कोशिका या CD_4 कोशिका को नष्ट होती है जो कि विभिन्न प्रकार की प्रतिसंक्राम्यता कमी को बढ़ाते हैं।

रक्त में प्रवेश के पश्चात T^4 लिम्फोसाइट में एचआईवी समूह एचआईवी संक्रमण को निम्न चार प्रकार से बढ़ाते हैं-

समूह – I–Acute HIV संक्रमण

समूह – II–Asymptomatic संक्रमण–लक्षण –HIV antibody positive.

समूह – III–Persistant Generalised lympho-demopathy.

समूह – IV–ARC, CD_4 + T कोशिका की संख्या में कमी–लक्षण

ठण्डा पसीना, फेवर, पेचिस, पेशी, दर्द, वजन, घटना, तंत्रिका संबंन्धित रोग व द्वितीयक केंसर जो एड्स के रोग निदान सम्मिलित है। (सम्मिलित लक्षण) एचआईवी संक्रमण की अंतिम प्रावस्था है तथा एक संक्रमित में यहपूर्ण वृद्धि करता है। ग्रसित व्यक्ति तीन वर्ष में मर जाता है।

परिपाक काल – 15-27 महिने।

संक्रमण की विधियाँ- लैंगिक सम्पर्क, माता से बच्चे को, रक्त स्थानान्तरण, कृत्रिम वीर्य सेवन, संक्रमित सिंरिन्ज व सुई द्वारा, अंग प्रत्यारोपण।

प्रयोगशाला में रोग निदान -

(a) जांच परीक्षण

(i) एलीसा परीक्षण, (ii) परीक्षण।

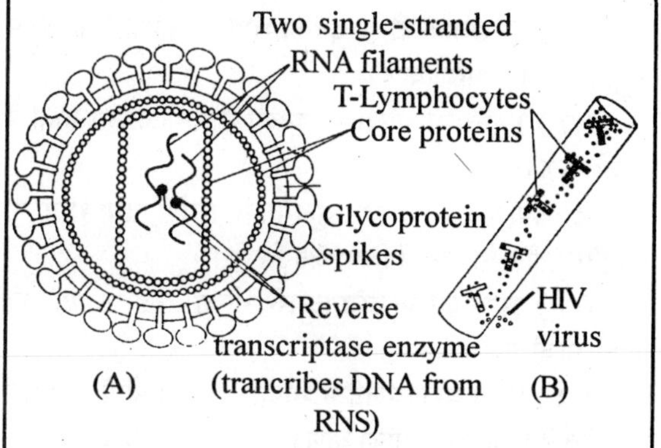

(A) AIDS का वाइरस, (B) वाइरस का T-सिम्फोसाइट्स पर आक्रमण

(b) निश्चित परीक्षण – वेस्ट्रन वोल्ड परीक्षण

उपचार - एजिडोथाइमिडिन या जाइडोविडिन, डाइडीऑक्सीनोसीन, डाइडीऑक्सीसाइटीडिन

सावधानियाँ के WHOअनुसार - सुरक्षित लैंगिक सम्पर्क के लिए निरोध का प्रयोग करना चाहिए। संक्रमित सुई को अन्य के साथ उपयोग नहीं करना चाहिये। रक्त, वीर्य व अंग (जैसे वृक्क)प्रयुक्त करने से पूर्व जाँच लेना चाहिये। एड्स रोगी का पृथक रखना चाहिये।

एड्स दिवस 1 दिसम्बर - भारत में चार एड्स नियंत्रण केन्द्र स्थापित किये गये हैं-

(i) A. I.I. M. S. New Delhi (ii) National Institute fo Virology, Pune.

(iii) Centre of Adavanced Reserach on Virology, Vellore.

(iv) National Institure of Communicable Diseases, New Delhi.

जीवणुभोजी विषाणु - बैक्टिरियोफेज का शाब्दिक अर्थ जीवाणुओं का भक्षक होता है। इसकी खोज एफ.डब्लू. टॉर्ट में की तथा फिलिक्स डी हैरल ने इनको बैक्टिरियोफेज नाम देकर इसकी विस्तृत संरचना को खोजा। टॉर्ट तथा डी हैरेले ने स्टफायलोकोकस एल्बस जीवाणुओं पर कार्य करते हुएदेखा की यदि इन जीवाणु की निवह के संवर्द्धन में अज्ञात छनित्र मिला दिया जाता है। तो ये निवह कुछ समय पश्चात् गायब हो जाती है इसका टॉर्ट तथा डी हैरेल प्रक्रिया कहते हैं।

इस प्रक्रिया के आधार पर जीवाणुओं का भक्षक या बैक्टिरियोफेज नाम रखा गया जो कि छनित्र में उपस्थित थे। हरशे तथा चेज ने आनुवंशिक पदार्थ का पता लगाया। सिनशीइमेर ने एक कुण्डलित की खोज $\phi \times 174$ में की। सैन्गर तथा उनके सहयोगियों ने $\phi \times 174$ में 5374 न्यूक्लियोटाइड्स तथा सात जीन्स की उपस्थिति को दर्शाया। बोरेल तथा उनके सहयोगियों $\phi \times 174$ ने 9 जीन्स की उपस्थिति दर्शायी। डलब्रक ने जीवाणुभोजीविषाणु में रेडियोएक्टिव समस्थानिक P^{32} (डीएनए के लिए) तथा S^{35} (प्रोटीन के लिए) के प्रयोग द्वारा दो प्रकार के भोजी कणों को खोजकर T_1 से T_{17} तक विभेदित किया।

(1) T-समभोजी– इनका शीर्ष षटकोणीय या प्रिज्माभ होता है । जैसे-T_2, T_4, T_6, T_8,..........T_{16} भोजी कण।

(2) T-विषम भोजी– इनका शौर्ष गोलाकार होता है। जैसे-T_1, T_3, T_5,..........T_{17} भोजी कण।

डलब्रक एन्द्रे लॉफ एण्ड वूलमैन ने परपोषी तथा भोजी सम्बन्धों के आधार पर भोजी कणों को निम्न तीन श्रेणियों में विभाजित किया।

(1) उग्रभोजी या लयनकारी भोजी- यह परपोषी कोशिका से नष्ट कर देते हैं । जैसे-T_2- भोजी कण।

(2) संयत या लयजनक भोजी- यह पर पोषी जीनोम के साथ सहजीवी सम्बन्ध स्थापित कर लेते हैं। जैसे- λ भोजी कण।

(3) मध्यवर्ती भोजी - यह कण उग्र या संयत् दोनों प्रकार के सम्बन्ध स्थापित करने में सक्षम होते हैं जैसे F_2 भोजी कण। ब्रैनर तथा उनके सहयोगियों ने विस्तृत परासंरचना को खोजा। जिनके अनुसार प्रत्येक T_2 भोजी कण दो भागों से मिलकर बना होता है- (1)शीर्ष (2)पूंछ

(1) शीर्ष- यह षट्कोणीय या प्रिज्माभ होता हैं जिसके कैप्सिड में 2000 कैप्सोमीयर्स या पेटिकांश पाये जाते हैं। शीर्ष का परिमाप $950Å \times 650Å$ होता है। इसमें न्यूक्लिक अम्ल द्विरज्जुकी पाया जाता हैं जिसमें कि साइटोसीन के स्थान पर हाइड्रॉक्सीमिथाइल साइटोसीन उपस्थित होता है।

(2) पूँछ - T_2 भोजी कण की वेलनाकार पूँछ $950Å$ तथा $80Å$ व्यास युक्त होती है। पूंछ के अन्तिम भाग में आधारीय प्लेट षट्कोणीय पायी जाती है। इस आधारीय प्लेट से छः पूच्छ तन्तुक निकलते हैं जिनमें से प्रत्येक तन्तुक की लम्बाई $1500Å$ तथा $200Å$ होता है। यह तन्तुक भोजी कण को जीवाणु कोशिका की साथ चिपकाने का कार्य करते हैं। पूंछ तथा सिर के मध्य का भाग कालर कहलाता है। नीचे पाये जाने वाले पूंछ आवरण में 144 कैप्सोमीयर्य व 24 वलयों में स्थित रहतें हैं। जीवणुभोजी विषाणु को ब्रैडले ने निम्न में विभाजित किया हैं-

आकारिकीय लक्षण -

षटकोणीय शीर्ष, संकुचनशील आवरण, दृढ़ पुच्छ तंतुक उपस्थित। षटकोणीय शीर्ष, असंकुचनशील आवरण, दृढ पुच्छ तथा पुच्छ उपस्थित तथा अनुपस्थित, बड़े कैप्सोमीयर्स युक्त षटकोणीय शीर्ष, पुच्छ अनुपस्थित, छोटे कैप्सोमीयर्स युक्त षटकोणीय शीर्ष, पुच्छ अनुपस्थित, तन्तुमय, बहुरूपीय (लिपिडयुक्त आवरण)।

विषाणु का जीवन चक्र –

(अ) पादप विषाणु का जीवन चक्र – इस विषाणु का जीवन चक्र निम्नलिखित चार चरणों में पूर्ण होता है–

(1) संचरण अवस्था – इन कणों का संचरण सम्पर्क से या कवक से होता है।

(2) संक्रामण अवस्था – संचरण के पश्चात् यह कण परपोषी की अधिचर्म पर पाये जाने वाले विशिष्ट छिद्र एक्टोडेस्मेटा से परपोषी में प्रवेश कर लेते हैं।

(3) निर्माण अवस्था – विष्णु के कण परपोषी कोशिका की कार्यिकी स्वायत्ता का उपयोग करके नये कणों का निर्माण करते हैं।

(4) परिपक्वन अवस्था – परपोषी कीबाह्य सतह के फटने से सभीविरियॉन्स स्वतंत्र होकर बाहर निकल जाते हैं

(5) जीवाणुभोजीविषाणु का जीवन चक्र – हरशे तथा चेज ने रेडियोएक्रि प्रयोगों की सहायता से लयनकारी तथा लयजनक भोजी के जीवन चक्र को खोजा एवं एन्द्रे लार्फ और उनके सहयोगी वैज्ञानिकों ने विस्तृत वर्णन किया।

(6) उग्र भोजी का जीवन चक्र –

यह निम्नलिखित तीन प्रावस्थाओं में पूर्ण होता हैं–

(1) संक्रमण अवस्था (2) गुप्त अवस्था (3) लयनकता

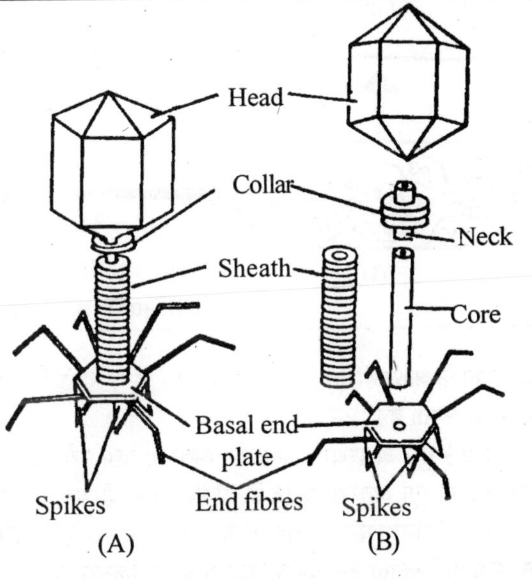

T_2जीवाणुभोजी (A) परासंरचना (B) विभिन्न घटक

(1) संक्रमण अवस्था – सर्वप्रथम भोजा कण अपने विशिष्ट पुच्छ तन्तुक द्वारा परपोषी के विशिष्ट (सतह पर चिपकना) परपोषी सतह पर सम्पूरक संस्था के अन्तर्गत होता है। भोजी कण का जुड़ना तथा भेदन – भोजी के अधिशोषण के पश्चात् पुच्छ तन्तुक के समान कार्य करते हैं पीछे की ओर मुड़ जाते हैं। इसके फलस्वरूप लाइसोजाइम जैसा एन्जाएम (या एण्डोलाइसिन) के कण के पुच्छ तन्तुओं द्वारा स्त्रावित होता हैं तथा भोजी के आवरण संकुचित हो जाने के फलस्वरूप पूँछ परपोषी की कोशिका भिति तथा कोशिका झिल्ली को भेदती है। यह एन्जाइम म्यूरैमिक अम्ल सम्मिश्र की बनी कोशिका भित्ति को विघटित तथा हाइड्रोलिसिस कर देता है जिसके फलस्वरूप सूक्ष्म छिद्र का निर्माण होता है। इस छिद्र से भोजी का न्यूक्लिक अम्ल परपोषी कोशिका द्रव्य में छोड़ दिया जाता है जबकि प्रोटीन आवरण या कैप्सिड छाया के रूप में

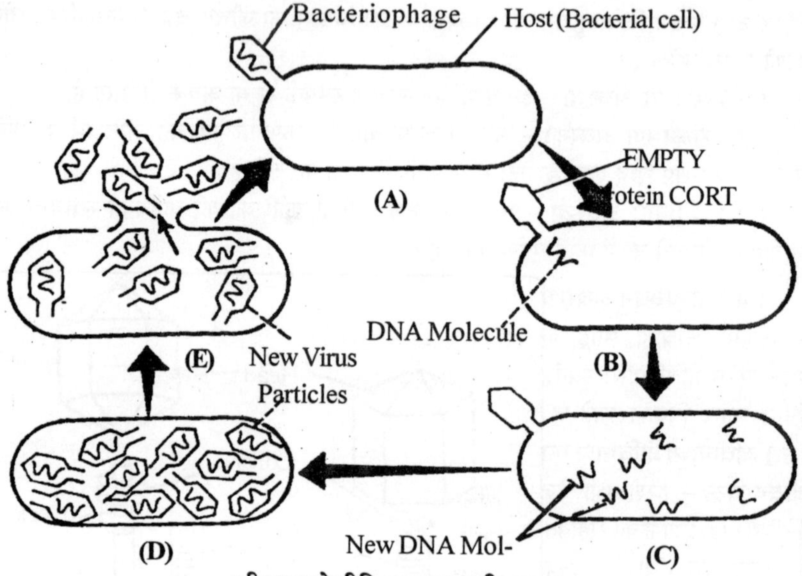

जीवाणुभोजीविषाणु का जीवन चक्र

कोशिका के बाहर ही रह जाता है अपवाद – तन्तुमयभोजी में सम्पूर्ण विरियॉन परपोषी कोशिका में प्रवेश करता है।

(2) गुप्त अवस्था – संक्रमण अवस्था तथा नये भोजी कणों के मुक्त होने के मध्य की अवस्था को गुप्त अवस्था कहते हैं जो कि निम्न दो चरणों में पूर्ण होती हैं–

(क) ग्रहण काल– वह काल जिसमें कि परापोषी कोशिका में भोजी कणों की उपस्थिति का पता नहीं लगता उसे ग्रहण काल कहते हैं जिसमें कि–

(1) भोजी का डीएनए परपोषी कोशिका तथा परपोषी डीएनए पर नियन्त्रण स्थापित करके दीर्घ अणुओं का निर्माण करता है।

(2)इन दीर्घअणुओं के अन्तर्गत प्रारम्भिक प्रोटीन्स तथा पश्च प्रोटीन्स का निर्माण होता है।

(3) प्रारम्भिक प्रोटीन्स विशिष्ट प्रकार के एन्जाइम्स के रूप में होती हैं जो भोजी के गुणन के डीएनए संश्लेषण से सम्बन्धित होते हैं।

(4) पश्च प्रोटीन्स संरचनात्मक प्रोटीन्स प्रोटीन्स होती हैं जो कि कैप्सिड, लाइसोजाइम या एण्डोलाइसिन का निर्माण करती हैं।

(5) इन दीर्घअणुओं के बनने के पश्चात भोजी डीएनए तथा परपोषी कोशिका का डीएनए अर्द्धसंरक्षण से नये डीएनए खण्डों का निर्माण करता है।

(ख) भोजी कणों का परिपक्वन – इसके अन्तर्गत संरचनात्मक प्रोटीन्स से शीर्ष तक पूंछ का निर्माण होने के पश्चात् न्यूक्लिक अम्लका संघनन हो जाता है और पुच्छ युक्त पूंछ तथा शीर्ष वाले भाग आपस में जुड़ जानते हैं जिसके फलस्वरूप नये भोजी कणों का निर्माण होता है।

(3) लयनकता या भोजी कणों का मुक्त होना – परपोषी का नष्ट होना लयनकता कहलाता है जो कि एण्डोलाइसिन एन्जाइम से होता हैं। इस एन्जाइम के कारण परपोषी कोशिका को भित्ति फट जाती हैं तथा लगभग 200 से 1000 विरियॉन्स स्वतंत्र हो जाते हैं। अपवाद – तन्तुमय भोजी के चक्र में परपोषी कोशिका की कोशिका भित्ति से बाह्यवलयन उत्पन्न होते हैं जिनसे विरियॉन्स स्वतंत्र हो जाते हैं।

(ख) संयत भोजी का जीवन चक्र – इस प्रकार का जीवन चक्र भोजी (लैम्डा भोजी) द्वारा दर्शाया जाता हैं जो कि एकान्तरित चक्र के रूप में होता है। यह भोजी कण या तो उग्र भोजी के समान जीवन चक्र पूर्ण करते हैं या फिर निम्नलिखित प्रकार का लयजनकता चक्र संयत भोजी के रूप में पूर्ण करते हैं। यह जीवन चक्र निम्नलिखित चार चरणों में पूर्ण होता है–

(1) भोजी डीएनए का परपोषी कोशिका में प्रवेश – भोजी का डीएनए परपोषी कोशिका में उग्र भोजी के समान ही प्रवेश करता हैं।

(2) प्रारम्भिक या दमनकारी प्रोटीन्स का संश्लेषण – भोजी का डीएनए एक दमनकारी प्रोटीन के संश्लेषण को प्रेरित करता हैं। जिसके कारण एम–आरएनए का निर्माण रूक जाता है। यह परपोषी कोशिका को विघटित होने से वचाव करती है।

(3) भोजी डीएनए का समाकलन– इस चरण में भोजी डीएनए परपोषी अर्थात् जीवाणु के डीएनए के साथ समाकलित हो जाता है तथा जीवाणु एवं यह परपोषी जीवाणु जो कि प्रोवाइनस को स्थानान्तरित करता हैं, लयजनक जीवाणु कहलाता है।

(4) लयजनकता प्राप्त करना– संक्रमित परपोषी कोशिका सामान्य रूप से बहुगुणित होकर सजीव रहती हैं। इस अवस्था में भोजी डीएनए जीवाणु कोशिकाओं का निर्माण नियमित रूप से होता रहता हैं जिसे कि लयजनकता प्राप्त करना कहते हैं। यह सम्पूर्ण चक्र लयजनकता चक्र कहलाता है। लयजनक भोजी के जीवन चक्र में यदि दमनकारी प्रोटीन क्रियाविहीन हो जाये तो पश्च प्रोटीन्स के निर्माण के पश्चात् परपोषी कोशिका नष्ट हो जाती है। प्रोफेज या प्रोबाइरस की खोज जिण्डर तथा लैडंरबर्ग ने की। भोजी को एन्द्रे लॉफ ने खोजा। पादप तथा जन्तुओं में संक्रमण विषाणु किसी भी अभिकर्मक या माध्यम द्वारा संचरित होता है तथा कैप्सिड सहित परपोषी में प्रवेश करता हैं जहां कि कैप्सिड कुछ समय पश्चात् विघटित हो जाता है।

विषाणुओं का नामकरण

होम्स ने विषाणुओं के नामकरण करने के लिए द्विनाम पद्धति का उपयोग किया। गिब्स तथा हैरीसन ने द्विनाम के स्थान पर बीजलेखयुक्त प्रणाली को किया जिनके अनुसार–

(1) प्रत्येक विषाणु के नाम के दो भाग होते हैं।
(2) प्रथम भाग में विषाणु का सामान्य प्रचलित नाम होता है।
(3) दूसरे भाग में विषाणु के लिए सांकेतिक सूचना होती हैं जिसे बीजलेख कहा जाता है।
(4) इन दोनों में से प्रचलित नाम अपरिवर्तनीय तथा बीजलेख परिवर्तनीय भाग होता हैं।
(5) बीलेख में सांकेतिक सूचनाओं के निम्नलिखित चार युग्म होते हैं–

$$\text{प्रथम युग्म} = \frac{\text{न्यूक्लिक अम्ल का प्रकार}}{\text{न्यूक्लिक अम्ल में रज्जुओं की संख्या}}$$

$$\text{द्वितीय युग्म} = \frac{\text{न्यूक्लिक अम्ल का अणुभार (दस लाख के गुणांक में)}}{\text{विषाणु में न्यूक्लिक अम्ल की प्रतिशत की मात्रा}}$$

$$\text{तृतीय युग्म} = \frac{\text{विषाणु का आकार}}{\text{न्यूक्लियोप्रोटीन का आकार}}$$

$$\text{चतृर्थ} = \frac{\text{परपाषी का प्रकार}}{\text{संरचना का प्रकार}}$$

(i) TMV का अभिलेख

$$\text{प्रथम युग्म} = \frac{\text{RNA}}{\text{एक रज्जु की}} = \frac{R}{1}$$

$$\text{द्वितीय युग्म} = \frac{\text{2 लाख}}{5\%} = \frac{2}{5}$$

$$\text{तृतीय युग्म} = \frac{\text{दीर्घित}}{\text{दीर्घित}} = \frac{E}{E}$$

$$\text{चतुर्थ युग्म} = \frac{\text{बीजधारी पादप}}{\text{अज्ञात}} = \frac{E}{*}$$

(ii) इन्फ्लूएन्जा का बीजलेख अभिलेख

$$\text{प्रथम युग्म} = \frac{\text{RNA}}{\text{SS}} = \frac{R}{1}$$

$$\text{द्वितीय युग्म} = \frac{\text{2–3 लाख}}{10\ \%} = \frac{2}{5}$$

$$\text{तृतीय युग्म} = \frac{\text{गोलाकार}}{\text{दीर्घित}} = \frac{E}{E}$$

$$\text{चतुर्थ युग्म} = \frac{\text{केशरुकी}}{\text{वायु}} = \frac{V}{A}$$

विषाणुओं का वर्गीकरण –

वॉन नेल ने विषाणुओं को एकेरियोटा समूह में रखा। विषाणुओं को वायरा में रखा गया हैं। होम्स ने संघ वायरा को वाइरेल्स गण में रखा तथा वाइरेल्स को निम्नलिखित तीन उप गणों में विभाजित किया–

वाइरेल्स

तीन उप गण

- फैगिना → जीवाणुभोजी विषाणु
- जूफैगिनी → जन्तु विषाणु तथा मानव विषाणु
- फाइटोफैगिनी → पादप विषाणु

लॉफ, हार्नी तथा टर्निअर ने न्यूक्लिक अम्ल सममित, आश्रण तथा कॅप्सोमीयर्स की संख्या के आधार पर विषाणुओं के वर्गीकरण कीसर्वाधिक मान्य नई पद्धति प्रस्तुत की। इस पद्धति को एलएचटी पद्धति कहते हैं। इस एलएचटी पद्धति को अन्तर्राष्ट्रीय अस्थायी विषाणु नामकरण की समिति ने मान्यता प्रदान की।

पौधों में विरियॉन्स का संचरण -

सम्पर्क से ⟶ TMV
लीफ हॉपर से ⟶ MSV
कवक से ⟶ TMV, TSV
मृदा से ⟶ PMV, OMV & Wheat Mosaic virus
कवक से ⟶ Potato x 'virus'
लीफ से ⟶ TMV
खरपतवार से ⟶ Bean Mosaic virus
एफिड से ⟶ PLRV
पराग से ⟶ BMV
लीफ हॉपर से ⟶ TMV
यांत्रिक विधि से ⟶ Tobacco V. & Tomato V.
बीजों से ⟶ Pea Mosaic V.

मानव में कुछ मुख्य वाइरस जनित रोग के लक्षण -

(1)चिकनपॉक्स

रोग कारक -हर्पिज जूस्टर वाइरस ।

वितरण - संक्रामक

परिपाक काल - 12-20 दिन ।

लक्षण- गहरे लाल रंग के चकते या दाने (चेचक) आशय में परिवर्तित व पपड़ी के रूप में गिर जाते हैं।

रोगहारी/सावधानियां - कोई टीका नहीं ।

उपचार - जूस्टर इम्यूनोग्लोब्यूलिन

(2) चेचक

रोग कारक – वरिओला वाइरस (डीएनए वाइरस)।

वितरण – संक्रामण व संक्रमण ।

परिपाक काल – 12 दिन

लक्षण– चकते की उपस्थिति जो फफोलों में परिवर्तित हो जाते है समाप्ति पर निशान रह जाते हैं।

रोगहारी/सावधानियां– (चेचक टीका)।

उपचार – 1978 के पश्चात कोई भी रोगी नहीं पाया गया।

(3) पोलियोमाइलिटीस –

रोग कारक – पोलियो वाइरस (आरएनए– वाइरस)

वितरण –प्रत्यक्ष और मुखीय

परिपककाल – चालक न्यूरॉन के क्षतिग्रस्त होने से गर्दन की ऐठन सामान्यतः टांग/पैर में लकवा टीका व पोलियो खुराक ।

(4) शीतला रोग –

रोग कारक – रूबेला वाइरस

वितरण – संक्रामण व संक्रमण

परिपाक काल – 10 दिन

लक्षण – रूगिओला (त्वचा ऊभार)खांसी, छींक रोगहारी

सावधानियां – एड्मोन्सटोन बी–टीका

उपचार– एण्डीबायोटिक व सल्फा औषधियाँ ।

(5)गलफेड़े

रोग कारक – Mumps-virus (RNA-virus)

वितरण– संक्रामक व Droplet संक्रमण

परिपाक काल – 12–26 दिन

लक्षण – पेरोटिड लार ग्रन्थि की दर्द युक्त वृद्धि

रोगहारी/सावधानियां– गलफडे टीका

उपचार– एण्टीबायोटिक

(6) रेबिज –

रोगकारक – रेबिज वाइरस (आरएनए – वाइरस)

वितरण – अप्रत्यक्ष व टीके द्वारा

परिपाक काल – 10 दिन से 3 महिने (वाहक विशेष रूप से कुत्ते)

लक्षण – गले व सीने की पेशियों में ऐठन, पानी से डरना, लकवा व मृत्यु

रोगहारी/सावधानियां – कुत्तों से छुटकारा

उपचार–पाश्चर उपचार

(7) एनफ्लुऐन्जा (फ्लू)

रोग कारक- मिक्सोवाइरस इनफ्लुएन्जी

वितरण - वातोड़ व विश्वव्यापी

परिपाक काल - 24-48 घण्टे व 4-5 दिन

लक्षण - खांसी, छीकना आदि

उपचार - एण्टीबॉयोटिक

(8)हिपेटाइटिस (व्यापक पाण्डुरोग)

रोग कारक- हिपेटाइटिस बी वाइरस

वितरण - प्रत्यक्ष व मुखीय (भोजन, पानी द्वारा)

परिपाक काल - 20-35 दिन

लक्षण - यकृत कोशिकाओं के क्षतिग्रस्त होने से बिलिरूबिन निकलता है जो पिलिया का कारक है।

रोगहारी/सावधानियां - स्वच्छता, भोजन, पानी व दूध को ढक्कर रखना, क्लोरोनिकृत या उबला हुआ पानी प्रयोग करना उपचार-हिपेटाइटिस बी टीका

रोचक विशिष्टतायें - विषाणुओं पर प्रतिजैविकों का कोई प्रभाव नहीं होता (उपापचयी क्रिया अनुपस्थित होने के कारण)। जब एक विषाणु दूसरे विषाणुओं के बहुगुणन को संदमित करते है तो इसे अन्त: क्षेपण कहते हैं। जब दो धीमी गति से संक्रमण करने वाले विषाणु साथ-साथ होकर तीव्र संक्रमण करते है तो इसे योगवाहिता कहते हैं। विषाणु के तरल तथा जल वह अनुपात जो कि विषाणु संक्रमण की क्षमता को नष्ट करता है उसे तनुता सीमा बिन्दु कहते हैं, जैसे टीएमवी के लिए यह बिन्दु 1:1000,000 होता है। वाइरस शब्द का शाब्दिक अर्थ अर्थात् जीव विष होता है। वाइरस शब्द लैटिन भाषा से लिया गया है जिसका अर्थ जहर या जहरीले कण होता है। चार्ल्स इक्लूज ने सर्वप्रथम विषाणुओं को देखा। जर्मनी के एडॉल्फ मेयर ने सर्वप्रथम तम्बाकू की पत्तियों पर होने वाले मोजेक रोग का पता लगाया तथा नाम दिया। रूसी वैज्ञानिक डी.जे. इवानेस्की ने तम्बाकू के मोजेक रोग के कारक का पता लगाया तम्बाकू मोजेक वाइरस नाम दिया। बेजेरनिक ने इवानोस्की के परिणामों को सत्यापित करते हुए विषाणुओं की तरल प्रकृति के बारे में बताया तथा विषाणु को संक्रामक जीवित रस या संक्रामक जीवित तरल नाम दिया। लाफ्लर तथा फ्रॉश ने चौपायों के पैर तथा मुख रोग के विषाणु को खोजा। डब्ल्यू. एम. स्टेनले ने क्रिस्टलीकरण करके उसकी प्रोटीनीय प्रकृति को सिद्ध किया। इसकेलिए स्टेनले को 1946 में नोबल पुरस्कार प्राप्त हुआ। बाउडन तथा पियरे ने टीएमवी की न्यूक्लियोप्राटीन प्रकृति को खोजा। हरशे तथा चेज ने जीवाणुभोजीविषाणु में डीएनए को खोजा। टैमिन तथा बाल्टीमोर ने आरएनए निर्भर डीएनए संश्लेषण को खोजा जिसके लिए उन्हें 1915 में नोबल पुरस्कार दिया गया। इनमें डीएनए या आरएनए पाया जाता है। इनको 90°C से अधिक तापक्रम पर निष्क्रिय कियाजा सकता है तथा इस ताप को TDP कहा जाता है।

अतिरिक्त लक्षण -

मेसर्ल्स विन्स यह विषाणु प्लॉट्ज (1938) ने खोजा। Polio virus, पॉपर (1908) ने खोजा। Adeno virus रॉउ (1953) ने खोजा। Vaccinia Virus— इस विषाणु का बहुगुणन

ने खोजा। जेनर ने प्रथम टीकाकरण तैयार किया। जीवाणु में लयन सर्वप्रथम टॉर्ट ने खोजा।

नीलहरित भोजी- आर.एस. सैफरमैन तथा एम.इ. मौरिस ने शैवालभोजी को खोज कर LPP-1नाम दिया। यह LPP-1 तीन नील हरित शैवलों लिंगबया प्लैक्टोनिमा तथा फोरमिडियम पर आक्रमण करता है। इस LPP-1 को लिंगबया से प्राप्त किया गया तथा नील हरित शैवाल पर संक्रमण करने के कारण इसे नील हरित शैवालभोजी कहा जाता है।

कवक भोजी– शिण्डन ने कवक पर संक्रमण करने वाले विषाणु को कवकभोजी नाम दिया। यह Agaricus biporus (Mushroom)पर रोग उत्पन्न करता है। इसकी आकृति बहुकोणीय या गोलाकार होती है जिसमें द्विरज्जुकी आरएनए पाया जाता है।

विरॉइड्स- सिको रेमर डाइनर ने खोजा एवं डाइनर ने सूक्ष्मतम रोगजनक कारक में रूप में Viroids नाम दिया। इनमें कैप्सिड अनुपस्थित होता है तथा एकलरज्जुकी आरएनए (SS RNA) का अणुभार अत्यधिक कम (75000-130,000 डॉल्टन) होता है। इनके द्वारा केवल उच्च पादपों में ही रोग होते हैं। जैसे–Poato spindle tuber, Citrus exortis, Hope stunt, Chrysanthemum stunt & Candang disease of Conconut इत्यादि। यह न्यूक्लिऐसेज के प्रति संवेदनशील तथा ताप के प्रति प्रतिरोधी होते हैं।

उपग्रह विषाणु - ऐसे विषाणु जिनको संक्रमण के लिए अन्य विषाणुओं की आवश्यकता होती है उनको उपग्रह कहते हैं जैसे- उपग्रही तम्बाकू का क्षय विषाणु ।

प्रियॉन्स- यह प्रोटीनयुक्त संक्रामक कण होते हैं जिनमें न्यूक्लिक अम्ल नहीं पाया जाता। इनकी खोज प्रूसनर ने की तथा इसकी रोगजनक क्षमता को डी.सी. गेजेडसेक ने प्रदर्शित किया। इसके द्वारा निम्नलिखित रोग उत्पन्न होते हैं–

(1) मनुष्यों में Creutzfeldt-Jacob रोग (मस्तिष्क का रोग)। (2) मनुष्यों में KURU रोग (Borneo & New Gunea के मनुष्यों में होने वाला मस्तिष्क रोग जिसे Laughing Death भी कहते हैं) (3) भेड़ में Scrapie रोग।

वाइरूसॉइडस - यह सत्य विषाणु के प्रोटीन आवरण के अन्दर पाये जाने वाले Viroids के समान आरएनए युक्त कण होते हैं। इनमें आरएनए वलयकार या रेखीय होता है।

द्वैत विषाणु– LPP-1 को द्वैत विषाणु कहते हैं क्योंकि यह दो प्रकार की सममित दर्शातें हैं जिसमें कि शीर्ष T-भोजी कणों के समान तथा कुण्डलित पूँछ पायी जाती है।

वीआईपी विषाणु - पोक्स विषाणु को वीआईपी विषाणु कहा जाता है। प्रतिविषाणु अभिकर्मक वह पदार्थ जो कि विषाणुओं को निष्क्रिय करता है प्रतिविषाणु अभिकर्मक कहलाता है। इण्टरफेरॉन इसकी खोज इशोकॉज तथा लेन्डमैन (1975) ने एन्फ्लूएन्जा विषाणु से की। वह पदार्थ जो कि अन्य दूसरी कोशिकाओं को विषाणु प्रतिरोधी बनाता है उसे इन्टरफेरॉन कहते (व्यापारिक नाम इण्टरॉन) है। यह कम अणुभार वाली जाति विशिष्ट प्रतिविषाणु प्रोटीन्स होती है जो कि विषाणु के न्यूक्लिक अम्ल के संश्लेषण को रोकने का कार्य करती है।

KFD विषाणु -इसकी खोज Trapido तथा उनके सहयोगियों ने बन्दरों में की। इस विषाणु का संक्रमण बन्दर से मनुष्यों में Hacine physalis ticks द्वारा होता है। इस विषाणु का संचरण आर्थेपोड्स द्वारा होताहै इसलिए इसे ARBOR विषाणु भी कहते है जिसमें कि एकलरज्जुकी

आरएनए (SS RNA) पाया जाता है। इनके द्वारा उत्पन्न रोग को कॉयसनूर (शिमोमा – मैसूर) के जंगलों के बन्दरों में खोजा गया इसलिए इनके द्वारा उत्पन्न रोग KFD (Kyasnur forest disease) कहलाता है। विषाणुओं में एन्जाइम ने सर्वप्रथम न्यूरोमिनिडेज एन्जाइम को Influenza Virus तथा Paramyxo Virus में खोजा। Temin & Baltimore ने Reserve Transcriptase enzyme को Retro Viruses में खोजा। Pox तथा Vaccinia Virus में DNA & DNA polymerase पाया जाता है। जीवाणुभोजी विषाणु में Lysozome पाया जाता है। विषाणुओं का विकास तथा उत्पत्ति एन्द्रे लॉफ के अनुसार परजीवियों का विकास तथा उत्पत्ति जीवाणु के समान अन्तः परजीवियोंसे उपापचयी तन्त्रों के नष्ट होने से हुई है, इसलिए विषाणुओं को Supper-parasites कहते हैं। यह सिद्धान्त Retrogressive कहलाता है।

माइकोप्लाजमा

इतिहास

लुईस पाश्चर ने सुर्वप्रथम जीवों को देख। फ्रांस के दो वैज्ञानिकों इ.नोकॉर्ड तथा इ.रॉक्स ने बोवाइन प्लूरोन्यूमोनिया से पीड़ित पशुओं के फुफ्फसावरण द्रव से इन सूक्ष्म जीवों को खोजा। नोवक ने माइकोप्लाजमा नाम दिया। बोरेल तथा उनके सहयोगियों ने माइकोप्लाज्मा को एस्टीरोकॉकस माइकॉइडीस नाम दिया। नोकार्ड तथा रॉक्स ने इस संक्रामक रोग का कारक माइकोप्लाज्मा माइकॉइडीस बताया पीपीएलओ अर्थात् प्लूरोन्यूमोनिया लाइक आर्गेनिज्म नाम दिया। जे.एल्फोर्ड ने इन जीवों को विशेष स्पन्दन द्वारा पृथक् किया क्योंकि यह जीवाणु स्पन्दन से भी पृथक् नही होते है। एच. मोरोविट्ज एवं एम टॉर्टटेलोट ने मुर्गियों में होने वाले श्वसन रोग का कारक माइकोप्लाजमा बताया। जापानी वैज्ञानिक डोई तथा उनके सहयोगियों ने पादपों में होने वाला Aster yellow रोग माइकोप्लाजमा जनित बताया। डोई ने पादपों के लिए इन जीवों को नाम दिया। डोई के अनुसार इस रोग मे फ्लोएम ऊतकों पर सर्वाधिक प्रभाव होता है। आधुनिक सूक्ष्मजीव वैज्ञानिकों के अनुसार माइकोप्लाज्मा के समान सभी जीवों को एमएलओ अर्थात मॉलीक्यूट्स लाइक आर्गेनिज्म कहा जाता है।

मुख्य लक्षण

यह सूक्ष्मतम, एक कोशिकीय, अचल तथा प्रोकैरियोटिक जीव है। यह स्वतन्त्र रूप से प्रजनन तथा वृद्धि करने में सक्षम होते है। इनका परिमाप 0.1μ से 0.3μ (100 एनएम से 300 एनएम) के बीच होता है। यह मृतोपजीवी एवं परजीवी प्रकार के होते है। इसकी लगभग 16 जातियां पाई जाती है जिनमें से प्रमुख निम्नलिखित है।

1. माइकोप्लाज्मा लेडलेवी यह मृतोपजीवी होता है। अतः मलयुक्त स्थानों पर पाया जाता है।
2. मा० गैलीसेप्टीकम

इसकी आकृति कोशिका भित्ति की अनुपस्थिति के कारण अनिश्चित होती है अतः बहुरूपता दर्शाते है, इसलिए इनको पादप जगत के जोकर कहा जाता है। यह समूह में गोलाकार या अण्डाकार संरचना दर्शाते है इनकी निवह तले हुए अण्डे के समान दिखायी देती है। इनकी आकृति प्रायः संवर्द्धन माध्यम की गति पर निर्भर होती है। इनकी वृद्धि के लिए स्ट्रेरोल्स की

आवश्यकता होती है। इनकी कोशिका रहित संवर्द्धन माध्यम पर संवर्द्धन किया जा सकता है। यह पादप, जन्तुओं तथा मनुष्यों में रोग उत्पन्न करते है। इसमें डीएनए तथा आर एन ए पाया जाता है। इन जीवों पर कोशिका भित्ति पर क्रिया करने वाले प्रतिजैविकों जैसे Penicillin, Cephaloridine, Vencompcin इत्यादि का कोई प्रभाव नहीं होता है। इन जीवों पर उपापचयी क्रियाओं को प्रभावित करने वाले प्रतिजैविकों जैसे Tetracycline तथा Chloremphenicol इत्यादी का प्रभाव होता है।

संरचना

इनमें कोशिका भित्ति का अभाव होने के कारण ये विभिन्न आकृतियां दर्शाते है किन्तु प्राय: गोलाकार होते है। माइकोप्लाज्मा गैलीसैप्टीकम की आकृति कोका कोला बोतल के समान होती है। जिसके शीर्ष भाग की ओर टोपी नुमा ध्रुवीय संरचनाये होती है। जिनको ग्लेब कहते है। इसकी बाह्य पर्त त्रिस्तरीय लाइपोप्रोटीन इकाई झिल्ली होती है जिसे प्लाज्मा झिल्ली कहते है। यह झिल्ली लगभग 75 से 100 Å मोटी एवं चयनात्मक पारगम्य होती है। इस झिल्ली के अन्दर की ओर कोशिका द्रव्य पाया जाता है जिसमें कोशिका झिल्लीयुक्त कोशिकांग अनुपस्थित होते है। राइबोसोम कणिकीय रूप में तथा 70 S प्रकार के होते है। लिपिड प्राय: कोलेस्टीरोल के रूप में होते है। कोशिका के मध्य भाग में प्रारम्भिक केन्द्रक पाया जाता है। इस प्रकार के केन्द्रक में केन्द्रक झिल्ली एवं केन्द्रिका अनुपस्थित होते है।

रोचक विशेषतायें - माइकोप्लाज्मा में त्रिस्तरीय झिल्ली का पाया जाना सम्पूर्ण सजीव जगत का विशिष्ट उदाहरण है। माइकोप्लाज्मा, जन्तुओं में एपीथीलियम तथा पादपों में फ्लोएम, परागकण तथा हरितलवक में पाये जाते है। इन जीवों में रिक्तिकायें उपस्थित होती है।

रसायनिक संगठन

इन जीवों के शुष्क भार के अनुसार यह निम्न पदार्थो के बने होते है–

Protein – 50 % से 80 % ; Lipid – से 40%

RNA – 8 % से 15% ; DNA – 4% से 6%

डीएनए में साइटोसीन तथा ग्वानीन क्षार उपस्थित होते है।

जनन

इन जीवों में अलैंगिक तथा लैंगिक जनन अनुपस्थित होता है। इनमें जनन द्विखण्डन, मुकुलन एवं प्राथमिक संरचनाओं द्वारा होता है। मोराविट्ज तथा टॉर्टटेलोट के अनुसार जीवद्रव्य में जनन से सम्बन्धित प्राथमिक संरचनायें पायी जाती है। इन संरचनाओं का व्यास लगभग 0.1μ एवं यह गोलाकार होती है। माइकोप्लाज्मा कोशिका में सर्वप्रथम उत्पन्न छोटी, गोलाकार संरचनाओं को प्राथमिक संरचना कहते है। इन प्राथमिक संरचनाओं के अत्यधिक वृद्धि होने के कारण इनको क्रमश: द्वितीयक एवं तृतीयक संरचनायें कहते है। जब यह संरचना परिपक्व होने के बाद कोशिका से पृथक हो जाती है तो उनको चतुर्थ संरचना कहा जाता है।

वर्गीकरण

सर्वप्रथम नोवक ने इन सूक्ष्म जीवों का वर्गीकरण जीवाणुओं के वर्ग Schizomycetes में किया था। सन 1966 में International Committee of Bacterial Nomenclature & Taxonomy ने इनको मॉलीक्यूट (Mollis =लचीला, cuits = रंजक या त्वचा) – वर्ग में वर्गीकृत किया । सन 1970 में एडवर्ड एवं फ्रेन्ड्ट ने इनको निम्न प्रकार से वर्गीकृत किया- Class - Mollicutes, Order- Mycoplasmatales, Family-तीन कुल –

माइकोप्लाज्मीय रोग

(1) पादपों में रोग

1. कपास हरीतिमागम 2. नींबू का हरित रोग 3. तिनपतिया हरीतिमागम
4. चन्दन का स्पाइक रोग 5. लेग्यूम का कूर्चीसम 6. आलू का कूर्चीसम
7. तिल पर्णाभता 8. एस्टर का पीत 9. बैंगन का लघुपर्ण
10. गन्ने का धारी रोग 11. तम्बाकू का पीत वामन 12. मक्का का बौना रोग
13. पपीते का गुच्छित चूड़ 14. टमाटर का वृहत् कलिक

पौधों में संचरण

(अ) सामान्य विधि - पौधों में माइकोप्लाज्मा का संचरण Grafting, द्वारा Leaf hopper द्वारा तथा Cuscuta द्वारा होता है।

(ब) विशेष विधि - यह कीटों द्वारा होता है जैसे-

(a) Acerythosiphon pisum द्वारा मटर में, (b) Aphilid द्वारा सीसम में, (c) Daubulus maidis द्वारा मक्का में, (d) Jassus inidicus द्वारा चन्दन में,

पौधों में रोग लक्षण

पत्तियाँ पीली व छोटी हो जाती है। सतम्भ पतला व चपटा तथा बौना हो जाता है क्योंकि चालनी नलिकाओं में भोजन का विघटन हो जाता है। पुष्प के बाह्यदल का रंग समाप्त हो जाता है। समस्त कक्षस्थ कलिकाओं के वृद्धि करने से गुच्छा बनने के फलस्वरूप पादप झाड़ू के समान हो जाता है। बाह्यदल तथा दल पर्व के समान हो जाते है। फलों में बीच अनुपस्थित होते है अथवा अंकुरणरहित होते है। पादपों के वायवीय भागों में क्लोरोफिल का विघटन हो जाता है।

(2) मनुष्यों में रोग –

1. **जननांग शोथ - कारक** : माइकोप्लाज्मा होमिनिस
2. **बंध्यता - कारक :** माइकोप्लाज्मा फर्मेन्टेंस टी माइकोप्लाजमा
3. **श्वसन नाल संक्रमण-कारक :** माइकोप्लाज्मा सेलाइवेरियम, माइकोप्लाज्मा ओरेल
4. **अप्रारूपिक निमोनिया - कारक :** माइकोप्लाज्मा न्यूमोनी

(3) जन्तुओं में रोग –

1. **शिरानालशोथ कुक्कुटो में - कारक :** माइकोप्लाज्मा मेलीग्रिडिस
2. **गो-फ्लूरोन्यूमोनिया पशुओं में- कारक :** माइकोप्लाज्मा माइकॉइडिस
3. **संक्रामक अस्तन्यता भेड़ बकरी में - कारक :** माइकोप्लाज्मा ऐगेलैक्टी
4. **जननांग शोथ पशुओं में - कारक :** माइकोप्लाज्मा बोवीजेनीटेलियम

अभ्यास प्रश्न

बहुचयनात्मक प्रश्नोत्तर

1. **क्लोम छिद्रो के बाहर गिल आच्छद उपस्थित नहीं होता है?**
   (अ) डिप्नोई (ब) कोण्ड्रिक्थीन्स
   (स) आस्टीक्थीज (द) होलोसिफेलाई
2. **शिशुधानी कौनसे वर्ग के प्राणियों मे होती है?**
   (अ) मैटाथीरिया (ब) यूथीरिया
   (स) प्रोटोथोरिया (द) ऐवीज
3. **थैले के समान आकृति वाले प्राणी किस उपसंघ के होते हैं?**
   (अ) सिफेलोकोर्डेटा (ब) यूँरोकोर्डेटा
   (स) वर्ट्रिब्रैटा (द) हैमीकार्डेटा
4. **समुद्री घोड़ा किस वर्ग का प्राणी है?**
   (अ) स्तनी वर्ग (ब) मत्स्य वर्ग
   (स) पक्षी वर्ग (द) सरीसृप वर्ग
5. **शल्क उपस्थित होते है?**
   (अ) पिसीज (ब) रेप्टाइल्स
   (स) एवीज (द) उपरोक्त सभी
6. **राजस्थान का पक्षी है?**
   (अ) गजेला-गजेला (ब) गोडावन
   (स) मोर (द) उपरोक्त सभी
7. **किस समूह के सभी प्राणी लवणीय जल में पाये जाते हैं-**
   (अ) प्रोटोकॉर्डेटा (ब) पिसीज
   (स) एम्फिबिया (द) सरीसृप
8. **किस समूह के सभी प्राणी जलीय में पाये जाते हैं-**
   (अ) मेमेलिया (ब) सरीसृप
   (स) एम्फिबिया (द) पिसीज
9. **सबसे पुरानी जीवित मीन है-**
   (अ) सीलोकेन्थस (ब) टेट्राडोन
   (स) पोलिप्टेरस (द) नियोसेरेटोडस
10. **मछलियां होती हैं-**
    (अ) अनियततापी (ब) समतापी
    (स) स्वच्छ जलीय (द) उपरोक्त (अ) व (स)
11. **पादरहित एम्फबियन जन्तु है-**
    (अ) हायला (ब) एम्फीयुमा

(स) नेक्ट्यूरस (द) यूरियोटिफलस

12. कौन से स्तनी में कोरपस केलोसम का अभाव होता है-

(अ) ऑर्निथोरिन्कस (ब) बेलेनोप्टेरा

(स) मेक्रोपस (द) मकाका

13. अण्डे देने वाले स्तनी उपवर्ग प्रोटोथीरिया से सम्बंधित होते हैं जैसे-

(अ) एकिडना (ब) ऑर्निथोरिकन्स

(स) कंगारु (द) उपरोक्त (अ) व (ब)

14. बाह्य कर्ण का पाया जाना निम्न का लक्षण है-

(अ) पक्षी वर्ग का (ब) स्तनी वर्ग का

(स) पक्षी एवं स्तनी का (द) स्तनी एवं सरीसृप का

15. कशेरुकी प्राणियों के भ्रूण में पायी जाने वाली नोटोकॉर्ड एक अक्षीय अन्तः कंकाल द्वारा प्रतिस्थापित हो जाती है इस अन्तः कंकाल को कहते हैं-

(अ) नोटोकॉर्ड (ब) कशेरुक दण्ड

(स) नर्वकॉर्ड (द) क्रेनियम

16. पक्षियों में कौन सा ध्वनि उत्पादक यन्त्र पाया जाता है-

(अ) लेरिंक्स (ब) सिरिंक्स

(स) फेरिंक्स (द) वोकल कॉर्ड्स

17. ऑर्निथोरिंक्स प्राणी किससे सम्बंधित है-

(अ) मेटाथीरीया (ब) यूथीरीया

(स) प्रोटोथीरीया (द) उपरोक्त में से कोई नहीं

18. मानव का वैज्ञानिक नाम है-

(अ) होमो इरेक्टस (ब) होमो हेबिलस

(स) होमो ल्यूसिफन (द) होमो सेपियन्स

19. समुद्री घोड़ा किसका उदाहरण है-

(अ) स्तनी वर्ग (ब) मत्स्य वर्ग

(स) पक्षी वर्ग (द) सरीसृप वर्ग

20. ग्नैथोस्टोमेटा प्राणी होते हैं-

(अ) जबड़े रहित (ब) नोटोकॉर्ड युक्त

(स) जबड़े युक्त (द) कशेरुक दण्ड वाले

उत्तरमाला

1. (ब)	2. (अ)	3. (ब)	4. (ब)	5. (द)
6. (ब)	7. (अ)	8. (द)	9. (अ)	10. (द)
11. (ब)	12. (अ)	13. (द)	14. (ब)	15. (ब)
16. (ब)	17. (स)	18. (द)	19. (ब)	20. (स)

अतिलघूत्तरात्मक प्रश्न

प्रश्न 1. ''कार्पस केलोसम'' कौनसे स्तनिया में पाया जाता है?

प्रश्न 2. पिसीज वर्ग में कपाालीय तंत्रिकाएँ कितनी होती है?

प्रश्न 3. जन्तुओं में स्पष्ट सिर एवं कपाल की उपस्थिति वाले समूह को क्या कहते हैं?

प्रश्न 4. यूरोकार्डेटा संघ के जन्तुओं में शरीर के चारों ओर आवरण किसका बना होता है?

प्रश्न 5. जैव प्रदिदीप्त जन्तु का नाम बताइये?

प्रश्न 6. एग्नैथा वर्ग के किसी एक विलुप्त प्राणी का नाम बताइये?

प्रश्न 7. सबसे बड़ा स्थलीय स्तनी कौनसा है?

प्रश्न 8. किस गर्व की मछलियों में गिल आच्छद नहीं पाया जाता है?

प्रश्न 9. टेडपोल लार्वा अवस्था कौनसे वर्ग के जन्तुओं में पायी जाती है?

प्रश्न 10. तीन वेश्मी हृदय किस वर्ग के जन्तुओं में पाया जाता है?

प्रश्न 11. देहगुहा में पेशीय तन्तु पट्ट की उपस्थिति कौनसे वर्ग का लक्षण है?

प्रश्न 12. किस वर्ग के जन्तुओं की गर्दन में सात ग्रीवा कशेरुकायें पायी जाती हैं?

प्रश्न 13. रेप्टाइन के समान अण्डे देने वाले स्तनधारी का कौनसा वर्ग है?

प्रश्न 14. भारत के राष्ट्रीय जन्तु का नाम बताइये?

प्रश्न 15. शेर का वैज्ञानिक नाम लिखिये।

प्रश्न 16. किसी एक जीवित जीवाश्म प्राणी का नाम बताइये।

प्रश्न 17. केन्द्रकविहीन लाल रुधिर कणिकाएँ किसका लक्षण है ?

प्रश्न 18. सबसे पहले कार्डेटा शब्द का प्रयोग करने वाले वैज्ञानिक कौन थे?

प्रश्न 19. उस समूह का नाम लिखिये जिसके सदस्यामें सिर करोटि उपस्थित होता है?

प्रश्न 20. ऑफिडिया गण के दो उदाहरण लिखें।

प्रश्न 21. सरीसृप एवं पक्षी वर्ग के बीच की संयोजक कड़ी बताइये।

लघूत्तरात्मक प्रश्न

प्रश्न 1. मैमेलिया वर्ग के चार प्रमुख लक्षण बताइये?

प्रश्न 2. पृष्ठवंशियों के संघ का वर्गीकरण का क्या आधार है?

प्रश्न 3. पृष्ठवंशी एवं अपृष्ठवंशी में पाँच अन्तर लिखिये।

प्रश्न 4. उड़ने वाले प्राणियों के चार विशेष लक्षण लिखिये?

प्रश्न 5. एम्नियोट्स से क्या तात्पर्य है? इस समूह में आने वाले वर्गों के नाम लिखिये।

प्रश्न 6. क्रेनियेटा एवं एक्रेनिया समूह को परिभाषित करते हुए दो-दो उदाहरण दीजिये?

प्रश्न 7. द्विबारदन्ती से क्या तात्पर्य है? कौनसे वर्ग के जन्तुओं में यह गुण पाया जाता है?

प्रश्न 8. काण्ड्रिक्थीज मछलियों के लक्षण लिखो?

प्रश्न 9. स्तनियों के कौनसे वर्ग में शिशुधानी पायी जाती है? इसका क्या महत्त्व है?

प्रश्न 10. मछलियों में मौसम के अनुसार स्थानान्तरण को उदाहरण सहित समझाइये?

प्रश्न 11. द्विकन्दीय कपाल कौन-कौनसे वर्गों का लक्षण है? नाम बताइये।

प्रश्न 12. यूथिरिया वर्ग के चार लक्षण लिखिये?

प्रश्न 13. कॉर्डेटा संघ के तीन प्रमुख लक्षण लिखिये।

प्रश्न 14. एम्फीबिया वर्ग के वर्गों का नाम लिखिये।

निबन्धात्मक प्रश्न

प्रश्न 1. एवीज वर्ग के लक्षणों को समझाइये।

प्रश्न 2. स्तनधारी वर्ग के लक्षणों को बताइये।

प्रश्न 3. यूरोकॉर्डेटा के प्रमुख लक्षणों का वर्णन कीजिये।

प्रश्न 4. पिसीज महावर्ग के प्रमुख लक्षणें का वर्णन कीजिये।

□□□

इकाई 3 जीवन की उत्पत्ति एवं विकास

पृथ्वी पर जीवन **कब, कैसे व कहाँ से आया** ? यह प्रश्न हमेशा से जटिल पहेली बना रहा है तथा वैज्ञानिक इस गुत्थी को सुलझाने का निरन्तर प्रयास करते रहे हैं। जीवन वास्तव में संगठित पदार्थ की वह अवस्था है जो सदैव सक्रिय रहती है तथा परिवर्तनशील होती है (Life is the state of organized matter which always remains active and is changeable)। यह सक्रियता तथा परिवर्तनशील जैविक क्रियाओं के रूप में होती रहती है। जीवन की उत्पत्ति तथा जीव जन्तुओं का जातियों के विकास के अध्ययन को मेयर (1970) ने **जैव-विकासीय विज्ञान** कहा है। पृथ्वी पर जीवन की उत्पत्ति हुई तथा पृथ्वी का जन्म अन्तरिक्षी उद्विकास के अन्तर्गत अध्ययन किया जाता है जिसकी आयु 5 से 7 अरब वर्ष आंकी गयी हैं। बिंग-बैंग परिकल्पना के अनुसार ब्रह्माण्ड की उत्पत्ति वाइलेम नाम के आदि पदार्थ के बने सघन गैसीय पिण्ड के भयंकर विस्फोट से हुई है। जीवन की उत्पत्ति के सम्बन्ध में अलग-अलग परिकल्पनाएँ प्रस्तुत की गयी है। इनमें प्रमुख परिकल्पनाएँ निम्नलिखित हैं-

जीवन की उत्पत्ति की प्राचीन परिकल्पनाएँ

(1) स्वतः उत्पादन या अजीवात् जीवोत्पत्ति मत (Theory of Spontaneous Generation or Abiogenesis of Autogenesis):- यह जीवन की उत्पत्ति के बारे में सबसे पुराना मत है। 624 वर्ष ईसापूर्व से लेकर आज से लगभग 300 साल पहले तक, इस मत के अनुसार, वैज्ञानिकों की आम धारणा रही कि, उपयुक्त वातावरणीय दशाओं में, भिन्न-भिन्न प्रकार के जीव, निर्जीव पदार्थों से अपने-आप समय-समय पर बनते रहे हैं। ईसापूर्व के प्राचीन ग्रीक दार्शनिक- **थेल्स, ऐनैक्सीमैन्डर, क्जीनोफेनीस, ऐम्पीडोक्लीज प्लैटो, अरस्तू** आदि यही समझते थे कि तालाबों मे कीचड़ से मछलियों, मेंढ़कों, सांपों, कछुओं आदि की; खाद, मांस, कूड़े-करकट, बालों की गन्दगी, विष्ठा, गोबर तथा ओस की बूँदों से कीड़े-मकौड़ों की, और पसीने से चीलरों की स्वतः उत्पत्ति हो जाती है। **वान हेल्मोन्ट** ने तो किसी अन्धेरे स्थान पर गेहूँ में पसीने से भीगी गन्दी कमीज दबा देने से 21 दिन में चूहों की उत्पत्ति का दावा तक किया था। अब भी हमारे देश में बहुत से लोग विश्वास करते हैं कि पसीने से चीलर, बालों की गन्दगी से जूएँ, गोबर तथा विष्ठा से मक्खियाँ तथा गधे के मूत्र से बिच्छू बन जाते हैं।

जब बड़े जन्तुओं को जनन करते देखा गया तो ग्रीक दार्शनिक **अरस्तू** (Aristotle) ने थोड़ा-सा विभिन्न मत यह रखा कि, **"एक बार स्वतः उत्पादन से बने जाने के बाद जीव स्वयं जनन द्वारा अपने ही जैसे जीवों की उत्पत्ति कर लेते हैं, लेकिन जीवों की नई किस्में निर्जीव**

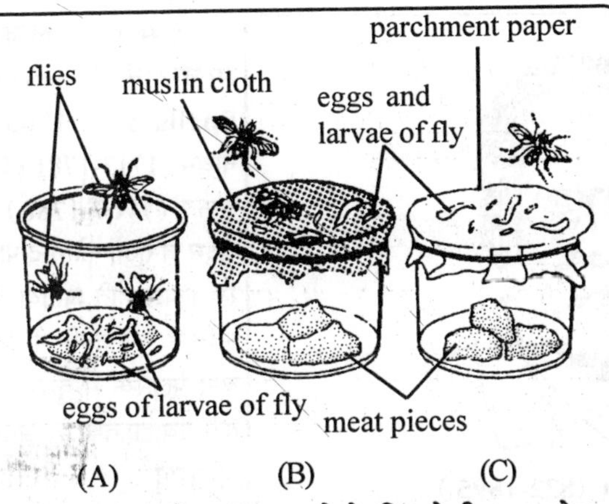

स्वतः जनन को गलत ठहराने के लिए रेडी का प्रयोग

पदार्थ से ही स्वतः उत्पादन द्वारा बनती हैं''। सत्रहवीं सदी के मध्य तक अधिकांश वैज्ञानिक इसी मत को मानते रहे। **अजीवात् एवं जीवात् जीवोत्पत्ति का विवादः-** 17वीं, 18वीं और 19वीं सदियों के अनेक वैज्ञानिकों ने स्वतः उत्पादन की प्रयोगात्मक जाँच करके पता लगाया कि पृथ्वी पर उपस्थित वर्तमान दशाओं में, निर्जीव पदार्थ से जीवों की उत्पत्ति असम्भव है। नये जीव अब केवल पहले से विद्यमान जीवों के अण्डों, बीजों, बीजाणुओं आदि से ही बन सकते हैं। यही **हार्वे** (1651) और **हक्सले** (1870) का जीवात् जीवोत्पत्ति का सिद्धान्त है। अजीवात् जीवोत्पत्ति मत को गलत सिद्ध करने के लिए निम्नलिखित प्रयोग किये गए-

(अ) फ्रॉसिस्को रेडी (Francesco Redi, 1626-1627): रेडी ने जीवन की उत्पत्ति के विषय में अंधविश्वास को तोड़ने के लिए मरे हुए चूहों, मछलियों तथा साँपों को कई जारों में रखा। कुछ जार उन्होंने बन्द दिये तथा कुछ जार खुले छोड़ दिए। खुले जारों में क्योंकि मरे हुए चूहों, मछलियों आदि पर मक्खियाँ पहुँचती रही अतः कुछ दिनों पश्चात् इन जारों में मक्खी के डिम्भक (larve) जन्म लेकर चलते फिरते दिखाई दिये तथा कुछ समय बाद नई मक्खियाँ नहीं पहुँच पायी थीं अतः इनमें डिम्भक दिखाई नहीं दिये और न ही नयी मक्खियाँ इनमें बनीं। अतः सिद्ध हुआ कि जीव का जन्म पहले से उपस्थित जीव से ही सम्भव है, निर्जीव पदार्थ से नहीं।

(ब) लुई पाश्चर (Louis Pasteur, 1862): पाश्चर ने शक्कर और ईस्ट को घोल जार में उबाला जिससे इसमें उपस्थित जीवाणु नष्ट हो जाएँ। फिर इस घोल को दो प्रकार के जारों में रखा। कुछ जारों की गर्दन को गर्म करके खींच कर S के आकार का बना दिया तथा कुछ की गर्दन तोड़ दी। जिन जारों की गर्दन S या हंस की गर्दन के आकार की थी उनमें जीवाणु नहीं दिखाई दिये क्यों मुड़ी हुई गर्दन पर धूल के कण और सूक्ष्मजीव चिपक गए थे और अशुद्धी अन्दर नहीं पहुँच पायी। जबकि गर्दन टूटे फ्लास्कों में अशुद्ध हवा पहुँच जाती है जिससे इनके घोल के जीवाणु बढ़ जाते हैं और दिखाई देने लगते हैं। पाश्चर के प्रयोग से अजीवात् उत्पत्ति नियम लगभग अस्वीकार कर दिया गया। जीव की उत्पत्ति जीव से मानी जानी लगी जिसे **जीवात् जनन** कहते हैं। मैल्पीगी (1628-1694) ने भी स्वतः जननवाद को गलत सिद्ध तथा जीवात् जनन की पुष्टि की।

लुई पाश्चर (1822-1895)

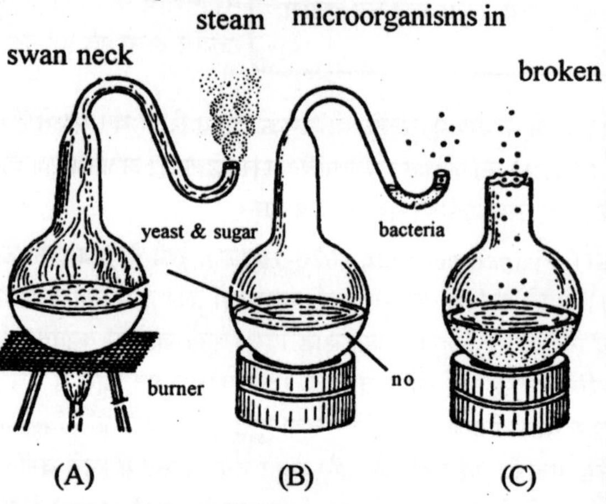

लुई पाश्चर का प्रयोग

(स) लेजरो स्पेलेन्जानी (Lazzaro Spallanzani 1765): नीधम (1713-1781) और बफन (1707-1788) ने सूक्ष्म जन्तुओं को गन्दे पानी से उत्पन्न होते बताया है। लेकिन स्पेन्जानी ने एक बन्द फ्लास्क में कुछ मांस को उबाला तथा इस प्रकार जीवाणु रहित (sterilised) मांस को कुछ सील बन्द जारों मे रखा तथा कुछ मांस को कार्क से बन्द जारों में। कार्क में बन्द किये जारों में रखे मांस में जीवाणु दिखाई देने लगे। इससे स्पष्ट हुआ कि कार्क के छिद्रों से होकर हवा जारों में गई जिससे जीवाणु अन्दर पहुँच गए और वृद्धि करने लगे। सील बन्द जारों में हवा न पहुँच पाने के कारण जीवाणु भी नहीं दिखाई दिये।

(2) विशिष्ट सृष्टिवाद (Theory of Special Creation) :- ईसा के बाद समाज में धर्म का तीव्र प्रचार हुआ। **"ईश्वर"** जैसी **"अलौकिक शक्ति"** में लोगों की आस्था बढ़ी। वैज्ञानिक विचारधाराओं को ठेस पहुँची। धर्म-प्रचारकों ने दावा कि**"ईश्वर"** ने सभी विभिन्न जीव-जातियों की पृथक् सृष्टि की है। अत: जितनी जीव-जातियाँ आज हैं वे सब प्रारम्भ में भी थीं। अंग्रेजों के धर्मग्रन्थ **बाइबल** के सोलहवीं सदी के एक संस्करण में **ईश्वर** द्वारा **छ: प्राकृतिक दिनों** में पूरी सृष्टि के निर्माण का वर्णन है- पहले दिन पृथ्वी और स्वर्ग की, दूसरे दिन आकाश एवं जल की, तीसरे दिन सूखी धरती एवं वनस्पतियों की, चौथे दिन सूर्य, चन्द्रमा एवं तारों की, पांचवें दिन मछलियों एवं पक्षियों की तथा छठे दिन मनुष्य एवं अन्य स्थलीय जन्तुओं की। प्रारम्भ में केवल प्रथम पुरुष (Adam) की सृष्टि की गयी और फिर, इसकी बारहवीं पसली से **प्रथम नारी** (Eve) की। सत्रहवीं सदी के अनेक विख्यात पादरियों ने इस अन्धविश्वास को

बढ़ावा दिया। इसके सबसे बड़े समर्थक स्पेन के पादरी–**फादर स्योरेज** थे। पौराणिक **हिन्दू धर्मग्रन्थों** के अनुसार, सृष्टि **ब्रह्मा** ने, अपने ही शरीर के विभिन्न भागों से की। देवता, राक्षस एवं मनुष्य ब्रह्मा के सिर से, पक्षी छाती से, बकरियाँ मुख से, तथा अन्य जन्तु एवं वनस्पतियाँ बालों से बनी। 19वीं सदी में विज्ञान की तीव्र प्रगति के साथ–साथ **विशिष्ट सृष्टिवाद** मत का समर्थन भी समाप्त हो गया।

(3) ब्रह्माण्डवाद (Cosmozoic Theory):– यह परिकल्पना रिचटर (1865), प्रेयर (1880), हेमहोज (1884), ऐर्हीनियस (1908), होइल (1950, 1983) बोन्डी (1952), आदि की है जिन्होंने जीवन की "**अनन्तकालिता**" में विश्वास किया। इनके अनुसार, "**जीवन की उत्पत्ति**" या "**सृष्टि**" का प्रश्न ही नहीं उठता क्योंकि "**जीवन**" अमर है, ब्रह्माण्ड की उत्पत्ति के समय ही निर्जीव और सजीव पदार्थों की एक साथ उत्पत्ति हुई।

(4) प्रलयवाद एवं आकस्मिक अकार्बनिक उत्पत्तिवाद का मत (Theory of Catastrophism and Sudden Creation from Inorganic Material):– इस मत के समर्थकों ने **प्रलयवाद** में विश्चास रखा। इनमें सबसे प्रमुख वैज्ञानिक **क्यूवियर** (1769-1832) थे। उनके अनुसार, पृथ्वी पर समय–समय पर प्रलय या क्रांति होती है जिससे पर्वत समुद्र में धँस जाते हैं, जगह–जगह समुद्र की तलहटी पर्वतों के रूप में उभर आती है और पहले के सारे जीव नष्ट हो जाते हैं। प्रलय के बाद पृथ्वी पर फिर अकार्बनिक पदार्थों के आकस्मिक मिश्रण से नया "**जीव-पदार्थ**" बन जाता है। हेकल (1865) ने इसी मत को यत्रवाद के नाम से प्रतिपादित किया। उनका दावा था कि जिस प्रकार किसी पदार्थ के घोल में किन्हीं दशाओं में अकस्मात् पदार्थ के रवे बन जाते हैं, उसी प्रकार आदिपृथ्वी पर किन्हीं वातावरणीय दशाओं में निर्जीव पदार्थ के घोल में अकस्मात आदिजीव–रूपी रवे बने।

आधुनिक परिकल्पना

(5) प्रकृतिवाद (Naturalistic Theory):– "**जीवन की उत्पत्ति**" के बारे में सबसे आधुनिक मत है। इसके अनुसार "**जीवन की उत्पत्ति**" हुई तो निर्जीव पदार्थ से ही, लेकिन पृथ्वी की वर्तमान वातावरणीय दशाएँ इसके लिए उपयुक्त नहीं है, आदिपृथ्वी पर ही ऐसी दशाएँ थी। आदिपृथ्वी पर भी जीवन की उत्पत्ति निर्जीव पदार्थों के आकस्मिक व अनिश्चित मिश्रण से नहीं हुई, वरन् बदलती हुई वातावरणीय दशाओं के साथ–साथ, करोड़ों वर्षों तक, ऐसी **भौतिक-रासायनिक प्रक्रियाएँ** होती रहीं जिसके फलस्वरूप पहले अकार्बनिक और कार्बनिक पदार्थों का क्रमिक उद्विकास हुआ और ऐसे कार्बनिक पदार्थ (प्रोटीन्स, कार्बोहाइड्रेट्स, वसाएँ आदि) बने जो जीव–पदार्थ के प्रमुख घटक होते हैं। इसे **रासायनिक उद्विकास** कहा गया है। इसी के फलस्वरूप, अन्त में, एक विशेष प्रकार के मिश्रण के रूप में, "**जीव-पदार्थ**" की उत्पत्ति हुई।

ओपैरिन सिद्धान्त (Oparins's Theory)

आदि पृथ्वी पर उपरोक्त **रासायनिक उद्विकास** के फलस्वरूप "**जीवन की उत्पत्ति**" के सम्बन्ध में विस्तृत और सर्वमान्य परिकल्पना रूसी जीव–रसायनशास्त्री **ए. आई. ओपैरिन** (1924) ने भौतिकवाद या पदार्थवाद के नाम से प्रस्तुत की। ओपैरिन की यह परिकल्पना 1936 में उनकी

पुस्तक "The Origin of Life" में छपी। ऐसी ही परिकल्पना अंग्रेज वैज्ञानिक, हैल्डेन ने, जो 1961 में भारतीय नागरिक बन गये थे, सन् 1929 में प्रस्तुत की। इस परिकल्पना के अनुसार, पृथ्वी की उत्पत्ति और फिर इस पर जीवन की उत्पत्ति की पूरी प्रक्रिया को हम संक्षेप में **आठ चरणों** में बाँट सकते हैं-

(i) पहला चरण- परमाणु प्रावस्था (Atomic phase):- पृथ्वी का प्रारम्भ अन्तरिक्षी गर्द के एक ज्वलित (ताप 5000-6000°C) व घूर्णी (rotating) गैसीय पिण्ड से हुआ। इस पिण्ड में, गैस के रूप में, अन्य कई तत्त्वों के साथ-साथ उन सभी रासायनिक तत्त्वों (हाइड्रोजन, ऑक्सीजन, कार्बन, नाइट्रोजन, गन्धक, फॉस्फोरस आदि) के स्वतंत्र परमाणु थे जो जीवद्रव्य के संघटन में भाग लेने वाले प्रमुख तत्त्व होते है। ज्यों-ज्यों इस पिण्ड का ताप कम हुआ, घूर्णन एवं गुरुत्वाकर्षण के कारण, इसके परमाणु, भार के अनुसार, तीन स्तरों में बँट गये-

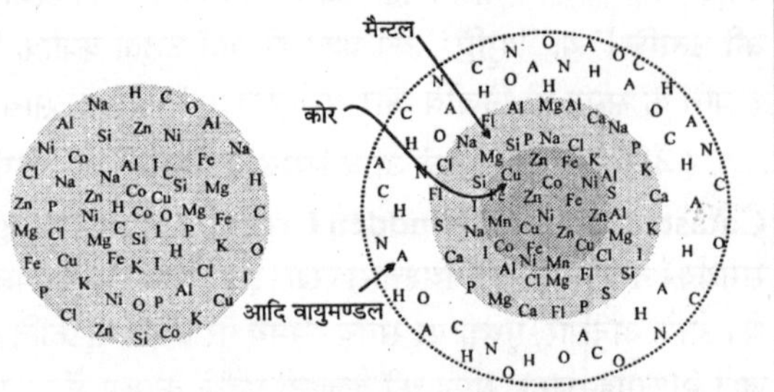

उस गैसीय पिण्ड के स्वतंत्र परमाणु जिससे पृथ्वी बनी

लौह, निकल, ताँबा, जिंक, मैंगनीज, कोबाल्ट आदि भारी धातु-तत्त्वों के परमाणु इसके केन्द्रीय भाग में एकत्रित हो गये। ये आज भी हमारी **पृथ्वी का गूदा** अर्थात् **भू-कोड** (core) बनाये हुए हैं। इनमें से मुख्यतः लौहा और निकल अत्यधिक गरम पिघले **लावा** (lava) के रूप में हैं। मध्यम भार के परमाणुओं (सिलिकॉन, सोडियम, पोटैशियम, कैल्शियम, आयोडीन, मैग्नीशियम, क्लोरीन, फ्लोरीन, सल्फर, ऐलुमिनियम, फॉस्फोरस आदि) ने भू-क्रोड पर एक **खोल** अर्थात् **प्रावरण** (mantle) बनाया। हाइड्रोजन, ऑर्गन, नाइट्रोजन, ऑक्सीजन, कार्बन आदि के सबसे हल्के परमाणुओं ने **आदिवायुमण्डल** (primitive atmosphere) बनाया। पृथ्वी के वर्तमान वायुमण्डल में भी 78.62 प्रतिशत नाइट्रोजन, 20.84 प्रतिशत ऑक्सीजन, 0.5 प्रतिशत जलवाष्प तथा ऑर्गन, हीलियम, नियॉन आदि गैसें होती हैं, लेकिन हाइड्रोजन नहीं होती तथा 0.034 प्रतिशत कार्बन-डाईऑक्साइड भी होती है।

(ii) दूसरा चरण- अणुओं (molecules) एवं सरल अकार्बनिक यौगिकों (simple inorganic compounds) की उत्पत्ति :- अधिक ताप के कारण, आदिवायुमण्डल के अनेक हल्के परमाणु, मुख्यतः हाइड्रोजन परमाणु अन्तरिक्ष में अन्तर्धान होते रहे। इसके बाद करोड़ों वर्षों तक, पृथ्वीय पिण्ड का ताप कम होने के साथ-साथ इसके स्वतंत्र परमाणुओं ने परस्पर जुड़-जुड़कर अपने-अपने तत्त्वों के ही नहीं वरन् सरल अकार्बनिक यौगिकों के अणु भी बनाये। अनेक यौगिक ठोस पदार्थ में बदले जिससे आदिपृथ्वी का कड़ा वायुमण्डल बना। आदिवायुमण्डल, वर्तमान उपचायक या ऑक्सीकारक (oxidizing) वायुमण्डल के विपरीत, अनॉक्सीकारक या

अपचायक (reducing) था, इसमें हाइड्रोजन के परमाणु संख्या मं सबसे अधिक (सम्भवतः 90 प्रतिशत तक) और सर्वाधिक क्रियाशील थे। इन्होंने सर्वप्रथम् ऑक्सीजन के सारे परमाणुओं से मिलकर जल (H_2O) का बना लिया। अतः O_2 के स्वतंत्र परमाणु आदिवायुमण्डल में नहीं रहे। स्थलमण्डल इस समय भी बहुत गरम था। अतः सारा जल वाष्प के रूप में वायुमण्डल में ही रहा। नाइट्रोजन के परमाणुओं से मिलकर हाइड्रोजन ने अमोनिया (NH_3) भी बनायी।

(iii) तीसरा चरण- कार्बनिक यौगिकों की उत्पत्ति एवं उद्विकास :- आदिस्थलमण्डल में घने ज्वालामुखी थे। इनके निरन्तर फटने रहने से भू-क्रोड का लावा निकलकर स्थलमण्डल पर फैलता रहता था। आदिवायुमण्डल की नाइट्रोजन और कार्बन लावा के तत्त्वों से मिलकर क्रमशः नाइट्राइड्स (nitrides) एवं कार्बाइड्स (carbides) बना लेती थी। इन यौगिकों ने प्रावरण पर स्थलमण्डल अर्थात् भूपटल बनाया। कार्बाइड्स पर गर्म जलवाष्प की प्रतिक्रिया से प्रथम और सरलतम कार्बनिक यौगिक–मीथेन (CH_4) बनी। इसी प्रकार, नाइट्राइड्स पर जलवाष्प की प्रतिक्रिया से, अमोनिया बन जाती है। सम्भवतः आदिवायुमण्डल में भी स्वतंत्र हाइड्रोजन और कार्बन के संयोजन से मीथेन तथा हाइड्रोजन, कार्बन और नाइट्रोजन के संयोजन से कुछ हाइड्रोजन सायनाइड (HCN) बनी। ताप के और कम होने पर जलवाष्प तरल बनकर, बिजली की कड़क के साथ, बरसने लगी। करोड़ों वर्षों तक गरम स्थलमण्डल को छूते ही वाष्प बनकर, जल वापस उड़ता रहा। अन्त में, जब स्थलमण्डल का ताप 100°C से कुछ कम हुआ तो इस पर जल रूक सका। इस प्रकार, पूरा स्थलमण्डल विशाल आदिसागर (primitive ocean) से ढक गया। आदिसागर के जल में आदिवायुमण्डल के सरल यौगिक (NH_3, CH_4, HCN आदि) काफी मात्रा में घुले। भूपटल के लवण और धातु तत्त्व भी इसमें घुले। जल में विविध प्रकार के अणुओं को परस्पर टकराने, प्रक्रियाएँ करने और जुड़ने की स्वतंत्रता मिली। मीथेन जैसे सरलतम संतृप्त (satu-

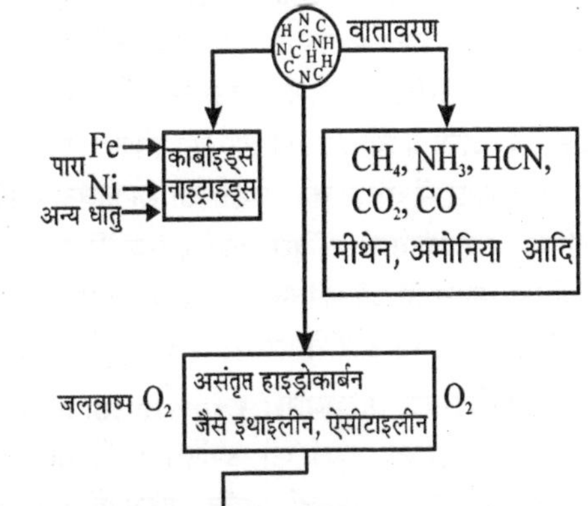

ओपैरिनवाद के अनुसार पृथ्वी पर रासायनिक

rated) हाइड्रोकार्बनों की जल से प्रतिक्रिया के फलस्वरूप, एथीलीन एवं ऐसीटिलीन के रूप में असंतृप्त (unsaturated) हाइड्रोकार्बनों तथा ऐल्कोहॉल, ऐल्डीहाइड्स, कीटोन्स एवं कार्बनिक लवणों के रूप में संतृप्त हाइड्रोकार्बनों का संश्लेषण हुआ। जब जलवृष्टि रुक जाती थी, आदिवायुमण्डल तीव्र सूर्य-प्रकाश से चमकता था। सूर्य-प्रकाश की पराबैंगनी किरणों, बिजली की विद्युत ऊर्जा, अन्तरिक्षी किरणों तथा ज्वालामुखियों से निकले ताप आदि की ऊर्जा लेकर, विविध हाइड्रोकार्बनों, जलवाष्प, CH_4, NH_3, एवं H_2 आदि के बीच प्रतिक्रियाओं के फलस्वरूप, आदिसागर के जल में पहले, अमीनो अम्लों और सरल शर्कराओं का तथा बाद में इनसे वसीय अम्लों, ग्लिसरॉल, नाइट्रोजन-युक्त कार्बनिक समाक्षारों-प्यूरीन्स एवं पिरिमिडीन्स आदि अनेक प्रकार के अन्य कार्बनिक यौगिकों का संश्लेषण हुआ। इन्हीं सब कार्बनिक यौगिकों के बन जाने से आदिसागर में जीवन की उत्पत्ति की सम्भावना स्थापित हुई क्योंकि इन्हीं से जीवद्रव्य के प्रमुख जटिल घटक बनते हैं। ऑक्सीजन एवं बैक्टीरिया की अनुपस्थिति के कारण, इन जटिल कार्बनिक यौगिकों का न तो ऑक्सीकरण विखण्डन होता था और न ही सड़ाव (putrefaction)। इनमें स्थायित्व होता था और ये परस्पर जुड़-जुड़कर अधिकाधिक जटिल अणु बनाते रहते थे।

स्टैन्ले मिलर का प्रयोग (Experiment of Stanley Miller) :- ओपैरिन की परिकल्पना के अनुसार, प्रबल ऊर्जा की उपस्थिति में, मीथेन, हाइड्रोजन, जलवाष्प एवं अमोनिया के संयोजन से अमीनो अम्लों, सरल शर्कराओं तथा अन्य कार्बनिक यौगिकों के संश्लेषण की सम्भावना को अमेरिकी वैज्ञानिक स्टैन्ले मिलर (1953, 1957) ने अपने आचार्य हैरोल्ड यूरे कीदेख-रेख में, एक साधारण से प्रयोग द्वारा सिद्ध किया। उन्होंने 5 लीटर के एक फ्लासक में, 2 : 1 : 2 के अनुपात में, मीथेन, अमोनिया एवं हाइड्रोजन का गैसीय मिश्रण भरा। एक आधा लीटर के फ्लास्क को काँच की नली द्वारा बड़े फ्लास्क से जोड़ा। इस छोटे फ्लास्क में जल भरकर इसे उबालने का प्रबन्ध किया जिससे जलवाष्प पूरे उपकरण में घूमती रहे। बड़े फ्लास्क में टंगस्टन के दो इलेक्ट्रोड फिट करके, आदिवायुमण्डल की बिजली जैसे प्रभाव को उत्पन्न करने के लिए, एक सप्ताह तक तीव्र विद्युत की चिन्गारियां मुक्त कीं। इसीलिए, इस उपकरण को **चिन्गारी-विमुक्ति उपकरण** (spark discharge apparatus) कहते हैं। बड़े फ्लासक का उन्होंने दूसरी ओर एक U-नली द्वारा भी छोटे फ्लास्क से जोड़ा। इस नली को एक स्थान पर एक कन्डेंसर (condenser) में से निकाला। प्रयोग के अन्त में बनी गैस जलवाष्प के साथ जब कन्डेंसर के कारण ठण्डी हुई तो U-नली में एक गहरा लाल-सा गंदला तरल भर गया। विश्लेषण से पता लगा कि यह तरल ग्लाइसीन एवं ऐलैनीन नामक सरलतम अमीनों अम्लों तथा कुछ अन्य कार्बनिक अम्लों का मिश्रण था। पिछले कुछ वर्षों में कई अन्य वैज्ञानिकों ने भी, इसी प्रकार, आदिपृथ्वी पर उपस्थित दशाओं को प्रयोगशाला में उत्पन्न करके, सरल अकार्बनिक एवं कार्बनिक यौगिकों से जटिल कार्बनिक यौगिकों के संश्लेषण को सिद्ध किया है। इन सब प्रयोगों को अनुरूपण प्रयोग कहते है। सन् 1951 में काल्विन मेल्विन ने साइक्लोट्रोन नामक यंत्र में, CO_2 एवं H_2O को तीव्र प्रकाश किरणों द्वारा किरणित (irradiate) रके इनसे फॉरमिक, सक्सीनिक एवं ऑक्जैलिक अम्लों के संश्लेषण का प्रदर्शन किया। इसी प्रकार, विभिन्न प्रयोगों द्वारा मीथेन, जलवाष्प, हाइड्रोजन, अमोनिया आदि को आदिपृथ्वी की दशाओं जैसी प्रबल दशाओं में रखकर

स्टैनले मिलर (1953)

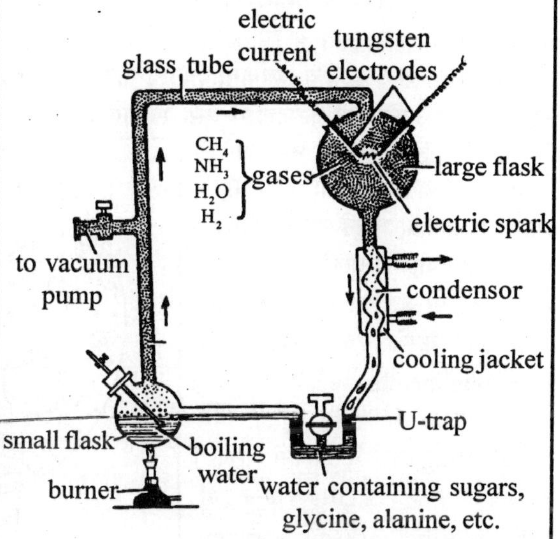

मिलर का प्रयोग

फॉक्स (1958), ऐबेल्सन, ओरो एवं कामत आदि वैज्ञानिकों ने अमीनो अम्लों में से 17 का इस प्रकार कृत्रिम संश्लेषण किया जा चुका है। ओपैरिन की कल्पना के अनुसार, इसके बाद, आदिसागर के कार्बनिक यौगिकों ने, इकाइयों के रूप में जुड़-जुड़कर ऐसे जटिल यौगिकों के गुरुअणु या बहुलक (macromolecules or polymers) बनाये जो जीव-पदार्थ के घटक (constituents) होते हैं। इस प्रकार, शर्कराओं के अणुओं से मण्ड, ग्लाइकोजन, सेलुलोज आदि पॉलीसैकराइड्स तथा वसीय अम्लों एवं ग्लिसरॉल के अणुओं से वसाएँ बनीं। प्रोटीन्स सबसे अधिक बनीं, क्योंकि विविध अमीनों अम्लों के अणुओं में पेप्टाइड बंधों द्वारा, शीघ्रतापूर्वक जुड़-जुड़कर लम्बी शृंखलाएं बना लेने की तीव्र प्रवृत्ति होती है। यद्यपि इस समय तक आदिसागर का जल विभिन्न कार्बनिक पदार्थों का एक घना मिश्रण बन चुका था, लेकिन ताप अब भी इतना था कि इसमें "जीवन की उत्पत्ति" असम्भव थी। इसीलिए हैल्डेन (1920) ने आदिसागर के इस जल को "**कार्बनिक यौगिकों का एक गरम, पतला सूप**" या "**पूर्वजीवी सूप**" कहा।

(iv) चौथा चरण-कोलॉएड्स, कोयसरवेट्स, वैयक्तिकता तथा रासायनिक स्वाधीनता (Colloids, Coaervates, Individuality and Chemical Automation) की उत्पत्ति:- आदिसागर के गरम सूप में उपस्थित विविध यौगिकों के अणुओं में परस्पर प्रतिक्रियाएं हुईं। अतः सूप में नये-नये यौगिक बनते रहे। प्रयोगों द्वारा सिद्ध हो चुका है कि जल में घुले जटिल कार्बनिक यौगिकों के, विशेषतया विद्युतावेशी प्रोटीन्स के, अणु एकत्रित होकर बड़े कोलॉएडलीय कण बना लेते हैं। आदिसागर में ऐसे कण बने। इन्होंने फिर छोटे-छोटे समूहों

में एकत्रित होकर, अघुलनशील बूँदों के रूप में, कोलॉएडलीय तंत्र बनाये। ऐसी प्रत्येक बूँद के चारों और कोशाकला जैसा आवरण भी बन जाता है। प्रोटीन अणुओं के विद्युतावेश एवं चिपचिपेपन के कारण, प्रोटीनयुक्त कोलॉएडलीय बूँदों की सतह पर जल की नन्हीं बूँदें चिपक जाती थीं। ऐसी ही कोलॉएडलीय बूँदों को फॉक्स (1958) ने प्रोटीनॉएड माइक्रोस्फीयर्स कहा। उन्होंने अमीनों अम्लों को अत्यधिक गर्म करके ऐसे कृत्रिम तंत्र बनाये। विरोधी विद्युतावेश की कोलॉएडलीय बूँदों के परस्पर एकत्रित हो जाने से अधिक बड़े व घने कोलॉएडलीय तंत्र बन जाते हैं। आदिसागर में भी ऐसे तंत्रों की बड़ी–बड़ी बूँदें बनी। इन्हें ओपैरिन ने कोयरवेट्स कहा। उन्होंने अपने प्रयोगों में जिलैटिन, गौद आदि से कृत्रिम कोयसरवेट्स बनाये। क्योंकि जीव पदार्थ भी मुख्यतः एक कोलॉएड तंत्र होता है, पृथक् या व्यक्तिगत रचनाओं के रूप में, माइक्रोस्फीयर्स तथा कोयसरवेट्स को प्रथम जीवों के अग्रदूत या पूर्वगामी रचनायें माना गया है। इन्हें, इसीलिये पूर्वजीवी रचनायें कहा गया है। आदिपृथ्वी के जल में ऐसी रचनायें सम्भवतः 3.8 अरब वर्ष पूर्व बनीं। ऐसी रचनाओं के कुछ अवशेष वैज्ञानिकों ने ग्रीनलैंड की इतनी ही पुरानी इसुवा चट्टानों तथा कुछ अफ्रीकी चट्टानों से प्राप्त किये हैं। कोयसरवेट्स जल में घुलते नहीं थे, वरन् अपनी सतह पर जल का अधिशोषण (adsorption) करके एक आवरण कला (covering membrane) बना लेते थे। इनमें सम्भवतः कैल्शियम, लौहा, ताँबा आदि कुछ धातु तत्त्वों के आयनों (ions) से मिलकर किन्हीं प्रोटीन्स ने एन्जाइमों, अर्थात् कार्बनिक उत्प्रेरकों (organic catalysts) का काम किया। विघटनात्मक प्रतिक्रियाएँ किण्वन (fermentation) जैसी होती थीं और इनके फलस्वरूप ऊर्जा बनती थी जो संश्लेषणात्मक प्रतिक्रियाओं में खप जाती थी। अतः यह प्रक्रिया अवायुवीय श्वसन (anaerobic respiration) के समान थी। सम्भवतः सूर्य प्रकाश की पराबैंगनी किरणों (ultraviolet rays) ने भी संश्लेषणात्मक प्रतिक्रियाओं के लिए ऊर्जा स्रोत का काम किया। विघटित यौगिकों

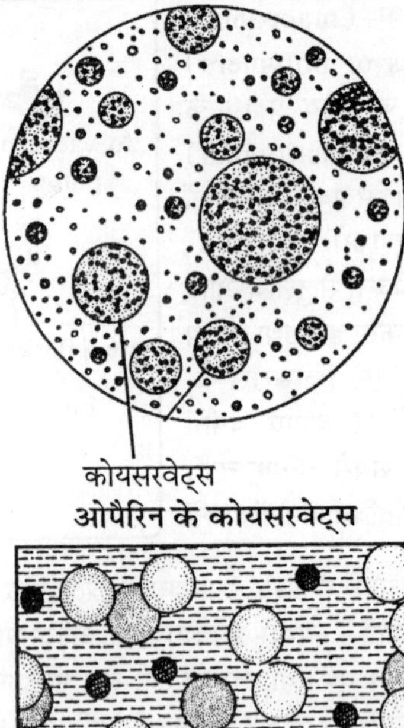

ओपैरिन के कोयसरवेट्स

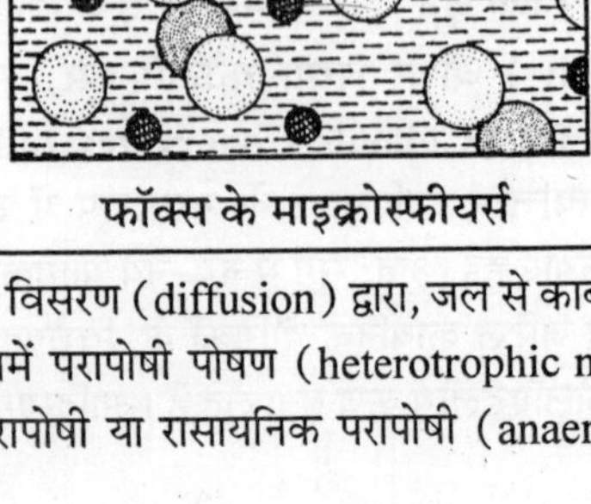

फॉक्स के माइक्रोस्फीयर्स

की पूर्ति के लिये कोयसरवेट्स अपनी कला के पार विसरण (diffusion) द्वारा, जल से कार्बनिक पदार्थों का अवशोषण भी करने लगे, अर्थात् इनमें परापोषी पोषण (heterotrophic nutrition) होने लगा। इस प्रकार इन अवायुवीय परापोषी या रासायनिक परापोषी (anaerobic heterotrohs or chemoheterotrophs) कोयसरवेट्स ने, व्यक्तिगत रचनाओं के रूप में पूर्ण रासायनिक स्वाधीनता प्राप्त कर ली। इसके फलस्वरूप, ये बड़े-बड़े और रासायनिक संयोजन में विविध प्रकार के हो जाते थे। अपने चिपचिपेपन (viscosity) के अनुसार, अधिकतम् वृद्धि के बाद, ये छोटी बूँदों में टूट जाते थे, अर्थात् इनमें ''गुणन (multiplication)'' भी हो जाता था। अधिक जटिल कोयसरवेट्स अधिक समय तक स्थायी रहते थे और सम्भवतः इन्हीं से कालान्तर में ''प्रारम्भिक जीवों'' की उत्पत्ति हुई।

(v) पाँचवां चरण- स्वः उत्प्रेरक तंत्रों, जीन्स, वाइरसों तथा ''प्रारम्भिक जीवों'' (autocatalytic systems, genes, virsues and primordial life) की उत्पत्तिः- अभी तक सफल कोयसरवेट्स के एन्जाइम्स कुछ पदार्थों को परस्पर प्रतिक्रियाओं के लिए उत्प्रेरित करके भिन्न प्रकार के पदार्थों का संश्लेषण प्रेरित करते थे। ऐसे कार्बनिक उत्प्रेरक भी होते हैं जो किसी विशेष पदार्थ को, अन्य पदार्थों से, अपना ही स्वः द्विगुणन (self-duplication), अर्थात् अपने जैसे ही पदार्थ का संश्लेषण करने हेतु प्रेरित कर देते हैं। ऐसे उत्प्रेरक और इनके द्वारा उत्प्रेरित पदार्थ मिलकर स्वः उत्प्रेरक तंत्र स्थापित करते हैं। आजकल की कोशाओं में गुणसूत्रों (chromosomes) की न्यूक्लिओप्रोटीन्स (nucleoproteins) ऐसे ही तंत्र होती हैं। ये पृथ्वी पर उपस्थित सबसे जटिल रासायनिक यौगिक होती है। कोशा विभाजन के समय इनका स्वःद्विगुणन या अनुलिपिकरण (self duplication or replication) होता है। न्यूक्लिओप्रोटीन्स न्यूक्लीक अम्लों (DNA व RNA) एवं कुछ प्रोटीन्स की यौगिक होती हैं। इनके न्यूक्लीक अम्लों के अणु न्यूक्लिओटाइड इकाइयों (nucleotide monomers) के बहुलक (polymers) होते हैं। न्यूक्लिओटाइड्स प्यूरीन्स (purines) या पिरिमीडीन्स (pyrimidines) नामक नाइट्रोजन युक्त समाक्षारों (nitrogenous bases), पंचकार्बनीय शर्कराओं एवं फॉस्फोरिक अम्ल के यौगिक होते हैं। न्यूक्लीक अम्लों में स्वःद्विगुणन की ही नहीं, वरन् अपने अणुओं की शृंखलाओं के अनुरूप प्रोटीन्स का संश्लेषण प्रेरित करने की भी अभूतपूर्व क्षमता होती है। अब क्योंकि प्रोटीन्स की ही जीव-शरीर की रचना और, एन्जाइमों के रूप में, शरीर की कार्यिकी में प्रमुख भूमिका होती है, न्यूक्लीक अम्ल स्वःद्विगुणन द्वारा संरचनात्मक एवं क्रियात्मक लक्षणों को ''रूपरेखा (blueprint)'' या ''जन्मपत्री'' की भाँति, एक पीढ़ी से दूसरी पीढ़ी में ले जाते हैं, अर्थात् इनमें आनुवंशिकी (heredity) की क्षमता होती है। न्यूक्लीक अम्लों के अणुओं के सूक्ष्म खण्ड आनुवंशिकी की इकाइयाँ (units) होते हैं। इन्हें जीन्स (genes) कहते हैं। आदिसागर के जल में न्यूक्लीक अम्ल पहले सम्भवतः जीन्स के रूप में बने। फिर इन्होंने परस्पर जुड़-जुड़कर न्यूक्लीक अम्लों के बहुलक (polymer) अणु बनाये। इन अणुओं ने कुछ प्रोटीन्स के साथ मिलकर न्यूक्लिओप्रोटीन्स के ऐसे सूक्ष्म कण बनाये जिनकी तुलना आजकल के वाइरसों से की जा सकती है। आजकल के वाइरस वैसे तो न्यूक्लिओप्रोटीन्स के निर्जीव कण होते हैं, परन्तु किसी सजीव कोशा में घुस जाने पर ये पोषद कोशा के पदार्थों का उपयोग करके कोशा के पूरे मेटाबोलिज्मकको अपने ही स्वःद्विगुणन में लगा लेते हैं। आजकल के वाइरसों को स्वःद्विगुणन के लिए जो पदार्थ केवल सजीव कोशाओं में मिलते हैं, आदिसागर के न्यूक्लिओप्रोटीन्स कणों वे पदार्थ जल में ही उपलब्ध थे। अतः स्वःद्विगुणन की क्षमता के कारण, इन्हीं कणों का आदिसागर

में विस्तार हुआ। स्पष्ट है कि पदार्थ के संघटन में संहित (coded) लक्षणों का विस्तार करने वाले यही स्व:गुणित (self-perpetuating) कण प्रारम्भिक जीव (eobionts) थे। आधुनिक वैज्ञानिकों ने अनुरूपण प्रयोगों द्वारा न्यूक्लीक अम्लों (RNA) के अणुओं का भी कृत्रिम संश्लेषण करके उपरोक्त धारणा को बल दिया है। उदाहरणार्थ, हरगोविन्द खुराना ने सन् 1970 में 77 न्यूक्लिओटाइड अणुओं के तथा सन् 1975 में 126 न्यूक्लिओटाइड अणुओं के RNA बहुलकों का कृत्रिम संश्लेषण किया। इस प्रकार, "जीवन की, अर्थात् प्रारम्भिक जीवों की उत्पत्ति" आदिसागर के जल में, न्यूक्लिओप्रोटीन्स के वाइरस जैसे कणों के रूप में, आज से अनुमानतः 3.7 अरब वर्ष पूर्व, पृथ्वी के इतिहास के प्रीकैम्ब्रियन महाकाल (Precambrain era) में हुई और ये "प्रारम्भिक जीव" परापोषी (heterotrophic) एवं अवायुवीय (anaerobic) थे।

(vi) छठा चरण– प्रारम्भिक कोशारूपी जीवों (primordial cellular forms of "life") की उत्पत्ति; पूर्वकेन्द्रकीय कोशाएँ (prokaryotic cells) :- आदिसागर के जल में न्यूक्लिओप्रोटीन्स के कणों के बनने के बाद कलायुक्त (membrane-bound) कोशारूपी आदिजीव बने। ऐसे जीवों की उत्पत्ति के सम्बन्ध में दो विभिन्न परिकल्पनाएँ हैं–

(क) ओपैरिन मत के अनुसार, जिन कोयरसरवेट्स में न्यूक्लिओप्रोटीन्स का संश्लेषण हुआ, या जिन्होंने आदिसागर से इन्हें ग्रहण कर लिया, वे ही प्रारम्भिक कोशारूपी जीवों में बदल गये। कालान्तर इनके जीन्स में आकस्मिक परिवर्तनों अर्थात् जीन उत्परिवर्तनों (gene mutations) के कारण इनमें कुछ विशिष्ट अंगक (organelles) बने और इनके लक्षणों में विभिन्नताएँ (variations) विकसित हुई।

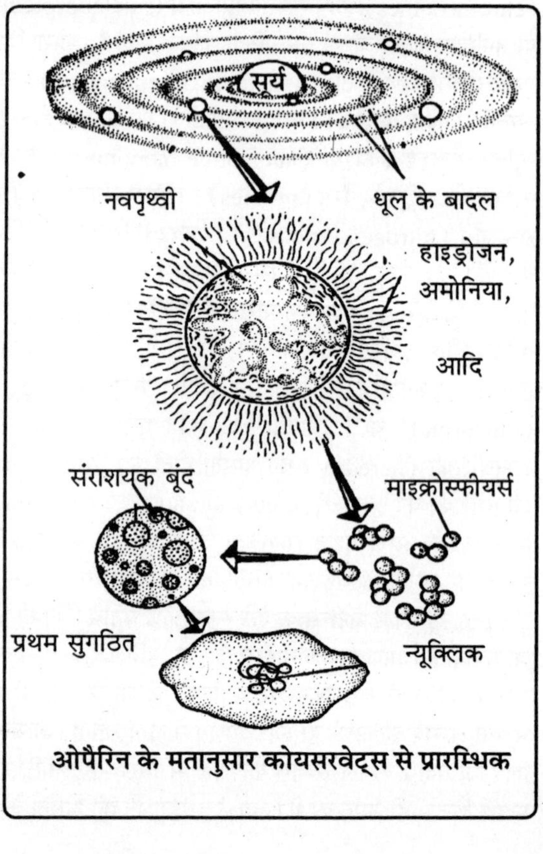

ओपैरिन के मतानुसार कोयसरवेट्स से प्रारम्भिक

(ख) होरोविट्ज (1945), लेसली ऑर्गेल (1973) आदि के अनुसार, आदिसागर में प्रथम "जीव" नग्न जीन्स (naked genes) के रूप में बने। जीन्स के परस्पर लम्बी-लम्बी शृंखलाओं में जुड़-जुड़कर DNA एवं RNA के अणु

बनाये। अत्यधिक आधुनिक प्रमाणों के अनुसार, कुछ RNA अणुओं में उत्प्रेरण की क्षमता होती है। इन्हें राइबोजाइम्स कहा गया है। इनके कारण, RNA अणुओं का प्रोटीन एन्जाइमों के बिना ही स्व:द्विगुणन हो सकता है (Zaug and Cech, 1986)। इस नवीन खोज से एक महत्त्वपूर्ण विवाद यह उठ गया है कि, "जीवन की उत्पत्ति" कालानुक्रम में आदिसागर में पहले प्रोटीन्स बनी या न्यूक्लीक अम्ल। यह विवाद वैसा ही है जैसा कि, "पहले अण्डा आया या मुर्गी" का। वर्तमान पृथ्वी पर सजीव तंत्रों की सबसे छोटी इकाईयों-कोशिकाओं में न्यूक्लीक अम्ल (DNA) का स्व:द्विगुणन प्रोटीन एन्जाइमों के बिना और प्रोटीन एन्जाइमों का संश्लेषण DNA के जीन्स के बिना नहीं हो सकता। अत: स्पष्ट है कि राइबोजाइम्स की खोज से होरोविट्स, ऑर्गेल आदि के मत को बल मिला है। यह काफी सम्भव है कि आदिसागर में, अमीनों अम्लों के बनने के बाद, प्रोटीन्स से पहले, विविध प्रकार के RNA अणु बने। राइबोजाइम्स का काम करने वाले RNA अणुओं ने फिर अन्य RNA अणुओं के स्व:द्विगुणन का ही नहीं, वरन् इन अणुओं के जीन्स (genes) के नियंत्रण में, अमीनों अम्लों के अणुओं से विविध प्रोटीन्स के संश्लेषण का भी उत्प्रेरण (catalysis) किया। तत्पश्चात् RNA और प्रोटीन्स के अणुओं ने मिलकर न्यूक्लिओप्रोटीन्स के वाइरसों जैसे कण बनाये। ये कण बहुत चिपचिपे होते थे। अत: इनके चारों ओर आदिसागर के अन्य पदार्थों के अणु एकत्रित हो जाते थे। फिर प्रत्येक ऐसे मिश्रण के चारों ओर एक महीन झिल्ली का आवरण बन जाता था। इस प्रकार, ऐसे मिश्रणों के सूक्ष्म पिण्ड ही कोशाओं का रूप ले लेते थे। प्रारम्भिक जीव-कोशाओं की उत्पत्ति किसी भी प्रकार हुई हो, यह निश्चित है कि ये रचना में बहुत में बहुत सरल होती थी और इनमें केन्द्रक (nucleus) तक नहीं होता था। इनमें बस एक या दो न्यूक्लीक अम्लों के अणुओं के चारों ओर प्रोटीन्स तथा अन्य जटिल कार्बनिक यौगिकों का, वर्तमान "जीवद्रव्य (protoplasm)" जैसा, कोलॉएडलीय

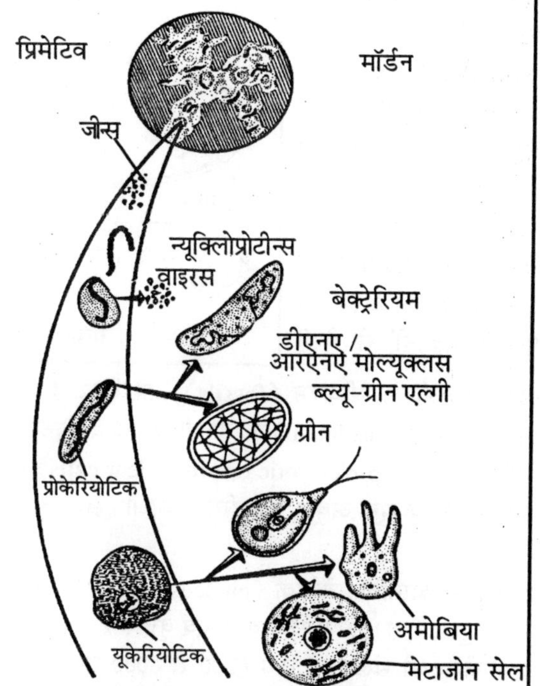

होरोविट्ज के मतानुसार आदिसागर में जीन्स जैसे कणों से प्रारम्भिक जीव-कोशाओं की उत्पत्ति

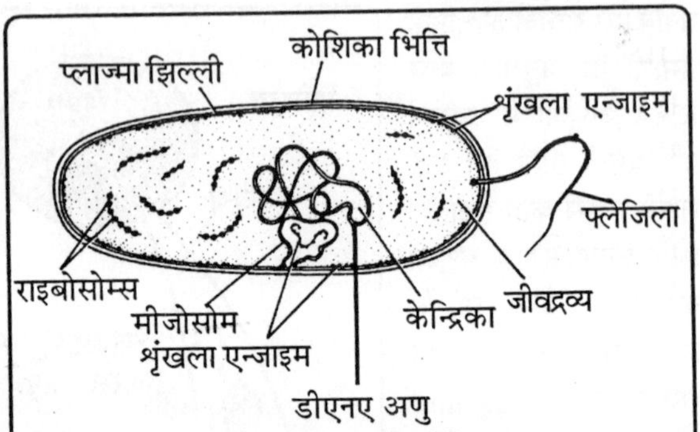

एक वर्तमान बैक्टीरियम

मिश्रण होता था जो एक ऐसी झिल्ली में बन्द रहता था जिसमें से जल एवं घुले पदार्थ आ-जा सकें। ऐसी प्रारम्भिक जीव कोशाओं की तुलना हम आजकल के जीवाणुओं (bacteria) से कर सकते हैं। सन् 1966 में वैज्ञानिकों ने अफ्रीका में तीन अरब वर्ष पुरानी चट्टानों से ऐसी आदिकोशाओं के जीवाश्म (fossils) प्राप्त किये हैं। इन्हें इयोबैक्टीरियम आइसोलैटम (Eobracterium isolatum) का नाम दिया गया है। केन्द्रक की अनुपस्थिति के कारण इन्हें पूर्व केन्द्रीय कोशाएँ (prokaryotic or pronuclear cells) कहा जाता है। ये बाद में विकसित सामान्य केन्द्रक युक्त अर्थात् सुकेन्द्रीय कोशाओं (eukaryotic cells) से कई लक्षणों में भिन्न होती हैं।

(1) इनमें वास्तविक केन्द्रक (nucleus) नहीं होता; बस डीएनए और आरएनए का एक (कुछ में दो), अपेक्षाकृत छोटा एवं वृत्ताकार (circular) नग्न अणु होता है। इस अणु में जीन्स की संख्या भी कम (700 से 6000 तक) होती है। इस प्रकार, आनुवंशिक तंत्र (genetic system) बहुत सरल एवं एकगुण (haploid) होता है।

(2) इनमें प्लाज्माकला (plasma membrane) के चारों ओर कार्बोहाइड्रेट्स, वसाओं, प्रोटीन्स एवं अमीनों अम्लों की बनी दृढ़ कोशा भित्ति होती है। मेटाबोलिज्म से सम्बन्धित एन्जाइम प्लाज्माकला में होते हैं।

(3) इनकी प्रोटीन्स में हिस्टोन्स (histones) नहीं होतीं।

(4) इनका "कोशाद्रव्य" अपेक्षाकृत अधिक गाढ़ा होता है। इसमें बहाव (cytoplasmic streaming) नहीं होता।

(5) इनमें माइटोकॉण्ड्रिया, क्लोरोप्लास्ट्स, लाइसोसोम्स, गॉल्जीकाय, एण्डोप्लाज्मिक जाल, विभाजन केन्द्र आदि अंगक नहीं होते।

(6) राइबोसोम्स,छोटे और भिन्न प्रकार के होते हैं।

(7) इनमें द्विगुणन होता है परन्तु केवल सामान्य विखण्डन (fission) या बडिंग (budding) द्वारा; समसूत्रण (mitosis) द्वारा कभी नहीं। इन विशिष्ट लक्षणों के कारण ही हेकल (1868) ने प्रारम्भिक एवं वर्तमानकालीन पूर्वकेन्द्रीय कोशारूपी जीवों को "मोनेरा" नाम के एक पृथक् जीव-जगत (Kingdom) में रखा। सजीव दशा के वाइरसों को भी इसी में रखा जा सकता है।

(vii) सातवाँ चरण-स्वपोषण (autotrophism) की उत्पत्ति-परापोषी परिकल्पना (Heterotrophic Hypothesis) :- आदिसागर की बैक्टीरिया जैसी पूर्वकेन्द्रीय कोशाएँ पहले परापोषी थीं, क्योंकि इन्हें अपने उपापचय (metabolism) के लिए आवश्यक सभी कार्बनिक पदार्थ जल में उपलब्ध थे। बस, इन्हें ऊर्जा-उत्पादन हेतु पदार्थों के जारण (श्वसन) के लिए स्वतंत्र O_2 उपलब्ध न थी। अत: ये कार्बनिक यौगिकों के किण्वन (fermentation) अर्थात् अवायुवीय श्वसन (anaerobic respiration) द्वारा ऊर्जा प्रात्त करती थीं। इन्होंने आदिसागर के जल में उपस्थित कार्बनिक पदार्थों का ऊर्जा-उत्पादन के लिए तीव्रतापूर्वक उपयोग किया। इससे जल में कार्बनिक पदार्थ बहुत कम रह गये। तब इन्हें पाने के लिए कोशाओं में परस्पर संघर्ष (struggle) चलने लगा। इसी संघर्ष के समय कुछ कोशाओं में ऐसे उत्प्रेरक बने जिनकी सहायता से कोशाएँ आदिसागर में उपलब्ध सरल अकार्बनिक पदार्थों से ही ऊर्जा के लिए आवश्यक कार्बनिक पदार्थों (कार्बोहाइड्रेट्स) का संश्लेषण करने लगीं। यही स्व:पोषण (autotrophic nutrition) का प्रारम्भ था। यह वर्तमान हरे पादपों के प्रकाश-संश्लेषण (photosynthesis) से भिन्न था, क्योंकि इसमें सूर्य प्रकाश की ऊर्जा का नहीं, वरन् अवायुवीय श्वसन द्वारा प्राप्त ऊर्जा का ही उपयोग होता था। इसीलिए, इसे रासायनिक संश्लेषण या रासायनिक स्व:पोषण (chemosynthesis or chemoautotrophic nutrition) कहा गया है। वर्तमान सागर की गहराई में पाये जाने वाले सल्फर बैक्टीरिया (sulphur bacteria) ऐसा ही स्व:पोषण करते हैं-

$$6CO_2 + 12H_2S \xrightarrow[\text{fermentation}]{\text{Chemical energy of}} C_6H_{12}O_6 + 6H_2O + 12S$$

बाद में स्व:पोषण के लिए कुछ आदिकोशाओं में, आदिसागर के जल से ली गयी, मैग्नीशियम पोरफाइरिन्स (porphyrins) से वर्तमान पादपों के क्लोरोफिल जैसे हरे रंगा पदार्थ बने। इन्हें जीवाणु क्लोरोफिल (bacterio-chlorophyll) कहते हैं। इनकी सहायता से, वर्तमान सागर की सतह के पास पाये जाने वाले सल्फर बैक्टीरिया (sulphur bacteria) जैसी आदिकोशाएँ सौर ऊर्जा (Solar energy) को आबद्ध करके प्रकाश-संश्लेषण करने लगीं-

$$6CO_2 + 12H_2S \xrightarrow{\text{Solar energy}} C_6H_{12}O_6 + 6H_2O + 12S$$

यह प्रकाश संश्लेषण निम्न कोटि का ही था, क्योंकि इसमें आक्सीजन मुक्त नहीं होती थी। कालान्तर में इन आदिकोशाओं के क्लोरोफिल में आणविक परिवर्तन से सामान्य क्लोरोफिल बना जिससे ये प्रकाश-संश्लेषण में, H_2S के स्थान पर, जल का उपयोग करने लगीं जैसा कि हरे पादपों की कोशाएँ करती हैं-

$$6CO_2 + 12H_2S \xrightarrow{\text{Solar energy}} C_6H_{12}O_6 + 6H_2O + 6O_2$$

अनुमानतः ये आदिकोशाएँ आजकल के नीले हरे शैवालों (blue-green alage) जैसी थीं। सन् 1968 में वैज्ञानिकों ने अफ्रीका की 3.2 अरब वर्ष पुरानी चट्टानों से इनके जीवाश्म प्राप्त किये हैं और इन्हें आर्किओस्फीरॉइडिस बारबरटोनेन्सिस (Archaeospheroides barbertonensis) का नाम दिया है। केन्द्रक की अनुपस्थिति के कारण इन्हें भी "मोनेरा" में सम्मिलित किया जाता है।

ऑक्सीजन क्रांति (Oxygen Revolution) :- इस प्रकाश संश्लेषण के फलस्वरूप आदि वायुमण्डल में स्वतंत्र ऑक्सीजन क मुक्त होना आदिजीव के उद्विकास क्रम में एक क्रांतिकारी घटना थी। इससे निम्नलिखित महत्त्वपूर्ण परिवर्तन हुए-

(1) ऑक्सीजन (O_2) ने आदिवायुमण्डल की मीथेन एवं अमोनिया को कार्बन-डाईऑक्साइड, नाइट्रोजन और जल में विघटित किया। अतः वायुमण्डल का संयोजन (composition) वही हो गया जो आजकल है। इससे सिद्ध होता है कि वायुमण्डल में उपस्थित सारी ऑक्सीजन का उत्पादन प्रकाश संश्लेषण करने वाले जीव ही करते हैं।

(2) ऑक्सीजन (O_2) ने पूरे वातावरण को अपचायक (reducing) के स्थान पर ऑक्सीकारक (oxidizing) बना दिया। अतः अब कार्बनिक पदार्थों में स्थायित्व समाप्त हो गया, अर्थात् किण्वन (fermentation) द्वारा इनके शीघ्र विखण्डन योग्य दशाएँ स्थापित हो गयीं।

(3) आदिवायुमण्डल में, पृथ्वी से लगभग 15 किमी. ऊपर, ओज़ोन (O_3) का लगभग 17 किमी. मोटा स्तर (ओजोनोस्फीयर) बन गया जिसने सूर्य के प्रकाश की अधिकाश (99 प्रतिशत) पराबैंगनी किरणों को आदिपृथ्वी पर पहुँचने से रोक दिया।

अतः आदिपृथ्वी पर अब रासायनिक उद्विकास एवं अजीवात् जीवोत्पत्ति (abiogenesis) की सम्भावनाएँ समाप्त हो गयीं। साथ ही आदिजीवों का सागर के जल से भूमि पर आ जाना सम्भव हो गया। इन महत्त्वूपर्ण परिवर्तनों के कारण ही इस घटना को ऑक्सीजन क्रांति कहा गया है।

(viii) आठवाँ चरण-सुकेन्द्रीय (Eukaryotic or truly nuclear) कोशाओं की उत्पत्तिः- आदिवायुमण्डल में, स्वतंत्र ऑक्सीजन के मुक्त होने से, आदिपृथ्वी पर आज से लगभग 2.7 अरब वर्ष पूर्व वायुजीव श्वसन (aerobic respiration) के लिए आवश्यक दशाएँ स्थापित हो गयीं। अवायुवीय श्वसन से वायुवीय श्वसन बहुत जटिल होता है, परन्तु इसमें "ईंधन पदार्थों" से लगभग 20 गुनी अधिक ऊर्जा मुक्त होती है।

अतः आदिकोशाओं की रचनाओं में इसी के लिए क्रमिक विकास होने लगा। इस प्रकार, आज से लगभग 1.5 अरब वर्ष पूर्व सुकेन्द्रकीय कोशाओं की उत्पत्ति हुई। जीव जगत् में आज ऐसी ही कोशाओं की प्रधानता है। प्रथम सुकेन्द्रीय कोशाओं की तुलना में हम आजकल के निम्नतम् (अधिकांश एककोशीय) जन्तुओं एवं पादपों से कर सकते हैं जिनके लिए अर्न्स्ट हीकल (1894) ने एक पृथक् जीव-जगत् प्रोटिस्टा (Protista), की स्थापना की। इनकी उत्पत्ति के बारे में तीन विभिन्न परिकल्पाएँ है-

(अ) उद्विकासीय मत (Evolutionary Theory):- ओपैरिनवाद के समर्थकों के मतानुसार, प्रथम सुकेन्द्रकीय कोशाएँ पूर्वकेन्द्रीय कोशाओं के ही भागों में, जीन उत्परिवर्तनों (gene mutations) द्वारा, विभेदीकरण (differentiation) एवं उद्विकास के फलस्वरूप बनीं।

(ब) स्वतंत्र उत्पत्तिवाद (Theory of Independent Origin):- इस मत के अनुसार पूर्वकेन्द्रकीय एवं सुकेन्द्रकीय कोशाओं की उत्पत्ति स्वतंत्र रूप से, अर्थात् अलग-अलग लगभग साथ-साथ हुई।

(स) सहजीविता मत (Symbiotic Theory) :- मारगूलिस (1970, 1981) के मतानुसार, सुकेन्द्रकीय कोशाएँ दो या दो से अधिक प्रकार की पूर्वकेन्द्रकीय कोशाओं के सहजीवी साहचर्य (symbiotic association) के फलस्वरूप बनी। उदाहरणार्थ, वर्तमान सुकेन्द्रकीय कोशाओं के माइटोकॉण्ड्रिया तथा क्लोरोप्लास्ट्स नामक अंगक आदिकाल के क्रमशः वायुवीय जीवाणु (aerobic bacteria) और नीले-हरे शैवालों के समान हैं। आधुनिक खोजों के अनुसार, सुकेन्द्रकीय कोशाओं के इन अंगकों में केन्द्रक से अलग अपना DNA और प्रोटीन-संश्लेषण तंत्र होता है। अतः ये अपनी पृथक् प्रोटीन्स बनाकर स्वतंत्र द्विगुणन करते हैं। यही नहीं, पूर्वकेन्द्रकीय कोशाओं की भाँति, इनका DNA एक नग्न अणु के रूप में होता है और हिस्टोन प्रोटीन्स नहीं होतीं। राइबोसोम्स भी उसी प्रकार के होते हैं। अतः यह परिकल्पना काफी महत्त्वपूर्ण है।

जैव विकास के सिद्धान्त

जीव जातियों का विकास सरल पूर्वजों से क्रमशः धीरे-धीरे हुआ है। यह धीरे किन्तु लगातार होने वाली प्रक्रिया है। जैव विकास की प्रक्रिया को समझाने के लिए विभिन्न वैज्ञानिकों ने समय-समय पर अपने सिद्धान्त प्रस्तुत किये हैं। यहाँ पर केवल तीन प्रमुख वैज्ञानिकों के सिद्धान्तों का वर्णन किया गया है- लैमार्क, डार्विन तथा ह्यूगो डी व्रीज। इन सभी ने अपने-अपने तरीके से समझाया है कि जैव विकास कैसे हुआ।

लैमार्कवाद अथवा
उपार्जित लक्षणों की वंशागति का सिद्धान्त

जैव विकास के सम्बन्ध में सर्वप्रथम अपने विचार रखने वाले फ्रांस के प्रसिद्ध जीवशास्त्री **जीन बैप्टिस्ट डी लैमार्क** (1744-1829) थे। इनका सिद्धान्त **लैमार्कवाद** कहलाता है। लैमार्क के अनुसार जीवों के स्वभाव, रहन-सहन तथा विकास पर वातावरण का प्रभाव पड़ता है जिससे जीव वातावरण के परिवर्तनों के अनुरूप स्वयं को बदलते है और उनके अंगों में परिवर्तन आने के कारण कुछ अंग तो लुप्त होने लगते है जबकि कुछ नए अंग तथा नए गुण बनने लगते हैं। इस प्रकार बने नए लक्षण वंशागत होते हैं तथा इनके धीरे-धीरे नयी जाति बन जाती है। लैमार्क के विचार उनकी 1809 में छपी

जीन बैप्टिस्ट डी लैमार्क

पुस्तक **फिलॉस्फी जूलोजीक** में छपे। लैमार्क के सिद्धान्त को **उपार्जित लक्षणों की वंशागति का सिद्धान्त** भी कहते हैं। यह सिद्धान्त संक्षेप में निम्न प्रकार है–

(1) वातावरण का सीधा प्रभाव : वातावरण के परिवर्तनों का जीवों पर सीधा प्रभाव पड़ता है जिससे उनकी संरचना एवं स्वभाव में परिवर्तन आ जाते हैं।

(2) बढ़ने की प्रवृत्ति:– जीवों के कुछ आन्तरिक बल इस प्रकार कार्य करते हैं कि जैव विकास में जीवों के अंगों तथा इनके शरीर में बढ़ने की स्वाभाविक प्रवृत्ति होती है।

(3) अंगों के उपयोग और अनुप्रयोग का प्रभाव: वातावरण के प्रभाव के कारण शरीर के सभी अंग बराबर प्रयोग में नहीं लाये जाते। जिन अंगों का उपयोग अधिक होता है वह अधिक विकसित हो जाते हैं। इसके विपरीत कुछ अंगों का बराबर निरुपयोग होते रहने से उनका ह्रास होने लगता है। यह अंग अवशेषी अंग के रूप में रह जाते हैं या समाप्त ही होने लगते हैं।

(4) उपार्जित लक्षणों की वंशागति : इस प्रकार के जीव के जीवनकाल में वातावरण के परिवर्तन के कारण या अंगों के उपयोग तथा अनुप्रयोग से नए लक्षण बन ाजते हैं जिन्हें **उपार्जित लक्षण** कहते हैं। यह लक्षण एक पीढ़ी से दूसरी पीढ़ी में वंशागत होते रहते हैं। कई पीढ़ियों तक इन उपार्जित लक्षणों की वंशागति से नई पीढ़ियाँ अपने पूर्वज से भिन्न होती जाती है तथा इस प्रकार एक नयी जाति बन जाती है।

[I] लैमार्कवाद के उदाहरण–

लैमार्क ने अपने सिद्धान्त को समझाने के लिए कई उदाहरण दिये–

(अ) जिराफ:– लैमार्क ने अफ्रीका के रेगिस्तानों में पाये जाने वाले जिराफ के आकार के विषय में व्याख्या की कि यह जन्तु ऊँचे-ऊँचे वृक्षों की पत्तियाँ खाता है। इसकी लम्बी अगली टाँगें तथा लम्बी गर्दन इसीलिए बढ़ गए क्योंकि ऊँचे लम्बी अगली टाँगें तथा लम्बी गर्दन इसीलिए बढ़ गए क्योंकि ऊँचे वृक्षों की पत्तियों तक पहुँचने के लिए इसे अपनी गर्दन ऊपर की ओर खींचनी पड़ती थी तथा अगली टाँगों को अधिकाधिक उचकाना पड़ता था। जबकि जिराफ के पूर्वजों को गर्दन तथा अगली टाँगें छोटी थीं क्योंकि पूर्वजों के समय में वहाँ का वातावरण भिन्न था। ये पूर्वज घास-फूस के हरे-भरे मैदानों में रहते थे, छोटे कद के थे तथा घास खाते थे। धीरे-धीरे वातावरण शुष्क होता गया, हरे भरे मैदानों रहते थे, छोटे कद के थे तथा घास खाते थे। धीरे-धीरे वातावरण शुष्क होता गया, हरे भरे मैदान मरुस्थलों में बदल गए जिससे इन पूर्वजों के वंशजों को अपना पेट भरने के लिए ऊँचे वृक्षों की पत्तियों पर निर्भर होना पड़ा जिससे इनके शरीर में ये परिवर्तन आ गए जो वंशागत होते गए तथा इस प्रकार नए लक्षणों से नयी जाति बनी। इनमें ये नए लक्षण अंगों के अधिक उपयोग के कारण बने।

(ब) सर्प : लैमार्क ने अंगों के निरुपयोग का उदाहरण सर्पों से लिया। सर्पों का स्वभाव स्वभाव क्योंकि झाड़ियों व बिलों में रहने का होता है जिसमें चौड़ा शरीर तथा टाँगें अवरोध उत्पन्न करते, अत: अपने वातावरण के अनुकूल रहने के लिए इनके शरीर में इनके शरीर में इस प्रकार

लैमार्क की व्याख्यानुसार जिराफ के पूर्वजों में लम्बी गर्दन का क्रमिक विकास।

के परिवर्तन आए जिनमें टाँगें धीरे-धीरे छोटी होती गयीं और फिर बिल्कुल ही समाप्त हो गयीं तथा शरीर भी पतला और लम्बा हो गया। इन परिवर्तनों में हजारों वर्ष लगे। इनके पूर्वजों में पायी जाने वाली टाँगों का निरन्तर छोटा होना वंशागति द्वारा अगली पीढ़ियों में पहुँचता रहा है।

[II] लैमार्कवाद की आलोचना-

लैमार्क का सिद्धान्त उनकी पुस्तक **फिलॉस्फी जूलोजीक** छप जाने के बाद विवादास्पद एवं चर्चा का विषय हो गया। कुछ वैज्ञानिकों ने इस सिद्धान्त की आलोचना के लिए प्रयोग भी किए। आलोचना के सम्बन्ध में निम्नलिखित उदाहरण रखे गए-

(1) गायक कलाकारों तथा वाद्य संगीत के कलाकारों में अत्यन्त निपुणता होते हुए भी उनके बच्चों में यह गुण वंशागति द्वारा नहीं पहुँचता। ऐसा नहीं होता कि सितारवादक का बच्चा स्वयं ही सितार बजाना आरम्भ करे दें।

(2) चीन में स्त्रियों के छोटे पैर सौन्दर्य के प्रतीक होते हैं, इसीलिए उन्हें बचपन से ही लोहे के जूते पहनाकर पैर छोटे रखे जाते हैं। ऐसा सदियों से होता आ रहा है किन्तु चीनी कन्याओं के पैर जन्म के समय साधारण बच्चों के पैरों के समान ही होते है कभी छोटे नहीं होते। भारतवर्ष में स्त्रियों के कान व नाक कब से छेदने की रीति चली आ रही है किन्तु किसी भी कन्या का जन्म के समय नाक या कान में छिद्र नहीं देखा गया। इसी प्रकार अंधे माता-पिता की संतान अंधी पैदा नहीं होती।

(3) किसी पहलवान के बेटे की पेशियाँ पहलवान जैसी नहीं होतीं, जब तक वह निरन्तर अभ्यास न करे।

(4) विकलीकरण प्रयोग द्वारा जर्मन वैज्ञानिक वाइज़मैन (1892) ने चूहों की पूँछों को काट कर आपस में प्रजनन कराया तथा सन्तान प्रापत की और देखा कि सन्तान में उतनी ही बड़ी पूँछ

थी जितनी उनके माँ-बाप में कटने से पहले थी। यह प्रयोग उन्होंने लगभग 40 पीढ़ियों तक किया तथा पाया कि इतनी पीढ़ियों तक लगातार पूँछ काटते रहने का भी कोई प्रभाव नहीं पड़ा, सबमें उतनी ही लम्बी पूँछ की सन्तान हुई। वाइज़मैन लैमार्क के सबसे कड़े विरोधी हुए। अत: यह पाया गया कि जन्तुओं या पौधों के उपार्जित लक्षण आने वाली पीढ़ियों में वंशागत नहीं होते हैं। बाद में वाइज़मैन ने स्पष्ट किया कि जो उपार्जित लक्षण दैहिक कोशिकाओं में होते में होते हैं वह अगली पीढ़ियों में वंशागत नहीं होते लेकिन **जनन कोशिकाओं में उपार्जित होने वाले लक्षण अगली पीढ़ियों में वंशागति द्वारा पहुँच पाते हैं।**

(5) लोएब ने समुद्री अर्चिन के अण्डे में रासायनिक संवेदना द्वारा कृत्रिम पारथेनोजेनेसिस किया किन्तु इनकी सन्तान में यह लक्षण नहीं पहुँचता।

[III] नव या नियो-लैमार्कवाद

यद्यपि लैमार्कवाद विवादास्पद बना रहा किन्तु कुछ वैज्ञानिकों ने प्रयोगों द्वारा लैमार्कवाद को सही माना तथा प्रमाण भी प्रस्तुत किये हैं-

. **(अ) समनर का प्रयोग (1910) :** सफेद चूहों को समनर ने अधिक तापक्रम पर रखा जिससे उनका शरीर, पिछली टाँगें, कान तथा पूँछ लम्बी हो गयी। यह गुण उनकी संतानों में पहुँचता है।

(ब) कैमरर का प्रयोग (1924) : कैमरर ने उभयचर वर्ग के सैलामेण्डर पर प्रकाश व तापक्रम का प्रभाव देखा। इन्होंने सैलामेण्डर को काले तथा पीले वातावरण में रख कर पाया कि काले वातावरण में रखने पर इनके शरीर पर पाये जाने वाले काले धब्बे बहुत अधिक फैल जाते हैं। पीले वातावरण में रखने पर इसी प्रकार इनके शरीर पर पाए जाने वाले पीले धब्बे फैलकर बड़े हो जाते हैं तथा यह गुण इनकी सन्तान में भी वंशागति द्वारा पहुँच जाता है। बाद में अमेरिका के प्रसिद्ध वैज्ञानिक **नोबल** इनकी प्रयोगशाला में आए तथा कैमरर ने शायद सैलामेण्डर की त्वचा के नीचे पीले रंग के इन्जेक्शन लगा दिये है। **कैमरर को हार्दिक दु:ख हुआ और उन्होंने आत्महत्या कर डाली।**

(स) मैकडूगल का प्रयोग (1938) : मैकडूगल ने सफेद चूहों को एक जल के तालाब से जाने के लिए निश्चित मार्ग का प्रशिक्षण दिया तथा उनमें लैंगिक जनन कर नई पीढ़ियाँ बनाईं। बहुत पीढ़ियों के बाद उन्होंने देखा कि नई पीढ़ी की सन्तान के चूहे मार्ग ढूँढ़ने में कम गल्तियाँ करते हैं। लैमार्कवाद को इस प्रकार कुछ वैज्ञानिकों ने अपने प्रयोगों द्वारा नया स्वरूप दिया। इन्होंने बताया कि वातावरण के परिवर्तन के कारण जीवों के शरीर में भौतिक तथा रासायनिक परिवर्तन हो जाते हैं। ऐसे परिवर्तन जो जनन द्रव्य या जीन्स को प्रभावित कर देते हैं वंशागति द्वारा नयी पीढ़ी में पहुँच जाते हैं। **लैमार्कवाद को नया स्वरुप देने वाले वैज्ञानिक जिस विचारधारा के थे उसे नव-लैमार्कवाद** कहा जाता है। इसमें **पैकर्ड, गैडो, स्पैन्सर, कोप** व **हयात** आदि वैज्ञानिक हैं। हाल ही में एक्स-किरणों व अन्य किरणों के प्रभाव द्वारा जीवों के शरीर में परिवर्तन किए गए। इन परिवर्तनों ने क्योंकि जीन्स पर प्रभाव डाला था इसी कारण

वंशागति द्वारा यह उपार्जित परिवर्तन सन्तानों में भी पहुँच जाते है। **टावर** ने आलू-बीटल के भ्रूण को अधिक ताप तथा नमी में रखने पर ऐसे कायिक परिवर्तनों का अध्ययन किया जो जनन द्रव्य के जीन्स को प्रभावित कर वंशागत हो जाते है।

डार्विन वाद या प्राकृतिक वरणवाद

लैमार्कवाद के बाद जैव विकास के सम्बन्ध में दूसरी परिकल्पना **डार्विनवाद** है। वास्तव में इसको प्रस्तुत करने वाले वैज्ञानिक दो अंग्रेज वैज्ञानिक थे, **वैलेस** तथा **डार्विन**, जिन्होंने अलग-अलग प्रकृति का अध्ययन किया तथा आश्चर्यजनक रूप से समान निष्कर्ष पर पहुँचे।

[I] डार्विन-एक संक्षिप्त परिचय

जैव विकास के सम्बन्ध में यह सबसे अधिक प्रचलित एवं प्रसिद्ध वैज्ञानिक हुए। डार्विन ने अपने बच्चों के लिए आत्मकथा लिखी जिसमें विस्तार में उन्होनें प्रकृति के प्रति अपने दृष्टिकोण लिखें हैं: **चार्ल्स राबर्ट डार्विन** का जन्म 12 फरवरी, 1809 में श्रूसबरी-इंग्लैण्ड में हुआ। इनके पिता **रॉबर्ट वारिंग डार्विन** श्रूसबरी में डॉक्टर थे। चार्ल्स डार्विन ने अपनी प्रारम्भिक पढ़ाई वहीं पूरी की। यह चिड़ियों का शिकार करते थे तथा कुत्तों से इन्हें विशेष प्रेम था। स्कूल की पढ़ाई समाप्त होने पर इन्हें 1825 में **एडिनबर्ग** के औषधि स्कूल में भेजा गया किन्तु इन्हें रुचि ने होने कारण दो वर्ष बाद ही यह उसे छोड़ आए। बाद में 1831 में इन्होंने क्रैम्ब्रिज से स्नातक की डिग्री ली। यद्यपि अपने इस समय को उन्होंने व्यर्थ गंवाना मात्र ही समझा। एडिनबर्ग में ये कई विशिष्ट व्यक्तियों के सम्पर्क में आए। कुछ व्यक्तियों के सम्पर्क में ये कैम्ब्रिज में भी आए। कैम्ब्रिज के वनस्पतिशास्त्र के ज्ञाता **डॉ. हैन्सलो** इन व्यक्तियों में सर्व प्रमुख थे। हैन्सलों को सरकार ने अध्ययन के लिए समुद्री यात्रा पर जाने का प्रस्ताव रखा तथा हैन्सलो से कहा गया कि अपने साथ एक युवा वैज्ञानिक भी ले जा सकते हैं। **हैन्सलो ने अपने साथ ब्रिटिश सरकार के बीगल** नामक विश्व सर्वेक्षण जहाज पर जाते समय डार्विन को चुना। 27 दिसम्बर, 1831 को यह जहाज इंगलैण्ड से रवाना हुआ इस समय डार्विन मात्र 22 वर्ष थे। एटलाँटिक महासागर में बहुत से द्वीपों का सर्वेक्षण इन्होंने किया। अनेकों जीव जन्तुओं, जीवाश्मों, चट्टानों आदि का अध्ययन करते हुए इन्होंने काफी सामग्री एकत्र कीं तथा टिप्पणियाँ भी लिखीं। दक्षिणी पैसिफिक महासागर में दक्षिणी अमेरिका के समीप लगभग 14 द्वीपों की श्रृंखला **गैलपैगोस द्वीपों** पर यह काफी समय तक रहे। इन द्वीपों के भिन्न-भिन्न वातावरण की परिस्थितियों का अध्ययन डार्विन ने किया। यहाँ इन्होंने **जिओस्पिजिडी** कुल 20 विभिन्नप्रकार की चिड़ियाँ देखीं। इन पक्षियों से बिल्कुल मिलती-जुलती एक जाति इन्होंने दक्षिणी अमेरिका में भी देखी। इन्होंने बताया कि अमेरिका की मुख्य भूमि पर पायी जाने वाली यह जाति ही भिन्न-भिन्न द्वीपों के वातावरण के अनुकूलन से परिवर्तित हो गयी। डार्विन ने इन सभी पक्षियों की **जिओस्पिजा** जीनस की 13 जातियों में रखा। इन्हें बाद में **डार्विन की फिंचे** कहा गया। 5 वर्ष बाद 2 अक्टूबर 1836 को बीगल सर्वेक्षण जहाज वापिस इंगलैण्ड लौट आया। अपने भ्रमण से पहले चार्ल्स डार्विन **विशिष्ट सृष्टिवाद** में विश्वास रखते थे। प्रकृति का अध्ययन करते समय अपनी यात्रा के दौरान **जैव विकास परिकल्पना** इन्हें अधिक उपयुक्त लगी, साथ ही नयी परिकल्पना पर इनका मस्तिष्क सोचने लगा। अपनी परिकल्पना

प्रस्तुत करने से पूर्व यह कई वैज्ञानिकों एवं चिंतकों से प्रभावित हुए। **अल्फ्रेड रसेल वैलेस (1823-1913) :** वैलेस ने भी दक्षिणी-पूर्वी एशिया तथा दक्षिणी अमेरिका की यात्रा की। प्रकृति में होने वाले **प्राकृतिक चयन** का अध्ययन भी इन्होंने स्वतंत्र रूप से किया। केवल विशेष लक्षणों वाले जन्तुओं को मनुष्य अधिक संरक्षण प्रदान करता है, इसी प्रकार प्रकृति में स्वतः चयन होता रहता है। वैलेस ने **माल्थस** के आबादी पर लेख का अध्ययन किया जिससे प्राकृतिक चयन की धारणा को और बल मिला। वैलेस ने एक लेख लिखा **''जीवों की किसी मूल दशा से अनिश्चित रूप से बदल जाने की प्रवृत्ति''** इस समय तक वैलेस को पता चल चुका था कि डार्विन भी इसी दिशा में कार्य कर रहे हैं अतः उन्होंने अपना यह लेख डार्विन के पास भेज दिया जिसे पढ़कर डार्विन प्रभावित हुए। **माल्थस :** यह इंगलैड के प्रसिद्ध अर्थशास्त्री थे। इन्होंने 1838 में जनसंख्या की विवेचना की तथा **जनसंख्या के सिद्धान्त** नामक लेख लिखा। इस लेख में माल्थस ने समझाया कि जनसंख्या के बढ़ने पर पौधों एवं जन्तुओं में जीवन संघर्ष हो जाता है जिससे योग्यतम का प्राकृतिक चयन होता है। **चार्ल्स लाइल :** यह इंगलैड के प्रसिद्ध भूगर्भशास्त्री थे। इनकी प्रसिद्ध पुस्तक **भूगर्भशास्त्र के सिद्धान्त** 1832 में प्रकाशित हुई। इसमें जीवाश्मों का अध्ययन कर डार्विन प्रभावित हुए। **हरबर्ट स्पेंसर (1820-1903):** ये अंग्रेज दार्शनिक थे। जीवन संघर्ष के संदर्भ में इन्होंने समझाया कि ऐसे सदस्य जिनकी अधिकांश विभिन्नताएँ वातावरण की दशाओं के अनुसार उपयोगी हो जाती हैं बहुमुखी जीवन संघर्ष में सफल होते हैं। ऐसे सफल सदस्य अधिक समय तक जीवित रहते हैं। सामाजिक विकास की दृष्टि से इन्हें **योग्यतम की उत्तरजीविता** कहा। इसी को जैव विकास के संदर्भ में डार्विन ने **प्राकृतिक चयन** या **वरण** कहा। **वैलेस तथा डार्विन का एक इकट्ठा लेख जीव जातियों की उत्पत्ति 1858 में इंगलैंड के शोध पत्र** में छपा इसीलिए आरम्भ में इसे **डार्विन-वैलेस प्राकृतिक चयनवाद** कहा गया। किन्तु इसका अधिक श्रेय डार्विन को ही जाता है क्योंकि एक वर्ष बाद 1859 में डार्विन की बहुर्चित पुस्तक प्रकाशित हुई। इसमें बहुत से तथ्यों की डार्विन ने विस्तृत व्याख्या की। जैव विकास की क्रिया विधि को उदाहरण सहित समझाते हुए इन्होंने बताया कि किस प्रकार जीव अपने को वातावरण के अनुकूल बनाकर ठीक प्रकार जीवित रहते हैं तथा संतोत्पत्ति करते हैं। जो जीव अपने को प्रकृति के अनुकूल बनाने में असमर्थ रहते है वह कुछ समय बाद नष्ट हो जाते हैं तथा इस प्रकार छंटनी हुआ करती है और प्राकृतिक चयन होता है। डार्विन की पुस्तक **जीव जातियों की उत्पत्ति** ने अंग्रेजों के धर्मग्रन्थ **बाइबिल** के बाद लोगों की विचारधारा पर क्रान्तिकारी प्रभाव डाला। शायद बाइबिल के बाद यह दूसरी इतनी प्रचलित पुस्तक है। इसमें इनहोंने बहुत प्रभावशाली तर्कों से ठोस प्राकृतिक तथ्य प्रस्तुत किये। बिगड़ते स्वास्थ्य के कारण 19 अप्रैल, 1882 को 73 वर्ष की आयु में डार्विन स्वर्ग सिधार गए।

[II] डार्विनवाद की व्याख्या

डार्विन ने अपने विचारों को निम्नलिखित प्रेक्षणों के रूप में प्रस्तुत किया-

(1) जीवों में सन्तोत्पत्ति की प्रचुर क्षमता :- सभी जीव-जातियाँ, चाहे जन्तु हों या पौधे, सन्तोत्पत्ति की प्रचुर क्षमता रखते हैं। एक कवक 65 करोड़ बीजाणु बना सकता है। एक

समुद्री सीपी 60 लाख अण्डे प्रतिवर्ष देती है। एक मादा एस्केरिस 2.7 करोड़ अण्डे देती है। यदि इन जन्तुओं तथा पौधों के सभी अण्डे ठीक प्रकार विकसित होते तो इनमें से एक ही जाति के सदस्य सारी पृथ्वी को ढक लेते। इसी प्रकार उन्होंने हाथी का भी उदाहरण दिया। हाथी में सन्तोत्पत्ति की दर बहुत कम होती है। एक मादा हाथी 30 वर्ष से 90 वर्ष तक लगभग 6-7 बच्चे देती है। किन्तु यदि इसके सभी बच्चे ठीक रहें और इन सभी में इसी प्रकार सन्तानोत्पत्ति का क्रम चलता रहे तो लगभग 750 वर्षों में एक हाथी के जोड़े से सवा दो करोड़ सन्तान उत्पन्न हो जाएगी। यदि ऐसा होता तो हाथियों की कितनी भरमार हो गयी होती।

जाति की स्थिर संख्या: इतनी प्रुचर मात्रा में सन्तानोत्पत्ति होने के बाद भी प्रत्येक जाति की लगभग संतुलित आबादी कैसे बनी रहती है ? ऐसा इसलिए होता है कि इनके बहुत से अण्डों को दूसरे जीव-जन्तु खा जाते हैं, कुछ अण्डे स्वयं सूखकर नष्ट हो जाते हैं या उनमें टूट-फूट हो जाती है। फिर वर्धन के पश्चात् अण्डों से निकले भ्रूणों में से काफी मात्रा अन्य जातियों द्वारा नष्ट कर दी जाती है। बहुत से भ्रूण अनुकूल वातावरण मिल सकने के कारण नष्ट हो जाते हैं। पूर्ण वृद्धि हो जाने के बाद भी मांसाहारी जन्तु इन जातियों को खा जाते हैं या वातावरण की प्रतिकूल परिस्थितियों के कारण ये जन्तु नष्ट हो जाते हैं। इन सब कारणों का प्रभाव यह होता है कि किसी जाति के प्राणियों की संख्या लगभग स्थिर बनी रहती है।

(2) जीवन संघर्ष : अधिक सन्तानोत्पत्ति होने के कारण हर जीव-जाति की सन्तानें अपनी सुरक्षा, भोजन तथा उचित वातावरण की परिस्थितियों को प्राप्त करने के लिए संघर्ष करती रहती है। ऐसा इसीलिये होता है कि प्रकृति में खाद्य भण्डार, रहने के लिए क्षेत्रफल तथा अन्य सभी सुविधाएँ सीमित होती हैं। अत: जीव अपनी आवश्यकताओं की पूर्ति करने के लिए संघर्ष करते हैं। यह संघर्ष जीवों के पूरे जीवन काल में चलता रहता है। जीवन संघर्ष तीन प्रकार का होता है- **(क) सजातीय संघर्ष :** यह संघर्ष बहुत अधिक होता है क्योंकि एक ही जाति के सदस्यों की आवश्यकताएँ भी समान होती हैं। अत: एक ही जाति के सदस्य लैंगिक प्रजनन के लिए साथी को ढूंढ़ने में या उपयुक्त स्थान की खोज में या भोजन की प्राप्ति के लिए भीषण संघर्ष करते हैं। **(ख) अन्तरजातीय संघर्ष:** विभिन्न जातियों के सदस्यों में उपयुक्त वायु, जल, सुरक्षा तथा रहने के स्थान के लिए संघर्ष होता है। **(ग) वातावरणीय संघर्ष :** सभी जीव-जातियाँ वातावरण की विभिन्न अवस्थाओं जैसे-वर्षा, बाढ़, सूखा, सर्दी व गर्मी आदि से सुरक्षित रहने के लिए संघर्ष करती हैं।

(3) विभिन्नताएँ तथा आनुवंशिकता : प्रकृति में कोई भी दो प्राणी बिल्कुल एक जैसे नहीं होते। एक ही माता-पिता की सन्तान में भी भिन्नता होती है। यह भिन्नताएँ प्राणियों के रूप, आकार, रंग, स्वभाव आदि में होती हैं। यह भिन्नताएँ वंशागत भी हो सकती हैं। इन भिन्नताओं वंशागत भी हो सकती हैं। इन भिन्नताओं के कारण प्राणियों में संघर्ष करने की क्षमता भी विभिन्न होती है तथा स्वयं को वातावरण के अनुकूल हो सकते हैं, निश्चय ही ये प्राणी वातावरण से अधिक लाभ उठा सकते हैं। ये भली प्रकार से जीवित रहते हैं तथा अधिक सन्तान उत्पन्न करते हैं। विभिन्न जन्तुओं के विकास में कुछ अवस्थाएँ ऐसी देखने में आती हैं जो वातावरण के लिए अधिक अनुकूल नहीं होतीं। ये धीरे-धीरे नष्ट हो जाती हैं। जबकि ऐसी अवस्थाएँ जो वातावरण

के लिए अधिक अनुकूल होती हैं उनमें सुरक्षित रहने के गुण बनते जाते हैं जो आनुवंशिकता के कारण सन्तानों में भी पहुँच जाते हैं। कुछ विभिन्नताएँ जीव के जीवन संघर्ष के लिए लाभदायक होती हैं तथा कुछ हानिकारक। उपयोगी विभिन्नताओं वाले जीव विभिन्न प्रकार के जीवन संघर्षों में सफल होते हैं।

(4) योग्यतम की उत्तरजीविता : डार्विन के अनुसार जीवन संघर्ष के फलस्वरूप अधिक सफल जीवन व्यतीत करने वाले सदस्य योग्यतम होते हैं। इनकी सन्तान भी स्वस्थ होती हैं जिनसे इनका वंश चलता रहता है। संघर्ष में जो अधिक सक्षम होते हैं वही विजयी होकर योग्यतम सिद्ध होते हैं। वास्तव में **योग्यतम की उत्तरजीविता का विचार सर्वप्रथम अंग्रेज दार्शनिक हरबर्ट स्पेंसर** ने सामाजिक विकास के सन्दर्भ में प्रस्तुत किया था। बाद में डार्विन के अनुसार योग्यतम प्राणी ही अपने विशिष्ट लक्षणों के कारण लैंगिक प्रजनन के लिए संगम-साथी को पाने में सफल होते हैं। इसे लैंगिक वरण भी कहते हैं जिससे योग्यतम के उच्च लक्षण एक पीढ़ी से दूसरी पीढ़ी में पहुँचते रहते हैं।

(5) बदलते वातावरण के प्रति अनुकूलन : वातावरण की दशाएँ सदैव परिवर्तित होती रहती हैं, स्थिर नहीं रहतीं। स्पष्ट है कि इन बदलती वातावरण की अवस्थाओं के अनुसार जो जीव स्वयं की संरचना, कार्यिकी तथा स्वभाव में अनुकूल परिवर्तन करने की क्षमता रखते हैं अधिक सफल सिद्ध होते हैं, जबकि जो जीव अनुकूलन में असफल होते हैं, वह जीवन में भी असफल रह जाते हैं। **मीसोजोइक कल्प** में विशालकाय सरीसृपों का बाहुल्य था तथा एकछत्र राज्य था क्योंकि उस समय का वातावरण उनके लिए बहुत अनुकूल था। वे शाकाहारी थे और पृथ्वी, जल तथा वायु सभी में पाए जाते थे। बाद में वातावरण में परिवर्तन के कारण वनस्पतियों में कमी आती गयी, वातावरण ठण्डा होता गया, पृथ्वी पर पहाड़ बनने लगे। इन बदलती परिस्थितियों के अनुकूल ये बड़े सरीसृप स्वयं को नहीं बदल सके अतः ये धीरे धीरे नष्ट होते गए और बाद में लुप्त हो गए। छोटे सरीसृप, जो मांसाहारी हो गए तथा वातावरण के अनुसार बदल गए, बाद में जीवित रह गए।

(6) नयी जातियों की उत्पत्ति : डार्विन ने समझाया कि कुछ जीव जो अन्यों से पृथक् होकर वातारवरण के अनुकूल होने के लिए विभिन्नताएँ उत्पन्न कर सके, जीवित रहने के लिए अधिक सक्षम हो गए। इन विभिन्नताओं के कारण पीढ़ी दर पीढ़ी ये जीव अपने पूर्वजों से भिन्न होते गए और धीरे-धीरे अपने पूर्वजों से इतने भिन्न हो गए कि उन्हें एक नई जाति का स्थान मिल गया। इसी आधार पर डारविन ने नई जातियों की उत्पत्ति का सिद्धान्त प्रस्तुत किया। इस प्रकार की भिन्नता के पूर्णरूप से बनने में हजारों की लाखों वर्ष लग जाते हैं।

इसके उदारहण के लिए किसी भी जाति के विभिन्न जन्तुओं का अध्ययन किया जा सकता है। यदि हम चीता, बिल्ली, तेन्दुआ, शेर आदि एक ही जाति के सदस्यों देखें तो सभी में मांसाहारी होने के कारण बड़े व नुकीले कैनाइन दन्त होते हैं, नुकीले पंजे होते हैं तथा उनके रूप में भी काफी समानता होती है। स्पष्ट हे कि यह सभी किसी एक पूर्वज से विकसित हुए होंगे। विभिन्न वातावरण में रहने के लिए इनमें धीरे-धीरे परिवर्तन आने लगे जिससे ये उस वातावरण के

अनुकूल रह सकें। यह परिवर्तन इनते अधिक हो गए कि अन्त में ये सभी जन्तु अलग-अलग जातियाँ बन गए, जैसे बाघ, बिल्ली, तेन्दुआ तथा शेर इत्यादि।

[III] डार्विनवाद की आलोचना

कहा जाता है कि डार्विनवाद को उस समस के लोगों ने इतना युक्ति-संगत तथा सत्यतापूर्ण माना कि धर्मग्रन्थ बाइबिल के बाद यही इतना प्रचलित हुआ। किन्तु फिर भी इसकी आलोचना हुई तथा कुछ प्रश्नों का उत्तर डार्विनवाद में नहीं मिल पाया। निम्नलिखित आंपत्तियाँ डार्विनवाद के सम्बन्ध में रखी गयीं-

(1) कहा जाता है कि डार्विनवाद को उस समय के लोगों ने इतना युक्ति-संगत तथा सत्यतापूर्ण माना कि धर्मग्रन्थ बाइबिल के बाद यही इतना प्रचलित हुआ। किन्तु फिर भी इसकी आलोचना हुई तथा कुछ प्रश्नों का उत्तर डार्विनवाद में नहीं मिल पाया। निम्नलिखित आंपत्तियाँ डार्विनवाद के सम्बन्ध में रखी गयीं-

(2) इस सिद्धान्त की बड़ी कमी यह है कि सभी जीव जातियों को असक्षम माना गया है। डार्विन का कहना था कि सभी जातियाँ उतनी सक्षम नहीं हैं जितनी वातावरण के अनुकूल होनी चाहिए।

(3) यह वाद जनन कोशिकाओं तथा दैहिक कोशिकाओं में पाई जाने वाली विभिन्नताओं में कोई अन्तर स्पष्ट नहीं करता।

(4) डार्विनवाद घीरे-धीरे होने वाले परिवर्तनों पर बल देता है किन्तु इस वाद में विकास के आरम्भ में अंग की प्रारिम्भक अवस्था को नहीं समझाया गया।

(5) इस सिद्धान्त में योग्यतम की उत्तरजीविता को समझाया गया है किन्तु यह योग्यतम की उत्पत्ति पर प्रकाश नहीं डालता।

(6) इस वाद द्वारा यह स्पष्ट नहीं हो पाता कि कुछ वंशागत लक्षणों वाली जाति जब इन लक्षणों से रहित जीव से लैंगिक जनन करती है तो लक्षणों का प्रभाव क्यों नहीं हो जाता।

(7) प्राकृतिवाद द्वारा नैसर्गिक वृत्तियाँ उपार्जित या परिवर्तित होती है, इसका स्पष्टीकरण नहीं मिलता।

(8) यद्यपि कृत्रिम वरण का वर्णन तो डार्विनवाद में है किन्तु वातावरण द्वारा होने वाले कायिक परिवर्तन वंशागत क्यों नहीं होते ?

(9) सर्वाधिक आपत्ति प्राकृतिवाद के लैंगिक वरण पर उठायी गयी। नर कोई चयन नहीं करता जबकि मादा आकर्षक नर का चयन करती है, ऐसा क्यों ?

(10) प्राकृतिवाद संयोजी कड़ियों की अनुपस्थिति पर प्रकाश नहीं डालता है।

(11) डार्विनवाद में समन्वित रचनाओं की उत्पत्ति तथा वृद्धि को नहीं समझाया गया है। इसके अनुसार पक्षियों में पंखों का विकास प्रारम्भिक विभिन्नता के लगातार चयन से हुआ किन्तु सम्बन्धित पेशियों तथा हड्डियों आदि का विकास कैसे हुआ ?

(12) कुछ जीवों के उपयोगी अंगों के आवश्यकता से अधिक विकसित हो जाने पर यह अंग उन जीवों की मृत्यु का कारण बने। उदाहरणार्थ, आयरलैंड के बारहसिंगे में सींग पीढ़ी दर पीढ़ी बढ़ते गए तथा अन्त में इस जाति के विलोप का कारण बन गए। सैबर-टुथ चीता का विनाशभी अत्यधिक विकसित दाँतों के कारण हुआ। ऐसा अतिविशिष्टीकरण क्यों होता है ?

(13) डार्विनवाद नष्ट होने पर प्रकाश नहीं डालता।

[IV] लैमार्कवाद तथा डार्विनवाद की तुलना

दोनों ही सिद्धान्तों में जिराफ की लम्बी गर्दन होने की व्याख्या अलग-अलग है।

लैमार्कवाद तथा डार्विनवाद की तुलना

दोनों ही सिद्धान्तों में जिराफ की लम्बी गर्दन होने की व्याख्या अलग-अलग है।

लैमार्क का उपार्जित अंगों की वंशागति का सिद्धान्तः

इस सिद्धान्त के अनुसार जिराफ के पूर्वजों की गर्दन व अगले पैर छोटे थे तथा ये पूर्वज हरे-भरे मैदानों की घास आदि खाते थे। धीरे-धीरे वातावरण में परिवर्तन हुआ, हरे-भरे मैदान सूख गए और अब जिराफ को ऊँचे वृक्षों की शाखाएँ व पत्तियाँ खाकर जीवन निर्वाह करना पड़ा। इसके लिए इन्होंने गर्दन को ऊपर खींचने तथा पैरों को उचकाने की प्रक्रिया लगातार की जिससे गर्दन व पैर लम्बे होते गए। ये उपार्जित लक्षण पीढ़ी दर पीढ़ी वंशागत होते गए तथा आधुनिक जिराफ की गर्दन व अगले पैर इसीलिए इतने लम्बे हो गए।

डार्विन का प्राकृतिक वरणवाद :

डार्विन ने बताया कि जिराफ के पूर्वजों की गर्दन व अगले पैर भिन्न प्रकार के थे। जीवन संघर्ष तथा भिन्नता के कारण प्राकृतिक वरण हुआ जिससे लम्बी गर्दन व लम्बे पैरों वाले जिराफ भली प्रकार रहने में सक्षम थे। प्राकृतिकवरण इस प्रकार पीढ़ियों में होता चला गया जिससे छोटी गर्दन वाले पूर्वजों से लम्बी गर्दन के जिराफ बन गए। छोटी गर्दन वाले पूर्वज धीरे-धीरे लुप्त होते गए।

डार्विन का पैन्जेनेसिस सिद्धान्त :

डार्विन के समय में आनुवंशिकी का कोई विशेष ज्ञान नहीं था। विभिन्नताओं की वंशागति को समझाने के लिए डार्विन ने 1868 में **पैन्जेनेसिस सिद्धान्त** या **पैन्जीनवाद** प्रस्तुत किया। इस सिद्ध त के अनुसार शरीर के सभी अंग अपनी छोटी-छोटी प्रतिलिपियाँ बनाते हैं जिन्हें **पैन्जीस** कहा। ये पैन्जीस रुधिर द्वारा जनन ग्रंथियों में पहुँचते है जहाँ ये युग्मक कोशिकाएँ बनाते हैं तथा अगली पीढ़ी में पहुँच जाते हैं। युग्मनज में पहुँचकर ये पैन्जीन्स उन अंगों के द्वितीयक बनाते हैं जिनसे स्वयं ये बनकर युग्मनज में आए थे।

नव-डार्विनवाद

डार्विन का प्राकृतिक वरणवाद का व्यावहारिक स्वरूप के कारण समकालीन व्यक्तियों द्वारा काफी पसन्द किया गया।

डार्विनवाद 1859 में छपा जिसे अत्यन्त सराहना मिली। लगभग 40 वर्षों तक अर्थात् बीसवीं शताब्दि के आरम्भ तक वैज्ञानिकों ने डार्विनवाद में गहरा विश्वास रखा। यह समय डार्विनवाद का **भावुक काल** कहलाया गया।

डार्विनवाद का अज्ञेयवादी काल :

वर्तमान सदी के आरम्भ में हॉलैण्ड के ह्यूगो डी व्रीज, जर्मनी के **कोरेन्स** तथा ऑस्ट्रिया के **शेरमाक** ने **मैण्डल के सिद्धान्तों** की पुनर्खोज की तथा इस समय तक यह स्पष्ट हो गया था कि जीन्स के कारण होने वाले परिवर्तन ही वंशागत होते हैं। इस बात से डार्विनवाद को धक्का लगा। वर्तमान सदी के आरम्भिक 30–35 वर्षों में डार्विनवाद में अविश्वास उठ खड़ा हुआ और इसकी आलोचना होने लगी। इस समय को डार्विनवाद का **अज्ञेयवादी काल** कहा गया है। पिछले कुछ वर्षों में आधुनिक अन्वेषणों के आधार पर डार्विनवाद को कुछ इस प्रकार परिवर्तित किया गया जिससे डार्विन के प्राकृतिक वरणवाद को फिर से मान्यता प्राप्त हुई। **डार्विनवाद का यह परिवर्तित स्वरुप ही नव-डार्विनवाद कहलाता है।** इसके अनुसार यह बात स्पष्ट की गयी कि जीवों की नई जातियाँ पुरानी जाति के जीन्स में परिवर्तन के फलस्वरूप बनती हैं। इन जीन्स के परिवर्तनों के कारण इन जीव जातियों में आनुवंशिक लक्षणों में परिवर्तन आ जाते हैं। नव डार्विनवाद में अनेकों वैज्ञानिकों ने विश्वास व्यक्त किया है जिनमें मुख्य है **वाईजमैन, हैल्डेन हक्सले, सिवाल राइट, शिमट, डॉबजेन्स्की** तथा **स्टैबिन्स**। **डॉडसन** ने अपनी पुस्तक **"जैव विकास प्रक्रिया एवं उत्पाद"** में समझाया है कि आधुनिक संश्लेषण मत ही नव डार्विनवाद है। दूसरी ओर **सिम्पसन** ने अपनी पुस्तक 'द मीनिंग ऑफ इवोल्यूशन' में आधुनिक संश्लेषण मत तथा नव-डार्विनवाद को बिल्कुल अलग रखा है। सिम्पसन के अनुसार **वाइजमैन** एवं इनके सहकर्मियों द्वारा प्रस्तुत कार्य का नाम नव-डार्विनवाद से पहले से ही जुड़ा हुआ है। नव-डार्विनवाद के अनुसार किसी जाति की जीव संख्या पर कई कारकों के प्रभाव के कारण इनसे नई जातियों का विकास होता है।

(अ) विभिन्नताएँ : केवल लाभदायक एवं वशांगत विभिन्नताएँ जैव विकास में सहायक होती हैं। प्राणियों में ये विभिन्नताएँ दो प्रकार की हो सकती हैं–

(i) लैंगिक जनन में अर्द्धसूत्री विभाजन के समय जीन विनिमय के कारण।

(ii) लैंगिक जनन में माता एवं पिता के गुण सूत्रों के सम्मिलित द्वारा।

(ब) उत्परिवर्तन : यह DNA की अणु रचना में परिवर्तन, जीन्स की संख्या या क्रम में परिवर्तन तथा गुण सूत्रों की संख्या में परिवर्तन या इनकी अदला-बदली से सम्भव हो सकते हैं। ये उत्परिवर्तन आनुवंशिक होते हैं।

(स) प्राकृतिक वरण : ऐसे जीव जिनमें लाभप्रद, विभिन्नताएँ तथा उत्परिवर्तन हो जाते हैं तथा जो बदलते वातावरण में रहने के लिए अत्यन्त उपयुक्त हो जाते हैं, जीवित रहने में अधिक समर्थ होते हैं। इंगलैंड में पाया जाने वाला **पेपर्ड मॉथ** बिस्टन बेटूलेरिया हल्के रंग का कीट था। 1845 तक मैनचैस्टर शहर के उद्योगों की चिमनियों से इतना अधिक धुआँ निकलता रहा कि इस मॉथ का रंग काला पड़ गया। 1845 के बाद से काले रंग की मॉथ की संख्या बढ़ती गयी तथा

हल्के रंग की मॉथ कम होती गयी। काले रंग की मॉथ को प्राकृतिक वरण सम्भव हो सका और वह मर कर समाप्त होने लगे। काले रंग की मॉथ हल्के रंग की मॉथ में उत्परिवर्तन के कारण बनीं। वातावरण के प्रति अधिक उपयुक्त होकर बनी ऐसी जातियों को **उपजातियाँ** या **डार्विन की प्रारम्भिक जातियाँ** कहा गया।

(द) लैंगिक पृथक्करण : मनोवैज्ञानिक, क्रियात्मक तथा भौगोलिक कारकों (मरुस्थल, नदियाँ, समुद्र एवं पर्वत आदि) के प्रभाव से जीवों में अन्तरा-प्रजनन रुक जाता है। इस प्रकार अलग-अलग वातावरण में पर्यावरण के अनुरुप अनुकूलन होने से जीवों का प्राकृतिक वरण होने से नयी जातियों का विकास हुआ।

वाइजमैन का जननद्रव्य या जर्मप्लाज़्म मत

जर्मनी के वैज्ञानिक ऑगस्ट वाइजमैन (1892) ने डार्विनवाद की कमी आनुवंशिकता को समझाने के लिए जर्मप्लाज्म मत प्रस्तुत किया। वाइजमैन डार्विन के प्रबल समर्थक थे। नव-डार्विनवाद में वाइजमैन के जर्मप्लाज्म मत की विशेष भूमिका है। **सिम्पसन** ने तो जर्मप्लाज्म मत का सीधा सम्बन्ध नव-डार्विनवाद से माना है। वाइजमैन के मत की मुख्य बातें निम्नलिखित हैं-

(1) प्रत्येक जीव का शरीर दो भागों में विभाजित होता है-

(अ) जनन कोशिकाओं में पाया जाने वाला **जननद्रव्य** या **जर्मप्लाज्म** जो आनुवंशिकी का मुख्य रूप से जिम्मेदार होता है।

(ब) दूसरा शेष कोशिकाओं में पाया जाने वाला **कायिकद्रव्य** पिता तथा माता दोनों से थोड़ा-थोड़ा जननद्रव्य मिलकर युग्मनज में पहुँचता है जहाँ से फिर सन्तान में पहुँच जाता है, अत: जननद्रव्य निरन्तर पीढ़ी दर पीढ़ी चलता रहता है। कायिकद्रव्य इसमें कोई योगदान नहीं देता।

(2) आनुवंशिकी की इकाई गुणसूत्र होते हैं जो क्रमवार विभाजित होते हैं।

(3) केवल जननिक उत्परिवर्तन ही आनुवंशिक होते हैं।

(4) युग्मक निर्माण के समय गुणसूत्रों की संख्या घटकर आधी रह जाती है।

(5) जननद्रव्य अमर है क्योंकि सूत्री विभाजन द्वारा यह एक पीढ़ी से दूसरी पीढ़ी में पहुँचता रहता है।

(6) जननद्रव्य छोटे-छोटे टुकड़ों से मिलकर बनता है जिन्हें **ईड** कहते हैं। यही ईड नए लक्षणों को बनाने के लिए जिम्मेदार होते हैं। आधे ईड माता से तथा आधे पिता से सन्तान में पहुँचते है। इस मत को बाद में गलत सिद्ध कर दिया गया।

ह्यूगो डी व्रीज़ का उत्परिवर्तन सिद्धान्त

जीन की कोई जानकारी होने से काफी पहले से ही आकस्मिक रूप से होने वाले वंशागत परिवर्तनों का अध्ययन किया जा चुका था। न्यूजीलैंड के किसान **सैठ राइट** (1791) ने अपनी भेड़ों में एक छोटे पैरों वाली नर भेड़ **एनकन रैप** देखी। डार्विन ने इन परिवर्तनों को **नवोदय**

प्रदर्शन या **स्पोर्ट्स** कहा, जबकि बेटसन (1894) ने इन्हें **असंतत या विच्छिन्न भिन्नताएँ** माना है।

उत्परिवर्तन की व्याख्या :

ह्यूगो डी व्रीज़ (1848-1935)

हॉलेण्ड के वनस्पतिशास्त्र के वैज्ञानिक ह्यूगो डी व्रीज ने वहाँ पाये जाने वाले पौधे **सान्ध्य प्रिमरोज** का अध्ययन किया जिसका वैज्ञानिक नाम **ईनोथीरा लैमार्कियाना** है। एम्स्टरडम के समीप खेत में उगे इन पौधों में कुछ पौधे अन्य पौधों से तने की लम्बाई, पुष्पों के रंग तथा पत्तियों के लक्षणों के पौधों का कई पीढ़ियों तक अध्ययन करने के बाद डी व्रीज ने पाया कि ये लक्षण वंशागत थे। अत: ये पौधे शुद्ध नस्ल के थे। अगली पीढ़ियों में उन्होने देखा कि कुछ नयी भिन्नताएँ और बन गयी है तथा ये भी शुद्ध नस्ल की हैं। इस प्रकार की 7 जातियाँ उन्होंने इस पौधे में देखी। इसी प्रकार के परिवर्तन **फल मक्खी ड्रॉसोफिला** तथा **हिरण चूहा** में भी देखे गए है। **ह्यूगो डी व्रीज** ने अपने परीक्षणों के परिणाम से सुझाव दिया कि नई जातियाँ इन विच्छिन्न भिन्नताओं के कारण बनती हैं जिन्हें **उत्परिवर्तन** कहते हैं।

इस प्रकार **जातीय लक्षणों में आक्समिक रूप में होने वाले वंशागत परिवर्तनों को उत्परिवर्तन या म्यूटेशन** कहते हैं। डी व्रीज ने बताया कि नयी जातियाँ प्राकृतिक वरण द्वारा छोटी-छोटी आनुवंशिक भिन्नताओं के कारण नहीं बनती है। डी व्रीज के उत्परिवर्तन सिद्धान्त की मुख्य बातें निम्नलिखित हैं-

(1) उत्परिवर्तन अनिश्चित होते हैं तथा ये लाभदायक तथा हानिकारक दोनों प्रकार के होते सकते हैं।

(2) लगभग सभी जीवजातियों में उत्परिवर्तन की प्रवृत्ति होती है।

(3) ये परिवर्तन या भिन्नताएँ जननद्रव्य में होती है तथा इन भिन्नताओं या परिवर्तनों के बाद सन्तानों के शरीर में भी परिवर्तन आ जाता है।

(4) जाति के अलग-अलग प्राणियों में अलग-अलग प्रकार के उत्परिवर्तन हो सकते हैं।

(5) जाति का पहला प्राणी जिसमें उत्परिवर्तन विकसित होता है **उत्परिवर्तन** कहलाता है तथा यह शुद्ध नस्ल का होता है।

(6) उत्परिवर्तन बहुत छोटे समय में हो जाते हैं। जैव विकास में होने वाले अन्य परिवर्तनों के समान इन्हें अधिक लम्बा समय नहीं चाहिए।

(7) जातियाँ क्राँस कराने से समास नहीं हो सकतीं क्योंकि इनमें विभिन्न प्रकार के उत्परिवर्तन हो जाते हैं।

(8) संयोजी कड़ियों की अनुपस्थिति जैव विकास के विरुद्ध नहीं होती क्योंकि इनका पाया जाना उत्परिवर्तन सिद्धान्त में बताया गया है।

(9) वर्धन के समय अंगों की प्रारम्भिक अवस्था को उत्परिवर्तन सिद्धान्त द्वारा समझाया जा सकता है।

उत्परिवर्तन के सिद्धान्त की आलोचना

ह्यूगो डी व्रीज़ के उत्परिवर्तन सिद्धान्त को जहाँ बहुत मान्यता मिली वहीं दूसरी ओर इसकी आलोचना भी की गयी। आलोचना के सम्बन्ध में निम्नलिखित बातें सामने आयीं–

(1) **सान्ध्य प्रिमरोज़** में पायी जाने वाली भिन्नताएँ तथा परिवर्तन इस पौधे की विशेष परिस्थिति के कारण थे, ये आवश्यक नहीं कि सभी जातियों में इसी प्रकार के परिवर्तन हों।

(2) उत्परिवर्तन सिद्धान्त के आधार पर उड़ने में असमर्थ पक्षियों का समुद्री द्वीपों में पाया जाना नहीं समझाया जा सकता।

(3) इस सिद्धान्त के आधार पर प्राणियों की विच्छिन्नता को भी नहीं समझाया जा सकता।

(4) उत्परिवर्तन अकेले ही जैव विकास को प्रमाणित नहीं करते। वास्तव में उत्परिवर्तन उन मूल तत्त्वों को प्रस्तुत करते हैं जिनके आधार पर जैव विकास होता है।

(5) प्रत्येक जीव जाति प्रकृति में वातावरण के प्रति अनुकूलन की क्षमता रखती है किन्तु उत्परिवर्तन आकस्मिक होने के कारण, इसका प्रभाव जीवों की अनुकूलन क्षमता पर क्या पड़ेगा यह स्पष्ट नहीं होता।

उत्परिवर्तन का आधुनिक स्वरुप :

उत्परिवर्तन लगभग सभी जन्तुओं और बहुत से पौधों में देखे गए हैं। **मार्गन ने फल मक्खी** विभिन्न प्रकार के उत्परिवर्तनों का अध्ययन किया है। उत्परिवर्तन के आधुनिक स्वरुप की निम्नलिखित विशेषताएँ है–

(1) उत्परिवर्तन आकस्मिक रूप से होने वाले परिवर्तन है। ये परिवर्तन है। ये परिवर्तन जीन या गुणसूत्रों में होते हैं।

(2) उत्परिवर्तन दोनों प्रकार के हो सकते हैं, कायिक तथा जननिक। जननिक उत्परिवर्तन क्योंकि वंशागत होते हैं अत: जैव विकास में इनका महत्त्वपूर्ण स्थान है।

(3) उत्परिवर्तन प्रभावी तथा अप्रभावी दोनों प्रकार के हो सक्ते है। प्रभावी उत्परिवर्तनों की अभिव्यक्ति तुरन्त हो जाती है किन्तु अप्रभावी उत्परिवर्तन कई पीढ़ियों बाद भी अभिव्यक्त हो सकते हैं।

(4) घातक उत्परिर्वन अधिकतर अप्रभावी होते हैं।

(5) जननिक उत्परिवर्तन केवल लैंगिक कोशिकाओं में युग्मकों के बनते समय या युग्मकों के परिपक्वन के समय होते है। कायिक उत्परिवर्तन जीव के जीवनकाल में कभी भी हो सकते हैं।

(6) उत्परिवर्तन शरीर के सभी लक्षणों को प्रभावित कर सकते हैं।

(7) उत्परिवर्तन की दर कुछ कारकों पर निर्भर करती है जैसे विकिरण, रासायनिक उत्परिवर्तक तथा वातावरण।

(8) उत्परिवर्तनों का जीव की आवश्यकता से कोई सम्बन्ध नहीं होता। ये दिशात्मक भी नहीं होते हैं।

(9) अधिकतर जीन के एलीली उत्परिवर्तन द्वारा बनते हैं। इसी कारण ऐसे ही जीनों को आसानी से पहचाना जा सकता है जिनमें उत्परिवर्तन होता है।

उत्परिवर्तन के विकास :

उत्परिवर्तन जीव के लिए हानिकारक भी होते हैं किन्तु अनेक उत्परिवर्तन लाभप्रद भी होते हैं। **डॉबजेन्स्की** का विचार था कि ऐसे उत्परिवर्तन जो जीव को वातावरण के प्रति अनुकूल बनाते हैं प्राकृतिकवरण द्वारा उसकी जीनिक संरचना में संकलित हो जाते हैं। उत्परिवर्तनों को ही आजकल जैव विकास का आधार माना गया है। वातावरण के परिवर्तन से जीवों में अनुकूलन होता है जिससे इनकी जीनिक संरचना में परिवर्तन आवश्यक हो जाता है। कुछ उत्परिवर्तनों द्वारा समष्टि के पुराने जीन्स का स्थान नए व आधुनिक जीन्स ले लेते हैं। इस प्रकार जैव विकास में इनका महत्त्वपूर्ण योगदान होता है।

जैव विकास का संश्लेषणात्मक सिद्धानंत

पिछले एक दशक में आधुनिक जीव-शास्त्रियों ने जैव विकास के सम्बन्ध में महत्त्वपूर्ण कार्य किया है जिसके फलस्वरूप **आधुनिक संश्लेषणात्मक सिद्धान्त** प्रस्तुत हुआ। आधुनिक मत में उत्परिवर्तन तथा प्राकृतिक वरण को जैवविकास के सम्बन्ध में एक तथ्य के रूप में माना गया है। किन्तु यह पाया गया कि डार्विन तथा डी व्रीज़ के सिद्धान्तों के अलावा जैवविकास की दिशा में कुछ अन्य महत्त्वपूर्ण कारक भी हैं जिन्हें इन दोनों वैज्ञानिकों ने शायद नहीं समझा था। आधुनिक संश्लेषणात्मक सिद्धान्त वास्तव में **नव डार्विनवाद** का ही रूप है **डॉब्जेन्स्की** (1937) ने अपनी पुस्तक **'आनुवंशिकी तथा जातियों की उत्पत्ति'** में इस सिद्धान्त का वर्णन किया है। **जूलियस हक्सले** (1942) ने इस सिद्धान्त का नामकरण किया। इनके अलावा इस सिद्धान्त में योगदान वाले अन्य वैज्ञानिक हैं **फिशर** (1958), **हेल्डेन, सिवाल राइट** (1968), **अरनेस्ट मेयर** (1970) तथा **स्टेबिन्स** (1971, 76)। **डेविस** ने अपनी पुस्तक जैव विकास की क्रिया विधि में संश्लेषणात्मक सिद्धान्त का वर्णन किया। इनके अनुसार इस सिद्धान्त में जैव विकास को प्रभावित करने वाले निम्नलिखित कारक बताए गये हैं-

(1) मूल कारक : ये मूल कारक 5 हैं-

(i) जीन म्यूटेशन। (ii) गुणसूत्रों की रचना तथा संख्या में परिवर्तन। (iii) जीन पुनर्मिश्रण।

(iv) प्राकृतिक वरण। (v) जननिक पृथक्करण। उपरोक्त पाँच प्रक्रियाओं में से पहली 3 **जीनी भिन्नताओं** के लिए आवश्यक हैं तथा बाद की 2 प्रक्रियाएँ जैव विकास की क्रिया को दिशा प्रदान करती हैं।

जीनी समूह या जीनी ढ़ाँचा : जाति के एक सदस्य के सभी जीन्स मिलकर इसका जीन समूह बनाते हैं।

अभ्यास प्रश्न

बहुचयनात्मक प्रश्नोत्तर

1. स्वतः जननवाद में विश्वास रखने वालों के अनुसार?

(अ) जीवों की उत्पत्ति अन्य समान जीवों से होती है

(ब) जीवों की उत्पत्ति केवल हवा से संभव है।

(स) जीव हमेशा स्वतः जनन से बनते हैं

(द) जीवों की उत्पत्ति दूसरे समान जीवों से या स्वतः जनन से होती है

2. प्रोकैरिओटिक आनुवंशिक तंत्र में?

(अ) डी.एन.ए. एवं हिस्टोन्स होती है (ब) डी.एन.ए. या हिस्टोन्स होती है

(स) डी.एन.ए. होता है, हिस्टोन्स नहीं (द) न डी.एन.ए. होता है न हिस्टोन्स

3. मिलर ने सरल अमीनों अम्लों का संश्लेषण किनसे किया?

(अ) H_2, O_2, N_2 एवं H_2O (ब) CH_4, CN, H_2 एवं O_2

(स) H_2, NH_3, CH_4 एवं जलवाष्प (द) NH_3, CH_4, CN एवं O_2

4. स्टैन्ले मिलर ने एक विशेष उपकरण का आदिपृथ्वी जैसी दशाएँ उत्पन्न करके मूलतः किसका संश्लेषण किया–

(अ) प्रोटीन्स या पेप्टाइड्स (ब) अमीनो अम्लों

(स) वाइरसों (द) सरल शर्कराओं

5. आजकल सबसे अधिक मान्य मत के अनुसार ''जीवन की उत्पत्ति'' से पहले, आदिपृथ्वी के वायुमण्डल में इनमें से किसका मिश्रण था?

(अ) जलवाष्प, H_2, NH_3 एवं CH_4 (ब) H_2, O_2, NH_3 एवं CH_4

(स) O_2, NH_4, CH_4 एवं H_2O (द) O_3, CH_4, O_2 एवं H_2O

6. पृथ्वी पर ''जीवन की उत्पत्ति'' की दिशा में इनमें से कौन-से यौगिकों का उद्विकास हुआ?

(अ) प्रोटीन्स एवं अमीनो अम्ल (ब) प्रोटीन्स एवं न्यूक्लिक अम्ल

(स) यूरिया एवं अमीनों अम्ल (द) यूरिया एवं न्यूक्लिक अम्ल

7. किसने प्रयोग द्वारा ओपैरिनवाद को सिद्ध किया, या सिद्ध किया कि कार्बनिक यौगिक, या अमीनो अम्ल ''जीवन की उत्पत्ति'' का आधार बने?

(अ) मिलर तथा यूरे (ब) हैल्डेन

(स) लैमार्क (द) डीव्रीज

8. ''जीवन की उत्पत्ति'' के समय के आदिसागर के जल को जिस वैज्ञानिक ने ''कार्बनिक पदार्थों का गरम पतला सूप'' कहा?

(अ) हैल्डेन (ब) मिलर

(स) ओपैरिन (द) सिडनी फॉक्स

9. पाश्चर किसके लिए प्रसिद्ध है?

(अ) जर्मप्लाज्म (ब) रोग का जर्म मत

(स) पुनरावृत्ति सिद्धान्त (द) कोशिका मत

10. "जीवन की उत्पत्ति" की सबसे तर्कसंगत जैव-रासायनिक मत का प्रतिपाद किया?

(अ) यूरे ने (ब) हेकल ने

(स) ओपैरिन ने (द) स्टैन्ले मिलर ने

11. आनुवंशिक विभिन्नताएँ मूल रूप से उत्पन्न होती हैं?

(अ) हारमोनों के प्रभाव से (ब) प्राकृतिक चयन द्वारा

(स) जीनी संरचना में परिवर्तन द्वारा (द) उपरोक्त सभी द्वरा

12. जो विभिन्नताएँ, केवल प्राणी विशेष को प्रभावित करती हैं, वे कहलाती हैं?

(अ) जननिक विभिन्नताएँ (ब) कायिक विभिन्नताएँ

(स) मानसिक विभिन्नताएँ (द) आकारिकीय विभिन्नताएँ

13. किस प्रकार की विभिन्नताएँ उद्विकास की दृष्टि से महत्त्वहीन होती हैं?

(अ) कायिक विभिन्नताएँ (ब) जननिक विभिन्नताएँ

(स) सतत् विभिन्नताएँ (द) असतत् विभिन्नताएँ

14. विभिन्नताओं को कितने समुच्चों में वर्गीकृत किया जाता है?

(अ) तीन (ब) चार

(स) पाँच (द) छः

15. जननिक विभिन्नताएँ कब निश्चित हो जाती हैं?

(अ) जन्म से पूर्व (ब) जन्म के बाद

(स) वयस्क अवस्था में (द) कभी भी

16. जन्मजात विभिन्नताएँ कहलाती हैं?

(अ) कायिक विभिन्नताएँ (ब) जननिक विभिन्नताएँ

(स) अर्जित विभिन्नताएँ (द) उपरोक्त सभी

17. अर्जित विभिन्नताओं की वंशागति पर किस वैज्ञानिक ने अधिक बल दिया था?

(अ) डार्विन (ब) वीजमान

(स) लैमार्क (द) डीवरीज

18. निम्न में से कौन सी विभिन्नताओं को नियत विकासीय विभिन्नताएँ भी कहते हैं?

(अ) कायिक विभिन्नताएँ (ब) जननिक विभिन्नताएँ

(स) सतत् विभिन्नताएँ (द) निर्धारी विभिन्नताएँ

19. आयरिश डीयर के अतिवर्धित एन्टलर या सींग किस प्रकार की विभिन्नताओं का उदाहरण है?

(अ) सतत् विभिन्नताएँ (ब) असतत् विभिन्नताएँ

(स) अनिर्धारी विभिन्नताएँ (द) निर्धारी विभिन्नताएँ

20. धन व ऋण विभिन्नताओं का दूसरा नाम है?

(अ) कायिक विभिन्नताएँ (ब) निर्धारी विभिन्नताएँ

(स) सतत् विभिन्नताएँ (द) असतत् विभिन्नताएँ

उत्तरमाला

1. (द)	2. (स)	3. (स)	4. (ब)	5. (अ)
6. (ब)	7. (अ)	8. (अ)	9. (ब)	10. (स)
11. (अ)	12. (ब)	13. (अ)	14. (ब)	15. (अ)
16. (ब)	17. (स)	18. (द)	19. (द)	20. (स)

अतिलघूत्तरात्मक प्रश्न

प्रश्न 1. विशिष्ट सृष्टिवाद को बताइये?

प्रश्न 2. मेंटल का निर्माण किन तत्त्वों से होता है?

प्रश्न 3. के. बहादुर का प्रयोग बताइये?

प्रश्न 4. राइबोजाइम किन्हें कहते हैं?

प्रश्न 5. आदि कोशिका के जीवाश्म का नाम बताइये?

प्रश्न 6. सजातीय सदस्यों के लक्षणों में पाये जाने वाले अन्तर या असमानताओं को क्या कहते हैं ?

प्रश्न 7. विभिन्नताओं को कितने विपर्यासी समुच्यों में वर्गीकृत किया जाता है ?

प्रश्न 8. जनन द्रव्य में उत्पन्न होने वाली विभिन्नताएँ क्या कहलाती हैं ?

प्रश्न 9. कौनसी विभिन्नताएँ वंशागति के योग्य होती हैं ?

प्रश्न 10. वंशागत नही होने वाली विभिन्नताएँ क्या कहलाती हैं ?

प्रश्न 11. कौनसी विभिन्नताएँ जन्मजात कहलाती हैं ?

प्रश्न 12. उत्परिवर्तन द्वारा किस प्रकार की विभिन्नताएँ उत्पन्न होती हैं ?

प्रश्न 13. मनुष्य में त्वचा, बालों व आइरिस के रगों में पायी जाने वाली विभिन्नताएँ किस श्रेणी में वर्गीकृत की जा सकती हैं ?

प्रश्न 14. किसी खिलाड़ी की सुविकसित माँस पेशियां व चीनी लड़कियों के छोटे पैर किस प्रकार की विभिन्नताएँ कहलाती हैं ?

लघूत्तरात्मक प्रश्न

प्रश्न 1. ''जीवन की उत्पत्ति'' के सम्बन्ध में ऐहीर्नियस की परिकल्पना लिखिए?

प्रश्न 2. कायेसरवेट्स के बारे में बताइए। इनका ''जीवन की उत्पत्ति'' में क्या महत्त्व है?

प्रश्न 3. मिलर के प्रयोग का नामांकित चित्र बनाइये?

प्रश्न 4. उन अकार्बनिक तथा कार्बनिक पदार्थों का उल्लेख कीजिए जिनसे आदिवातावरण ''जीवन की उत्पत्ति'' की संभावना हुई?

प्रश्न 5 विभिन्नताओं के कारणों को बताइये।

प्रश्न 6. बहुगुणिता से आप क्या समझते हैं तथा यह किस प्रकार जाति उद्‌भवन में सहायक होती है?

निबन्धात्मक प्रश्न

प्रश्न 1. ओपैरिन के मतानुसार ''प्रथम कोशिका'' की या ''जीवन की उत्पत्ति'' पृथ्वी पर कैसे हुई, समझाइये? इस मत की प्रयोगात्मक दृष्टि करने वाले वैज्ञानिक का नाम लिखिये?

प्रश्न 2. ''जीवन की उत्पत्ति'' के सम्बन्ध में स्टैन्ले मिलर के प्रयोग का सचित्र वर्णन करो इसका क्या परिणाम था? यह जीवन की उत्पत्ति के किस सिद्धान्तक को सत्यापित कीजिए?

प्रश्न 3. ''जीवन की उत्पत्ति'' में केवल रासायनिक विकास ही हुआ? विस्तारपूर्वक लिखिए?

प्रश्न 4. एक परिकल्पना के अनुसार ''जीवन की उत्पत्ति'' C, H, N, O, P तथा अन्य अकार्बनिक पदार्थों से हुई। इस परिकल्पना को सिद्ध करते हुए स्पष्ट कीजिए?

❑❑❑

इकाई 4 मानव उद्विकास

विभिन्नताएँ उत्परीवर्तन एव उद्विकास

विभिन्नताओं (variations) से हमारा आशय भिन्नताओं से है। प्रकृति में पाये जाने वाले कोई भी दो जीव एक जैसे नहीं होते हैं। एक ही जन्तु के दो अंग या अंग के भाग भी भिन्नता रखते हैं। यह उद्विकास का महत्वपूर्ण अग्रगामी (important progressive) कारक है। एक ही जातियों के समूह में प्रत्येक सदस्य अन्य सदस्य से भिन्नता रखता है जो उसकी पहचान बनाता है। एक ही पिता की सन्तान एवं एक साथ जन्मी सन्तानों में भी कुछ न कुछ भिन्नताएं अवश्य होती हैं। यहाँ यह कहा जा सकता है कि ये विभिन्नताएं अत्यन्त सूक्ष्म स्तर की होती हैं। विभिन्नताओं को कुछ इस प्रकार परिभाषित किया जा सकता है–"**सजातीय सदस्यों के लक्षणों में जो भी अन्तर या असमानताएँ पायी जाती हैं, उन्हें विभिन्नताएँ कहते हैं।**"एक ही जाति के प्राणियों में जो विभिन्नताएं पायी जाती हैं वे या तो आनुवंशिक कारणों से अथवा वातावरण के कारण उत्पन्न होती हैं। कुछ विभिन्नताएं तो वंशागति के योग्य (heritable) होती हैं तथा अन्य वंशागति के योग्य नहीं होती हैं। जो विभिन्नताएं वंशागति के योग्य नहीं होती हैं वे समष्टि को प्रभावित नहीं करती हैं, केवल प्राणी विशेष को ही प्रभावित करती हैं तथा उसी प्राणी के साथ ही समाप्त हो जाती हैं। ऐसी विभिन्नताओं का उद्विकास में कोई महत्व नहीं होता है। जैसे दुर्घटनावश किसी का हाथ कट जाना या अधिक कसरत करने से पेशियों का अधिक विकास हो जाना, आदि। जो विभिन्नताएं वंशागति के योग्य होती हैं वे उद्विकासीय दृष्टि से महत्वपूर्ण होती हैं। वंशागति के योग्य विभिन्नताओं के कुछ उदाहरण जो मानव जाति द्वारा प्रदर्शित किये जाते हैं वे निम्न प्रकार से हैं – बालों का रंग, त्वचा का वर्ण, आंखों का रंग, आवाज की विशिष्टता, बुद्धिमता, नाक की आकृति आदि। वंशागति के योग्य विभिन्नताओं का सम्बन्ध समष्टि या प्रजाति से होता है अतः ये जैव–विकास में महत्वपूर्ण भूमिका निभाती हैं।

विभिन्नताओं के प्रकार (Types of Variations)

सजातीय सदस्यों की विभिन्नताओं को चार विपर्यासी (contrasting) समुच्यों (sets) में वर्गीकृत किया जाता है।:–

समुच्य I (Set I)

(i) जननिक विभिन्नताएं (Germinal Variations) (ii) कायिक विभिन्नताएं (Somatic Variations)

समुच्य II (Set II)

(i) निर्धारी विभिन्नताएं (Determinate Variations)

(ii) अनिर्धारी विभिन्नताएं (Indeterminate Variations)

समुच्य III (Set III)

(i) सतत् विभिन्नताएं (Continuous Variations)

(ii) असतत् विभिन्नताएं (Discontinuous Variations)

समुच्य IV (Set IV)

(i) गणनीय विभिन्नताएं (Meristic Variations)

(ii) परिमाण सम्बन्धी विभिन्नताएं (Substantive Variations)

समुच्य (Set I)

(i) जननिक विभिन्नताएं (Germinal Variations):- इस श्रेणी में वे विभिन्नताएं आती हैं जो जनन–द्रव्य में उत्पन्न होती हैं। प्राणियों में युग्मकों का विकास जनन–द्रव्य से ही होता हैं तथा युग्मकों के संगलन से ही वयस्क प्राणी का विकास होता है, अतः जनन द्रव्य में उत्पन्न होने वाली विभिन्नताएं ही एक पीढ़ी से दूसरी पीढ़ी में स्थानान्तरित होती हैं। यह आवश्यक नहीं कि ये विभिन्नताएं भ्रूणीय अवस्था में ही उत्पन्न हो जाए, ये भ्रूणीय अवस्था से प्राणी की मृत्यु तक कभी भी प्रदर्शित हो सकती हैं परन्तु ये निषेचन के समय ही निश्चित हो जाती हैं। चूंकि ये विभिन्नताएं प्राणी के जन्म से पूर्व ही निश्चित हो जाती हैं अतः इन्हें जन्मजात विभिन्नताएं भी कहते हैं। ये विभिन्नताएं आन्तरिक होती हैं तथा किसी बाह्य कारक द्वारा नहीं उत्पन्न होती हैं। ये विभिन्नताएं पुर्नसंयोजन या उत्परिवर्तन (mutation) द्वारा उत्पन्न होती हैं। चूंकि ये विभिन्नताएं आनुवंशिक पदार्थ के कारण उत्पन्न होती हैं अतः वंशागति के योग्य होती हैं तथा जैव–विकास में महत्वपूर्ण होती हैं। इस तरह की विभिन्नताओं के उदाहरण निम्न प्रकार हैं:–

(i) कभी–कभी मनुष्य के हाथ या पैर में एक अंगुली का अधिक पाया जाना।

(ii) त्वचा, बालों या आइरिस के रंग।

(iii) वयस्कों के आकार व अनुपात में भिन्नताएं।

(iv) मधुमक्खी में रानी (queen), नर (drone), श्रमिक (worker) में लैंगिक भिन्नताएं।

(ii) कायिक विभिन्नताएं (Somatic Variations):– ये वे विभिन्नताएं होती हैं जो किसी प्राणी में वातावरणीय प्रभाव अर्थात बाह्य कारक के कारण उत्पन्न होती हैं। इस प्रकार की विभिन्नताओं से केवल वही प्राणी प्रभावित होता है जिसमें इस तरह की विभिन्नताएं उत्पन्न होती हैं। ये विभिन्नताएं वंशागति के योग्य नहीं होती हैं तथा प्राणी की मृत्यु के साथ ही समाप्त हो जाती हैं अर्थात इनसे समष्टि प्रभावित नहीं होती है। चूंकि ये विभिन्नताएं शारीरिक कोशिकाओं में उत्पन्न होती हैं तथा वंशागति के योग्य नहीं होती हैं अतः जैव–विकास की दृष्टि से महत्वपूर्ण नहीं होती हैं। इस प्रकार की विभिन्नताओं को अर्जित विभिन्नताएं (acquired variations) भी कहते हैं। **लैमार्क** ने अपने जैव–विकास के सिद्धान्त में इन अर्जित विभिन्नताओं की वंशागति पर बल दिया था परन्तु **वीजमैन** (August Weismann) ने यह सिद्ध कर दिया कि अर्जित विभिन्नताएं वंशागति के योग्य नहीं होती हैं। इस प्रकार की विभिन्नताओं के उदाहरण निम्न प्रकार हैं:–

(i) किसी खिलाड़ी की सुविकसित पेशियाँ।

(ii) चीनी लड़कियों के छोटे–छोटे पैर।

(iii) दुर्घटना वश किसी का हाथ कट जाना या किसी अन्य अंग की हानि हो जाना।

(iv) उष्ण कटिबन्धिय क्षेत्रों के यूरोपीय मनुष्यों के सौर–किरणों द्वारा काली पड़ी त्वचा का रंग।

समुच्य II (Set II)

(i) निर्धारी विभिन्नताएं (Determinate Variations) :– ये वे विभिन्नताएं हैं जो किन्ही अज्ञात कारकों द्वारा नियंत्रित होती हैं तथा ये अनुकूलन की एक निश्चित दिशा में होती हैं। इस तरह की विभिन्नताओं को नियत विकासीय (orthogenetic) विभिन्नताएं कहते हैं। ये जैव विकास में अत्यन्त महत्वपूर्ण होती हैं। कुछ वैज्ञानिकों का यह मानना हैं कि इस तरह की विभिन्नताओं का कोई अस्तित्व नहीं होता है। इस तरह की विभिन्नताओं के कुछ उदाहरण निम्न प्रकार से हैं:– जैसे पर्ण भक्षी बीटल में रंगों के एक प्रतिरूप का कुछ प्रभावी प्रकारों से दूसरे में बदल जाना, आयरिश डीयर के अतिवर्धित एन्टलर्स तथा जैफर्सन मैमथ के अतिवर्धित रददन्त (tusks) आदि।

(ii) अनिर्धारी विभिन्नताएं (Indeterminate Variations) :– ये विभिन्नताएं प्राणियों में किसी नियम के अनुसार उत्पन्न नहीं होती हैं परन्तु परिवर्तन की विचारणीय दिशा में उत्पन्न होती हैं। ये वे विभिन्नताएं हैं जिन पर डारविन का प्राकृतिक वरणवाद का सिद्धान्त सक्रिय होता हैं इस तरह की विभिन्नताओं के उदाहरण हमें प्राणियों के विभिन्न आकारों में देखने को मिलते हैं जिनमें बिना किसी नियम के वृद्धि या कमी हो सकती है।

समुच्य (Set) III

सतत विभिन्नताएं (Continuous Variations) **:-** सतत प्रकार की विभिन्नताएं वे होती हैं जो औसत अवस्था के दोनों तरफ उच्चावचित (fluctuate) होती रहती हैं। ये विभिन्नताएं सूक्ष्म होती हैं तथा एक क्रमिक श्रेणी में पायी जाती हैं। चूंकि ये विभिन्नताएं एक औसत अवस्था के दोनों तरफ उच्चावचित होती रहती हैं अतः इन्हें धन (plus) तथा ऋण (minus) विभिन्नताएं भी कहते हैं। डारविन ने इस तरह की विभिन्नताओं को जैव विकास तथा नई जाति के उद्भव के लिए बहुत महत्वपूर्ण बताया था। इनके अनुसार यदि इन विभिन्नताओं का उच्चावचन एक ही दिशा में हो तो प्रगामी एकीकरण से नई जाति का विकास होता है। इस प्रकार की विभिन्नताएं प्रकृति में लगातार उत्पन्न होती रहती हैं। आकार या लम्बाईं में वृद्धि या कमी इस प्रकार की विभिन्नता का उदाहरण है।

(ii) असतत् विभिन्नताएं (Discontinuous Variations) :– ये वे विभिन्नताएं हैं जो औसत अवस्था के दोनों तरफ उच्चावचित नहीं होती हैं बल्कि अचानक नवीन रूप से ही उत्पन्न होती हैं। इस तरह अचानक उत्पन्न परिवर्तनों या विभिन्नताओं को उत्परिवर्तन (mutation) कहते हैं। ये परिवर्तन अधिक स्थिर तथा आनुवंशिक होते हैं। इस प्रकार की विभिन्नताओं का कोई निश्चित अन्तराल नहीं होता है तथा ये विरल होती हैं। ये जैव–विकास में बहुत महत्वपूर्ण भूमिका निभाती हैं। इस तरह की विभिन्नताओं के कुछ उदाहरण निम्न प्रकार हैं :– कभी–कभी मनुष्य के हाथ पैरों में 6 अंगुलियों का विकास हो जाना, बिना सींग के बछड़े उत्पन्न हो जाना, बिना कांटों वाले गुलाब के पौधे का विकास होना, बिना पूँछ के पिल्लों का उत्पन्न होना, आदि।

समुच्य IV (Set IV)

(i) गणनीय विभिन्नताएं (Meristic Variations):– इस श्रेणी में वे विभिन्नताएं आती हैं जिनके कारण शरीर के किसी भाग में संख्यात्मक परिवर्तन उत्पन्न हो जाते हैं।

उदाहरण के लिए कभी–कभी मनुष्य में बारह के स्थान पर तेरह पसलियों का पाया जाना, कभी-कभी हाथ या पैर में पाँच के स्थान पर छः अंगुलियों का पाया जाना, कभी–कभी तारा मछली में पाँच के स्थान पर छः भुजाओं का पाया जाना, आदि।

(ii) परिमाण सम्बन्धी विभिन्नताएं (Substantive Variations) :– इस श्रेणी में वे विभिन्नताएं आती हैं जिनमें गुणात्मक परिवर्तन उत्पन्न होते हैं। इस प्रकार विभिन्नताओं के कारण शरीर के आकार, रंग, आकृति में परिवर्तन उत्पन्न होते हैं। उदाहरण के लिए आँखों का रंग, नाक की आकृति, शरीर की लम्बाई, पौधों की लम्बाई, पत्तियों के आकृति में परिवर्तन आदि। उपरोक्त वर्णित विभिन्नताओं के समुच्यों के अलावा विभिन्नताओं को निम्न श्रेणियों में भी वर्गीकृत कर सकते हैं जैसे – आकारिकी, कार्यिकी, मानसिक तथा पारिस्थितिकी विभिन्नताएं।

आकारिकी विभिन्नताएं (Morphological Variations):– वे विभिन्नताएं हैं जिनके कारण शरीर की संरचना में सामान्य से भिन्न लक्षण उत्पन्न होते हैं।

कार्यिकी विभिन्नताएं (Physiological Variations) :– वे विभिन्नताएं जिनके कारण शारीरिक अंगों की क्रियाशीलता में परिवर्तन उत्पन्न होते हैं, उन्हें कार्यिकी विभिन्नताएं कहते हैं।

मानसिक विभिन्नताएं (Psychological Variations) :–इस श्रेणी में वे विभिन्ताएं आती हैं जिनके कारण मानसिक लक्षणों में परिवर्तन उत्पन्न होते हैं।

पारिस्थितिकी विभिन्नताएं (Ecological Variations) :– वे विभिन्नताएं जो वातावरणीय कारकों द्वारा उत्पन्न होती हैं, पारिस्थितिकी विभिन्नताएं कहलाती हैं।

विभिन्नताओं के कारण (Causes of Variations)

विभिन्नताएं, जो विभिन्न प्राणियों में अन्तर स्पष्ट करती हैं उनकी उत्पति के क्या कारण हो सकते हैं ? यहाँ हम उन कारणों का अध्ययन करेंगे। विभिन्नताएं जैव–विकास में महत्व की दृष्टि से दो प्रकार की होती हैं:–

(i) वे विभिन्नताएं जिनसे केवल एक विशिष्ट प्राणी ही प्रभावित होता है, अतः जैव विकास की दृष्टि से ये विभिन्नताएं महत्वहीन होती हैं, इस तरह की विभिन्नताओं को हम कायिक विभिन्नताएं (somatic variations) कहते हैं। इनकी उत्पत्ति के कारण वातावरणीय परिवर्तन होते हैं जैसे – ताप, शीत, भोजन की उपलब्धता, शत्रुओं की उपस्थिति आदि। ये विभिन्नताएं जैव–विकास की दृष्टि से तो महत्वहीन होती हैं परन्तु ये विभिन्नताएं प्राणी की प्रजननीय सफलता या परिपक्व अवस्था तक उत्तरजीविता को प्रभावित कर सकती हैं।

(ii) वे विभिन्नताएं जो वंशागत होती हैं तथा इनसे केवल प्राणी विशिष्ट ही नहीं अपितु आगामी पीढ़ियां भी प्रभावित होती हैं अतः इस तरह की विभिन्नताओं को जननिक विभिन्नताएं (germinal variations) कहते हैं। ये जैव–विकास की दृष्टि से महत्वपूर्ण होती हैं। यहाँ हम इनकी उत्पति के कारणों का विस्तार पूर्वक अध्ययन करेंगे।

1. वातावरण (Environment):- विभिन्नताओं को उत्पन्न करने में वातावरण महत्वपूर्ण भूमिका अदा करता है। वातावरणीय कारक न केवल कायिक विभिन्नताएं उत्पन्न करते हैं अपितु जननिक विभिन्नताएं उत्पन्न करने में भी महत्वपूर्ण होते हैं। प्राणियों में इनकी कार्य क्षमता को प्रभावित करने का कार्य जीन करते हैं, किन्तु वातावरणीय कारक इनकी कार्य क्षमता को प्रभावित कर जननिक विभिन्नताएँ उत्पन्न कर सकते हैं। इस तरह के

कारकों को उत्परिवर्तनजनी कारक (mutagenic agents) कहते हैं। इसलिए प्राणियों में जीनों के साथ–साथ वातावरणीय कारक भी विभिन्नताएं उत्पन्न करने में महत्वपूर्ण होते हैं।

2. अन्तर्निहित प्रावृति (Inherent tendency):- परिवर्तनशीलता प्राणियों का एक अर्न्तनिहित गुण है, क्योंकि सभी प्राणियों का जैविक आधार जीव–द्रव्य होता है जो विभिन्न कार्बनिक एवं अकार्बनिक रसायनों का बना होता है। इन रासायनिक पदार्थों के अणुओं में निरन्तर परिवर्तन होते रहते हैं। जीवद्रव्य के कोई भी दो अणु भी संरचना में समान नहीं होते हैं। जब आधारभूत जीवद्रव्य की संरचना समान नहीं होती है तथा उसमें निरन्तर परिवर्तन होते रहते हैं तो कोई दो प्राणी किस तरह एक समान हो सकते हैं, निश्चित ही उनमें विभिन्नताएं उत्पन्न होगीं तथा उनका जीवद्रव्य का अर्न्तनिहित कारण ही होगा।

3. दोहरी पैतृकता (Dual parentage):- **वीजमैन** (Weismann) के अनुसार दोहरी पैतृकता ही विभिन्नताओं का वास्तविक कारण है। लैंगिक जनन में दो युग्मकों के संगलन से युग्मनज (zygote) का निर्माण होता है तथा इस निषेचित युग्मनज से ही प्राणी का विकास होता है। युग्मजन निर्माण के लिए युग्मक दो अलग–अलग प्राणियों से आते हैं, दोनों प्राणियों की जीनी संरचना अलग–अलग तरह की होती हैं अतः निश्चय ही उनके द्वारा उत्पन्न युग्मकों के निषेचन से उत्पन्न होने वाली सन्तान में विभिन्नताएं उत्पन्न होगीं।

4. युग्मक निर्माण (Gamete formation) :- लैगिक जनन का मुख्य आधार युग्मक जनन होता है। युग्मक जनन के दौरान प्राणी की जनन ग्रंथियों में अर्द्धसूत्री विभाजन द्वारा गुणसूत्रों की संख्या घटा कर आधी की जाती है। अर्द्धसूत्री विभाजन की पूर्वावस्था (prophase) में समजात गुणसूत्रों के युगल बनते हैं इनमें एक गुणसूत्र प्राणी के एक जनक से तथा दूसरा गुणसूत्र दूसरे जनक से आया हुआ होता है। मध्यावस्था (metaphase) में गुणसूत्र यादृच्छिक रूप से तर्कु पर विन्यासित होते हैं तथा अन्त्यावस्था (anaphase) में पृथक्करण के फलस्वरूप युग्मकों का निर्माण होता है। इस तरह प्रत्येक युग्मक में गुणसूत्रों की संख्या घटकर आधी हो जाती है अर्थात् 2n से n हो जाती है। युग्मक निर्माण के समय किऐजमेटा (chiasmata) निर्माण के कारण भी पैतृक एवं मातृ गुणसूत्रों में नये संयोजन बनते हैं। किऐजमेटा वे स्थान हैं जंहा गुणसूत्रों में क्रॉसिंग ओवर के कारण नये जीनों का समुच्य बन जाता हैं, जो विभिन्नताओं का कारण होता है।

5. निषेचन (Fertilization):- निषेचन वह प्रक्रिया है जिसमें दो अलग–अलग प्राणियों से उत्पन्न युग्मकों का संगलन (fusion) होता है। इस क्रिया में दोनों युग्मकों के गुणसूत्र आपस में संगलित होकर द्विगुणित अवस्था उत्पन्न करते हैं। युग्मकों में संगलन पूर्णतः यादृच्छिक होता है। इसमें आनुवंशिक दृष्टि से भिन्न दो जनकों का क्रोमिटिन पदार्थ मिलकर युग्मनज का निर्माण करता है। इस प्रकार निषेचन के फलस्वरूप युग्मनज में दो जनकों से आये आनुवंशिक पदार्थ का मिश्रण पाया जाता है जो विभिन्नताएं उत्पन्न के लिए सर्वथा उपयुक्त कारण होता है।

6. अनिषेकजनन (Parthenogenesis) :- कई प्राणियों में लैंगिक प्रकार का जनन न होकर अनिषेकजनन होता है। इसमें बिना निषेचन के अण्डाणु परिवर्धित हो कर वयस्क का निर्माण करते हैं। इस प्रकार के जनन के अर्द्धसूत्री विभाजन के दौरान होने वाले यादृच्छिक पृथक्करण तथा विनियम के फलस्वरूप प्राणियों में विभिन्नताएं उत्पन्न होती हैं।

7. उत्परिवर्तन (Mutations) :- उत्परिवर्तन आनुवांशिक विभिन्नताओं को उत्पन्न करने वाले महत्वपूर्ण कारक होते हैं। आनुवंशिक पदार्थ में होने वाला अचानक परिवर्तन

उत्परिवर्तन कहलाता है। इस प्रकार परिवर्तन के कारण जीन–कोष में निरन्तर परिवर्तन होते रहते हैं। उत्परिवर्तन गुणसूत्रों की संख्या में परिवर्तन के कारण, या गुणसूत्रों की संरचना में परिवर्तन के कारण या जीनी संरचना में परिवर्तन के कारण उत्पन्न होते हैं। यही नहीं iqkust hkd siql ks u (recombination) के कारण भी उत्पन्न होते हैं।

गुणसूत्रों की संरचना में परिवर्तन निम्न में से किसी भी प्रकार उत्पन्न हो सकते हैं:–

गुणसूत्रीय खण्ड की कमी या हानि :– इस क्रिया में गुणसूत्रों के खण्ड टूटकर विलुप्त हो सकते हैं जिसके कारण उत्परिवर्तन उत्पन्न हो सकते हैं।

गुणसूत्रीय खण्ड का द्विगुणन :– इस किया में गुणसूत्र का कोई भी भाग द्विगुणित हो जाता हैं अर्थात एक गुणसूत्र का टूटा हुआ भाग दूसरे गुणसूत्र से जुड़कर उस भाग को द्विगुणित कर देता है।

प्रतिलोमन :– यह वह किया है जिसमें गुणसूत्र के खण्ड पहले तो टूट कर अलग हो जाते हैं फिर इस तरह पुनः जुड़ जाते हैं, कि जीनों का क्रम उलटा हो जाता है। इसे प्रतिलोमन (inversion) कहते हैं।

गुणसूत्रों की संख्या में परिवर्तन के कारण भी विभिन्नताएँ उत्पन्न हो सकती हैं। ये परिवर्तन निम्न प्रकार के हो सकते हैः–

स्थानान्तरण :– यह वह क्रिया है जिसमें असमजात गुणसूत्रों के बीच गुणसूत्रीय खण्डों का आदान–प्रदान हो जाता है अर्थात एक गुणसूत्र का खण्ड दूसरे गुणसूत्र में बदल जाता है।

1. अगुणिता (Haploidy) :- जब किन्हीं कारणों से प्राणी कोशिका में गुणसूत्रों का केवल एक ही समुच्य रह जाता है तो उसे अगुणिता कहते हैं। इस क्रिया में 2n गुणसूत्रों के स्थान पर n गुणसूत्र ही रह जाते हैं।

2. बहुगुणिता (Polyploidy):- इस किया में प्राणियों में गुणसूत्रों का पूरा समुच्य बढ़ जाता हैं अर्थात् 2n से 3n, 4n या 5n यह इससे भी अधिक समुच्य हो जायें तो इसे बहुगुणिता कहते हैं। इस प्रकार के परिवर्तनों से यकायक ही नयी जाति का विकास हो जाता है।

गुणसूत्रों के एक समुच्य में गुणसूत्रों की संख्या के घटने व बढ़ने से निम्न परिवर्तन उत्पन्न हो सकते हैं:–

3. मोनोसोमिक (Monosomic) :- जब गुणसूत्रों के समुच्य में से एक गुणसूत्र की हानि हो जाये तो उसे मोनोसोमी कहते हैं जैसे– 2n-1

4. पॉलिसोमिक (Polysomic):- जब गुणसूत्रों के समुच्य में एक या एक से अधिक गुणसूत्रों की संख्या में बढोतरी हो जाये तो उसे पॉलीसोमी कहते हैं जैसे– 2n+1 या 2n+2.

5. नलीसोमिक (Nullisomic):- जब गुणसूत्रों के समुच्य में सम्पूर्ण एक जोड़ी गुणसूत्रों की कमी हो जाये तो उसे नलीसोमी (nullisomy) कहते हैं जैसे– 2n-2. इस तरह गुणसूत्रों की संरचना में परिवर्तन या जीनी संरचना में परिवर्तन के कारण उत्पन्न उत्परिवर्तन विभिन्नताओं के जन्मदाता होते हैं तथा इस तरह से उत्पन्न विभिन्नताएं आनुवंशिक होती हैं।

8. हारमोन (Hormones) :- अन्तःस्रावी ग्रंथियों के स्रावण को हारमोन कहते हैं। ये ग्रंथियाँ नलिकाविहीन होती हैं तथा अपने स्राव सीधे रक्त में छोड़ती हैं। हारमोन रक्त के

साथ परिसंचरित होकर विभिन्न भागों में जाते हैं। रक्त के साथ–साथ ये हारमोन जनन कोशिकाओं में भी पहुँच जाते हैं तथा कायिक कोशिकाओं की तरह जननिक कोशिकाओं को भी प्रभावित करते हैं तथा विभिन्नताएं उत्पन्न करने में सहायक होते हैं। इस प्रकार विभिन्न कारकों द्वारा उत्पन्न विभिन्नताएं जैव–विकास के लिए कच्चा माल तैयार करती हैं। विभिन्नताएं तथा आनुवंशिकी कारक मिलकर नयी जातियों का विकास करते हैं जिससे जैव–विकास का क्रम निरन्तर जारी है। एक ही जाति की समष्टियां किन्हीं कारकों द्वारा छोटी–छोटी इकाईयों में पृथक होने तथा उनके जन्तु सदस्यों के मध्य संकरण न होने की क्रिया को **वियोजन** या **पार्थक्य** (isolation) कहते हैं। इस तरह वियोजन एक ही जाति के प्राणियों को छोट–छोटे समूहों में विभक्त कर देता है तथा ये समूह फिर नयी जाति में विकसित हो जाते हैं। जैसा कि डारविन ने बताया था कि जैव–विकास विभिन्नताओं पर आधारित होता है। उसी तरह वियोजन भी जैव विकास के लिए महत्वपूर्ण होता है। यदि किसी प्राणी में उपयोगी विभिन्नताएं उत्पन्न हो जायें तथा वह पैतृक समष्टि से अलग न हो उसी में संकरण करता रहे तो हो सकता है कि ये उपयोगी विभिन्नताएं विलुप्त हो जाएं। परन्तु यदि ऐसे प्राणियों को पृथक कर केवल उनमें ही संकरण होने दिया जाये तो ये विभिन्नताएँ स्थापित हो जायेंगी तथा नयी जाति के विकास में सहायक होंगी। मेटाकाफ (Metcalf) के अनुसार "कोई भी कारण जो एक ही जाति के सदस्यों को आपस में स्वतंत्रता पूर्वक संकरण से रोकता है तथा उन्हें समूहों में विभक्त करता है, वियोजन कहलाता है।" वियोजन का जैव–विकास में महत्व **लैमार्क** (Lamarck) तथा **डारविन** (Darwin) के समय से ही ज्ञात है। **वैगनर** (Wagner) भौगोलिक वियोजन को नयी जाति के उद्‌भव में महत्वपूर्ण माना था। इनके अनुसार वियोजन जैव–विकास में महत्वपूर्ण मील का पत्थर कहलाता है। इन्होनें वियोजन को जातियों के निर्माण में परमावश्यक कारण माना है। **रोमैनीज़** (Romanes) के अनुसार " वियोजन के बिना जैव–विकास किसी भी दशा में संभव नहीं है।" इनके अनुसार विभिन्नताएं, आनुवंशिकी तथा वियोजन तीनों समान कारक हैं जिनके कारण जैव–विकास संभव हुआ हैं। न्यूमेन (Newman) के अनुसार – जैव–विकास की सम्पूर्ण क्रिया को समझाने में वियोजन अति आवश्यक भाग है।" **मूलर** (Muller) के विचार में वरण द्वारा स्थापित लक्षणों के अलावा अन्य लक्षणों के उत्पादन में वियोजन एक महत्वपूर्ण कारक है। **हक्सले** (Huxley) ने वियोजन को जैव–विकास का अनिवार्य कारक माना है। वियोजनकारी क्रियाविधियां **(Isolating mechanisms)** या वियोजन के प्रकारः– मैण्डली समष्टियों के बीच संकरण व जीनों के आदान–प्रदान को विभिन्न कारक नियंत्रित करते हैं। अनेक कारण होते हैं जो सहकारी रूप में कार्य करते हैं जो एक ही जाति के सदस्यों के बीच जननिक वियोजन उत्पन्न करते हैं। डोब्झेन्सकी (Dobzhansky) ने 1937 में वियोजनकारी क्रियाविधियों का विस्तृत वर्गीकरण किया इसमें इन्होने उन सभी कारकों को सम्मिलित किया जो वियोजन उत्पन्न करते हैं। इन्हीं वियोजनकारी क्रियाविधियों के अन्तर्गत विभिन्न प्रकार के वियोजनों का भी वर्णन किया गया है। **डोब्झेन्सकी** (Dobzhansky) ने वियोजनकारी क्रियाविधियों को दो मुख्य श्रेणियों में विभेदित किया है–

1. भौगोलिक वियोजन (Geographical isolation) 2. जननिक वियोजन (Reproductive isolation)

मेकम (Mecham) ने वियोजनकारी क्रियाविधियों का एक आधुनिक वर्गीकरण

प्रस्तावित किया है, इन्होंने वियोजनकारी क्रियाविधियों को दो मुख्य भागों में वर्गीकृत किया है–

I वियोजनकारी क्रियाविधियां जो अन्तःजातीय संकरण को रोकती हैं।

II वियोजनकारी क्रियाविधियां जो अन्तरजातीय संकरण की पूर्ण सफलता को रोकती हैं।

I वियोजनकारी क्रियाविधियां जो अन्तःजातीय संकरण को रोकती हैं:–

इन क्रियाविधियों को फिर निम्न उप समूहों में विभक्त किया जाता है–

1. भौगोलिक वियोजन (Geographical isolation) 2. दूरीगत वियोजन (Isolation due to distance)
3. जलवायु सम्बन्धी वियोजन (Climatic isolation)
4. ऋतुनिष्ठ वियोजन (Seasonal isolation)
5. आवासीय वियोजन (Habitat isolation) या पारिस्थितिकीय वियोजन
6. व्यवहारिकीय वियोजन (Ethological isolation)
7. यांत्रिकीय वियोजन (Mechanical isolation)
8. कार्यिकीय वियोजन (Physiological isolation)

1. **भौगोलिक वियोजन** (Geographical isolation) :– **वैगनर** (Wagner) ने सर्वप्रथम भौगोलिक वियोजन का सिद्धान्त प्रतिपादित किया था। इस प्रकार का वियोजन नई जातियों के उद्‌भव में एक महत्वपूर्ण कारक होता है। एक ही जाति की कई समष्टियां पृथ्वी पर विभिन्न क्षेत्रों में फैली रहती हैं। अधिकांश समष्टियां अनेक प्रकार की भौगोलिक बाधाएं या रोधिकाओं (barriers) द्वारा एक दूसरे से पृथक रहती हैं। ये भौगोलिक रोधिकाएं निम्न प्रकार की हो सकती हैं:– पर्वत श्रृंखलाएं, मरुस्थल, घने जंगल, समुद्र, नदियां आदि। ये रोधिकाएं एक ही जाति की समष्टियों को पृथक करती हैं, इनके कारण इन समष्टियों में उपस्थित शक्य संगी (potential mates) या प्रजनन योग्य जीव आपस में नहीं मिल पाते हैं तथा वियुक्त समष्टियों के बीच जीनों का आदान–प्रदान रुक जाता है। इस तरह का वियोजन हवाई द्वीप में पाये जाने वाले स्थलीय घोंघे (land snail) द्वारा प्रदर्शित किया जाता है। कई स्तनधारी प्राणी भी इस तरह का वियोजन प्रदर्शित करते हैं जैसे – लाल लोमड़ी (Red fox) विभिन्न जाति की गिलहरियां, हिरन तथा चूहे आदि।

2. **दूरीगत वियोजन** (Isolation due to distance):- एक ही जाति के कई प्राणी दूर–दूर तक फैले रहते हैं तथा बिना किसी प्राकृतिक रोधिकाओं के भी उनमें जननिक वियोजन उत्पन्न हो जाता है क्योंकि वे एक दूसरे से इतने दूर होते हैं कि उनमें आपस में जनन संभव नहीं हो पाता है। इस तरह दूरी अपने आप में एक बाधा का कार्य करती है तथा एक ही जाति के प्राणियों के बीच जननिक वियोजन उत्पन्न हो जाता है।

3. **जलवायु सम्बन्धी वियोजन** (Climatic isolation):– एक ही जाति के सदस्यों के बीच भौगोलिक वियोजी कारक न भी हो तो भी कई बार उनमें आपस में जनन संभव नहीं हो पाता है। ऐसा इसलिए होता है कि उनके वितरण क्षेत्रों की जलवायु सम्बन्धी परिस्थितियां भिन्न होती हैं। जलवायु सम्बधी कारकों के कारण इनमें जननिक वियोजन उत्पन्न हो जाता है। विशिष्ट क्षेत्र में रहने वाले प्राणियों के क्षेत्र की जलवायु में

भिन्नता के कारण ऐसा वियोजन उत्पन्न होता है। जलवायु सम्बन्धी कारक जो वियोजन उत्पन्न करते हैं वे निम्न हो सकते हैं:– (I) तापमान (II) आर्दृता (III) खनिज लवणों की सान्द्रता तथा (IV) परिसर का रासायनिक संगठन। ये कारक प्राणी की उपापचयी क्रियाओं को प्रभावित करते हैं तथा आपस में संकरण को रोकते हैं।

4. ऋतुनिष्ठ वियोजन (Seasonal isolation) :– एक ही जाति के कई प्राणियों में या विभिन्न जातियों के प्राणियों के बीच संकरण इसलिए भी नहीं होता है क्योंकि उनकी जनन ऋतुएं अलग–अलग होती हैं। एक ही जाति के प्राणी भिन्न–भिन्न समष्टि समूहों में रहते हैं तथा उनकी जनन ऋतुएं भिन्न–भिन्न होने के कारण उनमें स्वतः ही वियोजन उत्पन्न हो जाता है। इस तरह का वियोजन पादपों में तो बहुत सामान्य होता है परन्तु कुछ जन्तुओं में भी इस तरह का वियोजन पाया जाता है। उदाहरण के लिये ब्लैन (Blain) ने 1941 में टोड में इस तरह के वियोजन का वर्णन किया था। इनके अनुसार अमेरिकन **टोड** *(Bufo americanus)* **तथा फाउलेरी टोड** *(Bufo fowleri)* के बीच सामान्य अवस्थाओं में संकरण नहीं होता हैं क्योंकि अमेरिकन टोड़ वर्षा ऋतु के शुरूआत में जनन करते हैं जबकि फाउलेरी टोड वर्षा ऋतु के अन्त में जनन करते हैं परन्तु जब इन्हें प्रयोगशाला में रखा जाये तो इनमें संकरण हो जाता है। इस तरह का ऋतुनिष्ठ वियोजन जलीय प्राणियों तथा पक्षियों में भी पाया जाता है।

5. आवासीय वियोजन (Habitat isolation) **या पारिस्थितिकीय वियोजन** (Ecological isolation):– एक ही जाति की समष्टियां अलग–अलग क्षेत्रों में निवास करती हैं जो उनका आवास (habitat) कहलाता है। इस प्रकार के वियोजन के अन्तर्गत प्राणी अपने आवास व भोजन के कारण वियोजित रहते हैं। मूर (Moore) ने 1949 में इन्हें "आवासीय वियोजन" (habitat isolation) नाम दिया जबकि मूडी (Moody) ने इसी प्रकार के वियोजन को "पारिस्थितिकीय वियोजन" (ecological isolation) कहा। इस प्रकार के वियोजन का उदाहरण स्टिकल बैक (Stickle back) मछली की दो पारिस्थितिकीय वियोजित जातियों में देखने को मिलता है। इनमें से एक जाति पूरे वर्ष अलवणीय जल में रहती है जबकि दूसरी जाति सर्दियों में समुद्र में रहती है परन्तु वसन्त तथा ग्रीष्म ऋतु में ये वेला संगम (estuary) में आ जाती है। इसी तरह का एक और उदाहरण नैट्रिक्स साइपेडॉन *(Natrix sipedon)* नामक जलीय सर्प में देखा जा सकता है।

6. व्यवहारिक वियोजन (Ethological isolation):– इस प्रकार के वियोजन में मुख्य कारक अनुरंजन–व्यवहार (courtship behaviour) होता है। अनुरंजन–व्यवहार उन क्रियाओं का सामूहिक स्वरूप होता है जो संगम से पूर्व नर व मादा द्वारा प्रदर्शित की जाती हैं। हर जाति के प्राणियों में संगम (mating) से पूर्व अनेक विशिष्ट अनुरंजन क्रियाएं होती हैं। यदि इन क्रियाओं में थोड़ा भी अन्तर आ जाता है तो उनमें संगम नहीं होता है। अतः इस तरह के व्यवहार के कारण प्राणी जननिक रूप से वियोजित हो जाते हैं। संगम के समय मादाएं उन्हीं नरों को स्वीकार करती हैं जो अभिलाक्षणिक अनुरंजक क्रियाएं प्रदर्शित करते हैं। ये विशिष्ट अभिलाक्षणिक क्रियाएं जाति की विशिष्टता को प्रदर्शित करती हैं। संगम के लिए जाति पहचान के लक्षणों को तीन समूहों में विभक्त किया जा सकता है जो एकल या सामूहिक रूप से कार्य करती हैं:–

(i) संगम के लिए जातियों में पहचान के लिए शरीर पर एक विशिष्ट रंगों का आदर्श (pattern) पाया जाता है या उनकी शारीरिक आकृति, निश्चित होती है या उनमें विशिष्ट

गतियां पायी जाती हैं। ये सभी लक्षण दृष्य उद्दीपन (visual stimuli) से संबंधित होते हैं।

(ii) कुछ जातियों में विशेष प्रकार की ध्वनि उत्पन्न की जाती है, जो अपने प्रजनन योग्य या शाक्य संगम साथियों (potential mating partners) को अपनी ओर आकर्षित करते हैं। ये लक्षण ध्वनि उद्दीपन से सम्बन्धित होते हैं।

(iii) कुछ जातियों में प्राणी विशिष्ट गन्ध उत्पन्न करते हैं जो अपने संगम साथियों को अपनी तरफ आकर्षित करते हैं। उदाहरण के लिए ड्रोसाफिला के अनुरंजन व्यवहार को छः प्रावस्थाओं में विभक्त किया जाता हें इनमें से यदि किसी भी प्रावस्था में नरों के व्यवहार में परिवर्तन हो जाये तो उनमें संगम नहीं होगा। इसी तरह मेंढ़क, टोड, पक्षी एवं कीट विशिष्ट गायन, ध्वनि या उद्घोष (calls) उत्पन्न करते हैं तथा अपने साथी को अपनी तरफ आकर्षित करते हैं।

7. **यान्त्रिकीय वियोजन** (Mechanical isolation):– कुछ प्राणियों के मैथुनांगों में इतनी जटिलता आ जाती है कि एक समष्टि के नर दूसरी समष्टि की मादाओं के साथ मैथुन क्रिया नहीं कर पाते हैं फलस्वरूप इनमें जननिक वियोजन उत्पन्न हो जाता है। इस तरह के वियोजन को यान्त्रिकीय वियोजन कहते हैं।

लिऑन डर्फोर (Leon Durfour) ने 1944 में कीटों के मैथुनांगों के बारे में "ताला–कुंजी मत" (Lock and key principle) प्रतिपादित किया था। इनके अनुसार एक समष्टि विशेष के नर कीटों के मैथुन अंग मादा में इस तरह फिट होते हैं जैसे किसी विशेष ताले में विशेष कुंजी फिट होती है। यदि इनके मैथुनांगों में सूक्ष्म परिवर्तन भी होगा तो उनमें मैथुन क्रिया संभव नहीं होगी। कीटों को उनके मैथुनांगों के आधार पर विभिन्न श्रेणियों में वर्गीकृत किया जा सकता है।

8. **कार्यिकीय वियोजन** (Physiological isolation):- कुछ प्राणियों में मैथुन की कार्यिकी इतनी अलग होती है कि विभिन्न जाति के प्राणियों के बीच संगम नहीं हो सकता है तथा उनके बीच जननिक वियोजन उत्पन्न हो जाता है। इस तरह केवल कार्यिकी में ही भिन्नताओं के आधार पर प्राणी एक दूसरे से वियोजित हो जाते हैं। उदाहरण के लिए ड्रोसोफिला की कुछ जातियों में आपस में संगम संभव नहीं होता है क्योंकि विभिन्न जातियों के प्राणियों में मैथुन के बाद योनि मार्ग की श्लेष्म झिल्ली में सूजन उत्पन्न हो जाती है। यदि संगम एक ही जाति के प्राणियों के बीच हुआ हो तो यह सूजन कुछ घन्टों में स्वतः समाप्त हो जाती है परन्तु यदि संगम दो विभिन्न जाति के प्राणियों के बीच हुआ हो तो यह सूजन कई दिनों तक बनी रहती है जिससे योनि मार्ग अवरुद्ध हो जाता है तथा निषेचित अण्ड भीतर ही नष्ट हो जाते हैं।

II वियोजनकारी क्रियाविधियां जो अन्तर जातीय संकरण की पूर्ण सफलता को रोकती हैं :– पूर्व में वर्णित वियोजनकारी कियाविधियों के बावजूद भी विभिन्न जातियों के प्राणियों के बीच सफलतापूर्वक संगम हो जाये तो यह वियोजनकारी क्रियाविधियां सकिय हो कर संकरण के निर्माण को रोकती हैं। शक्य संगी (potential mates) आपस में सफलतापूर्वक मैथुन क्रिया करते हैं परन्तु या तो सन्तान उत्पन्न ही नहीं होती या वे जीवित नहीं रहती हैं या वे जननक्षम नहीं होती हैं। इस तरह ये क्रिया–विधि

ायां संगम के पश्चात् वियोजनकारी अवरोध उत्पन्न करती हैं। इन्हें निम्न श्रेणियों में विभक्त किया जा सकता है :– (1) युग्मकी वियोजन (Gametic isolation) (2) संकर जीवन अक्षमता (Hybrid inviability) (3) संकर बंध्यता (Hybrid sterility)

(1) युग्मकी वियोजन (Gametic isolation):- प्रथम तो उपरोक्त वर्णित वियोजनकारी कियाविधियों के फलस्वरूप दो विभिन्न जाति के प्राणियों में संगम नहीं हो पाता है परन्तु यदि संगम हो भी जाता है तो युग्मकों में निषेचन नहीं हो पाता है, निषेचन से पूर्व ही युग्मक मर जाते हैं तथा ये एक दूसरे से वियोजित हो जाते हैं। निषेचन आन्तरिक होता है तो शुक्राणु मादा के जनन मार्ग (genital tract) में विशिष्ठ प्रतिजनों के प्रभाव से मर जाते हैं अतः निषेचन संभव नहीं पाता है। इसी तरह बाह्य निषेचन में भी शुक्राणु किसी अन्य जाति के अण्डे में प्रवेश नहीं कर पाते हैं अतः शुक्राणु व अण्डाणु दोनों मर जाते हैं। इस तरह प्राणियों के बीच वियोजन उत्पन्न हो जाता है। उदाहरण के लिए पैटर्सन (Patterson) ने ड्रोसाफिला की विभिन्न जातियों के प्राणियों के मध्य गर्भाधान कराया तो उन्होंने देखा की मादाओं के शुक्रधानों (recepticula seminis) में शुक्राणुओं की गतिशीलता समाप्त हो जाती है तथा निषेचन नहीं हो पाता है जबकि सजातीय प्राणियों में शुक्राणुओं की गतिशीलता अधिक समय तक बनी रहती है। इसी प्रकार लिली (Lillie) ने समुद्री आर्चिन (sea urchin) की दो जातियों के अण्डाणु तथा शुक्राणु एक साथ मिला कर रखे परन्तु उन्होंने पाया कि निषेचित अण्डाणुओं की संख्या न के बराबर थी।

(2) संकर जीवन अक्षमता (Hybrid inviability):- सामान्यतया तो विभिन्न जाति के प्राणियों के बीच निषेचन होता ही नहीं है परन्तु किन्ही परिस्थितियों या प्रकरणों में निषेचन हो भी जाता है तो भी इस निषेचित अण्डे का विकास नहीं होगा या इस प्रकार के निषेचित अण्डे से विकसित संकर प्राणी जीवनाक्षम (inviable) होता है। संकर प्राणियों में जीवन क्षमता का विकास लैंगिक परिपक्वता के पूर्व कभी भी हो सकता है। सामान्यतया तो इस तरह के संकरण से उत्पन्न प्राणी भ्रूणीय अवस्थ में ही मर जाता है या भ्रूणीय उत्तरकाल या जन्म के पश्चात मर जाता है। उदाहरण के लिए मछलियों में सामान्यतः बाह्य निषेचन होता है। एक बार में जल में अनेक जाति की मछलियों के अण्डे व शुक्राणु विसर्जित होते हैं। कभी–कभी इनमें दो विभिन्न जाति के अण्डाणु में ये शुक्राणु प्रवेश कर अण्डे को विकास के लिए प्रेरित कर देते हैं। यह अण्डा कुछ विकासीय अवस्थाएं प्रदर्शित कर उपयुक्त गुणसूत्रों के अभाव में मर जाता है। इसी तरह वारविक एवं बेरी (Warwick and Berry) ने 1949 में भेड़ व बकरी के बीच संकरण कराया एवं पाया की देखने में संकर भ्रूण सामान्य ही दिखाई देता है परन्तु यह पूर्ण रूप से विकसित होने से पूर्व ही मर जाता है। हर्टविग (Hertwing) ने विभिन्न भ्रूणों में होने वाले इस तरह के विक्षोभों का वर्णन किया है।

(3) संकर बन्ध्यता (Hybrid steritity):- कुछ विशिष्ठ परिस्थितियों में संकरण के फलस्वरूप यदि संकरित सन्तान उत्पन्न भी हो जाये तो भी वे जननिक रूप से वियोजित ही रहेगें क्योंकि इस तरह से उत्पन्न सन्तान बन्ध्य (sterile) होती हैं। बन्ध्य होने के कारण ये जनन करने में असमर्थ होती हैं तथा संकरण के फलस्वरूप उत्पन्न ये जीनी संयोगों को आगे की सन्तति में प्रसारित नहीं कर पाती हैं। अतः ये जीनी संयोग केवल उन्हीं प्राणियों तक सीमित रहते हैं। इस प्रकार सन्ततियां जीवित रह कर भी वियोजन उत्पन्न करती हैं। उदाहरण के लिए घोड़े व गधे के बीच संकरण से खच्चर (mule) उत्पन्न होते हैं जो बन्ध

य होते हैं। यह बन्ध्यता इस लिए उत्पन्न हो जाती हैं कि ऐसे प्राणियों में युग्मक–जनन के समय अर्द्धसूत्री विभाजन के दौरान समजात गुणसूत्रों के युगल नहीं बन पाते हैं, या विभाजन के लिए तर्कुरेशों का निर्माण नहीं हो पाता हैं, या युग्मक जनक कोशिकाओं में विभाजन ही नहीं हो पाता है। अतः ये प्राणी बन्ध्य ही रह जाते है।

जननिक वियोजन का उद्भव (Origin of reproductive isolation)

जननिक वियोजन के उद्भव को समझाने के लिए दो मुख्य विचारधाराएं प्रस्तावित की गई हैं–

(1) मूलर की विचारधारा (Muller's view):- एक ही जाति के प्राणियों की समष्टि भौगोलिक रोधिकाओं के कारण छोटे–छोटे उप समूहों में विभाजित रहती हैं तथा ये उप समूह स्वतन्त्र समष्टि को निरूपित करते हैं। इन उप समूहों के आवासीय वातावरण में भिन्नता तथा जीनी संरचना में उत्पन्न विभिन्नताओं के कारण इनमें आपस में प्रजनन नहीं हो पाता है तथा इन उप समूहों के मध्य जीन प्रवाह रुक जाता है। धीरे–धीरे इन समूहों में उत्परिवर्तन उत्पन्न होते रहते हैं तथा ये वातावरणीय परिवर्तनों के प्रति अनुकूलित होते रहते हैं। इस तरह एक लम्बे अन्तराल के पश्चात् इन उप समूहों का जीनी प्रकार इतना बदल जाता है कि, यदि कभी इन्हें अपनी समस्थानिक जाति (sympatric species) के सदस्यों के साथ प्रजनन करने का अवसर भी प्राप्त हो तो भी ये प्रजनन नहीं कर सकते हैं।

(2) डॉब्झेन्सकी की विचारधारा (Dobzhanky's Veiw):- डॉब्झेन्सकी ने 1940 में यह विचारधारा प्रतिपादित की कि, समष्टि के सदस्यों में जननिक वियोजन उनके पूरक जीनों (complimentary genes) में परिवर्तन के कारण उत्पन्न होता हैं तथा प्राकृतिक वरण इन परिवर्तनों का पक्षधर होता है। डॉब्झेन्सकी ने यह भी बताया कि सामान्यतः विभिन्न जातियों के संकरण से उत्पन्न सन्तान या तो जीवित नहीं रहती हैं या फिर वे बन्ध्य (sterile) होती हैं, क्योंकि ये वातावरण के प्रति कम अनुकूलित होती हैं। प्राकृतिक वरण इन संकरणों का पक्षधर नहीं होता है अतः ये स्वतः ही विलुप्त हो जाती हैं। डॉब्झेन्सकी के अनुसार संकरण करने वाली जातियों की जननिक शक्ति कम हो जाती है, क्योंकि जातीय संकरों की सन्तति में पुनः संयोजन से विसंगत जीन प्रतिरूपों का निर्माण होता है। डॉब्झेन्सकी का मानना यह हैं कि प्राकृतिक वरण संकरण के विरुद्ध कार्य करता है अतः नजदीकी संबधित जातियों में भी जननिक वियोजन उत्पन्न हो जाता है।

वियोजन का उद्विकास में महत्व (Role of isolation in Evolution)

विभिन्न वैज्ञानिकों ने जाति उद्भवन में वियोजन को एक महत्वपूर्ण कारक माना है। उदाहरण के लिए रेन्श (Rensch: 1923), मायर (Mayer: 1942), सिम्पसन , व लैक (Lack : 1947) आदि ने बताया कि वियोजन विस्थानिक (allopatric) तथा समस्थानिक जातियों के उद्भव में एक महत्वपूर्ण कारक होता है। एक ही जाति के सभी सदस्यों का वितरण समान व लगातार नहीं होता है ये छोटे–छोटे उप समूहों में उपस्थित होते हैं। एक ही जाति के छोटे–छोटे उप समूह जो एक दूसरे से काफी दूरी पर स्थित होते हैं विस्थानिक जाति समूह कहलाते हैं। इन उप समूहों मे दूरी के कारण आपस में प्रजनन नहीं होता है तथा समयान्तराल के कारण जीनी रूपान्तरण उत्पन्न होते हैं। ये रूपान्तरण प्राकृतिक वरण एवं आनुवंशिक विचलन द्वारा उत्पन्न होते हैं। इस प्रकार विस्थापित समष्टियां जननिक दृष्टि से एक दूसरे से वियुक्त होकर नई जातियों का दर्जा प्राप्त कर लेती हैं।

समस्थानिक जाति उद्भव (Sympatric speciation):- एक ही जाति के सदस्य जो एक ही आवासीय क्षेत्र में रहते हैं वे समस्थानिक जाति का निर्माण करते हैं। हक्सले (Huxley : 1942) , थोर्प (Thrope : 1945), एलि इत्यादि (Allee et al : 1949) ने यह बताया कि भौगोलिक रोधिकाओं के बिना भी समस्थानिक जातियों में जननिक वियोजन उत्पन्न हो सकता है। इस तरह की जातियों में वियोजन आनुवंशिकी पदार्थ में हुए अचानक परिवर्तनों के कारण उत्पन्न होता है। इस प्रकार जननिक रूप से वियोजित जातियों के उप समूह स्वतन्त्र रूप से नई जातियों में विकसित हो जाते हैं।

जीव अर्न्तसम्बन्ध एवं उद्विकास के साक्ष्य

कीडे-मकोडे, केंचुए, पक्षी, ढोर, साँप, मक्खी, छिपकली, तितली, कुत्ते, बिल्ली, खटमल, चीलर, चूहे आदि अनेक प्रकार के जन्तुओं को तथा जंगलों, खेतों व बगीचों में अनेक प्रकार के पेड़-पौधों को हम लोग प्राय: देखते रहते हैं और पहचानते हैं। जीवों की ये किस्में पृथ्वी पर उपस्थित सारी किस्मों अर्थात् जातियों की संख्या की तुलना में कुछ भी नहीं हैं। सरलतम् अमीबा जैसे एकाकोशीय प्रोटोजोआ से लेकर विशालतम् व्हेल मछली और जटिलतम मानव तक जन्तुओं की 12 लाख से अधिक तथा बैक्टीरिया एवं एककोशीय शैवालों से लकर विशालकाय वृक्षों तक, पादपों की लगभग 5 लाख से अधिक जातियों की खोज हो चुकी है। अनेक वैज्ञानिक उन अज्ञात जातियों की खोज में लगे रहते हैं जिनकी संख्या पृथ्वी पर न जाने कितनी होगी। आदि पृथ्वी पर जीव पदार्थ और फिर कोशिकारूपी आदिजीवों की उत्पत्ति की आधुनिक परिकल्पना का वर्णन पिछले अध्याय में दिया गया है। अब प्रश्न यह है कि आदिजीवों से पृथ्वी पर आज उपस्थित जीवों की इतनी विविध जातियों की उत्पत्ति कैसे हुई?

विशिष्ट सृष्टिवाद- ईसा के बाद समाज में धर्म के तीव्र प्रचार के कारण 19 वीं सदी के मध्य तक लोगों की आम धारणा रही कि परमेश्वर जैसी किसी अलौकिक शक्ति ने सभी विभिन्न जीव-जातियों की, वातावरण के अनुकूल, पृथक सृष्टि की है। अत: प्रत्येक जाति आज वैसी ही है जैसी आदिकाल में अलौकिक शक्ति ने इसे बनाया।

स्वत: जननवाद- इसी प्रकार,19 वीं सदी क मध्य तक कुछ लोग मानते रहे कि प्रत्येक जीव-जाति की पृथक किसी-न-किसी समय अजीव पदार्थ से हुई है और यह आज भी वैसी ही है जैसी उत्पत्ति के समय थी।

विविधता में क्रमबद्धता :- सामान्यत: हमें अपने चारों ओर का वातावरण विविध प्रकार की निर्जीव वस्तुओं और जीवधारियों (जन्तुओं और पादपों) का एक अव्यवस्थित कबाड़खाना सा लगता है। लेकिन यदि हम विज्ञान के आधार पर इनक पारस्परिक सम्बन्धों की व्याख्या करें तो हमें इनकी रचना और संघटन में एक मूलभूत समानता और निश्चित क्रम देखने को मिलता है, जैसे कि-

1. प्रकृति की प्रत्येक वस्तु निर्जीव हो या सजीव पदार्थ की बनी है।
2. पदार्थ सारा परमाणुओं एवं अणुओं का बना है।
3. सारे जीव एक विशेष प्रकार के पदार्थ जीव-पदार्थ के बने हैं।
4. सभी जीवों में जीव-पदार्थ एक या अनेक कोशारूपी सूक्ष्म पिण्डो के रूप में पाया जाता है।

5. बहुकोशीय जीवों में कोशाएँ ऊतक बनाती हैं, ऊतक अंग बनाते हैं, और अंग अंग-तंत्र बनाते हैं।

6. विविध प्रकार के जीवों की अपनी-अपनी पृथक जीव-जातियाँ होती हैं।

स्पष्ट है कि प्रकृति विविध वस्तुओं का एक अव्यवस्थित कबाडखाना नहीं, वरन् एक विशाल क्रमबद्ध एवं सुव्यवस्थित, जटिल गोदाम या तंत्र है। क्या कोई क्रमबद्धता प्रकृति की 17 1/2 लाख से अधिक विविध जीव-जातियों में भी है? हाँ हम जानते हैं कि पादप और जन्तु प्रकृति के दो बहुत ही भिन्न प्रकार के जीव हैं, लेकिन निम्नतम् श्रेणी के, अर्थात एककोशीय पादपों (शैवालों) और जन्तुओं (प्रोटोजोआ) में यह भेद स्पष्ट नहीं होता। मक्खी और मच्छर, छिपकली से बहुत भिन्न हैं, परन्तु परस्पर काफी मिलते-जुलते हैं। बिल्ली और छिपकली में बहुत विभिन्नता है, फिर भी इन दोनों में समान सा हड्डियों का कंकाल होता है। **कुत्ते, चूहे, गाय, बकरी, मनुष्य** आदि से बिल्ली काफी मिलती है, क्योंकि इन सब में बाल व स्तन होते हैं। इस प्रकार, प्रकृति की विविध जीव-जातियों में भी एक क्रमबद्धता होती है। इसी से कैरोलस लिनियस (1707- 1778) तथा अन्य कई वैज्ञानिक जन्तुओं एवं पादपों को छोटे-बड़े क्रमबद्ध समूहों में वर्गीकृत करने के लिये बाध्य हुये, जबकि इनका मूल विश्वास विशिष्ट सृष्टिवाद में ही था।

प्रकृतिवादी परिकल्पना :- 19वीं सदी के मध्य तक वैज्ञानिकों को प्रकृति की विविधता में क्रमबद्धता पर पूरा विश्वास हो गया और तब इसकी व्याख्या के लिए प्रकृतिवादी परिकल्पना ने जोर पकड़ा। इस परिकल्पना के दो स्पष्ट पहलू हैं-

1. पहला पहलू यह है कि पूरे ब्रह्माण्ड की स्थापना अन्तरिक्षी उद्विकास के तथा आदिपृथ्वी पर "जीवन की उत्पत्ति" पदार्थ के रासायनिक उद्विकास के फलस्वरूप हुई। इसका वर्णन पिछले अध्याय में किया गया है।

2. दूसरा पहलू यह है कि आदिपृथ्वी पर बने प्रारम्भिक जीवों के क्रमिक उद्विकास, अर्थात् जैव-विकास से जन्तुओं और पादपों की सभी वर्तमान विविध जातियों की उत्पत्ति हुई।

जैव-विकास की मौलिक परिकल्पना:- "परिवर्तन के साथ अवतरण" जैव-विकास की मौलिक कल्पना है। विकास या उद्विकास शब्द का साहित्यिक अर्थ है **सिमटी वस्तु का खुलकर या फैलकर समय-समय पर हुए परिवर्तनों को प्रदर्शित करना।** सभी जानते हैं कि साइकिल, मोटर, रेल, जहाज आदि के प्रथम नमूने घटिया और कम लाभदायक थे। यदि हम आविष्कारों के बाद के इनके विकास-इतिहासों को पढ़ें तो हमें पता लग जायेगा कि लोगों ने समय-समय पर इनमें क्या-क्या क्रमिक सुधार किये जिससे वर्तमान नमूनों का विकास हुआ। ठीक इसी प्रकार, जैव-विकास का भी संक्षेप में मतलब यही है कि प्रत्येक जीव-जाति के लक्षणों में, पीढी-दर-पीढी, प्राकृतिक आवश्यकताओं के अनुसार कुछ परिवर्तन होते रहत हैं जो जैव-विकास परिकल्पना के अनुसार, प्रत्येक वर्तमान जीव-जाति का विकास किसी-न-किसी, अपेक्षाकृत निम्न कोटि की, भूतकालीन (पूर्वज) जाति से हुआ है। **इस प्रकार, प्रारम्भिक, निम्न कोटि के जीवों से, क्रमिक परिवर्तनों द्वारा, अत्यधिक जटिल जीवों की उत्पत्ति को ही जैव-विकास कहते हैं।** अत:, ओपैरिनवाद के अनुसार बने, प्रारम्भिक, कोशारूपी सरल आदिजीवों से एक ओर जटिल एककोशीय जीवों का विकास हुआ तथा दूसरी ओर इनमें से कुछ ने समूहो

में एकत्र होकर प्रारम्भिक बहुकोशीय जीवों की उत्पत्ति की। फिर प्रारम्भिक बहुकोशीय जीवों की कोशाओं के बीच धीरे-धीरे कार्यो का बँटवारा, अर्थात् श्रम विभाजन हो जाने से, इनमें कोशीय विभेदीकरण हुआ। इस प्रकार, शनै:-शनै: शरीर के अधिकाधिक सुचारु संगठन के कारण नयी-नयी उच्चतर श्रेणियों की जीव-जातियों का विकास होता गया।

"जैव-विकास परिकल्पना" का महत्व

आधुनिक वैज्ञानिक जैव-विकास परिकल्पना को वस्तुत: सही मानते हैं। इससे प्रकृति के कई महत्वपूर्ण रहस्यों का पता चलता है, जैसे कि-

1. प्रकृति में वातावरणीय दशाएँ स्थायी नहीं रहतीं, सदा बदलती रहती हैं।

2. जीवों में, बदलती हुई वातावरणीय दशाओं के अनुसार बदलने, अर्थात् अनुकूलन की क्षमता होती है। इसी से जीवों की नयी-नयी किस्मों, अर्थात् जीव-जातियों की उत्पत्ति होती रहती है। इस प्रकार जीव-जातियाँ भी अस्थायी एवं परिवर्तनशील होती हैं।

3. पृथ्वी पर जितनी जीव-जातियाँ आज हैं उतली पहले नहीं थी, क्योंकि एक ही पूर्वज जाति के विभिन्न क्षेत्रों में रहने वाले सदस्यों से विभिन्न दिशाओं में कई नई जातियों का विकास होता रहता है।

4. पहले की जातियाँ रचना में बाद की जातियों से सरल होती हैं, क्योंकि प्राकृतिक दशाओं की आवश्यकतानुसार शरीर संघठन का विशिष्टीकरण ही विकास की मौलिक प्रक्रिया होती हैं।

5. किन्हीं दो वर्तमान जीव-जातियों का किसी-न-किसी समय एक ही पूर्वज था। अत: सभी वर्तमान जातियाँ एक-दूसरी की निकट या दूर की रिश्तेदार हैं, अर्थात् सभी जीव-जातियों का, प्रारम्भिक जीव से लेकर, एववंशीय इतिहास है। इस तथ्य के कारण, जैव-विकास परिकल्पना को जीव-विज्ञान में सबसे महत्वपूर्ण एकीकरण सिद्धान्त माना जाता है।

जैव विकास के प्रमाण (EVIDENCES)

यदि जैव-विकास हुआ है तो प्रारम्भ से लेकर आज तक की जीव-जातियों की शरीर-रचना, कार्यिकी एवं रासायनी, भ्रूणीय विकास, वितरण, आचरण आदि मे कुछ-न-कुछ सम्बन्ध एवं क्रम होना आवश्यक है। **लैमार्क, डारविन, वैलैस, डी व्रीज** आदि ने जैव-विकास के बारे में अपनी-अपनी परिकल्पनाओं को सिद्ध करने के लिए इन्हीं सम्बन्धों एवं क्रम को दिखाने वाले प्रमाण प्रस्तुत कियें जिन्हे हम निम्नलिखित श्रेणियों में बाँट सकते हैं-

1. वर्गीकरण से प्रमाण
2. तुलनात्मक संरचना से प्रमाण
3. संयोजक जन्तुओं से प्रमाण
4. पूर्वजता से प्रमाण
5. तुलनात्मक भ्रौणिकी से प्रमाण
6. भौगोलिक वितरण से प्रमाण
7. तुलनात्मक कार्यिकी एवं जैव-रासायनी से प्रमाण
8. आनुवंशिकी से प्रमाण
9. पशु-पालन से प्रमाण
10. रक्षात्मक समरूपता से प्रमाण
11. जीवाश्म-विज्ञान एवं जीवाश्मों से प्रमाण

1. जीवों के वर्गीकरण से प्रमाण

एक यही तथ्य कि हम वर्तमान जन्तुओ और पादपों की लगभग 17 1/2 लाख जातियों

को प्राकृतिक समानताओं एवं विभिन्नताओं के आधार पर छोटे-बडे समहों में बाँटकर इनका वर्गीकरण कर सकते हैं, सिद्ध करता है कि विभिन्न वर्तमान जातियों की उत्पत्ति किसी-न-किसी समय समान पूर्वजों से ही विकास क्रम में हुई है। उदाहरणार्थ, मछलियों, उभयचरों, सरीसृपों, पक्षियों तथा स्तनियों को एक ही **समूह - उपसंघ वर्टीब्रेटा** में रखते हैं, क्योंकि इन सब में कशेरुकदण्ड होती है जो अन्य जन्तुओं में नहीं होती। अत: अतीतकाल में कशेरूकियों की एक ही **सहपूर्वज से उत्पत्ति होकर विभिन्न दिशाओं में क्रमिक उद्धिकास** हुआ होगा। यह पूर्वज निम्न कोटि की गछली जैसा रहा होगा। इसी से विभिन्न प्रकार की मछलियों का, मछलियों से उभयचरों का, उभयचरों से सरीसृपों का और सरीसृपों से पक्षियों एवं स्तनियों का उद्विकास हुआ। इसी प्रकार, प्रोटोजोआ से लेकर कॉर्डेटा तक विभिन्न संघों के जन्तुओं में हमें एक क्रमिक विकास का प्रमाण मिलता है।

विविध जातियों में जितनी अधिक प्राकृतिक समानताएँ होगी उतनी ही छोटी वर्गीकरण इकाइयाँ ये बनायेगी। उदाहरणार्थ, यदि हम मानव जाति का ही वर्गीकरण करें तो निम्न तालिका में हमें अपने विभिन्न स्तरों के विकासीय सम्बन्धों और पूर्वजों का आभास मिल जायेगा।

वंश-वृक्ष

यदि वर्गीकरण से विकासीय सम्बन्धों का पता चलता हैतो हम प्रत्येक जन्तु-जाति या समूह के उद्विकास इतिहास का वंश-वृक्ष या समस्त जीवों का जीव-वृक्ष तैयार कर सकत हैं। ऐसा जीव-वृक्ष पहले-पहल लैमार्क ने अपनी पुस्तक में प्रस्तुत किया।

2. जीवों की तुलनात्मक संरचना से प्रमाण

विविध प्रकार के जन्तुओं और पादपों की संरचना का तुलनात्मक अध्ययन किया जाये तो हमें जैव-विकास की ओर इंगित करने वाले कई महत्वपूर्ण प्रमाण मिलते हैं। ऐसे प्रमुख प्रमाण निम्नलिखित हैं-

(क) समाजातता- मछलियाँ, उभयचर, सरीसृप, पक्षी तथा स्तनी रीढ़धारी अर्थात कशेरूकी जन्तु हाते हैं। इनमें, मूलत: मगन के लिये, दो जोडी पार्श्व उपांग होते हैं। आगे वक्ष भाग में , एक जोडी अंसउपांग तथा पीछे, उदर भाग में, एक जोडी श्रोणिउपांग। मछलियों के उपांग, तैरने में सहायता करने के लिये, चप्पुओं की आकृति के पखने होते हैं। शेष कशेरूकियों के उपांग, मूलत: भूमि पर गमन के लिये, पंचांगुलीय पाद होते हैं। इसीलिये ये कशेरूकी चतुष्पादीय कहलाते हैं। एक उदाहरण के रूप में हम देखते हैं कि विभिन्न प्रकार के चतुष्पादीय कशेरूकियों में आकृति और रचना में बहुत ही भिन्न-भिन्न प्रकार के अग्रपाद हैं और ये विभिन्नतायें अग्रपादों के विभिन्न प्रकार के कार्यों पर आधारित हैं। उदाहरणार्थ, सारे पक्षियों में तथा स्तनियों में से चमगादडों में अग्रपाद, उडने के लिये पंखों के रूप में हैं। समुद्री स्तनियों (व्हेल, सील आदि) में अग्रपाद, मछलियों की भाँति, पखनों जैसे हैं। घोड़ों में तेज दौडने के लिये लम्बे और खरयुक्त हैं। वस्तुओं को पकड़ने के लिये हमारे हाथ और इनकी अंगुलियाँ लम्बी व गतिशील हैं, अंगुलियाँ नखयुक्त हैं तथा अंगूठे अन्य अगुलियों के समकोण पर हैं। विभिन्न प्रकार के अग्रपादों की भीतरी रचना का अध्ययन करें तो ज्ञात हो जायेगा कि सारे चतुष्पादीय कशेरूकियों के अग्रपाद मूल रचना मे समान हैं 1. इनमें समान-सी हड्डियों (ह्यूमस, रेडियस, अल्ना, कार्पल्स

मेटाकार्पल्स तथा अंगुलास्थियों) का अंतः कंकाल है 2. रूधिर की सप्लाई तथा तंत्रिकाय सप्लाई भी समान सी हैं और 3. विभिन्न निकटवर्ती भागों से अग्रपादों के सम्बन्ध भी समान-से होते हैं। इस मौलिक समानता का वास्तविक कारण यह है कि सारे चतुष्पादीय कशेरूकियों में अग्रपादों का भ्रूणीय विकास भ्रूण के लगभग समान भागो से और लगभग समान विधि से होता है। उपरोक्त मौलिक समानता वाले अंगों को समजात अंग कहते हैं और इनकी इस समानता को कहते हैं समजातता संरचनात्मकता समजातता का विचार पहले-पहल बूफों ने प्रस्तुत किया। बाद में रिचर्ड ओवन ने समजातता की परिभाषा प्रस्तुत की जिसके अनुसार "विभिन्न जीव-जातियों के वे अंग जिनमें कि, भ्रुणीय विकास भ्रूण के समान भागों से होने के कारण, एक मौलिक समानता होती है, समजात अंग होते हैं चाहे वयस्क अवस्था की वास्तविक रचना और कार्य मे वे कितने ही भिन्न हों।" अब प्रश्न यह उठता है कि अत्यधिक भिन्न प्रकार की जीव-जातियों के अंगों में समजातता क्यों होती है। इस प्रश्न का एक ही उत्तर हो सकता है और वह यह कि ऐसी जीव-जातियों की उत्पत्ति तो किसी एक ही समपूर्वक से होती है, परन्तु कालान्तर में प्रत्येक जाति, अपने वातावरण और जीवन-रीतियों के अनुसार परिवर्तित या रूपान्तरित होकर अन्य जातियों से भिन्न हो जाती है। जैव-विकास परिकल्पना में यही मौलिक कल्पना है। अतः **समजातता जैव-विकास का ठोस प्रमाण देती है।** विभिन्न जातियों की सहपूर्वजता जितनी निकट की होगी उतनी ही अधिक स्पष्ट समजातता उनके अंगों की होगी। उदाहरणार्थ, अस्थीय मछलियों के पार्श्व पखने (दो अंसपखने तथा दो श्रोणिपखने) भी चतुष्पादी कशेरुकियों के पादों के समजात हैं, परन्तु यह समजातता वर्तमान मछलियों (रोहू, कतला, कालबासू, महासिर आदि) में इतनी स्पष्ट प्रदर्शित नहीं है जितनी कि लगभग 35 करोड वर्ष पुरानी उन विलुप्त मछलियों में प्रदर्शित थी जिन्हें आधुनिक मछलियों तथा प्रारम्भिक चतुष्पादी कशेरुकियों (प्राचीनतम् उभयचरों) की सहपूर्वज माना जाता है। कशेरुकियों में समजातता इनके पादों में ही नहीं, वरन् इनके साथी बाह्य एवं भीतरी अंगों में है। वास्तव में सारे विविध प्रकार के कशेरुकियों में शरीर-गठन की समान मूल रूपरेखा है। इससे प्रमाणित होता है। कि एक ही सहपूर्वज से सारे कशेरूकियों का उद्विकास हुआ। अकशेरुकियों में समजातता के स्पष्ट उदाहरण मिलते हैं। उदाहरणार्थ, कीटों में भोजन-ग्रहण के लिये मुख उपांग होते हैं। आदर्श रूप से ये उपांग होते हैं एक लैब्रम दो मैन्डिबल्स, दो जोड़ी मैक्सिली तथा एक हाइपोफैंरिक्स। ये उपांग किसी कशेरुकी जन्तु की त्वचा को बेधकर रक्त चूसने (मादा मच्छरों में), फूलों का रस चूसने (नर मच्छरों, तितलियों भौंरों आदि में), तरल खाद्य-पदार्थो को चाटने (मक्खी आदि में), भोजन कणों को काटने और चबाने (कॉकरोच आदि में) आदि के लिये उपयोजित होने के कारण, रचना में अत्यधिक विभिन्नता प्रदर्शित करते हैं, परन्तु सारे कीटों में ये समजात होते हैं। इसी प्रकार, कीटों के तीन जोडी चलनपाद चलते, तैरने, खोदने, चिपकने, उछलने आदि के लिये उपयोजित होकर अत्यधिक विभिन्नता प्रदर्शित करते हैं, परन्तु समजात होते हैं; प्रत्येक पाद, आधार से छोर तक, पाँच खण्डों - कॉक्सा, ट्रोकैन्टर, फीमर, टिबिया तथा टार्सस का बना है जो सब पादों में समजात होते हैं। पादपों में इनकी सम्पूर्ण संरचना में ही समजातता होती है। उदाहरणार्थ, सबकी जडों और तने का विकास भ्रूण के समान भागों में होता है। पत्तियाँ सामान्य काँटों, प्रतानों आदि में रूपान्तरित हो सकती है।

(ख) समरूपता, समवृत्तिता या सादृश्यता-समजात अंगों के विपरीत, ऐसे अंग जो समान कार्य के लिए उपयोजित हो जाने के कारण समान-से दिखायी देते हैं, परन्तु भ्रुणीय उत्पत्ति और विकास में तथा मौलिक रचना में बहुत भिन्न होते हैं, समरूप अंग कहलाते हैं। और इनकी ऐसी समानता को कहते हैं समरूपता उदाहरणार्थ-

1. उड़ने वाले कीटों के पंख देखने में तो पक्षियों एवं चमागादडों के पंखों जैसे लगते हैं, लेकिन भ्रूणीय उत्पत्ति एवं विकास तथा मौलिक रचना में ये पक्षियों और चमगादडों के पंखों से बिल्कुल भिन्न होते हैं। पक्षी एवं चमगादडों के पंखों से बिल्कुल भिन्न होते हैं पक्षी एवं चमगादड कशेरुकी जन्तु होते हैं और इनके पंख इनक अग्रपादों के रूपान्तरण से बने हड्डीयुक्त अंग होते हैं। इसके विपरीत, कीट अकशेरुकी जन्तु होते हैं। अतः इनके शरीर और पंखों में हड्डियाँ नहीं होती। इनके पंख पादों के रूपान्तरण से भी नहीं बनते। ये त्वचा के झिल्लीनुमा विस्तारों के रूप में बनते हैं। अत: कीटों के पंख पक्षियों और चमगादडों के पंखों के समरूप होते हैं।

2. पक्षियों और चमगादडों के पंख वैसे तो समजात होते हैं, परन्तु इनके पंख विस्तारों में समरूपता होती है। पक्षियों में पखं विस्तार परों का बना होता है, लेकिन चमगादडों में यह त्वचा के भंज का बना होता है जिसे पैटेजियम कहते हैं।

3. मधुमक्खी तथा बिच्छू के डंक समान कार्य करते हैं और देखने में भी समान-से लगते हैं, परन्तु ये समरूप हैं, न कि समजात। मधुमक्खी का डंक इसके अण्डनिक्षेपक के रूपान्तरण से बनता है जबकि बिच्छू का डंक इसके अन्तिम उदरखण्ड का रूपान्तरण होता है।

4. एक प्रकार की उड़न छिपकली - ड्रैको - में पसलियाँ शरीर के पार्श्वों में बढ़ी होती हैं और इनके बीच में त्वचा के प्रसार से पंखनुमा रचनायें बन जाती हैं। इन पंखों को भी, चमगादड के पंखों की भाँति, पैटेजियम कहते हैं, परन्तु ये अग्रपादों के रूपान्तरण से नहीं बनते और इसीलिये पक्षियों, चमगादडों और कीटों के समरूप होते हैं। इनकी सहायता से उड़न छिपकलियाँ पेड़ों पर डालियों के बीच उड़ लेती हैं।

(ग) अवशेषी अंग- बड़े जन्तुओं में प्रायः कुछ स्पष्ट, परन्तु अर्धविकसित एवं निष्क्रिय, अनावश्यक अंग या अंगों के भाग होते हैं। इन्हें अवशेषी कहते हैं। अनावश्यक होते हुए भी ये क्यों पाये जाते हैं? देखा गया है कि कुछ मिलती-जुलती जातियों में यही अंग पूर्ण विकसित और क्रियाशील होते हैं। उदाहरणार्थ, मानव में पूँछ नहीं होती, इसके अवशेष होते हैं, जबकि बन्दरों में सक्रिय पूँछ होती है। अब क्योंकि मानव का शरीर बन्दरों जैसे पूँछयुक्त पूर्वजों से हुआ। इस प्रकार, अवशेषी अंग पूर्वजों की देन होते हैं। पूर्वजों में ये पूर्ण विकसित होते हैं, लेकिन वातावरणीय दशाओं के बदल जाने से, इनका महत्व समाप्त हो जाने के कारण, ये विकास क्रम में क्रमिक लोप की दिशा में अवशेषी अंगों के रूप में चलत रहते हैं।

अन्ततोगत्वा पूर्णरूपेण समाप्त हो जाने का ही इनका भविष्य होता है। इनके अन्य महत्वपूर्ण उदाहरण निम्नलिखित हैं-

1. व्हेल मछलियों तथा सर्पो में पश्चपाद नहीं होते। फिर भी व्हेल एवं अजगर तथा बोआ श्रेणियों के सर्पों में पश्चपादों और इनसे सम्बन्धित श्रोणिमेखलाओं के अवशेष होते हैं। इससे स्पष्ट हो जाता है कि व्हेल तथा सर्पों का उद्विकास क्रमशः चतुष्पादी स्तनी तथा सरीसृप पूर्वजों से

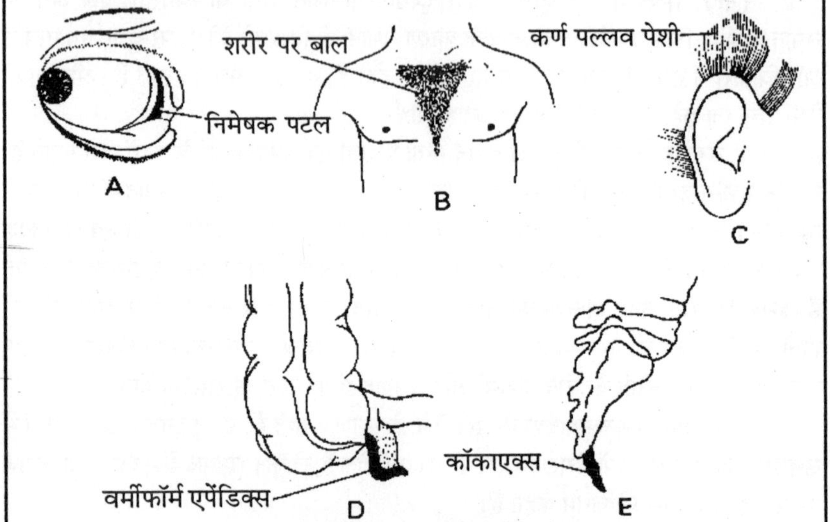

मनुष्य के कुछ अवशेषी अंग

हुआ। व्हेल मे जलीय जीवन उपनो के कारण तथा सर्पों में रेंगने की आदत के कारण पादों का उपयोग समाप्त हो गया।

2. व्हेल मछलियों (स्तनी) में बाह्य कणों के अवशेष होत हैं। बाह्य कर्ण हवा से ध्वनि तरंगों को ग्रहण करते हैं। जलीय जीवन अपनाने के कारण व्हेल में ये बेकार हो गये और लोप होने की दशा में हैं।

3. पक्षियों में पंख उड़ने के लिए होते हैं। कुछ पक्षियों में शरीर बड़ा और भारी हो गया। अतः उड़ने के बजाय इन्होंने तेज दौड़ने की आदत डाली। फलतः इनके पंख अवशोषी हो गये। आजकल ऐसे पक्षी हैं अफ्रीका और अरब देशों के शुतुर्मुर्ग, ऑस्ट्रेलिया के एमू एवं केसोवरी, न्यूजीलैंड के कीवी आदि। ऐसा ही एक पक्षी डोडो था जो सत्रहवीं सदी में विलुप्त हो गया।

4. घोडों के पाद खुरदार होते हैं। प्रत्येक पाद में केवल तीसरी अंगुली विकसित होती है। खुर इसी पर होता है। पहली और पाँचवी अंगुलियाँ बिल्कुल समाप्त हो चुकी हैं। दूसरी और चौथी अंगुलियों के अवशेष छोटी–छोटी खपच्चीनुमा अवशेषी हड्डियों के रूप में उपस्थित हैं। मानव शरीर में 100 से अधिक अवशेषी अंग पाये जाते हैं। इनमें से कुछ प्रमुख निम्नलिखित हैं।

(क) नेत्रों की प्लिका सेमीलुनेरिस– हमारी प्रत्येक आँख के भीतरी कोण पर स्थित एक छोटी–सी, लाल, अर्धचन्द्राकार झिल्ली उस निमीलक छद का अवशेष है जो मेंढक, पक्षियों, बिल्ली, खरगोश आदि में पायी जाती है।

(ख) कर्ण–पल्लवों की पेशियाँ– हमारे कर्ण–पल्लवों और नासिका से कुछ अनावश्यक पेशियाँ लगी होती हैं। घोड़े, गधे, हाथी, गाय, भैंस, बन्दर आदि में ये पेशियाँ अधिक विकसित होती है और नासिका तथा कर्ण–पल्लवों को हिलाती हैं। मनुष्य में ये अंग अचल हो गये। अतः ये पेशियाँ अवशेषी हो गयी।

(ग) त्वचा के बाल- बन्दरों, घोड़ों, सूअरों, कपियों आदि स्तनियों के शरीर पर घने बाल होते हैं। ये ताप-नियंत्रण में सहायता करते हैं। मानव में बालों का यह कार्य नहीं रहा, फिर भी शरीर पर कुछ बाल होते हैं।

(घ) पुच्छ कशेरूकाएँ- मानव में पूँछ नहीं होती। फिर भी कशेरुकदण्ड के अन्त में 3 से 5 तक (प्रायः 4) अर्धविकसित पुच्छ कशेरुकाएँ होती हैं। भ्रूणीय परिवर्धन पूरा होते-होते, ये समेकित होकर हड्डी का एक ही टुकडा, कोक्सिक्स बना लेती हैं।

(ड) उण्डुकपुच्छ- यह खरगोश, गाय, भैंस, बन्दर आद शाकाहारी स्तनियों में उण्डुक के छोर पर एक कठोर-सा नालाकार भाग होता है। इसमें शाकाहारी भोजन के सेलुलोज का पाचन होता है। मानव में भोजन सर्वाहारी हो जोन से इसकी उपयोगिता कम हो गयी और अब इसका अवशेष ही पाया जाता है। इसमें तरह-तरह के रोग लग जाते हैं।

(च) अकिलदाढ़- मनुष्य सहित सभी प्रादमेट स्तनियों में तीसरे मोलर दन्त की उपस्थिति एक आदर्श लक्षण होता है। मनुष्य में इन दाँतों का उपयोग नहीं होता। अतः यह देहर से निकलते हैं, अर्धविकसित रहते हैं और दंतरोगों के लिए अधिक संवेदनशील होते हैं।

3. संयोजन या मध्यस्थ जातियों से प्रमाण

कुछ जीव-जातियों में इनसे कम विकसित, निम्न कोटि की जातियों के तथा इनसे अधिक विकसित उच्च कोटि की जातियों के लक्षणों का सम्मिश्रण पाया जाता है। इन्हें संयोजन जातियाँ कहते हैं। इनसे जैव-विकास का ठोस प्रमाण इस प्रकार मिलता है कि पहले निम्न कोटि की जातियों से संयोजक जातियों का और फिर इनसे उच्च कोटि की जातियों का उद्विकास हुआ है। कुछ प्रमुख संयोजक जातियों के उदाहरण निम्नलिखित हैं-

1. यूग्लीना- प्रोटोजोआ संघ के अनेक सदस्य, जैसे यूग्लीना क्लोरोफिलयुक्त होते हैं। अतः ये सूर्य प्रकाश में प्रकाश-संश्लेषण द्वारा पोषक पदार्थो (कार्बोहाइड्रेट, प्रोटीन्स एवं वसाओं का संश्लेषण कर लेते हैं। सूर्य-प्रकाश की अनुपस्थिति में ये जन्तुओ की भाँति पोषण करते हैं। इस प्रकार, इनके कुछ लक्षण जन्तुओं और कुछ पादपों के समान होते हैं, अतः ये पादपों और जन्तुओं के संयोजक माने जाते हैं।

2. प्रोटीरोस्पंजिया- यें संघीय प्रोटोजोआ होते हैं। इनके एककोशीय सदस्य स्पंजों की कीप-कोशाओं के समान हेाते हैं, अतः स्पष्ट है कि ये प्रोटोजोआ तथा स्पंजो के संयोजक है और इन्हीं के जैसे पूर्वजों से स्पंजों की उत्पत्ति हुई।

3. निओपिलाइना- संघ मौलस्का के सदस्य ऐनीलिडा के सदस्यों से अधिक सुगठित अकशेरूकी जन्तु होते हैं। सन् 1952 में, प्रशान्त महासागर की तलहटी से एक ऐसा जीवित जन्तु मिला जिसके लक्षण 50 करोड वर्ष पुराने मौलस्क जीवाश्म जैसे हैं। इसके शरीर पर मैन्टल एवं गुम्बदनुमा कवच का खोल तथा चपटा मांसल पाद होता है। अतः यह एक मौलस्क ही है, लेकिन इसमें ऐनीलिडा के भी कुछ स्पष्ट लक्षण हैं, जैसे कि इसमें जलक्लोम तथा कई महत्वपूर्ण आंतरांग समखण्डीय हैं और शिशु प्रावस्था ऐनीलिडा की ट्रोकोफोर प्रावस्था जैसी है। अतः यह, एक संयोजक के रूप में ऐनीलिडा से मौलस्का के उद्विकास का प्रमाण देता है।

4. पेरीपैटस- यह सूँडी-जैसा निम्न कोटि का आर्थ्रोपोड जन्तु है। आर्थ्रोपोडा की भाँति

इसमें समखण्डीय जोड़ीदार पाद, सिर पर दो ऐन्टिनी व संयुक्त नेत्र तथा श्वसन के लिए वायुनालें होती है। साथ ही, इसमें ऐनीलिडा की भाँति काइटिन-रहित क्यूटिकिल तथा उत्सर्जन के लिए उत्सर्गिकाएँ होती हैं। इस प्रकार, यह ऐनीलिडा और आर्थ्रोपोडा के बीच का संयोजक है तथा ऐनीलिडा से ही आर्थ्रोपोडा के उद्विकास को सिद्ध करता है।

5. आर्किओप्टेरिक्स- यह एक प्राचीन पक्षी था। इसके जीवाश्म लगभग 15 करोड़ वर्ष पुरानी जूरैसिक चट्टानों से मिले हैं। यह सरीसृपों और पक्षियों के बीच का संयोजक जन्तु था। इसमें सरीसृपों की भाँति लम्बी पूँछ, चोंच में दाँत तथा अग्रपादों की अँगुलियों पर पंजे थे; फिर भी यह पक्षी ही था, क्योंकि इसके अग्रपाद उड़ने के लिए विकसित पंखों में रूपान्तरित हो चुके थे।

6. प्रोटोथीरिया- यह निम्न कोटि के स्तनियों का उपवर्ग है। इसकी केवल तीन श्रेणियाँ एकिडना अर्थात टैकीग्लॉसस काँटेदार कीटभक्षी, जैग्लोसस तथा ऑर्निथोरिंकस बत्तखचोंची प्लैटिपस आजकल आस्ट्रेलिया और न्यूगिनी में पायी जाती हैं। इनमें स्तनियों की भाँति बाल और दुग्ध-ग्रन्थियाँ होती हैं, लेकिन कई लक्षण सरीसृपों जैसे हैं। उदाहरणार्थ, इनमें उच्चार मार्ग होता है, मादाएँ कवचदार अण्ड देती हैं, कर्णपल्लव, गर्भाशय, योनि आदि अंग नहीं होते तथा वृषण उदरगुहा में होते हैं। इस प्रकार, ये सरीसृपों और स्तनियों के संयोजक जन्तु हैं। ये सिद्ध करते हैं कि स्तनियों का उद्विकास सरीसृपों से हुआ।

4. पूर्वजता या प्रत्यावर्तन से प्रमाण

जीवों में कभी-कभी अकस्मात् कोई ऐसा लक्षण विकसित हो जाता है जो वर्तमान ज़ातीय लक्षण न होकर किसी निम्न कोटि की पूर्वज जाति का होता है। किसी-किसी मनुष्य में कैनाइन दन्तों का बड़े और नुकीले होना, किसी नवजात मानव शिशु में कुछ समय तक के लिए छोटी-सी पूँछ का होना, किसी-किसी मनुष्य में हमारे आदिपूर्वजों कापियों की भाँति शरीर पर घने बालों का होना शेर बच्चा, किसी मनुष्य में चुचुकों की, सामान्य वक्षीय जोड़ी क अतिरिक्त, उदर पर एक या अधिक अन्य जोड़ियों का होना आदि सब पूर्वजता के ही उदाहरण है। इनसे हमें जातीय विकास-क्रम के पूर्वजों का आभास मिलता है।

5. तुलनात्मक भ्रौणिकी से प्रमाण

बहुकोशीय जन्तुओं में लैंगिक जनन के फलस्वरूप युग्मनज अर्थात् जाइगोट और फिर जाइगोट के भ्रूणीय परिवर्धन से नयी सतांन का शरीर बनता है। जाइगोट से वयस्क तक के भ्रूणीय परिवर्धन को जन्तु का व्यक्तिवृत्त या ऑन्टोजीनी कहते हैं। इसके विपरीत, पूर्वजों से लेकर, किसी जन्तु-जाति के उद्विकासीय इतिहास को इसका जातिवृत्त या फाइलोजीनी कहते हैं। सभी बहुकोशीय जन्तुओं के भ्रूणीय परिवर्धन मे समान-सी मॉरूला, ब्लैस्टुला और गैस्टूला प्रावस्थाएँ होती हैं। सभी क जाइगोट से प्रोटोजोअन जैसे पूर्वज का और गैस्टुला से निडेरिया जैसे पूर्वज का आभास मिलता है। मछलियों में गैस्टुला से बनने वाला शिशु लगभग वयस्क मछली जैसा होता है, लेकिन मेंढक का भेकशिशु वयस्क मैढक तथा अन्य उभयचारी जन्तुओं की उत्पत्ति मछलियों जैसे पूर्वजों से हुई। यही नहीं, मछलियों से लेकर मानव तक, सभी कशेरूकियों में भ्रूण की प्रारम्भिक प्रावस्था रचना में समान-सी होती है। उदाहरणार्थ, सभी कशेरुकियों में, भ्रूण के ग्रीवा भाग में कई

जोड़ी क्लोम दरारें और स्यून बनते हैं। मछलियों में इन्हीं से, जलीय श्वसन के लिए, क्लोम बन जाते हैं। अन्य कशेरूकियों में, वायुवीय श्वसन होने के कारण, क्लोमों की आवश्यकता नहीं होती। अतः भ्रूणीय दरारें व स्यून समाप्त हो जाते हैं या अन्य रचनाओं में रूपान्तरित हो जाते हैं। स्पष्ट है कि विभिन्न कशेरूकियों में वर्गीय लक्षणों का विकास बाद की प्रावस्थाओं में होता है। मानव भ्रूण का ही अध्ययन करें तो ज्ञात होग कि इसमे पहले, मछलियों के भ्रूण की भाँति, क्लोम दरारों के अतिरिक्त, पेशीय पुच्छ व द्विवेश्मी हृदय (1 आलिन्द व 1 निलय) होता है। इसके बाद इसमें क्लोम दरारें बन्द हो जाती है तथा हृदय, सरीसृपों के भ्रूण की भाँति, त्रिवेश्मी हो जाता है। अन्त में इसमें हृदय चौवेश्मी हो जाता है तथा अन्य सब लक्षण भी स्तनियों जैसे हो जाते हैं। इस प्रकार, प्रमाणित होता है कि मछलियाँ उभयचरों की ही नहीं वरन् सभी कशेरूकियों की सहपूर्वज थीं। उपरोक्त तथा अन्य तथ्यों के आधार पर वॉन बेयर ने जन्तुओं में भ्रूणीय परिवर्धन से सम्बन्धित चार सिद्धांत प्रस्तुत किये- 1. भ्रूणसा में सम्बन्धित जन्तु के विशिष्ट लक्षणों से पहले इसके वे सामान्य लक्षण दृष्टिगोचर होते हैं जे इससे मिलती-जुलती जातियों में पायी जाती हैं; 2. सामान्य लक्षणों से पहले अधिक सामान्य और बाद में कम सामान्य लक्षणों का विकास होता है और अन्त में विशिष्ट लक्षणों का; 3. भ्रूणीय परिवर्धन में जन्तु मिलती-जुलती जातियों के लक्षणों से क्रमशः भिन्न होता जाता है; 4. किसी जन्तु की भ्रूणीय या युवा प्रावस्थाएँ इससे मिलती-जुलती निम्न कोटि की जातियों के जन्तुओं की भ्रूणीय या युवा प्रावस्थाओं के काफी समान होती है, न कि इनकी वयस्क प्रावस्था के । इन सिद्धांतों को सम्मिलित रूप से "**बेयर का नियम**" गया। इससे यह स्पष्ट हुआ कि **जन्तु अपनी भ्रूणावस्था में पूर्वजों की भ्रूणावस्थाओं को दोहराते हैं।** सन् 1866 में अर्न्स्ट हेकल ने इसी नियम को बायोजेनेटिक नियम का नाम दिया। "**व्यक्तिवृत्त में जातिवृत्त की पुरनावृत्ति**" इस नियम की मूल धारणा है। इसमें, बेयर के विपरीत, हेकल ने दावा किया कि जन्तु व्यक्तिवृत्त में पूर्वजों के भ्रूणीय नहीं, वरन् वयस्क लक्षणों को दोहराते हैं। हेकल का यह दावा गलत और वॉन बेयर का सही सिद्ध हुआ है। इसी परिकल्पना को अब पुनरावृत्ति सिद्धांत के नाम से जाना जाता है। अकशेरूकियों में भी पुनरावृत्ति सिद्धांत के प्रमाण मिलते हैं। उदाहरणार्थ, वयस्क कीटों में तीन जोडी टाँगे होती है, लेकिन भ्रूण में सभी देहखण्डों पर पादों के अंकुरों को छोड़कर शेष अंकुर बाद में समाप्त हो जाते हैं। इससे सिद्ध हो ता है कि कीटों की उत्पत्ति वर्तमान शतपादी आर्थोपोडा जैसे पूर्वजों से हुई जिनमें सभी खण्डों पर पाद होते थे। उपरोक्त दृष्टान्त संरचनात्मक पुनरावृत्ति के हैं। जैव-रासायनिक पुनरावृत्ति के दृष्टान्त भी मिलते हैं। उदाहरणार्थ, मछलियाँ मुख्यतः अमोनिया का उत्सर्जन करती हैं तथा व्यस्क उभयचर यूरिया का, लेकिन उभयचरों के भेकशिशु, मछलियों की भाँति, अमोनिया का ही उत्सर्जन करते हैं। पक्षी यूरिक अम्ल का उत्सर्जन करते हैं, लेकिन इनके भ्रूण पहले कुछ समय तक अमोनिया का और बाद में कुछ समय तक यूरिया का उत्सर्जन करते हैं।

6. भौगोलिक वितरण से प्रमाण

किसी भी भौगोलिक क्षेत्र में विभिन्न प्रकार के पादपो की कुल आबादी को इसका पादप समूह तथा विभिन्न प्रकार के जन्तुओं की कुल आबादी को जन्तु समूह कहते हैं। पृथ्वी पर जीवों के वर्तमान भौगोलिक वितरण से हमें जैव-विकास के प्रमाण मिलते हैं-

1. उच्च स्तनियों- यूथीरिया की उत्पत्ति से पहले, मार्सूपियेलिया जैसे निम्न श्रेणियों के स्तनी ही पूरी पृथ्वी पर फैले हुए थे। उस समय ऑस्ट्रेलिया एशिया महाद्वीप से जुड़ा हुआ था। इसी कल्प में, बाद में, ऑस्ट्रेलिया एशिया महाद्वीप से टुटकर पृथक हो गया। तत्पश्चात, ऑस्ट्रेलिया को छोडकर पूरी पृथ्वी पर प्रारम्भिक यूथीरिया का उदय हुआ। मांसाहारी होने के कारण इन्होनें निम्न श्रेणियों के स्तनियों को खाकर नष्ट कर दिया। अतः निम्न स्तनी केवल ऑस्ट्रेलिया में ही रह गये और अब भी केवल वहीं पाये जाते हैं। अब ऑस्ट्रेलिया में यूथीरियायी स्तनियों की भी कुछ जातियाँ (घोड़े, बकरियाँ, भेडें, गाय आदि) हैं, परन्तु इन्हें मनुष्य ने वहाँ पहुँचाया हैं।

2. डारविन ने अपने संसार-भ्रमण में दक्षिणी अमेरिका के निकटवर्ती समुद्र में स्थित कई छोटे-छोटे द्वीपों के एक समूह (गैलैपैगो द्वीपसमूह) के जीव-जन्तुओं का अध्ययन किया। इनमें उन्होनें एक प्रकार की चिड़िया (डारविन की फिंचे) की 20-22 मिलती-जुलती किस्में देखी। उन्होनें यह भी देखा कि इन द्वीपोंमें हवा की गति, नमी, ताप, समुद्री तूफानों आदि के अनुसार वातावरणीय दशाओं में बडा अंतर है और जन्तु एवं पादप समूह भिन्न प्रकार के हैं। दक्षिणी अमेरिका महाद्वीप पर भी उन्होनें चिड़ियों की ऐसी ही एक जाति देखी तो वे समझ गये कि महाद्वीप की चिड़ियायें ही इन द्वीपों में जाकर फैल गयीं और धीरे-धीरे इनके विभिन्न वातावरण के अनुसार उपयोजित होकर नयी किस्मों में बदल गयीं। इन किस्मों में शरीर की आकृति और माप, चोंच की आकृति और माप तथा पोषण विधि में काफी विभिन्तायें हो चुकी थीं। 13 किस्में तो महाद्वीपी जाति से और आपस में इतनी भिन्न हो चुकी थीं कि इन्हें बनायी गयीं। इसी प्रकार, इन द्वीपों में चमगादडों, चिड़ियों आदि की भी ऐसी ही जातियाँ पायी जाती है जिनके सदस्य उड़कर अमेरिकी महाद्वीप से इनमें पहुँचे। मेंढक, टोड आदि अलवणजलीय तथा स्थलीय जन्तु इन द्वीपों में नही हैं। ऐसे ही प्रमाणों के आधार पर डारविन इस निष्कर्ष पर पहुँचे कि 1. प्रकृति में एक जीव-जाति की किसी एक ही क्षेत्र-विशेष में, केवल एक बार ही उत्पत्ति होती ; 2. ज्यों-ज्यों जाति की आबादी बढ़ती है, इसके सदस्य उत्पत्ति केन्द्र से देशान्तरण द्वारा चारों ओर फैलते है; 3. विभिन्न नये भू-भागों में पहुँचकर नयी-नयी वातावरणीय दशाओं के लिए उपयोजित हो जाने से इनके मूल जातीय लक्षण बदलने लगते हैं; 4. इन्हीं परिवर्तनों के कारण अन्त में इनसे नयी-नयी जातियों की उत्पत्ति हो जाती है। यह भी देखा गया है कि समान जलवायु वाले ऐसे भू-भागों के जीव-जन्तु, जो समुद्र ऊँचे पहाड़ों आदि भौगोलिक अवरोधों द्वारा परस्पर पृथक हैं, समान जातियों के नहीं होते। जैसे, दक्षिणी अमेरिका और अफ्रीका में समान सी वातावरणीय दशाएँ हैं, फिर भी इन देशों की जीव-जातियों में काफी विभिन्नता है। इसके कारण का उत्तर भी जैव-विकास से ही मिलता है। दक्षिणी अमेरिका पहले से ही एक पृथक महाद्वीप रहा है, जबकि अफ्रीका सदा यूरोप-एशिया महाद्वीप से जुड़ा रहा है।

जैव-भौगोलिक क्षेत्र

जन्तुओं और पादपों के भौगोलिक वितरण के आधार पर वैज्ञानिकों ने पृथ्वी को निम्नलिखित छः स्पष्ट जैव-भौगोलिक क्षेत्रों में बाँटा है-

1. पैलिआर्क्टिक क्षेत्र- पूरा यूरोप, हिमालय से उत्तर का एशिया महाद्वीप तथा सहारा रेगिस्तान से उत्तर का अफ्रीका।

2. निआर्क्टिक क्षेत्र- उत्तरी अमेरिका।

3. ईथिओपियन क्षेत्र- सहारा रेगिस्तान से दक्षिण का अफ्रीका।

4. ओरिएन्टल क्षेत्र- हिमालय से दक्षिण का एशिया महाद्वीप।

5. निओट्रोपिकल क्षेत्र- मध्य एवं दक्षिणी अमेरिका।

6. ऑस्ट्रैलियाई क्षेत्र- ऑस्ट्रैलिया तथा निकटवर्ती द्वीप।

विभिन्न जैव-भौगोलिक क्षेत्र लगभग अगम्य अवरोधों द्वारा परस्पर पृथक हैं। उदाहरणार्थ, पैलिआर्क्टिक एवं निओर्क्टिक क्षेत्रों के बीच ऐटलान्टिक तथा प्रशान्त महासागर हैं, पैलिआर्क्टिक तथा ईथिओपियन क्षेत्रों के बीच सहारा रेगिस्तान है। पैलिआर्क्टिक तथा ओरिएन्टल क्षेत्रों के बीच हिमालय पर्वतमाला है तथा ऑस्ट्रैलिआई क्षेत्र गहरे समुद्र द्वारा सभी क्षेत्रों से पृथक है।

7. तुलनात्मक कार्यिकी एवं जैव-रासायनी से प्रमाण :- फ्लोर्किन, वाल्ड आदि आधुनिक वैज्ञानिकों ने, जन्तुओं की कार्यिकी एवं जैव-रासायनी से भी जैव-विकास को सिद्ध करने वाले प्रमाण दिये हैं-

1. प्रारम्भिक जीवों से लेकर जटिलतम् स्तनियों तक जीवद्रव्य का रासायनिक संयोजन लगभग समान-सा होता है।

2. ट्रिप्सिन नामक प्रोटीन-पाचक एन्जाइम प्रोटोजोआ से स्तनियों तक अधिकाशं जन्तुओं में होता है इसे इसीलिए **''प्राचीन एन्जाइम या प्रोटीन''** कहते हैं।

3. एमाइलेज नामक कार्बोहाइड्रेट-पाचक एन्जाइम स्पंजों से स्तनियों तक सभी बहुकोशीय जन्तुओं में पाया जाता है।

4. सभी प्रकार के जीवों में आनुवंशिक पदार्थ DNA एंव RNA होते हैं।

5. थाइरॉक्सिन हॉरमोन सभी कशेरूकियों में पाया जाता है। एक वर्ग के कशेरूकियों का थाइरॉक्सिन दूसरे वर्ग के कशेरूकियों के शरीर में इन्जेक्ट कर दें तो यह सामान्य रूप से अपना काम करता है।

6. विभिन्न कशेरूकी जन्तु रचना अदि में जितने समान होते हैं उतनी ही समानता इनके हीमोग्लोबिन से बनाये गये हीमैटिन रवों की आकृति एवं माप में भी होती हैं। रवों की यह समानता कशेरूकियों के वर्तमान वर्गीकरण को प्रमाणित करती है।

7. तुलनात्मक सीरम-विज्ञान में जिस कशेरूकी के जाति-सम्बन्धों का अध्ययन करना हो उसके रूधिर का सीरम थक्का जमने के बाद शेष रूधिर बना लेते हैं। माना कि हमने मनुष्य का सीरम बनाया। इस अब गिनी-पिग, खरगोश या किसी अन्य प्रयोगशाला जन्तु में इन्जेक्ट कर देते हैं। इसकी प्रोटीन्स प्रयोगशाला जन्तु के रूधिर में प्रतिजनों का काम करती हैं। अतः प्रयोगशाला जन्तु में प्रतिविष बनकर इसके रूधिर में मुक्त हो जाते हैं। इस रूधिर का भी सीरम बना लेते हैं। इसे एन्टीसीरम कहते हैं। अब यदि अलग से एक परखनली में मानव सीरम को एन्टीसीरम से मिलायें तो सीरम के प्रतिजनों और एन्टीसीरम के प्रतिविषों में परस्पर प्रतिक्रिया के फलस्वरूप एक सफेद-सा, अघुलनशील अवक्षेप बन जाता है। अब यदि कपि, बन्दर, गाय और मेंढक के सीरमों के अलग-अलग एन्टीसीरम में मिलाये तो अवक्षेप की मात्रा क्रमशः कम होती जायेगी। इससे पता चलता है कि मानव के रूधिर की प्रोटीन्स इन जन्तुओं में से कापियों की

प्रोटीन्स से सबसे अधिक मिलती-जुलती होती है। और मेंढक के रूधिर की प्रोटीन्स से सबसे कम। अतः यही क्रम इन जन्तुओं से मानव क विकासीय सम्बन्धों में होगा। ऐसी ही जाँच से सिद्ध हुआ है कि मानव कपियों का निकटतम सम्बन्धी है, फिर बन्दरों का और फिर टारसियर्स एवं लीमरों का। वर्गीकरण की अनेक समस्याओं का समाधान इसी विधि से किया गया है।

8. सारे जीवों में उपापचय की प्रक्रियाएँ लगभग समान-सी होती है और ऊर्जा रूपान्तरण में ATP ही प्रमुख ऊर्जा-वाहक का काम करती है।

9. सन् 1972 में डिकरसन तथा अन्य वैज्ञानिकों ने पता लगाया कि सम्भवतः सभी जीवों की कोशाओं के माइटोकॉण्ड्रिया में साइटोक्रोम सी एन्जाइम होता है और इसके अणु 104 से 112 अमीनो अम्ल अणुओं के बहुलक होते हैं। मानव, खरगोश, मछलियों, साँपों आदि अनेक जन्तुओं तथा पादपों में इस एन्जाइम के अणुओं में विभिन्न अमीनो अम्ल अणुओं के अनुक्रमों का भी पता लगाया गया है। पता चला है कि 70 से 80 नम्बर तक के अमीनो अम्ल अणु सभी जीवों के साइटोक्रोम सी में समान होते हैं। शेष नम्बरों के अमीनो अम्ल अणुओं की समानता व असमानता विकास-क्रम के अनुसार अधिक या कम पायी गयी है। इस खोज से निष्कर्ष निकलता है कि 70 से 80 नम्बर की अमीनो अम्ल श्रृखंला को बनाने वाले जीन को सभी जीव-जातियों ने प्रथम आदिजीव से आज तक निरन्तर वंशानुक्रम में प्राप्त किया है।

8. आनुवंशिकी से प्रमाण

अब यह पूर्णतया निश्चित हो चुका है कि किसी जीवधारी के सारे लक्षण इसकी शरीर-कोशाओं के केन्द्रक में स्थित गुणसूत्रों के जीन्स के अनुसार होते हैं। अतः किसी एक जीव-जाति के सदस्यों के बीच लक्षणों की जितनी विभिन्नता होती है, उतनी ही विभिन्नता सदस्यों के व्यक्तिगत जीन-समूहों अर्थात् जीनोटाइप्स में होती है। एक ही जाति के सदस्यों के बीच जीन-समूहों में तो विभिन्नता होती हैं, लेकिन गुणसूत्र-समूह अर्थात कैरियोटाइप गुणसूत्रों की संख्या, आकृतियाँ, रचना एवं विन्यास सबका समान होता है। दूसरे शब्दों में, गुणसुत्र-समूह जातीय लक्षण होता है। अतः स्पष्ट है कि विभिन्न जातियों के बीच उतनी ही असमानताएँ होती हैं, जितनी कि इनके गुणसूत्र-समूहों में। उदाहरणार्थ, मानव जाति मे गुणसूत्र 46 होते हैं। शिम्पांजी तथा ओंरग-उटान नाम कपियों में गुणसूत्र 48 होते हैं और ये मानव के गुणसूत्रों से काफी मिलते जुलत होते हैं। अतः इन कपियों से मानव-जाति के निकट के उद्विकासीन सम्बन्ध हैं। गुणसूत्र-समूहों एवं जीन-समूहों के आधार पर विभिन्न जातियों के बीच उद्विकासीय सम्बन्धों की पुष्टि विभिन्न प्रकार के जीवों के परस्पर जनन अर्थात प्रसंकरण से की जा सकती हैं। यह निश्चित ज्ञात हो चुका है कि कोई जीव अपनी ही जाति के अन्य सदस्यों से जनन करके सामान्य सन्तानोत्पत्ति कर सकता है, किसी अन्य जाति के सदस्यो से जनन करके नहीं।

अतः यदि विभिन्न जातियों के सदस्यों में परस्पर प्रसंकरण कुछ सीमा तक सफल हो जाता है तो यह इन जातियों के घनिष्ठ विकासीय सम्बन्धों को प्रमाणित करता है। उदाहरणार्थ, घोडों की जाति ईक्रस कैबेलस तथा गधों की जाति ईक्वस ऐसीनस में प्रसंकरण सफल हो जाता है और वर्णसकंर खच्चर बन जाते हैं। इनके फलस्वरूप भी अन्त में नीचे जातियों का विकास हो जाता है।

9. जीवों के घरेलू पालन से प्रमाण

मनुष्य ने अपने लिए उपयोगी जन्तुओं (घोड़े, गाय, कुत्ता, बकरी, भेड़, भैंस, कबूतर, मुर्गा आदि) तथा खेतिहर वनस्पतियों (गोभी, आलू, कपास, गेहूँ, चावल, मक्का, गुलाब आदि) की इनके जंगली पूर्वजों से ही नस्लें सुधार कर उन्नति की है। यद्यपि नस्लें सुधार कर नई जातियों की उत्पत्ति तो वैज्ञानिक नहीं कर पाये हैं, फिर भी इस प्रक्रिया में बदले हुए लक्षण विकासिय ही माने जायेगें। हजारों-लाखों वर्षों का समय मिले तो सम्भवः मानव इस विधि से नयी जीव-जातियों की उत्पत्ति कर लेगा। अतः इतने पुराने इतिहास की प्रकृति में अनुमानतः इसी प्रकार नस्लों में सुधार के फलस्वरूप नयी-नयी जातियों की उत्पत्ति हुई होगी।

10. रक्षात्मक समरूपता या सादृश्यता से प्रमाण

इंगलिस्तान के औद्योगिक नगरों के आस-पास के पेड़ चिमनियों के धुएँ से काले पड़ जाते हैं। इन क्षेत्रों के कीटों, विशेषतौर से पतंगों की विभिन्न जातियों में, गत सदी में, औद्योगिक साँवलेपन का रोग हो गया। उदाहरणार्थ, पतंगों की बिस्टन बिटूरलैरिया नामक जाति में शरीर व पंख हल्के रंग के काले धब्बेदार होते थे। सन् 1885 में मैन्चेस्टर नामक शहर के पास इनकी आबादी में पहली बार एक बिल्कुल काला पतंगा देखा गया। यह परिवर्तन रंग के जीन में वातावरणीय दशाओं से प्रेरित जीन-उत्परिवर्तन के कारण हुआ। बाद में काले पंतगों की संख्या बढते-बढते 98% हो गयी। पतंगों की इस किस्म को कारबोनेरिया का नाम दिया गया। यह एक उद्विकासीय परिवर्तन था। इससे पतंगों का रंग पेडों के रंग से मिलता-जुलता हो गया ताकि ये शत्रुओं और शिकार की निगाहों से बच सके। जीन-उत्परिवर्तन के कारण वातावरण से रक्षात्मक समरूपता के अन्य उदाहरण भी मिलते हैं। इसे सादृश्यता कहते हैं। ऐसी तितलियाँ होती हैं जो उन्हीं सूखी पत्तियों जैसी दिखायी देती हैं पर ये आराम के समय बैठती हैं। शाखाओं से मिलती-जुलती आकृति की कई कीट-जातियाँ पायी जाती हैं। ये सब दृष्टांत "जैव विकास" को प्रमाणित करते हैं। इंगलिस्तान के पंतगों के सम्बन्ध में तो यहाँ तक कहा गया है कि इनमें "**वैज्ञानिकों ने विकास-प्रक्रिया को होते हुए स्वयं देखा।**"

11. जीवाश्म या पुराजीव-विज्ञान से प्रमाण

अनेक ऐसे प्राचीनकालीन जीवों के अवशेष, जो हमारी पृथ्वी पर वास करते थे, परंतु बाद में समाप्त अर्थात विलुप्त हो गये, हमें भूपटल की चट्टानों में परिरक्षित मिलते हैं। इन्हें जीवाश्म तथा इनके अध्ययन को पूराजीव या जीवाश्म-विज्ञान कहते हैं। इस विज्ञान की स्थापना क्यूवियर ने की। जीवाश्मों से जैव-विकास के वास्तविक, ठोस प्रमाण मिलत हैं। इनसे पता चलता है कि युगों-युगों से जीवों में कैसे-कैसे परिवर्तन होते चले आये हैं, अर्थात इनसे हमें प्रत्येक जीव-जाति के उद्विकास-क्रम या जातिवृत्त का ज्ञान होता है। यह कहना गलत न होगा कि जैव-विकास को सिद्ध करने के लिए ही पृथ्वी पर जीवाश्मों को एक "**भूवैज्ञानिक रिकार्ड** " के रूप में सँजोकर रखा है। अतः जीवाश्म-विज्ञान में जीव-विज्ञान एवं भूगर्भ-विज्ञान का घनिष्ठ समागम है। इस रिकार्ड का वर्णन आगे एक पृथक अध्याय में किया गया है। यहाँ केवल चट्टानों और जीवाश्मों के भेद संक्षेप में बताये गये हैं।

चट्टानों का स्वभाव- चट्टानें खनिज पदार्थ की संकलन होती हैं। भूफ्टल में इनके पाँच

प्रमुख स्तर होते हैं। रासायनिक स्वभाव के अनुसार, इन्हें तीन श्रेणियों में बाँटा जा सकता है-

(क) आग्नेय चट्टानें- ये अतीतकालीन ज्वालामुखी से निकले लावा के ठण्डा होकर ठोस हो जाने से बनी। अतः ये सबसे पुरानी चट्टानें हैं। इसीलिए, इनमें जीवाश्म नहीं होते। ये स्तरित नहीं होतीं। ग्रैनाइट चट्टानें ऐसी ही होती हैं।

(ख) तलछटी या स्तरित चट्टानें- ये अतीतकाल से समुद्र की तलहटी पर जमी तलछट रेत, कंकर, कीचड, खनिज, जीवों के खोल आदि के कडी होकर ठोस पर्तो में बदल जाने से बनती चली आ रही है। समुद्री तलछट का अधिकांश भाग नदियाँ पहाडों से लाती हैं जहाँ गर्मी, सर्दी, पवनवेग एवं वर्षा से आग्नेय तथा अन्य चट्टानों में परिरक्षित हो जाते थे। शेल, बलुआ होते थे और अलवणजलीय एवं स्थलीय भी जिन्हें नदियाँ बहाकर समुद्र में ले गयीं। प्राकृतिक क्रान्तियों की उथल-पुथल में हजारों, लाखों वर्षों में बनी ऐसी चट्टानें पृथ्वी पर कही-कही तो नीचे धँसकर समुद्र में डूब गयीं और कहीं ऊपर उठकर पर्वत-श्रृंखलाएँ बन गयीं। हिमालय, आलप्स आदि ऐसी ही चट्टानें हैं जो आदिकाल में समुद्रतल पर बनीं।

(ग) रूपान्तरित चट्टानें- ये भार, भाौतिक गति, दबाव, ऊष्मा आदि के प्रभाव से आग्नेय एवं तलछटी चट्टानों के रूपान्तरण से बनी हैं, जैसे कि संगरमरमर, स्लेट आदि। इनमें भी जीवाश्म नहीं मिलते, क्योंकि ये रूपान्तरण की प्रक्रिया में नष्ट हो चुके होते हैं।

जीवाश्मीकरण एवं जीवाश्मों के भेद- जीवाश्म कई प्रकार के होते हैं, क्योंकि इनका बनना, अर्थात् जीवाश्मीकरण जीव के शरीर, वातावरणीय दशाओं, स्थान, समय एवं भौतिक उथल-पुथल के ऊपर निर्भर करता है। जीवाश्मीकरण की विधियों के अनुसार जीवाश्मों के निम्नलिखित भेद किये गये हैं।

(i) अपरिवर्तित जीवाश्म- ये जीवों के पूरे शरीर होते हैं जो बर्फ या अम्बर में दबकर ज्यों-के-त्यों सुरक्षित पड़े रहे हैं। ध्रुवों पर बर्फ में दबे विशालकाय हाथियों तथा अम्बर में दबे कीट-पतंगों आदि के ऐसे जीवाश्म मिले हैं।

(ii) प्रस्तीकृत जीवाश्म- ये जन्तु-शरीर के प्रायः कडे भागों (कशेरुकियों के दाँतों एवं अस्थियों, मौलस्का के कवचों, आर्थ्रोपोडा के कंकालों) के जीवाश्म होते हैं। मृत्यु के बाद जन्तुओं के कोमल भाग तो सड़कर समाप्त हो गये या मांसाहारी जन्तुओं द्वारा खा लिये गये, लेकिन कड़े भाग समुद्र की तलछट में बद गये। प्रायः इन भागों के छिद्रों में चूना, सिलिका आदि खनिज भरे हुए पाये जाते हैं या पूरे जीवाश्म के कार्बनिक पदार्थ धीरे-धीरे समाप्त हो गये और इनके स्थान पर खनिज पदार्थ जमा हो गये। इस जीवाश्मों का प्रस्तीकरण कहते हैं।

(iii) साँचा जीवाश्म- ये सबसे अधिक पाये जाते हैं। इनमें मूल जीव-शरीरों का कोई भाग परिरक्षित नहीं होता, केवल इनकी आकृति आदि के साँचे होते हैं। कीचड़ या तलछट में दबे जीव के चारों ओर का कीचड़ आदि कड़ा पड़कर इसी आकृति का एक साँचा बन गया; धीरे-धीरे साँचे में घिरा जीव-शरीर सड़-गलकर नष्ट हो गया, परन्तु साँचा बना रहा। कभी-कभी ऐसे साँचे में मूल जीव-शरीर के स्थान पर खनिज पदार्थों से बना इसका कास्ट भी मिल जाता है।

(iv) ठप्पा जीवाश्म- ये साँचे ही जीवाश्म होते हैं। इनमें चट्टानों पर अतीतकालीन जीवों की छाप होती है। ऐसे ठप्पे कड़े कीचड पर मृत जीव-शरीर के सड़ने-गलने से पहले ही बन

जाते थे। विलुप्त पादपों की पत्तियो, पक्षियों के पंखों, बडे-बडे जन्तुओं की त्वचा एवं पदचिन्हों, मौलस्का के कवचों आदि के ऐसे अनेक जीवश्म मिले हैं।

मानव का उद्विकास

"प्रथम जीव से लेकर मानव तक" जैव उद्विकास का लम्बा इतिहास है। इसमें प्रत्येक वर्तमाान जीव जाति के उद्विकासीय इतिहास का पृथक अध्याय है। **"जीवों"** के वृक्ष (tree of life) पर मानव सबसे ऊपरी टहनी पर लगा सबसे अच्छा फल है, अर्थात् यह **अधिकतर विकसित** और **अभी तक के जैव-उद्विकास की सबसे अच्छी कृति है।** क्यों? मानव में यह प्रश्न पूछने की क्षमता ही इसका उत्तर है। विकसित मनोभावना और बुद्धि कारण, मानव ही पहला जीव है जिसने प्रकृति के बारे में सब कुछ जानना चाहा है। अतः **"मानव-मस्तिष्क जैव उद्विकास की उच्चतम. उपलब्धि है।"**

जैसे एक सफल जलीय जीवन के लिए मछलियों में **परानों** एवं क्लोमों (fins and gills) का उड़ने के लिए पक्षियों एवं कीटों **पंखों** का, तथा तेज दौड़ने के लिए घोड़े, हिरन आदि में टाँगों का विकास हुआ, वैसे ही सोचने समझने के लिए मानव में **मस्तिष्क** का विकास हुआ। वास्तव में आधुनिक मानव का वैज्ञानिक नाम **होमोसैपियन्स** (Homo sapiens : sapient = wise) भी इसी आधार पर रखा गया है। देश-विदेश के विविध शैल-स्तरों से प्राप्त अस्थियों, जबड़ों, खोपड़ियों, दाँतों आदि के जीवाश्मों को सूत्रबद्ध करके **मानव के उद्विकासीय इतिहास** अर्थात् **वंशानुक्रम** (genealogy) की जो रूपरेखा तैयार की गयी है उसी का वर्णन इस अध्याय में किया गया है। जैव उद्विकास के सिद्धान्तों के अनुसार, पृथ्वी की वर्तमान जीव-जातियों का उद्विकास सरल एवं कम विकसित पूर्वज जातियों के क्रमिक रूपान्तरण से हुआ है। यही सिद्धान्त मानव-जाति पर भी लागू होता है। अतः मानव जाति का उद्विवास-इतिहास पृथ्वी के अतीत (past) में ऐसी जीव-जातियों से प्रारम्भ हुआ जिनमें मानव जाति के से लक्षणों के प्रथम संकेत प्रकट हुए। इसलिए, पहले मानव-जाति के **वर्गीकरण** एवं **मूल विकासीय लक्षणों** को जान लेना आवश्यक है।

गज-श्रूज

मानव-जाति का वर्गीरकरण (Classification):- पृष्ठ (Phylum Chordata) में स्तनी वर्ग के गण प्राइमेट्स (Order Primates) में मावन-जाति का उच्चतम स्थान है। गण प्राइमेटस् का वर्गीकरण निम्नलिखित है-

मानव के प्रमुख विकासीय (Evolutionary) लक्षण

(1) बुद्धि (Intelligence) :- बुद्धि में मानव सर्वोच्च जन्तु है। केवल इसी जन्तु में गूढ़ चित्तंन एवं नियोजन (abstract thinking and planning) की तर्कसंगत एवं अक्षरबद्ध वाणी (logical and syllabic speech) की, तथा भौतिक मुद्राओं द्वारा भावनाओं की अभिव्यक्ति

(physical expression of emotions) की क्षमताएँ हैं। अत: स्पष्ट है कि मानव में शरीर के अनुपात में, मस्तिष्क सबसे बड़ा व जटिल है। क्योंकि मस्तिष्क में बुद्धि का केन्द्र प्रमस्तिष्क (cerebrum) होता है, इसी का मानव उद्विकास क्रम में सबसे अधिक विकास हुआ है। मस्तिष्क के माप में वृद्धि के साथ-साथ ही कपालगुहा (cranial cavitys) के आयतन में वृद्धि हुई। वर्तमान मानव में कपालगुहा का आयतन 1450-1500 (औसतन 1475) क्यूबिक सेमी है।

(2) सीधी खड़ी भंगिमा (Erect posture) :- अकेला मानव ही ऐसा जन्तु है जो भूमि पर दोनों टाँगों पर पूर्ण संतुलन के साथ सीधा खड़ा होकर **द्विपदचारी गमन** (bipedal locomotion) करता है। अन्य सभी चौपाए चारों पादों का गमन में उपयोग करते हैं। मानव के हाथ गमन के कार्य से मुक्त होकर वस्तुओं को पकड़ने के लिए आयोजित हुए। सीधी खड़ी भंगिमा (erect posture) के लिए मानव के उद्विकास-क्रम में शरीर की रचना में निम्नलिखित परिवर्तन हुए।

(अ) धड़ भाग छोटा और पाद लम्बे हुए। पादों की अंगुलियों के सिरों पर पंजों (claws) के बजाय नाखूनों (nails) का विकास हुआ।

(ब) द्विपदचारी गमन और शरीर का भार सम्भालने के लिए टाँगें (legs) अधिक लम्बी, तलुवे फैले हुए व चपटे, इनकी अँगुलियाँ छोटी और कम गतिशील तथा अंगूठे (hallux) अन्य अँगुलियों के समानान्तर हुए।

(स) धड़ भाग को छोटा करने के लिए कशेरुकदण्ड (verterbral column) की लम्बाई घटी। इसमें कटि कशेरुकाओं (lumber verterbrate) की संख्या 6-7 से घटकर 4-5 रह गयी और ये भी वयस्क अवस्था तक परस्पर समेकित होकर अस्थि का एक ही टुकड़ा बना लेती हैं। इसी प्रकार, **त्रिक** (sacral) **कशेरुकाएँ** परस्पर तथा अवशेषी (vestigial) पुच्छ कशेरुकाएँ परस्पर समेकित होकर वयस्क में एक-एक ही अस्थीय टुकड़े बना लेती है। इसके अतिरिक्त, कशेरुकदण्ड का, मजबूती के लिए, दो स्थानों पर गमन (flexion) भी हुआ जिससे यह 'S' की आकृति की हो गयी।

(द) लघुकृत धड़ में आंतरांगों को समुचित स्थान देने के लिए वक्षीय भाग, उरोस्थि (sternum) के चपटी हो जाने से, चौड़ा हुआ। साथ ही, इस कार्य के लिए, तथा आंतरांगों को सहारा देने के लिए, श्रोणिमेखला (pelvic girdle) चौड़ी व चिलमचीनुमा (basin-shaped) की हो गयी।

(य) खोपड़ी कशेरुकदण्ड पर सीधी सधी रहने के लिए उपयोजित हुई। इसका महारन्ध्र (foramen) पीछे की ओर से खिसक कर नीचे की ओर बीच में आ गया।

(र) आगे निकले हुए जबड़ों (prognathous jaws) के छोटे हो जाने से चेहरा भी सीधा खड़ा (orthognathous) हो गया। साथ ही, कपालगुहा के आयतन को बढ़ाने हेतु चेहरे पर माथे (forehead) का विकास हुआ। इस परिवर्तन में ठोड़ी (chin) का विकास मानव में ही हुआ है। आँखों के ऊपर भौहों के उभार (brow ridges), मानव के विकास क्रम में, पहले तो बहुत विकसित हुआ है। लेकिन बाद में काफी कम हो गये।

(ल) जबड़ों के छोटे होने के साथ-साथ दन्त रेखाएँ चूल्हाकार (U-shaped) से अर्धवृत्ताकार हो गयीं। दाँतों की संख्या भी 36 से घटकर 32 हो गयी। दन्तावकाश (diastema) समाप्त हुआ। कैनाइन दंत अन्य दाँतों के बराबर हो गये। मोलर दंतों पर 3-3 और 4-4 के स्थान पर 5-5 दन्दाने (cusps) बन गये।

दन्तसूत्र 2 i, 1c, 3pm, 3m के स्थान पर 2 i (incisors),1 c (canine), 2pm (premolars), 3m (molars) हो गया। दाँतों के ये परिवर्तन भोजन से सम्बन्धित है। मानव के प्रारम्भिक पूर्वज कीटभक्षी (insectivorous), बाद के पूर्वज शाकाहारी (herbivorous) थे, लेकिन मानव सर्वाहारी (omnivorous) हो गया।

(व) पूँछ का उपयोग समाप्त हो जाने के कारण इसका विलोप हो गया।

(3) वस्तुओं को पकड़ना (Grasping) :- भोजन प्रत्येक जीव की प्रथम आवश्यकता होती है। तदनुसार, गमन के कार्य से मुक्त होने पर हाथों का पहला उपयोग भोजन पाने के लिए किया गया। अतः हाथ वस्तुओं को पकड़ने के लिए उपयोजित हुए। ये लम्बे और अत्यधिक गतिशील हुए। इनमें कलाई पर हथली को ऊपर नीचे घुमाने (supination-pronation) की क्षमता का विकास हुआ। अंगुलियाँ भी लम्बी और गतिशील हुईं। इनके सिरे स्पर्श-संवेदी हो गये। अंगूठे (pollex) या अँगुलियों के समकोण पर (opposable) हो गये।

(4) संवेद-क्षमताएँ (Sensitivity):- मानव उद्विकास-क्रम में, खुले मैदानों में द्विपदचारी गमन के अनुरूप, दृष्टिज्ञान की क्षमता का अत्यधिक विकास हुआ। नेत्र बड़े हुए और पार्श्वों से खिसकर चेहरे पर सामने की ओर पास-पास आ गये। इस प्रकार, दोनों नेत्र साथ-साथ एक ही वस्तु को देखते हैं, अर्थात् दृष्टि द्विनेत्री (binocular) या त्रिविमदर्शी (stereoscopic) हो गयी। इसके अतिरिक्त, नेत्रों की रेटिना में शलाकाओं (rods) के साथ शंकुओं (cones) का भी विकास हुआ। दृष्टिज्ञान को और अधिक प्रभावशाली बनाने के लिए गरदन लचीली और इधर-उधर घूमने योग्य हो गयी। कर्णों का भी विकास हुआ, लेकिन कर्णपल्लव छोटे हो गये। घ्राण-संवेदना की अवनति हुई। अतः नासिका अपेक्षाकृत छोटी और नासारन्ध्र नीचे की ओर मुखान्वित हो गये।

(5) जनन क्षमता (Breeding) :-मानव उद्विकास क्रम में प्रसवन दर बहुत घटी। इससे सम्बन्धित रचनात्मक परिवर्तनों में वृषणों एवं चूचुकों की केवल एक-एक जोड़ी तथा केवल एक गर्भाशय का होना महत्त्वपूर्ण लक्षण हैं। इसके अतिरिक्त, भ्रूणीय विकास-काल, बाल्यावस्था तथा शिशु के पालन-पोषण का समय बढ़ गया। एक बार में प्रायः एक ही बच्चे की सन्तानोत्पति होने लगी। एक-विवाही जीवन (monogamy) अविरल युग्मकजनन (continuous gametogenesis) तथा मादा में मासिक धर्म (menstruation) उद्विकासीय लक्षण है।

(6) विशिष्ट लक्षण (Special features) :- बाहर की ओर घूमे हुए होंठ, ऊपरी होंठ में बीचों बीच हल्की सी खाँच तथा मादा के उभरे स्तन भी मानव के उद्विकासीय लक्षण है, लेकिन इनका महत्त्व स्पष्ट नहीं।

(7) संस्कृति (Culture) :- अकेले मानव जाति में, बुद्धि के विकास के साथ-साथ, संस्कृति का उदय और विकास हुआ है। मानव ने शिकार के लिए हथियार बनाये, अग्नि का उपयोग किया, सामूहिक और फिर सामाजिक जीवन की तथा कला, धर्म , कृषि, पशु-पालन बागवानी आदि की स्थापना की। साथ ही, वाणी-केन्द्रों के विकसित हो जाने पर, मानव के अक्षरबद्ध भाषा बनायी और लिखने व पढ़ने की क्षमता, शिक्षा तथा विज्ञान किया।

मानव के उद्विकास का इतिहास

मानव के प्रारम्भिक पूर्वज- गज-श्रूज (Elephant shrews) :-सभी प्राइमेट्स में कुछ न कुछ मानव लक्षणों का विकास क्रम झलकता है। अत: स्पष्ट है कि प्राइमेट्स का एकजातीय इतिहास है, अर्थात् इन सबका उद्विकास एक ही पूर्वज से हुआ है। स्पष्ट है कि मानव के सबसे पहले पूर्वज वे थे जिनमें प्रथम प्राइमेट्स की उत्पत्ति हुई। ये आज से लगभग दस करोड़ वर्ष पूर्व **क्रिटेशियन कल्प** में प्रकट हुए। ये चूहों जैसे छूछँदर (shrews) थे (चित्र-1)। इनकी थूथन व पूँछ लम्बी थी। वृषण (testes) उदरगुहा में होते थे। ये भूमि पर फुदककर चलने वाले, छोटे कद के, चुस्त और कीटभक्षी (insectivorous) स्तनी थे। इनके नेत्रों की रेटिना में शलाकाएँ (rods) थीं। इन्हें स्तनियों के गण **इन्सेक्टीवोरा** (Insectivora) में रखा जाता है। इन्होंने ही सबसे पहले कुछ प्राइमेट लक्षणों का सांकेतिक प्रदर्शन किया। उदाहरणार्थ- इनकी आँखें व कपालगुहा कुछ बड़ी थी, मादाएँ एक बार में तीन से अधिक बच्चे नहीं देती थी तथा स्तन ग्रंथियों की 1 से 3 जोड़ियाँ ही होती थीं। इनसे मिलते-जुलते श्रूज की कुछ जातियाँ आज भी अफ्रीका में मिलती हैं।

प्रारम्भिक प्रोसीमियन पूर्वज (Prosimian Ancestors)

(अ) वृक्षाश्रयी श्रूज (Tree shrews):- गज श्रूज से मानव उद्विकास-क्रम पहले **वृक्षाश्रयी जीवन** (arboreat life) के लिए अग्रसर हुआ। आज से लगभग छ: वर्ष पूर्व, **पैलियोसीन युग** में, गज-श्रूज जैसे स्थलीय पूर्वजों से गिलहरी जैसे लम्बी पूँछ वाले **अर्द्ध-वृक्षाश्रयी** (semiarboreal) **श्रूज** की उत्पत्ति हुई (चित्र-2)। इन्होंने गज-श्रूज से अधिक प्राइमेटलक्षणों का प्रदर्शन किया। उदाहरणार्थ- इनमें गंध संवेदांग छोटे हो चुके थे, थूथन भी कुछ छोटी थी, नेत्र कुछ बड़े और सामने की ओर थे तथा वृषण कोष बन चुके थे। नेत्रों की रेटिना में शंकु (rods) भी थे। इनके पाद अभी पेड़ों पर चढ़ने के लिए भली-भाँति उपयोजित नहीं हुए थे। पंजों द्वारा ही पेड़ों पर चढ़ जाते थे। ये कीटों के अतिरिक्त फलों पर भी निर्वाह करते थे। इन्हें पहले गण **इन्सेक्टीवोरा** (Insectivora) में रखा जाता था, लेकिन अब इन्हें प्रथम प्राइमेट्स मानते हैं। इनकी कुछ आधुनिक जातियाँ आजकल भी भारत और मलाया में मिलती हैं।

(ब) लीमर्स, लोरिस एवं टारसियर्स (Lemurs, Loris and Tarsiers) **:- पैलियोसीन युग** में ही वृक्षाश्रयी श्रूज का उद्विकास-क्रम तीन विभिन्न प्रकार के मुख्यत: वृक्षाश्रयी, स्तनियों की उद्विकास-दिशाओं में बँट गया। एक में **वृक्षाश्रयी श्रूज** तथा **लीमरों** की विभिन्न जातियों की, दूसरी में **लोरिसों** की तथा तीसरी में **टारसियर्स** की उत्पत्ति हुई। ये ही तीनों जन्तु समूह प्रारम्भिक अर्थात् **प्रोसीमियन** (Prosimian) प्राइमेट्स कहलाते हैं। **लीमरों** (चित्र-2) और **लोरिसों** ने पादों की रचना में प्राइमेट उद्विकास-क्रम का महत्त्वपूर्ण प्रदर्शन किया। इनमें अँगुलियाँ और

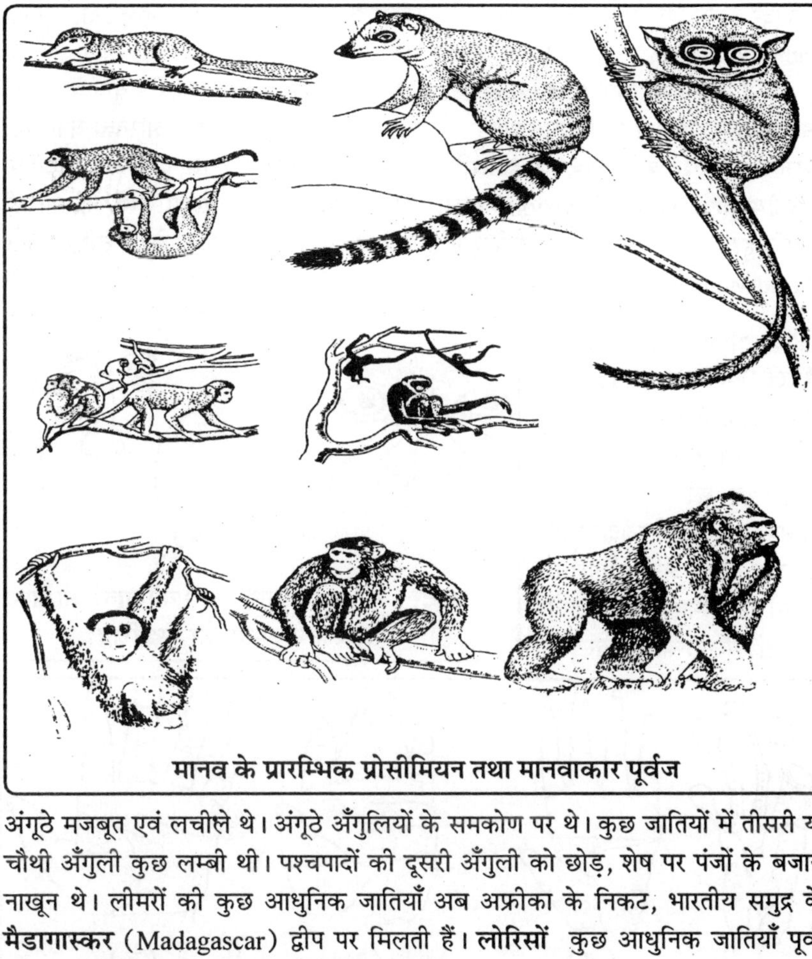

मानव के प्रारम्भिक प्रोसीमियन तथा मानवाकार पूर्वज

अंगूठे मजबूत एवं लचीले थे। अंगूठे अँगुलियों के समकोण पर थे। कुछ जातियों में तीसरी या चौथी अँगुली कुछ लम्बी थी। पश्चपादों की दूसरी अँगुली को छोड़, शेष पर पंजों के बजाय नाखून थे। लीमरों की कुछ आधुनिक जातियाँ अब अफ्रीका के निकट, भारतीय समुद्र के **मैडागास्कर** (Madagascar) द्वीप पर मिलती हैं। **लोरिसों** कुछ आधुनिक जातियाँ पूर्वी एशिया, भारत, श्रीलंका तथा अफ्रीका में मिलती है।

टारसियर्स की आजकल केवल एक ही जीनस – **टारसियस** (Tarsius)– फिलीपीन तथा इण्डोनेशिया में मिलती है (चित्र–2)। इनके लक्षण प्रोसीमियन तथा ऐन्थ्रोपोइड प्राइमेट्स के बीच के से है। चेहरा बन्दरों की भाँति छोटा और खड़ा होता है। लचकदार गरदन 180° के कोण तक, अर्थात् पीछे तक, घुमायी जा सकती है। बन्दरों जैसी दुम पर बाल कम, नेत्र बड़े, गोल सामने की ओर पास–पास स्थित, थूथन व नाक काफी छोटी, प्रमस्तिष्क एवं कपालगुहा बड़ी, हाथ छोटे तथा पश्चपादों की दूसरी व तीसरी अंगुलियों को छोड़ शेष पर नाखून होते हैं। इस प्रकार, टारसियर्स ने लीमरों और लोरिसों से अधिक विकसित प्राइमेट लक्षणों का प्रदर्शन किया।

मानवकार पूर्वज (Anthropoid ancestors) :– प्रोसीमियन्स को छोड़ अन्य प्राइमेट्स

हैं बन्दर, कपि एवं मानव। इन्हें **उपगण ऐन्थ्रोपोइडिया** (Sub-order Anthropoidea- Gr., anthropos = man + like) में रखा जाता है।

(अ) बन्दर वंश (Monkey stock) :- पैलियोसीन एवं इओसीन युगों के उष्ण-कटिबन्धीय जंगलों में प्रोसीमियन प्राइमेट्स का 2½ करोड़ वर्ष तक सफल अस्तित्व बना रहा। आज से लगभग 4 करोड़ वर्ष पूर्व, **इओसीन युग** के अन्तिम चरण में इनसे, दो भिन्न दिशाओं में, द्विनेत्रीय दृष्टि (binocular vision) वाली और अधिक बुद्धिशील बन्दरों जैसी जातियों की उत्पत्ति हुई। एक दिशामें वर्तमान **नयी दुनिया** (दक्षिणी व मध्य अमेरिका) **के बन्दरों** (New World Monkeys) जैसी जातियों का उद्विकास हुआ। इन्हें ऐन्थ्रोपोइडिया के समूह **प्लैटिरहाइनी** (Platyrrhini = Ceboidea) में रखा गया है। इनमें (i) नाक चपटी (flat nose— चित्र-3) और नथुने बाहर की ओर मुखन्वित होते थे; (ii) अधिकांश अँगुलियाँ पंजेदार होती थीं तथा अंगूठे अन्य अँगुलियों से पूरी तरह समकोण पर हीं होते थे; (iii) पूँछ लम्बी और वस्तुओं

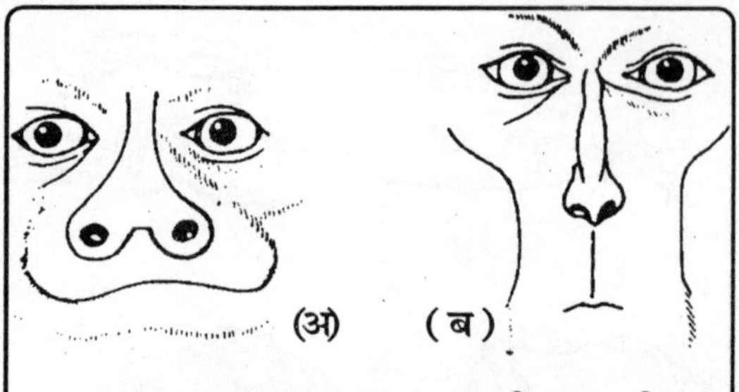

बन्दर (अ) तथा मनुष्य (ब) की नाक की बाह्य संरचना में अन्तर का रेखाचित्र

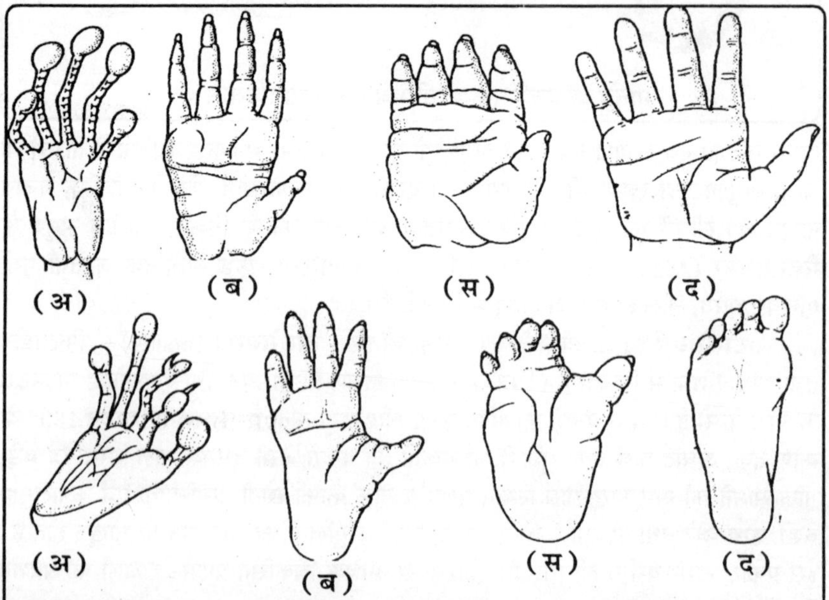

(अ) टारसियर्स, (ब) औरंग-उटान, (स) गोरिल्ला, तथा (द) मानव के हाथों एवं पैरों में विभिन्न कार्यों के लिए अनुकूलन की स्थितियाँ

को पकड़ने के लिए उपयोजित (prehensile) थी (चित्र-3); (iv) दाँत 36, प्रीमोलर दन्त 3-3, तथा मोलर्स पर दंदाने या उभार (cusps) केवल 4-4 होते थे। ये सब लक्षण मानव जाति के लक्षणों में मेल नहीं खाते। इससे स्पष्ट हो जाता है कि आदिबन्दरों की यह उद्विकासीय शाखा मानव की उद्विकासीय शाखा से पृथक् थी। दूसरी दिशा में आजकल के **पुरानी दुनिया** (अफ्रीका तथा एशिया) **के बन्दरों** (Old World Monkeys— Superfamily Catarrhini = Cercopithecoidea) जैसे आदिबन्दरों की जातियों का उद्विकास हुआ। इनगें (i) की नाक संकरी और नथुने पास-पास एवं नीचे की ओर मुखान्वित (drop nose— चित्र-3) होते थे; (ii) कर्णपल्लव अपेक्षाकृत छोटे होते थे; (iii) शरीर कुछ बड़ा परन्तु पूँछ कुछ छोटी थी (चित्र-2) और इससे वस्तुओं को नहीं पकड़ा जा सकता था; (iv) हथेलियाँ नीचे की ओर घूमी हुई अर्थात् अधोवर्तित (pronate) होती थीं; (v) सारी अँगुलियों पर नाखून होते थे और अँगुलियों के सिरे संवेदनशील होते थे; (vi) अंगूठे अन्य अँगुलियों के समकोण पर होते थे; (vii) लम्बर कशेरुकाएँ संख्या में कम तथा टिम्पैनिक एवं स्क्वैमोसल हड्डियाँ परस्पर समेकित (fused) होती थी; (viii) दाँत केवल 32, इन्साइज दन्त सिरों पर चपटे, प्रीमोलर दन्त 2-2, मोलर दन्त 3-3 तथा मोलरों पर 4-4 उभार होते थे; (ix) मस्तिष्क में प्रमस्तिष्क गोलार्द्ध अपेक्षाकृत बड़े और खाँच (sulci) युक्त होते थे तथा कपालगुहा का आयतन अधिक होता था; (x) स्वर संकेत (vocal signals) देने और चेहरे की पेशियों द्वारा भावनाओं को व्यक्त करने की क्षमता थी; और (ix) मादाओं में मासिक धर्म (menstruation) होता था। ये लक्षण कपियों और मानव के लक्षणो से मेल खाते हैं। अत: ये आदिबन्दर मानव की उद्विकासीय शाखा के पूर्वज थे।

ओलिगोपिथेकस (Oligopithecus) :- यह एक आदिबन्दर था जिसके जीवाश्म **मिश्र** (Egypt) में **कैरो** (Cairo) के पास एक रेगिस्तानी गर्त (फैयूम गर्त- Fayum Depression) में प्रारम्भिक ओलिगोसीन युग की चट्टानों से सन् 1961 में मिले। इसमें दाँत 32 थे और मोलर दंन्तों पर 4-4 उभार थे। अत: आदिबन्दरों की यह या इसी प्रकार की कोई अन्य जााति पुरानी दुनिया के बन्दरों, कपियों और मानव की सहपूर्वज थी। इस प्रकार ओलिगोपिथेकस से कैटेर्हाइनी एवं होमीनोइडिया के **एकजातीय उद्विकास-इतिहास** का प्रमाण मिला।

(ब) कपि वंश (Ape stock) :- आजकल कपियों की कुछ ही श्रेणियाँ पाई जाती हैं- दक्षिण चीन एवं इन्डोमलाया में पाये जाने वाले **गिब्बन** (Gibbon-चित्र-2), अफ्रीकी जंगलों के **गोरिल्ला** (Gorilla-चित्र-2)और **चिम्पैंजी** (Chimpanzee- चित्र-2) तथा मलाया, सुमात्रा, बोर्नियो आदि के **औरंग-उटान** (Orang-utan- Pongo- चित्र-2)। गिब्बन कद में छोटे और वृक्षाश्रयी होते हैं। इन्हें **आधुनिक कपि** (Modern Apes) कहते हैं। गोरिल्ला, चिम्पैंजी एवं औरंग-उटान बड़े व भारी भरकम तथा अर्द्धवृक्षाश्रयी होते हैं। इन्हें विशाल कपि (Great Apes) कहते हैं। कपियों (विशेषत: गोरिल्ला एवं चिम्पैंजी) और मानव में निम्नलिखित समानताएँ होती हैं-

(i) पूँछ का अभाव। सिर बड़ा। गर्दन व पाद अपेक्षाकृत लम्बे।

(ii) स्टर्नल हड्डी के चौड़ी होने के कारण वक्ष भाग चौड़ा व चपटा।

(iii) अंगूठे अन्य अँगुलियों के समकोण पर होने के कारण चारों पाद वस्तुओं को पकड़ने और पेड़ों से लटकने के लिए उपयोजित होते हैं (चित्र-4 (ब)) यद्यपि मानव के विकास क्रम में पश्चपादों का यह दशा समाप्त हो गई (चित्र - 4 (स) (द))। इसके अतिरिक्त भूमि पर गमन के लिए, विशेषतः गोरिल्ला एवं चिम्पैंजी में, मनुष्य की भाँति पैरों के तलुवे चौड़े तथा अंगुलियाँ छोटी हैं। (iv) अग्रबाहु के बाल कलाई के बजाय कुहनी की ओर झुके हुए।

(v) प्रत्येक भौंह के नीचे हड्डी का उभार (brow ridge)।

(vi) मोलर दन्तों प 4-4 के स्थान पर 5-5 उभार या दंदाने (cusps)।

(vii) 6 या 7 के स्थान पर केवल 4 या 5 लम्बर कशेरुकाएँ।

(viii) मस्तिष्क एवं कपालगुहा का आयतन काफी बड़ा, स्मृति केन्द्र विकसित।

(ix) स्वर-संकेत देने तथा चेहरे की पेशियों द्वारा प्रसन्नता, हँसी, दुःख, क्रोध, विस्मय आदि की भावनाओं को व्यक्त करने की क्षमता।

(x) पोषण सर्वाहारी। (xi) पति-पत्ति के रूप में गृहस्थ जीवन की भावना। मादाओं में मासिक धर्म।

आदिकपि (Primitive or fossil apes):- आदिबन्दरों से मानव के उद्विकास-क्रम की खोज में अनेक आदिकपियों के जीवाश्मों का अध्ययन किया गया है। इनमें निम्नलिखित महत्त्वपूर्ण हैं-

प्रोप्लिओपिथेकस (Propliopithecus) एवं **ऐइजिप्टोपिथेकस** (Aegyptopithecus):- **मानव उद्विकास-क्रम के अधिकांश जीवाश्म अफ्रीका में पाये गये हैं। ओलिगोपिथेकस** (Oligopithecus) जैसे जीवाश्मों से पता चलता है कि कपियों और मानवों की वंश-शाखा बन्दरों की वंश-शाखा से लगभग 3 करोड़ वर्ष पूर्व पृथक् हुई। मिश्र के फैयूम गर्त से ही प्राप्त ओलिगोसीन युग के, लगभग 2½) करोड़ वर्ष पुराने, दो जीवाश्मों- **प्रोप्लिओपिथेकस** एवं **ऐइजिप्टोपिथेकस-** के लक्षण बन्दरों से कम तथा कपियों और मानव से अधिक मिलते-जुलते थे। इनका दन्त सूत्र 2, 1, 2, 3 तथा मोलर दन्तों पर, कपियों की भाँति, 4-4 के स्थान पर 5-5 उभार (cusps) थे। इनका कद छोटा और पाद बन्दरों जैसे, परन्तु आकृति कपियों जैसी थी। अतः इन्हें ऐसे आदिकपि माना गया है जिनसे **कपियों** और **मानव** (Hominoidea) के उद्विकास-क्रम की शाखा प्रारम्भ हुआ।

लिम्नोपिथेकस तथा प्लायोपिथेकस (Limnopithecus and Pliopithecus):- इन आदिकपियों के जीवाश्म भी फैयूम गर्त एवं कुछ अन्य स्थानों की क्रमशः **मायोसीन** (Miocene epoch) तथा **प्लायोसीन युग** (Pliocene epoch) की लगभग दो करोड़ और 50 लाख वर्ष पुरानी चट्टानों में मिले हैं। इन्हें अभी तक वर्तमान गिब्बन एवं औरंग-उंटाग के पूर्वज माना जाता था, लेकिन इनमें छोटी पूँछ और सात लम्बर कशेरुकाओं की उपस्थिति के कारण इन्हें अब एक ऐसी उद्विकासीय शाखा के सदस्य मानते हैं जो कपियों और मानवों की उद्विकास शाखा से काफी पहले पृथक् होकर कुछ समय बाद समाप्त हो गयी। मायोसीन एवं प्लायोसीन युगों में **विशाल आदिकपि** (great ancient apes) भी पुरानी दुनिया में फैले हुए थे। इनमें से निम्नलिखित के जीवाश्म मिले हैं-

प्रोकॉन्सल (Proconsul) :- पूर्वी अफ्रीका में, कीनिया की विक्टोरिया झील के पास, **लीकी** (1930) को **मायोसीन युग** (Miocene epoch) के इस आदिकपि के जीवाश्म मिले हैं। इसके मोलर दन्तों में 5-5 उभार (cups) थे। इसके पैरों की रचना से भी मानव की उद्विकास-शाखा का आभास मिलता है, लेकिन यह चारों पादों पर चलता था तथा चेहरा कुछ आगे की ओर निकला, थूथननुमा (prognathous) था। अतः यह मानव की उद्विकास-शाखा का सीधा पूर्वज नहीं था।

ड्रायोपिथेकस एवं शिवैपिथेकस (Dryopithecus and Shivapithecus):- **ड्रायोपिथेकस** के जीवाश्म उत्तरी अमेरिका, एशिया एवं यूरोप की **मध्य मायोसीन** एवं **प्रारम्भिक प्लायोसीन** की चट्टानों से मिले हैं। यह एक विकासशील आदिकपि था जो कुछ झुककर चारों पादों पर चलता था। इसके चेहरे की थूथन चपटी, कैनाइन दन्त बड़े और मोलर दन्तों पर 5-5 उभार थे, लेकिन भौहों के उभार नहीं थे। एक ऐसे ही आदिकपि- **शिवैपिथेकस** के जीवाश्म 1.30 से 0.5 करोड़ वर्ष पुराने मायोसीन-प्लायोसीन के शैल-स्तरों से भारत की शिवालिक पर्वत श्रेणी में मिले हैं। इनमें हाथों, करोटि एवं मस्तिष्क के लक्षण बन्दरों तथा चेहरे, जबड़ों एवं दाँतों के लक्षण कपियों जैसे थे। इन दोनों आदिकपियों को **प्रोकॉन्सल** (Proconsul) जैसे पूर्वज के सहवंशज माना जाता है। कुछ वैज्ञानिक तो प्रोकॉन्सल को ड्रायोपिथेकस की ही एक जाति मानते हैं। सम्भवतः ड्रायोपिथेकस से शिवैपिथेकस का उद्विकास हुआ और फिर, आज से लगभग 1.20 करोड़ वर्ष पूर्व, **शिवैपिथेकस** से ही मानव वंशानुक्रम कपियों के वंशानुक्रम से पृथक् हुआ।

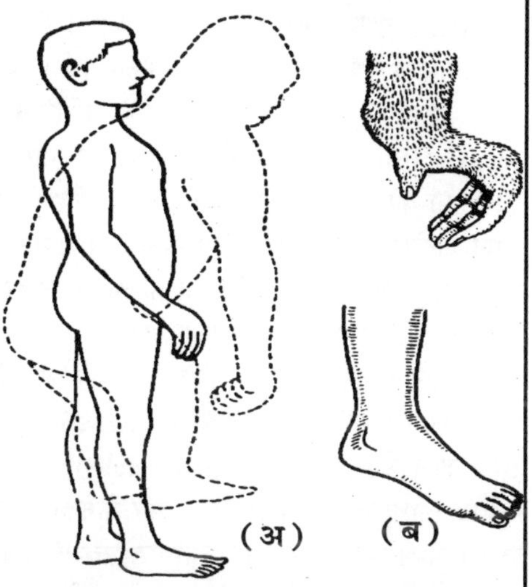

कपि और मानव के (अ) खड़े रहने की

मानव वंश (Hominid Stock ; Family—Hominidae):-

आज अकेला वर्तमान मानव- **होमो सैपियन्स** (Homo Sapiens)- मानव वंश का प्रतिनिधि है। यह आजकल के अपने निकटतम सम्बन्धियों अर्थात् कपियों से निम्नलिखित चार्ट में दिये गये लक्षणों में भिन्न है-

मानव-वंश में 6 श्रेणियाँ (genera) सम्मिलित की जाती है-**रामापिथेकस** (Ramapithecus) **कीनियापिथकेस** (Kenyapithecus), **आस्ट्रैलोपिथेकस** (Australopithecus), **पैरेन्थ्रोपस** (Paranthropus), **जिन्जैन्थ्रोपस** (Zinjanthropus), तथा **होमो** (Homo)।

मायोसीन युग (Miocene epoch) में अफ्रीका, भारत आदि देशों में आदिकपियों का बहुत सफल अस्तित्व बना रहा। इस युग के अन्तिम चरण में उष्णकटिबन्धीय जंगलों का व्यापक विनाश हुआ और इनके स्थान पर घास के मैदान बने। अतः उस समय के अनेक आदिकपियों को वृक्षाश्रयी जीवन त्यागकर **स्थलीय जीवन** अपनाना पड़ा। साथ ही इन्हें अपने शाकाहारी भोजन के मांस को सम्मिलित करना पड़ा। खुले मैदानों में **सर्वाहारी** (omnivorous) जीवन के अनुकूल शिकार करना और सुरक्षा के लिए तेजी से दौड़ना आवश्यक हो गया। इस आवश्यकता की पूर्ति के लिए, आदिकपियों को सीधे खड़े होकर द्विपदचारी गमन (bipedal gaint) अपनाना पड़ा। द्विपदचारी गमन का सबसे महत्त्वपूर्ण लाभ हाथों का गमन के कार्य से मुक्त हो जाना था और यही लक्षण सम्भवतः आदिकपियों से **आदिहोमिनिड** (= अध:मानव-Subamn) पूर्वजों के उदय का मूल आधार बना। इस प्रकार, मानव वंशानुक्रम कपियों के वंशानुक्रम से पृथक् हुआ। आदिहोमिनिड पूर्वजों के प्रमुख जीवाश्म निम्नलिखित हैं-

(1) रामापिथेकस एवं कीनियापिथेकस (Ramapithecus and Kenyapithecus):- **लेवी** (1930) को भारत की शिवालिक पर्वत श्रेणी से तथा लीको (1955) को अफ्रीका और चीन में इन आदिहोमिनिड पूर्वजों के लगभग 1.2-1.4 करोड़ वर्ष पुराने मायोसीन युग के जीवाश्म मिले। इनमें, मानव की भाँति, दन्तरेखा अर्द्धवृत्ताकार, जबड़े छोटे, तालु मेहराबनुमा (arched palate), चेहरा अधिक सीधा खड़ा तथा इन्साजर और कैनाइन दन्त अन्य दाँतों के बराबर थे।

इन लक्षणों के कारण सम्भव है कि ये आदिहोमिनिड, पूर्वजों के लगभग 1.2-1.4 करोड़ वर्ष पुराने मायोसीन युग के जीवाश्म मिले। इनमें, मानव की भाँति दत्तरेखा अर्द्धवृत्ताकार, जबड़े छोटे, तालु मेहराबनुमा (arched palate), चेहरा अधिक सीधा खड़ा मेहराबुनमा, चेहरा अधिक सीधा खड़ा तथा इन्साजर और कैनाइन दन्त अन्य दाँतों के बराबर थे। इन लक्षणों के कारण संम्भव है कि ये आदिहोमिनेड, विशेषतः **रामापिथेकस**, मानव वंशानुक्रम के सबसे पहले पूर्वज थे। रामापिथेकस के कुछ जीवाश्मों से पता चला है कि इसमें मोलर दन्त ड्रायोपिथेकस के मोलर दन्तों जैसे थे। अतः यह भी सम्भव है कि शिवैपिथेकस, रामापिथेकस तथा कीनियापिथेकस मानव वंशानुक्रम से पृथक हुई उस उद्विकास शाखा के पूर्वज है जिस पर आधुनिक औरंग-उटाग का उद्विकास शाखा के पूर्वज है जिस पर आधुनिक औरंग-उटान का उद्विकास हुआ।

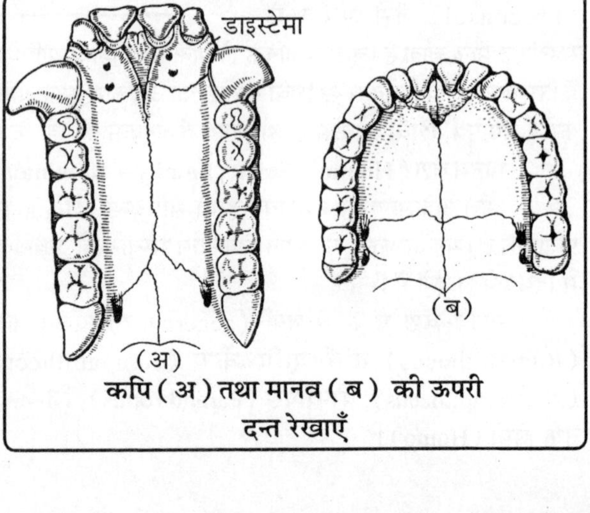

कपि (अ) तथा मानव (ब) की ऊपरी दन्त रेखाएँ

अप्राप्त कड़ियाँ (Missing Links) :- जैव रासायनिक विधियों (biochemical methods) से आधुनिक वैज्ञानिकों ने पता लगाया है कि मानव शरीर को **प्रोटीन्स** (proteins), विशेषत: रुधिर-प्रोटीन्स, गोरिल्ला और चिम्पैंजी की प्रोटीन्स से बहुत-कुछ मिलती जुलती होती है। अब, क्योंकि शरीर की सारी प्रोटीन्स जीन्स (genes) के अनुसार ही होती हैं, वैज्ञानिको का निष्कर्ष है कि हमारे और इन आधुनिक कपियों के जीन समूहों (genotypes) में लगभग एक प्रतिशत (1%) का ही अन्तर है और यही अन्तर मानव जाति की सारी सभ्यता-कला, साहित्य और विज्ञान-के लिये उत्तरदायी है। उपरोक्त जैव रासायनिक खोज से पहले वैज्ञानिकों की धारणा थी कि गोरिल्ला और चिम्पैंजी के वंशानुक्रम की शाखा मानव के वंशानुक्रम से लगभग 1.50 करोड़ वर्ष पूर्व पृथक् हुई। इस जैव रासायनिक खोज से यह धारणा गलत सिद्ध हो चुकी है,

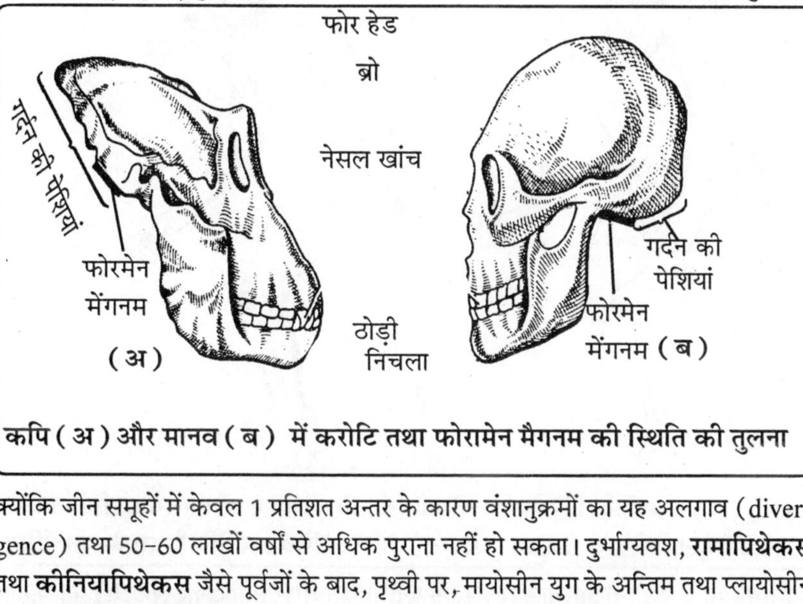

कपि (अ) और मानव (ब) में करोटि तथा फोरामेन मैगनम की स्थिति की तुलना

क्योंकि जीन समूहों में केवल 1 प्रतिशत अन्तर के कारण वंशानुक्रमों का यह अलगाव (divergence) तथा 50-60 लाखों वर्षों से अधिक पुराना नहीं हो सकता। दुर्भाग्यवश, **रामापिथेकस** तथा **कीनियापिथेकस** जैसे पूर्वजों के बाद, पृथ्वी पर, मायोसीन युग के अन्तिम तथा प्लायोसीन युग के प्रारम्भिक चरणों में लगभग 80 लाख वर्षों तक जो आदिहोमिनिड वास करते रहे उनमें से किसी भी जीवाश्म वैज्ञानिकों को अभी तक नहीं मिले हैं। इस अज्ञात पूर्वजों को ही अज्ञात कड़ियाँ (missing links) कहा गया है। इनके जीवाश्म न मिलने के कारण **मानव वंशानुक्रम** का हमारा ज्ञान बहुत अधुरा है। अज्ञात कड़ियों के बाद के, अर्थात आज से लगभग 40 लाख वर्ष पूर्व के बाद के कई आदिहोमिनिड पूर्वजों जीवाश्म मिलते हैं। ये मुख्यत निम्नलिखित है-

(2) ऑस्ट्रैलोपिथेकस (Australopithecus):- रेमण्ड डार्ट (Raymond Dart, 1924) को दक्षिणी अफ्रीका में ट्वांग के निकट, एक गुफा में, **प्लायोसीन** (Pliocene) युग की चट्टानों से, एक 5-6 साल के बच्चे की खोपड़ी का जीवाश्म मिला। **डार्ट ने** इसे "ट्वांग शिशु (Tuang baby)" का नाम दिया। इस जीवाश्म के लक्षणों के आधार पर **डार्ट** ने इसे **प्रथम आदिमानव** (primitive man) माना और **ऑस्ट्रैलोपिथेकस ऐफ्रिकैनस** (Australopithecus africanus) का नाम दिया। बाद में इसके कई अन्य जीवाश्म अफ्रीका

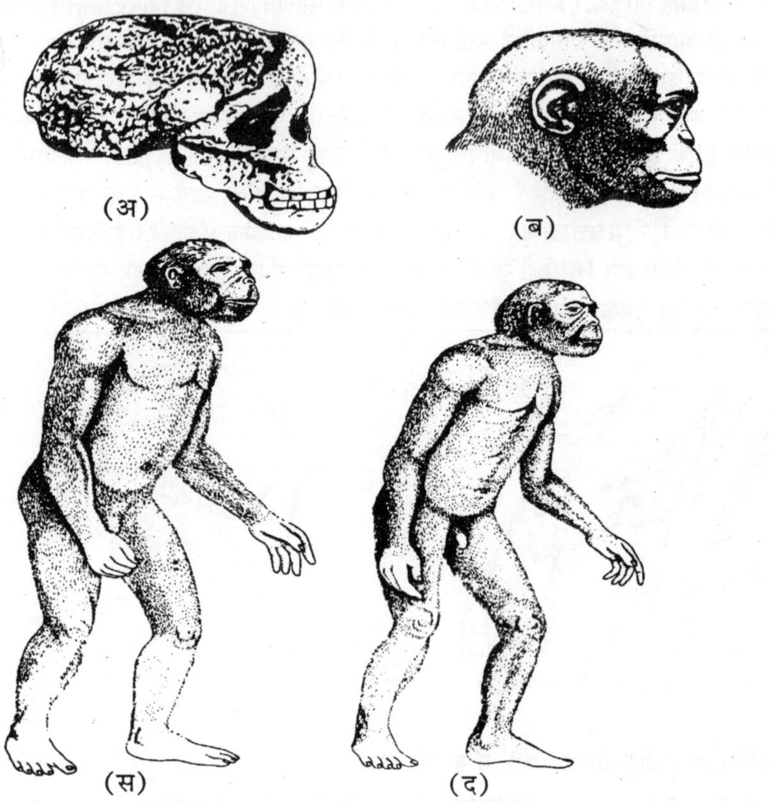

(अ) , (ब) –ऑस्ट्रैलोपिथेकस की खोपड़ी का जीवाश्म और इससे पुनर्निर्मित सिर, (स) ऑस्ट्रैलापिथेकस रोबस्टा तथा (द) ऑस्ट्रैलोपिथेकस ऐफ्रिकैनस के पुनर्निमित

के विभिन्न भागों में 32 से 36 लाख वर्ष पुरानी **प्लायोसीन युग** (Pliocene epoch) की चट्टानों से मिले। यह पूर्वज दन्तविन्यास, कद (120 सेमी.) तथा भार (40 किग्रा.) आदि में वर्तमान मानव से काफी मिलता-जुलता, परन्तु आधुनिक कपियों और इनके पूर्वजों से भिन्न था। आदिकपियों के विपरीत, यह **सर्वाहारी** (omnivorous), परन्तु मुख्यतः मांसाहारी था और अर्द्धवृत्तकार जबड़ों को इधर-उधर चलाकर हम लोगों की भाँति को चबाता था। कैनाइन दन्त नुकीले न थे। चेहरा छोटा और सीधा खड़ा हुआ था (चित्र अ, ब)। खोपड़ी कुछ बड़ी तथा गोल-सी थी। इसका महारन्ध्र नीचे कीओर था। अतः स्पष्ट है कि यह पूर्वज सीधा खड़ा होकर द्विपदचारी गमन करता था।

ऑस्ट्रैलोपिथेकस के कई जीवाश्मों के साथ छड़ियों, हड्डियों एवं पत्थरों के ढेर मिले है। इससे प्रमाणित होता है कि यह शिकार एवं सुरक्षा के लिए इन वस्तुओं का आस-पास से संकलन करके **हथियारों** (tools) के रूप में इनका उपयोग करता था।

(स) पैरैन्थ्रोपस एवं जिन्जैन्थ्रोपस (Paranthropus and Zinjanthropus):- एक अन्य आदिमानव जीवाश्म पहले ब्रूम (1936) को अफ्रीका से तथा फिर अन्य जीवाश्म-वैज्ञानिकों को जावा से मिले। इसे **पैरैन्थ्रोपस** का नाम दिया गया। **लीकी** (1959) को अफ्रीका ये एक और आदिमानव के जीवाश्म मिले जिसे **जिन्जैन्थ्रोपस** का नाम दिया गया। ये आदिमानव लगभग 18 लाख वर्ष पूर्व पृथ्वी पर वास करते थे। इन्हें **ऑस्ट्रैलोपिथेकस** के साथ, **कुल होमिनाइडी** (Family Hominide) के एक पृथक् **उपकुल-ऑस्ट्रैलोपिथेसाइनी** (Subfamily Australopithecinae) में रखा गया है। ये पूर्वज अधूरे द्विपदचारी और वर्तमान गोरिल्ला की भाँति भारी भरकम (लगभग 70 किलो) थे। इनमें शरीर की लम्बाई (1.5 से 1.55 मीटर तक)भी ऑस्टैलोपिथेकस से अधिक थी। हाथों की भाँति पैरों के अंगूठे भी सम्भवतः अन्य अँगुलियों के समकोण पर थे। नाक चपटी तथा भौंहें विकसित थीं। ठोड़ी नहीं थी। दाँत व निचला जबड़ा मजबूत थे तथा दन्त समूह पूरा ही कठोर जड़ों एवं काष्ठीय फलों के शाकाहारी भोजन के लिए उपयुक्त था।

(द) लूसी (Lucy) :- हाल ही में अमेरिकी मानव-शास्त्री **डोनाल्ड जोहन्सन** (1974) को **इथियोपिया** (Ethiopea) के शैलस्तरों से एक 30 लाख वर्ष पुराने होमिनिड पूर्वज का पूरा कंकाल मिला। यह पूर्वज ऑस्ट्रैलोपिथेकस जैसा, परन्तु कुछ लक्षणों में कपियों से और कुछ में मानव से अधिक मिलता जुलता था। क्योंकि यह जीवाश्म एक मादा का था, इसे **"लूसी"** का नाम दिया गया। अब इसे **ऑस्ट्रैलोपिथेकस ऐफैरेन्सिस** (Autralopithecus afarensis) का नाम दिया गया है।

"लूसी" में सिर छोटा, परन्तु दाँत बड़े (microcephalic megadonts) थे। इसके लक्षणों ने इस धारणा को जन्म दिया है कि आज से लगभग 30-40 लाख वर्ष पूर्व, प्रारम्भिक ऑस्ट्रैलोपिथेसाइन पूर्वज उद्विकास की दो शाखाओं में बँट गये, एक पर भारी भरकम (robust) और दूसरे पर अपेक्षाकृत **दुबले** और **हल्के** (gracile) आदिहोमिनिड पूर्वजों का उद्विकास हुआ (चित्र स, द)। इन दोनों प्रकार के पूर्वजों के जीवाश्म **इथियोपिया कीनिया** (Kenya), **तन्जानिया** (Tanzania) तथा **दक्षिणी अफ्रीका** (South Africa) की लगभग 18-20 लाख वर्ष पुरानी चट्टानों से मिले हैं। आज से लगभग 15 लाख वर्ष पूर्व इनका विलोप हो गया। इनमें से **भारी-भरकम पूर्वजों** ने जंगलों के किनारे-किनारे अर्द्धवृक्षाश्रयी जीवन और कठोर जड़ों एवं काष्ठीय फलों का शाकाहारी भोजन अपनाया। अतः इनके जबड़े व दाँत मजबूत हुए। **पैन्थ्रोपस एवं जिन्जैन्थ्रोपस** ऐसे ही पूर्वज थे। इनके लिये अब जातीय नाम **ऑस्ट्रैलोपिथेकस रोबस्टा** (Australopithecus robusta) प्रस्तावित किया गया है। **हल्के आदिहोमिनिड पूर्वजों** ने खुले मैदानों का जीवन और सर्वाहारी भोजन अपनाया। इनके लिये **ऑस्ट्रैलोपिथेकस ऐफ्रिकैनस** (Australopithecus africanus) का नाम प्रस्तावित किया गया है। सम्भवतः यही आदिहोमिनिड मानव की उद्विकास-शाखा पर अग्रसर हुए।

प्रागैतिहासिक मानव (Prehistroic Man)

वर्तमान मानव में **कपालगुहा** (cranial cavity) **का आयतन** प्रायः 1475 क्यूबिक सेण्टीमीटर (cc) होता है। इसके विपरीत, गोरिल्ला, चिम्पैंजी तथा औरंग-उटान में यह क्रमशः

510, 410 और 458 cc होता है। ऑस्ट्रैलोपिथेकस में यह लगभग 400 cc (350-450cc) था। इससे प्रमाणित होता है कि जब ऑस्ट्रैलोपिथेकस ने शिकार करने और सुरक्षा के लिए हाथों द्वारा कुछ वस्तुओं का हथियारों के रूप में उपयोग किया तो हाथों के ऐसे उपयोग का नियंत्रित करके सार्थक बनाने के लिए बुद्धि और मस्तिष्क का तीव्र विकास प्रारम्भ हुआ। इसी उद्विकासीय प्रक्रिया के फलस्वरूप अन्त में सबसे बुद्धिमान वर्तमान मानव का जाति क उद्विकास हुआ। ऑस्ट्रैलोपिथेकस से आधुनिक मानव जाति के वंशानुक्रम (genealogy) में मानव की, एक-दूसरे के बाद, कई जातियाँ विकसित हुई, परन्तु ये कुछ समय तक विद्यमान रहकर विलुप्त होती रहीं। इन्हें, इसीलिए **प्रागैतिहासिक मानव जातियाँ** कहते हैं। इनमें प्रमुख जातियाँ निम्नलिखित थीं-

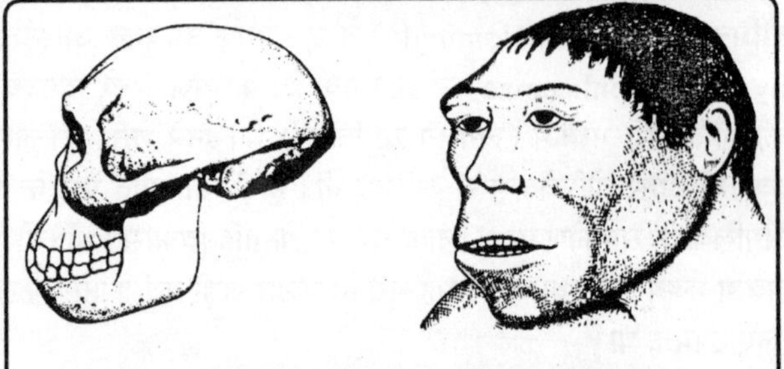

जावा मानव की करोटि तथा इसमें पुनर्निमित सिर

(1) होमो हैबिलिस (Homo habilis or Handy Man) :- इस प्रागैतिहासिक मानव जाति की उत्पत्ति आज से लगभग 16 से 18 लाख वर्ष पूर्व **प्लीस्टोसीन युग** (Pleistocene epoch) के प्रारम्भिक चरण में हुई। इसके जीवाश्म लीकी (1962) को पूर्वी अफ्रीका में **ओल्डूवाइ गॉर्ज** (Olduvai Gorge) के शैलस्तरों से मिले। इसे **होमो श्रेणी** (genus—Homo) की सबसे पहली जाति (species) माना गया है। इसमें हल्कें **ऑस्ट्रैलोपिथेसाइन्स** की ही भौति, शरीर का कद लगभग 1.2 - 1.5 मीटर तथा भार 40-50 किलोग्राम था, लेकिन इसका मस्तिष्क अपेक्षाकृत बड़ा था, क्योंकि इसकी कपालगुहा का आयतन लगभग 700cc था। यह खुले मैदानों में रहता था, दो पैरों पर सीधा खड़ा चलता था, सर्वाहारी था, और इसका दन्त विन्यास मानव जैसा था। इसके जीवाश्मों के साथ मिले हथियारों से पता चला है कि यह सामान्य पत्थरों एवं हड्डियों का ही उपयोग नहीं करता था वरन् इन्हें छील-तराशकर नुकीला भी बनाता था। **इस प्रकार, मानव का यह पहला पूर्वज था जिसने हथियारों का निर्माण किया** (tool maker)।

(2) हीडलबर्ग मानव (Homo heidlberggensis):- यूरोप में प्रोगैतिहासिक मानवों का एक जीवाश्म सन् 1907 में जर्मनी में **हीडलबर्ग** के निकट आज से लगभग 10 लाख वर्ष पुरानी **प्लीस्टोसीन** की चट्टानों से, दन्तयुक्त निचले जबड़े के रूप में मिला। यह जबड़ा काफी बड़ा है, लेकिन इसमें लगे दाँत आधुनिक मानव के समान है। इसके लक्षण जावा कपि-मानव के से ही है। सम्भवत: यह जाति मानव-उद्विकास की प्रमुख शाखा से फूटी एक प्रशाखा पर कुछ समय तक विकसित होकर विलुप्त हो गयी।

(3) जावा का कपि मानव (Java Ape Man- Homo erectus erectus):- यूजीन डुबॉय (1891) को मध्य जावा की प्रारम्भिक **प्लीस्टोसीन** (Pleistocene) युग की 17 लाख वर्ष पुरानी चट्टानों से इस प्रागैतिहासिक मानव के प्रथम जीवाश्म (खोपड़ी एवं जाँघ की

हड्डी तथा दो दाँत) मिले। **डुबॉय** ने इसे **पिथेकैन्थ्रोपस इरेक्टस** (Pithecanthropus erectus) का नाम दिया और बताया कि ये पूर्वज दो पैदों पर सीधे खड़े होकर चलने वाले कपि मानव (erect ape man- चित्र-9) थे। **मायर** (1950) ने इस जाति का नाम बदलकर इसे उपजाति **होमो इरेक्टस इरेक्टस** (Homo erectus erectus) कर दिया। जावा के विभिन्न भागों से इसके कई अन्य जीवाश्म मिले।

जावा मानव के अनुमानित लक्षण :-

(i) शरीर का कद लगभग 170 सेमी। भार लगभग 70 किग्रा।

(ii) टाँगें लम्बी व सीधी थीं, फिर भी चलने समय धड़ कुछ झुका रहता था।

(iii) जबड़े कुछ आगे निकले हुये (prognathous), ठोड़ी बहुत कम विकसित, नासिका कुछ चौड़ी व चपटी थी।

(iv) ललाट नीचा व ढलवाँ था तथा भौंहों के नीचे हड्डी के मोटे उभार थे।

(v) कपाल चपटा, करोटि की हड्डियाँ मोटी, कपालगुहा का आयतन 700-1100 (औसतन 900) क्यूबिक सेमी था।

(vi) निचला जबड़ा मजबूत व सामने की ओर उभरा हुआ था।

(vii) दाँत बड़े, लेकिन मानव जैसे। केवल निचले जबड़े के कैनाइल दन्त अन्य दाँतों से कुछ बड़े थे।

(viii) होंठ आगे की ओर बढ़े हुए व मोटे थे।

जावा कपि मानव (Java ape men) :- सर्वाहारी थे और एक-दूसरे को खा जाने अर्थात् नर-भक्षिता, के भी कुछ प्रमाण मिलते हैं। ये सम्भवतः छोटे-छोटे समूहों में गुफाओं में रहते थे और पत्थरों एवं हड्डियों के विविध प्रकार के हथियार, कुल्हाड़ियाँ आदि (चित्र-10) बनाकर जंगली जन्तुओं का शिकार करते थे। भोजन पकाने और बड़े-बड़े जानवरों को घेरकर मारने के लिए इनके द्वारा अग्नि के उपयोग के प्रमाण मिले है।

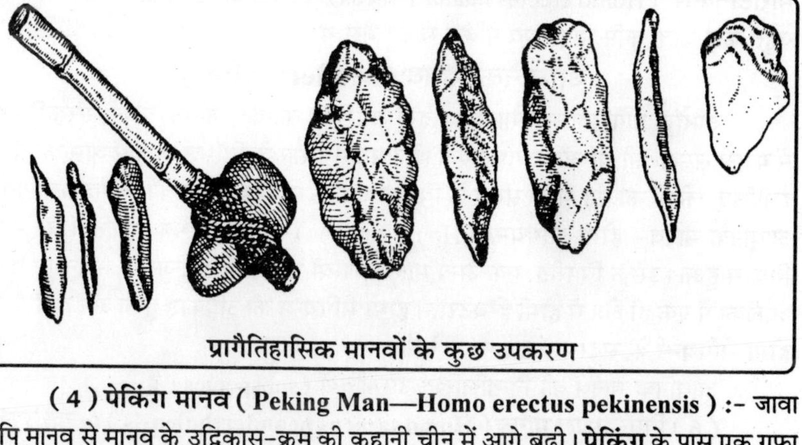

प्रागैतिहासिक मानवों के कुछ उपकरण

(4) पेकिंग मानव (Peking Man—Homo erectus pekinensis) :- जावा कपि मानव से मानव के उद्विकास-क्रम की कहानी चीन में आगे बढ़ी। **पेकिंग** के पास एक गुफा में मिले अनेक दाँतों के जीवाश्मों का अध्ययन करके डैविड्सन ब्लैक (1927) ने निष्कर्ष

निकाला कि ये जावा कपि मानव से ही मिलती-जुलती एक अन्य जाति के जीवाश्म है। ये **मध्य प्लीस्टीन युग** के लगभग 6 लाख वर्ष पुराने जीवाश्म है। बाद में इस प्रागैतिहासिक मानव के अन्य जीवाश्म **डुबॉय** तथा **वाइडनराइख** को मिले। डेविड्सन ने इसे **साइनैन्थ्रोपस पेकिनन्सिस** (Sinanthropus pekinensis) कर दिया। जावा और पेकिंग मानव को पृथक् जाति न मानकर **होमो इरेक्टस** की ही उपजातियाँ मानने में काफी औचित्य है। इन दोनों के लक्षण समान से थे। बस पेकिंग मानव कद में कुछ छोटा (1.55 – 1.65 मीटर) तथा कुछ हल्का था। इसका निचला जबड़ा भी कुछ हल्का था। सबसे महत्त्वपूर्ण अन्तर यह था कि पेकिंग मानव में कपालगुहा का आयतन 850–1300 (औसतन 1075) क्यूबिक सेमी. था और अग्रमस्तिष्क अपेक्षाकृत बड़ा था। इस प्रकार, पेकिंग मानव जावा कपि मानव से अधिक बुद्धिमान था। पेकिंग मानव में भी **नर-भक्षिता** के प्रमाण मिलते हैं। अग्नि के प्रयोग से स्पष्ट प्रमाण मिले है। इनके द्वारा बनाये गये हथियारों में **स्फटिक** (quartz— कांचमणि) के भी नुकीले हथियार मिले है। ये भी जावा कपि मानव की भाँति समूह बनाकर गुफाओं में रहते थे।

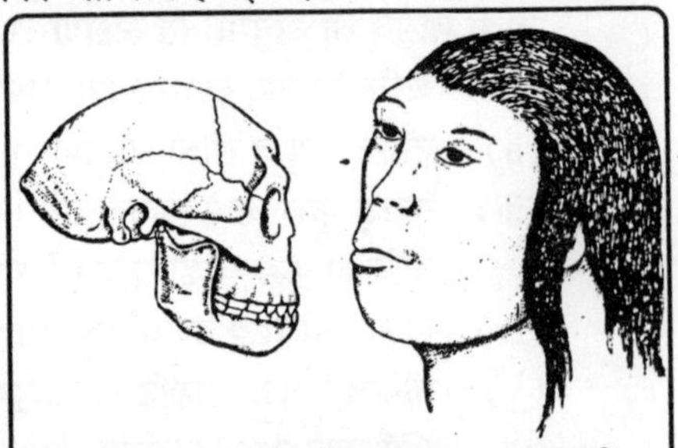

पेकिंग मानव की करोटि तथा इससे पुनर्निर्मित सिर

(5) ऐटलाण्टिक या टर्निफायर मानव (Atlantic or Ternifier Man) :- अफ्रीका में प्रागैतिहासिक मानव की उपस्थिति का प्रमाण टर्निफायर शिलाओं से सन् 1954 और 1955 में प्राप्त तीन खोपड़ियों के जीवाश्मों से मिला। ये 6 लाख वर्ष पुरानी चट्टानों से मिलीं। इस मानव जाति को भी **होमो इरेक्टस** की एक उपजाति मानकर अब वैज्ञानिक **होमो इरेक्टस मॉरीटैनिकस** (Homo erectus manuritanicus) का नाम देते हैं, क्योंकि इसके लक्षण भी बहुत कुछ जावा कपि मानव एवं पेकिंग मानव जैसे थे।

आधुनिक मानव (Modern Man)

उपरोक्त प्रागैतिहासिक मानव जातियाँ शरीर की बनावट, जीवन-यापन, संस्कृति आदि में काफी समान-सी थीं और लगभग एक ही समय में ससार के विभिन्न भागों में वास करती थीं। इसीलिए, लीकी का मत है कि संसार के विभिन्न भागों में **होमो इरेक्टस** की विभिन्न प्रजातियों से आधुनिक मानव- **होमो सैपियन्स** (Homo sapiens)- की विभिन्न प्रजातियों का स्वतंत्र विकास हुआ। इसके विपरीत, एक अन्य मानव-शास्त्री डॉ. क्रिस स्ट्रिन्जर के मतानुसार केवल अफ्रीका में एक ही क्षेत्र में **होमो इरेक्टस** से **होमो सैपियन्स** का उद्विकास हुआ और वहाँ से फिर **होमो सैपियन्स** के सदस्य संसार भर में फैले।

आधुनिक मानव की निम्नलिखित उपजातियाँ (subspecies) हैं–

(6) निएन्डरथल मानव (Homo sapiens neanderthalensis) :- यह उपजाति आज से लगभग 1½ लाख वर्ष पूर्व, सम्भवत: अफ्रीका में विकसित होकर, यूरोप तथा एशिया में

फैली और 35,000 वर्ष पूर्व ही समाप्त हो गयी। इसके प्रथम जीवाश्म सन् 1856 में जर्मनी की निएन्डर घाटी से फूहलरोट को मिले। बाद में इसके अनेक अन्य जीवाश्म विभिन्न देशों में पाये गये। यद्यपि इन सब जीवाश्मों को एक ही मानव उपजाति से सम्बन्धित माना गया, लेकिन ये दो स्पष्ट श्रेणियों में बाँटे जा सकते है- पहले की, **आदिनिएन्डरथल** (Generalized Neanderthal or Peneanderthal) तथा बाद की **अन्तिम** या **उत्कृष्ट निएन्डरथल** (Extreme or Classic Neanderthal)। **आदिनिएन्डरथल** आज से लगभग 1½ लाख वर्ष पूर्व प्रकट हुआ। इसमें मस्तिष्क-खोल एवं माथा मेहराबी (arched), चेहरा सीधा, भौहों के उभार सामान्य, छोटी-सी आगे निकली हुई ठोड़ी और समान माप के मोलर दन्त थे, लेकिन निचला जबड़ा भारी था। इसकी कपाल गुहा का आयतन 1400 से 1450 क्यूबिक सेमी. था। **अन्तिमनिएन्डरथल** आज से लगभग 70-80 हजार वर्ष पूर्व प्रकट हुआ। इसका शरीर अधिक सुदृढ़ और कुछ छोटा (1.55-1.65 मीटर) था। आदिनिएन्डरथल के विपरीत, मस्तिष्क-खोल चपटा, माथा ढलवाँ, भौहों के उभार अधिक उठे हुए नाक चौड़ी तथा चेहरा ठोड़ीविहीन था। इसमें कपालगुहा का आयतन वर्तमान मानव की कपालगुहा के आयतन से भी अधिक, 1350 से 1700 क्यूबिक सेमी. था। स्पष्ट है कि आदिनिएन्डरथल के लक्षण वर्तमान मानव के लक्षणों से अधिक मिलते-जुलते थे। इससे प्रामाणित होता है कि आदिनिएन्डरथल मानव का सीधा पूर्वज था जिससे उद्विकाल-क्रम एक और वर्तमान मानव की दिशा में और दूसरी ओर अन्तिम निएन्डरथल की दिशा में अग्रसर हुआ। वर्तमान मानव का सीधा पूर्वज होने की सम्भावना के कारण ही **निएन्डरथल** को वैज्ञानिक **होमो सैपियन्स** की उपजाति- **होमो सैपियन्स निएन्डरथलेन्सिम** मानने लगे हैं। निएन्डरथल के मस्तिष्क में **वाणी** (speech) के केन्द्र विकसित होने चुके थे। अतः इसमें किसी प्रकार की अक्षरबद्ध बोलने की क्षमता थी। इन्होंने श्रम विभाजन (division of labour) करके सामाजिक जीवन धर्म एवं संस्कृति (culture) की स्थापना की। ये समूहों में मिलकर बड़े-बड़े शिकार करते थे। **चकमक** या **फ्लिट** (flint) पत्थरों के सुन्दर हथियार बनाते थे, सम्भवतः जानवरों की खाल के वस्त्र और रहने के लिये झोपड़िया बनाते थे तथा मुर्दों को फूलों, भोजन तथा हथियार के साथ, विधिवत् धर्म-क्रियाओं के साथ दफनाते थे। इस प्रकार इस मानव जाति ने "आत्मा की अमरता (immortality of soul)" के विश्वास को जन्म दिया।

(7) क्रो मैगनॉन (Cro Magnon) मानव (Homo sapiens fossilis):- लगभग एक लाख वर्ष सफल अस्तित्वके बाद जब निएन्डरथल मानव का विलोप होने लगा तो इसका स्थान एक भिन्न मानव जाति ने लिया। इस जाति की उत्पत्ति निएन्डरथल के पूर्ण विलोप से पहले ही, आज से लगभग 35 से 50 हजार वर्ष पूर्व, आदिनिएण्डरथल से हुई और प्रारम्भ में यह अन्तिम निएन्डरथल के साथ-साथ पृथ्वी पर रही। सम्भवतः अन्तिम निएन्डरथल का विलोप भी इसलिए हुआ कि क्रो-मैगनॉन अधिक विकसित, लगभग वर्तमान मानव जैसा था। क्योंकि इसके जीवाश्म सबसे पहले मैक्ग्रीगर (1868) को फ्रांस में क्रो-मैगनॉन के शिलाखण्डों से मिले, इसे **क्रो-मैगनॉन** मानव कहा गया। आधुनिक वैज्ञानिक इसे वर्तमान मानव **होमो सैपियन्स सैपियन्स** का अन्तिम सीधा पूर्वज और आधुनिक मानव की एक उपजाति **होमो सैपियन्स फोसिलिस** (Homo sapiens fossilis) मानते है। इसके अन्य जीवाश्म इटली, जर्मनी, चैकोस्लोवाकिया,

अफ्रीका, इजराल आदि देशों में मिले हैं

क्रो-मैगनॉन का शरीर मजबूत और लगभग 180 सेमी. (6 फुट) लम्बा था। खोपड़ी बड़ी, चेहरा चौड़ा व अन्य प्रागैतिहासिक मानवों के विपरीत, सीधा खड़ा (T), ललाट चौड़ा व मेहराबी, नाक सँकरी व उठी हुई, भौंहे हल्की, जबड़े भारी व मजबूत, दाँत वर्तमान मानव जैसे, ठोडी विकसित तथा कपालगुहा अधिक बड़ी (1600 क्यूबिक सेमी.) थी। अतः ये अधिक बुद्धिमान एवं सभ्य भी थे। ये तेज चल व दौड़ सकते थे। ये गुफाओं में परिवार बनाकर रहते थे, पत्थरों एवं हाथी दांत के भाले, धनुष-बाण, कुल्हाड़िया आदि सुन्दर हथियार ही नहीं, बल्कि आभूषण भी बनाते थे, जानवरों की खाल के वस्त्र पहनते थे और जंगली जानवरों का सामुहिक शिकार करते थे। इनमें कला का भी शौक था। इनके द्वारा पत्थरों पर चित्रित या खोद-खोदकर बनायी गयी रंगीन कलाकृतियों के जीवाश्म मिले हैं। मुर्दों को ये भी नियमित धर्म-क्रियाओं के साथ गाड़ते थे। बुद्धि इतनी विकसित होने के बावजूद भी इनमें कृषि या पशुपालन (कुत्तों के अतिरिक्त) के प्रमाण नहीं मिलते। वैज्ञानिक मानते रहे हैं कि क्रो-मैगनॉन की उत्पत्ति निएन्डरथल मानव से हुई और ये दोनों वर्तमान मानव के सीधे पूर्वज थे। इधर 10-12 सालों में मिले कुछ नये जीवाश्मों से आभास होता है कि ये दोनों ही मानव-उद्विकास की शाखा से फूटी पृथक् प्रशाखाओं में विकसित हुए और एक सीमा तक ही विकसित होकर विलुप्त हो गये। अतः हो सकता है कि ये दोनों मानव जातियाँ भी वर्तमान मानव की सीधी नहीं, वरन् निकट की पूर्वज थीं। क्रो-मैगनॉन के भारी जबड़े लम्बी व सँकरी करोटि, बड़े-बड़े नेत्रकोटर आदि कुछ लक्षण इस नयी विचारधारा की पुष्टि करते हैं।

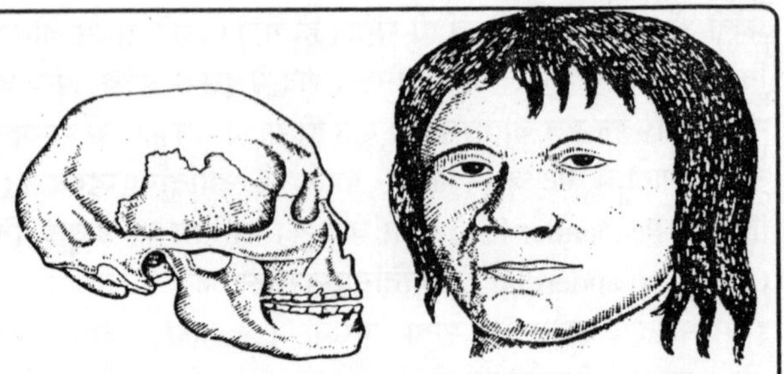

क्रो-मैगनॉन मानव की करोटि तथा इससे पुनर्निर्मित

वर्तमान मानव (Homo sapiens sapiens) :- शरीर गठन और रचना में, क्रो-मैगनॉन के बाद, मानव जाति के उद्विकास में **सांस्कृतिक** (cultural) **विकास** का प्रभुत्व हो गया। पहले की मानव जातियाँ पत्थरों और हड्डियों के हथियारों से शिकार करके निर्वाह करती रहीं। इस काल को **पूर्व पाषाण काल** (Paleolithic or Old Stone Age) कहते हैं। धीरे-धीरे **मध्य पाषाण काल** (Mesolithic Age) में, मानव ने अपनी बुद्धि का उपयोग करके, पशुपालन, भाषा तथा लिखने-पढ़ने की क्षमता का विकास किया। अन्त में **नव पाषाण काल** (Neolithic or New Stone Age) में पृथ्वी पर जलवायु गरम होने के साथ-साथ, मानव ने कृषि और सभ्यता (Civilization) अर्थात् गृहस्थ व सामाजिक जीवन, वस्त्रों एवं बर्तनों का उपयोग, ज्ञान-विज्ञान आदि अपनाकर वर्तमान रूप धारण किया। कृषि और सभ्यता का प्रारम्भ सम्भवतः अफ्रीका में **नाइल नदी** (Nile river) के निकट हुआ। वर्तमान मानव को क्रो-

मैगनॉन से एक भिन्न उपजाति- **होमो सैपियन्स सैपियन्स** (Homo sapiens sapiens) माना गया है। इसमें कपाल उठा हुआ, कपालास्थियाँ पतली तथा कपालगुहा का आयतन 1350 से 1500 क्यूबिक सेमी. होता है। कहते है कि सबसे पहले ऐसे मानव, आज से 10-11 हजार वर्ष पूर्व एशिया में **कैस्पियन सागर** (Caspain sea) के निकट विकसित हुए। फिर इनका तीन प्रमुख दिशाओं में देशान्तरण हुआ- (1) पश्चिमी दिशा में भूमध्य सागर के किनारे-किनारे फैलकर ये यूरोप, दक्षिणी-पश्चिमी एशिया तथा उत्तरी अफ्रीका की वर्तमान गोरी प्रजाति (White Race or Caucasoid) में विकसित हुए। (2) दक्षिण दिशा में जाने वाले सदस्य भारतीय सागर के दोनों ओर फैलकर अफ्रीका एवं मिलैनेशिया की **काली नीग्रो प्रजाति** (Black of Negroid Race) में विकसित हुए। (3) उत्तर और पूरब दिशाओं की ओर जाने वाले सदस्य साइबेरिया एवं चीन में बसकर **मोंगोलॉइड प्रजाति** (Monogoloid Race) में विकसित हुए। धीरे-धीरे इस उपजाति ने पाषाण काल से **कांस्य काल** (Bronze Age) में पदार्पण किया और अब **लौह काल** (Iron Age) चल रहा है। मानव की विभिन्न वर्तमान प्रजातियों में काफी विभिन्नताऐं हैं, परन्तु फिर भी इनमें परस्पर प्रजनन अर्थात् संकरण (interbreeding) से सामान्य, जननश्रम (fertile) सन्तानें उत्पन्न होती हैं। इसीलिए ये सब **होमो सैपियन्स सैपियन्स** की ही सदस्य है।

भविष्य (Future):- क्या मानव में उद्विकास अब भी हो रहा है? कहते हैं कि क्रो मैगनॉन की उत्पत्ति के बाद पिछले 30-35 हजार वर्षों से मानव की रचना में कोई विशेष परिवर्तन नहीं हुआ, सांस्कृतिक विकास ही होता रहा है। जैव-उद्विकास में जीव शरीर में वातावरण के अनुकूल " **आनुवंशिक परिवर्तनों** (hereditary changes) " का महत्त्व होता है, मानव के इस सांस्कृतिक विकास में अपनी आवश्यकतानुसार वातावरणीय दशाओं को ही बदल देने की क्षमता महत्त्वपूर्ण रही है। जबकि जैव-उद्विकास की प्रक्रिया जीन पुनर्मिश्रणों (gene recombinations), उत्परिवर्तनों (gene mutations) तथा प्राकृतिक चयन (Natural selection) द्वारा नियंत्रित होती है, मानव के सांस्कृतिक विकास की प्रक्रिया खोज, विचारों का विकास, शिक्षा, दूरदर्शिता, दार्शनिकता तथा सांस्कृतिक प्रसार आदि द्वारा नियंत्रित होता है। भविष्य में सम्भवत: यहीं सांस्कृतिक विकास चलता रहेगा और इसके सामने जैव-उद्विकास का महत्त्व गौण होता जायेगा। शैपिरो नामक अमेरिकी मानव शास्त्री ने कहा है कि भविष्य के मानव (**होमोफ्यूचूरिस**- Homofuturis) में शरीर लम्बा व बालरहित, खोपड़ी गुम्बदनुमा, पाँचवीं अँगुली अनुपस्थित तथा मस्तिष्क बड़ा होगा। पोषण, उपचार आदि में उन्नति के साथ-साथ मानव की आयु में बढ़ोत्तरी हो रही है। जीन्स में परिवर्तन कने पर सफलता मिल जाने पर मानव-उद्विकास में प्राकृतिक चयन का महत्त्व भी समाप्त हो सकता है।

अभ्यास प्रश्न

बहुचयनात्मक प्रश्नोत्तर

1. मानव का वैज्ञानिक नाम?
(अ) कैनिस फैमिलियेरिस (ब) पैन्थेरा टाइग्रिस
(स) होमो सैपियन्स (द) इनमें से कोई नहीं

2. वर्तमान मानव का संभावित निकटतम सीधा प्रागैतिहासिक पूर्वज हो सकता है?
(अ) क्रो-मैगनॉन (ब) पेकिंग
(स) जावा (द) निएन्डरथल

3. जावा कपि-मानव की कपाल गुहा का क्यूबिक सेमी में आयतन था लगभग?
(अ) 650 (ब) 900
(स) 1450 (द) 1660

4. भारत में शिवालिक पर्वतमाला से प्राप्त जीवाश्म का आदिमानव?
(अ) रोमापिथेकस (ब) ओलिगोपिथेकस
(स) पैरेन्थ्रोपस (द) प्लायोपिथेकस

5. जावा मानव का वैज्ञानिक नाम?
(अ) पिथेकैन्थ्रोपस इरेक्टस (ब) होमो इरेक्टस इेक्टस
(स) होमो हैबिलिस (द) पहले दोनों

6. निएन्डरथल मानव?
(अ) वर्तमान मानव से मिलता-जुलता था
(ब) वर्तमान मानव से कम विकसित था
(स) वर्तमान मानव से इसका मस्तिष्क बहुत बड़ा था
(द) इसका मस्तिष्क वर्तमान मानव के मस्तिष्क से छोटा था

7. अग्नि का प्रथम प्रयोग करने वाला प्रागैतिहासिक मानव संभवत था?
(अ) पेकिंग मानव (ब) निएन्डरथल
(स) क्रो-मैगनॉन (द) जावा कपि मानव

8. वर्तमान मानव जाति में कृषि और सभ्यता का प्रारम्भ संभवत हुआ?
(अ) अफ्रीका में नाइल नदी के निकट (ब)कैस्पियन और भूमध्य सागरों के निकट
(स) चीन में (द) इन सभी क्षेत्र में

9. ऑस्ट्रैलोपिथेकस नामक आदि मानव में कपाल गुहा का आयतन था?
(अ) 1050-1150 सी.सी. (ब) 350-450 सी.सी.
(स) 650-700 सी.सी. (द) 1400-1450 सी.सी.

10. मानव का, कपियों से भिन्न, एक प्रमुख लक्षण?
(अ) पैर हाथों से लम्बे (ब) वस्तुओं को पकड़ने योग्य हाथ
(स) आगे निकले हुए जबड़े (द) माथा कम विकसित

11. मनुष्य को द्विपदचारी गमन को सबसे प्रमुख लाभ?

(अ) गमन की दर में बढ़ोत्तरी (ब) शरीर को अधिक सहारा

(स) शरीर के भार में कमी

(द) अग्रपादों का अन्य कार्यों के लिए मुक्त होना

12. इनमें से कौन-सी बात सही है–

(अ) सम्भवत: प्रोकॉन्सन कपियों और मानव का सह पूर्वज था

(ब) संरचना के अनुसार वर्तमान कपि मानव के पूर्वज हैं

(स) प्रोकॉन्सल कपियों का नहीं, मानव का पूर्वज था

(द) इनमें से कोई नहीं

13. इनमें कौन सी बात अधिक सही है?

(अ) प्रोकॉन्सल रचना में मानव से अधिक मिलता जुलता था

(ब) यह रचना में कपियों से मिलता जुलता था

(स) यह रचना में मानव और कपि, दोनों से मिलता-जुलता था

(द) इनमें से कोई नहीं

14. मुर्दों का धर्म क्रियाओं के साथ विधिवत् गाड़ने की प्रथा के प्रथम प्रमाण किस प्रागैतिहासिक मानव जाति में मिले है?

(अ) क्रो-मैगनॉन (ब) जावा

(स) पेकिंग (द) निएण्डरथल

15. वर्तमान मानव का सम्भावित निकटतम सीधा प्रागैतिहासिक पूर्वज हो सकता है?

(अ) क्रो-मैगनॉन (ब) पेकिंग

(स) जावा (द) निएण्डरथल

16. मानव के इनमें से कौन-से लक्षण अवशेषी हैं?

(अ) इलियम अथवा आंत (ब)अकलदाढ़ रोम एवं कान की पेशियाँ

(स) पाँचवी अंगुली (द) दाँत

17. कौनसा पक्षी उड़ नहीं सकता?

(अ) बत्तख (ब) एम

(स) स्टॉर्क (द) मोर

18. सरचनाओं के कौन-से समुच्चय में केवल समरूप अंग हैं-

(अ) कॉकरोच, मच्छर व मधुमक्खी के मैन्डिबल्स

(ब) चमगादड़, पक्षी तथा मधुमक्खी के पंख

(स) मानव, बंदर व कंगारु के हाथ

(द) घोड़े, टिड्डी व चमगादड़ के पश्चपाद

19. विज्ञान की वह शाखा जिसमें जीवाश्मों का अध्ययन होता है?

(अ) इथोलॉजी (ब) पैलिओन्टोलॉजी

(स) ऑर्निथोलॉजी (द) इकोलॉजी

20. कौन-सा समुच्चय समजात अंगों का है?

(अ) पक्षी एवं मक्खी के पंख
(ब) पक्षी के पंख व हमारे हाथ
(स) पक्षी व चमगादड़ का पंख फैलाव
(द) चमगादड़, पक्षी व तितली के पंख

उत्तरमाला

1.	(स)	2.	(अ)	3.	(ब)	4.	(अ)	5.	(द)
6.	(ब)	7.	(द)	8.	(अ)	9.	(ब)	10.	(अ)
11.	(द)	12.	(ब)	13.	(स)	14.	(स)	15.	(अ)
16.	(ब)	17.	(ब)	18.	(स)	19.	(ब)	20.	(ब)

अतिलघूत्तरात्मक प्रश्न

प्रश्न 1. शिवालिक पहाड़ियों में किसका जीवाश्म प्राप्त हुआ?
प्रश्न 2. पॉंगिडी व होमोनिडी कुल के उदाहरण बताइये?
प्रश्न 3. प्रोग्नेथस एवं आर्थोग्नेथस चेहरे में अन्तर है?
प्रश्न 4. होमोसेपियन्स की भौगोलिक प्रजातियों के नाम बताइये?
प्रश्न 5. भविष्य का मानव कैसा होगा?
प्रश्न 6. पुरानी दुनिया के बन्दर किससे सम्बन्धित है?
प्रश्न 7. आस्ट्रैलोपिथेकस को रेमण्ड डार्ट ने ट्वांग बेबी क्यों नाम दिया?
प्रश्न 8. सर्वप्रथम आग का उपयोग करने वाला मानव कौन था?
प्रश्न 9. खरपच्ची हड्डियाँ किसमें पायी जाती है?
प्रश्न 10. अकलदाढ़ का क्या विकासीय महत्त्व है?
प्रश्न 11. प्रलयवाद क्या है?
प्रश्न 12. फिलॉसफी जूलोजिक पुस्तक के लेखक का नाम बताइये? हैं।
प्रश्न 13. जाति की परिभाषा बताइये।

लघूत्तरात्मक प्रश्न

प्रश्न 1. बताइए कि मानव के अतिरिक्त किसी अन्य जन्तु में भी तर्कसंगत और अक्षरबद्ध वाणी की क्षमता होती है। यदि होती है तो किस जन्तु में?

प्रश्न 2. ऑस्ट्रैलोपिथेकस के प्रमुख लक्षण बताइये?

प्रश्न 3. निएन्डरथल मानव पर संक्षिप्त टिप्पणी लिखिए?

प्रश्न 4. पिथेकैन्थ्रोपस इरेक्टस कब पृथ्वी पर रहता था? इसके तीन प्रमुख लक्षण बताइये

प्रश्न 5. उस मानव का वर्णन कीजिये जिसमें आधा अधूरा द्विपदचारी गमन पाया जाता है?

प्रश्न 6. कपि व मानव में पाये जाने वाले कोई चार लक्षण लिखिये?

निबन्धात्मक प्रश्न

प्रश्न 1. जीवाश्म क्या है? ये किस प्रकार जैव विकास का प्रमाण देते है?

प्रश्न 2. समजातता और समवृत्तता का अन्तर बताइये। समजात और अवशेषी अंगों को उदाहरण सहित समझाइये। इन सबसे किस प्रकार जैव-विकास प्रमाणित होता है?

प्रश्न 3. अवशेषी अंग किसे कहते हैं? मनुष्य में ऐसे वार अंगों का उदाहरण दीजिये। ये जैव विकास को कैसे प्रमाणित करते हैं?

प्रश्न 4. उत्परिवर्तन के आधार पर जैवविकास से सम्बन्धित सिद्धान्त किस जैववैज्ञानिक ने प्रस्तुत किया गया?

❑❑❑

इकाई 5

जीवों का भौगोलिक वितरण

भूगर्भीय कालक्रम का विज्ञान लगभग दो शताब्दियों के विकास का परिणाम है। शुकर्ट (Schuchert) के अनुसार भू–विज्ञान शुरू में खनिजों तथा चट्टानों का विज्ञान था परन्तु स्मिथ (Smith) ने 1801 में इग्लैण्ड में तथा क्यूवियर (Cuvier) ने 1808 में फ्रांस में काम करते हुए जीवाश्मों के महत्व को काल निर्धारकों के रूप में बताया। ये जीवाश्म चट्टानों में परिरक्षित थे। इन्होंने जीवाश्मों की सहायता से पृथ्वी की आयु का अनुमान लगाया था। 60 करोड वर्ष पूर्व की चट्टानों में समुद्री घास व समुद्री अकशेरुकी प्राणियों के जीवाश्म प्राप्त हुए है।

पृथ्वी का भू–वैज्ञानिक विभाजन

भू–वैज्ञानिकों ने चट्टानों के अध्ययन एवं उनमें परिरक्षित जीवाश्मों के अध यन तथा वातावरणीय अवस्थाओं के प्रमाणों के आधार पर पृथ्वी के इतिहास को विभिन्न महाकल्पों में (eras) विभाजित किया है। फिर इन महाकल्पों को कालों तथा युगों में बांटा गया है। इस प्रकार प्राचीनकाल से आरम्भ होने वाले महाकल्प निम्न प्रकार हैं:–

महाकल्प (Era):- 1. आर्कियोजोईक (Archeozoic) (प्राथमिक जीवन) 2. प्रोटेरोजोइक (Proterozoic) (आदिम जीवन) 3. पेलियोजोइक (Palaeozoic) (प्राचीन जीवन) 4. मीसोजोइक (Mesozoic) (मध्यकालीन जीवन) 5. सीनोजोइक (Coenozoic) (आधुनिक जीवन) 6. साइकोजोइक (Psychozoic) (मानसिक जीवन) इनके अतिरिक्त अजीव जीव रहित महाकल्प भी माना जाता है। महाकल्पों को उनमें पाये जाने वाले विशेष प्रभावी जीवों के अनुसार भी विशेष नाम से जाना जाता है, जैसे– मीसोजोइक महाकल्प को सरीसृप युग तथा सीनोजोइक महाकल्प को स्तनि युग कहा जाता है। प्रत्येक दो महाकल्पों के मध्य किसी न किसी प्रमुख भू–वैज्ञानिक क्रान्ति का काल माना जाता है। प्रोटेरोजोइक तथा पैलियोजोइक महाकल्पों के मध य विशाल केनी क्रान्ति, पैलियोजोइक तथा मीसोजोइक महाकल्पों के मध्य अप्पलाशियन क्रान्ति, मीसोजोइक तथा सीनोजोइक महाकल्पों में मध्य लारामाइड क्रान्ति तथा सीनोजोइक एवं साइकोजोइक महाकल्पों के मध्य केस्केडियन क्रान्ति के काल माने गये हैं।

कल्प या काल (Period):- प्रत्येक महाकल्प में होने वाले परिवर्तनों तथा भू अभिलेखों की प्राप्ति के आधार पर इन्हें कल्प या कालों में विभाजित किया गया है। अधिकांश कल्पों या कालों के नाम उस स्थान के अनुसार रखे गये हैं, जहां उस समय की चट्टानों का सर्वप्रथम वर्णन किया था अथवा वे भू–वैज्ञानिक विकास

में ऐतिहासिक महत्व के हो सकते हैं। उदाहरण के लिए कैम्ब्रियन ऑर्डोविसीयन, सिलुरियन तथा डिवोनियन आदि कालों के नाम इंग्लैण्ड अथवा वैल्स की इन्हीं नामों की प्राचीन बस्तियों के अनुसार हैं। इसी तरह ट्राएसिक जर्मनी में प्राप्त तत्कालीन शैल के त्रिपर्ती विभाजन को प्रदर्शित करता है। जुरेसिक नाम स्विटजरलैण्ड के जुरा पर्वतों के उस काल की सर्वाधिक विकसित चट्टानों से लिया गया है, तथा क्रिटेशियस नाम चॉक के विस्तृत निक्षेपों से लिया गया है जो पश्चिमी यूरोप के उस काल से सम्बद्ध चट्टानें थीं।

युग (Epoch):- कल्प या कालों को फिर उप विभागों में विभक्त किया गया है, जिन्हें युग कहा जाता है। सीनोजोइक तथा साइकोजोइक महाकल्पों के कालों को निम्न युगों में विभाजित किया जाता है–इओसीन, ऑलिगोसीन, मायोसीन, प्लायोसीन तथा प्लीस्टोसीन आदि।

भू–वैज्ञानिक जीवन इतिहास का संक्षिप्त विवरण

पृथ्वी पर जीवों के उत्पत्ति करोड़ों वर्ष पूर्व हुई थी। पृथ्वी के गर्भ से प्राप्त जीवाश्मीय अभिलेखों के आधार पर ही भू–वैज्ञानिक इतिहास को महाकल्पों, कल्पों व युगों में बांटा गया है। जीवाश्मीय भू अभिलेख प्राप्त होने से पूर्व का एक ऐसा युग फैला हुआ है जिसके विस्तार का माप कल्पना शक्ति से परे है। इस समय पृथ्वी का अस्तित्व तो रहा होगा एवं पृथ्वी पर जीवों का भी संभवतः अस्तित्व रहा होगा किन्तु इसके अस्तित्व के प्रमाण बहुत क्षीण एवं विवादास्पद हैं। पृथ्वी पर समय–समय पर तथा अनेक बार जातियों का उदय एवं विनाश हुआ है। विभिन्न महाकल्पों एवं युगों से प्राप्त जीवाशम जो पृथ्वी के गर्भ से प्राप्त हुए हैं, इस विकास के महत्वपूर्ण प्रमाण हैं। आगे हम विभिन्न महाकल्पों, कल्पों तथा युगों का संक्षिप्त विवरण पढेंगे जिसमें उस काल की विशेषता, वातावरणीय अवस्था तथा प्राणीजात का अध्ययन करेंगे।

(1) अजैविक महाकल्प :– यह सबसे पहला महाकल्प माना जाता है; इस महाकल्प में पृथ्वी की सतह जीवन प्रारम्भ के उपयुक्त बनी थी। इस काल में जीवन के लक्षणों के कोई जीवाश्मीय प्रमाण नहीं मिलते हैं; फिर भी यह माना जाता है कि इस महाकल्प में जीवाणुओं, शैवाल तथा एककोशीय जीवों की उपस्थिति रही होगी।

(2) प्रोटेरोजोइक महाकल्प (Proterozoic era):-**प्राक् केम्ब्रियन कल्प** (Pre Cambrian):- यह एक महान काल्पनिक काल है जो आज से 2000 मिलियन वर्ष पूर्व हुआ था, इसकी अवधि लगभग 1400 मिलियन वर्ष थी।

भौगोलिक परिस्थितियां :– इस कल्प में भूपटल के ठण्डा होने के साथ ही सम्पूर्ण वायु मण्डल वाष्प से भरा हुआ था। वाष्प के संघनन से वर्षा के रूप में पृथ्वी पर जल बरसने लगा जो नदियों, तालाबों व सागरों में एकत्र होने लगा। इस कल्प में पृथ्वी की सतह पर्वतों, मरूभूमि, ज्वालामुखी तथा तप्त लावे के मैदानों से भरी थी। इस कल्प की चट्टानें अत्यधिक ताप व दाब के कारण इतनी चकनाचूर हो चुकी थी कि उनका स्वरूप पहचानना भी कठिन हो गया।

जीवन :– इस कल्प के ज्ञात समुद्री जीवाश्म अत्यन्त दुर्लभ, अपूर्ण एवं

अस्पष्ट हैं, फिर भी ये जीवश्म पृथ्वी पर जीवों की उपस्थिति का संकेत करते हैं। इस काल में निम्न वर्ग के अकशेरुकी प्राणी पाये जाते थे, रेडियोलेरियन, स्पंज, सीलेन्ट्रेट्स व एनेलीड जन्तुओं की उपस्थिति के प्रमाण पाये जाते हैं। एनेलिडा की उपस्थिति कृमियों द्वारा निर्मित सुरंगों व बिलों द्वारा प्रदर्शित है जो इसके सुनिश्चित प्रमाण हैं।

(3) पेलियोजोइक महाकल्प (Palaeozoic era) :- यह महाकल्प लगभग 600 मिलियन वर्ष पूर्व प्रारम्भ हुआ था तथा इसकी अवधि 330 मिलियन वर्ष थी। इस महाकल्प में उच्च अकशेरुकी प्राणियों, मछलियों तथा एम्फिबियन का विकास हुआ। इस महाकल्प को अध्ययन की सुविधा के लिए 6 कल्पों में बाँटा गया है।

(i) **केम्ब्रियन** (Cambrian):- इस कल्प का नाम वैल्स के रूसी नाम केम्ब्रिया से लिया गया है। यह कल्प 600 मिलियन वर्ष पूर्व प्रारम्भ हुआ था तथा इसकी अवधि ा लगभग 100 मिलियन वर्ष थी। इस काल का नामकरण **एडम सेजविक (Adam Sedgwick)** द्वारा 1835 में किया गया था।

भौगोलिक परिस्थितियां:– इस कल्प में पृथ्वी का अधिकांश भाग छिछले समुद्रों से ढका हुआ था। इस काल की कैम्ब्रिज शैल वैल्स , उत्तर पश्चिम स्काटलैण्ड, कनाडा तथा संयुक्त राज्य अमेरिका में मिलती है। अमेरिका में इसके बाद ही विशाल कैनी का निर्माण हुआ, अतः प्रोटेरोजोइक तथा पेलियोज़ोइक महाकल्पों के मध्य की भू–वैज्ञानिक क्रान्ति को विशाल कैनी क्रान्ति **(Grand Canyon revolution)** कहते हैं। इस काल में ज्वालामुखी थे तथा जलवायु साधारण उष्ण एवं स्थायी थी।

जीवनः– इस काल में अधिकांश जीव समुद्रों तक ही सीमित थे। इस काल तक सभी प्रमुख अकशेरुकी संघ विकसित हो चुके थे। समुद्री घास ही प्रमुख वनस्पति थी, जिससे जीव भोजन प्राप्त करते थे। इस काल में ट्राइलोबाइट (Trilobites) प्रमुख जन्तु थे।

(ii) **ऑर्डोविशियन** (Ordovician):- इस कल्प का नामकरण आर्डोविसीज नामक सेल्टिक कबीले ;ब्मसजपब जतपइमद्ध के नाम पर हुआ था। यह काल आज से लगभग 500 मिलियन वर्ष पूर्व प्रारम्भ हुआ था तथा इसकी अनुमानित अवधि लगभग 60 मिलियन वर्ष थी। इस कल्प का नामकरण 1879 में **चार्ल्स लेपवर्थ (Charles Lapworth)** द्वारा किया गया था।

भौगोलिक परिस्थितियाँ :– इस कल्प में सागरों का प्रसार घटता बढ़ता रहा तथा अनेक स्थानों पर सागर तल के सूख जाने से शुष्क भूमि का निर्माण हुआ। इस कल्प की शैल वैल्स, उत्तरी अमेरिका तथा उत्तरी पश्चिमी यूरोप के कई भागों में पाई जाती हैं। इस काल में पर्वत निर्माण के प्रमाण भी मिले हैं। इस काल की जलवायु ऊष्ण थी।

जीवनः– इस काल में महत्वपूर्ण जीव जल में ही पाये जाते थे। इस कल्प में सेफेलोपोड तथा सर्वप्रथम मछलियों का उदय देखा गया। इस काल में स्टारफिश जैसे मांसभक्षी प्राणियों तथा काष्ठमय पौधों का भी उदय हुआ। इस

काल में कवचधारी जीवों तथा ऑस्ट्रेकोडर्म के अवशेष प्राप्त हुए हैं।

(iii) **सिलूरियन** (Silurian):- इस कल्प का नामकरण भी सेल्टिक कबीले सिलूरी (Silures) से लिया गया है। यह कल्प आज से लगभग 440 मिलियन वर्ष पूर्व प्रारम्भ हुआ था तथा इसकी अनुमानित अवधि लगभग 40 मिलियन वर्ष की थी। इस कल्प का यह नाम 1835 में **मरकिसन (Murchison)** द्वारा दिया गया था।

भौगोलिक परिस्थितियाँ :– समुद्र की सतह कालिक रूप से ऊपर उठती तथा नीचे गिरती रही जिसके कारण भूखण्डों में परिवर्तन होता रहा। इस काल की शैल इंग्लैण्ड, बाल्टिक तथा नियाग्रा जल–प्रपात के प्रदेशों में मिलती हैं। इसी कल्प में नई पर्वत श्रृंखलाओं का निर्माण हुआ। इस कल्प में जलवायु शुष्क थी।

जीवन:– इस कल्प में नयी जातियों का उद्‌भव हुआ। लगभग 9 फुट लम्बे समुद्री बिच्छू भी इस काल में पाये जाते थे। इसी कल्प में प्रवाल भित्तियों का विकास हुआ। इसी काल में सर्वप्रथम स्थलीय जीवन की उत्पत्ति हुई। आस्ट्रेलिया में स्थलीय पादपों के अवशेष मिले हैं।

(iv) **डिवोनियन** (Devonian):- इस कल्प का नामकरण, इस कल्प के प्राप्त जीवाश्मों की चट्‌टानों पर आधारित हैं, जो इंग्लैण्ड में डिवानी नामक क्षेत्र से प्राप्त हुए थे। इस कल्प का प्रारम्भ लगभग 400 मिलियन वर्ष पूर्व हुआ था तथा इस कल्प की अनुमानित अवधि लगभग 50 मिलियन वर्ष थी। इस कल्प का यह नाम 1839 में **सेजविक तथा मरकिसन** द्वारा प्रस्तावित किया गया था।

भौगोलिक परिस्थितियाँ :– इस कल्प में भूमि का विस्तार हुआ तथा सागर की सीमाएं कम हुई। इस कल्प में ज्वालामुखी सक्रियता तथा नये पर्वतों का निर्माण भी हुआ। जलवायु शुष्क तथा अर्द्धमरूस्थलीय थी।

जीवन:– इस कल्प को मत्स्य कल्प भी कहा जाता है। इस कल्प में कशेरुकी प्राणियों का तीव्र गति से विकास हुआ। इस कल्प में जलीय जन्तु स्थल पर स्थापित होने लगे। इस कल्प में अचल 20 फुट लम्बी आदि शार्क मछली के अवशेष भी मिले हैं। इस कल्प की चट्‌टानों से एम्फीबिया वर्ग के प्राणियों के पद चिन्हों के अवशेष तथा वास्तविक कंकाल भी पाये गये हैं। आर्थ्रोपोडा संघ के सहस्रपाद, चिंचडी, मकडियां तथा पंख विहीन कीट आदि का भी उद्‌भव इसी कल्प में हुआ था।

(v) **कार्बोनिफेरस** (Carboniferous):- इस कल्प का यह नाम इसलिए पड़ा क्योंकि इस कल्प में विशेष रूप से उत्तरी गोलार्द्ध में कोयला निर्माण हुआ था। इस कल्प का प्रारम्भ लगभग 350 मिलियन वर्ष पूर्व हुआ था एवं इसकी अवधि 80 मिलियन वर्ष थी।

भौगोलिक परिस्थितियां :– इस कल्प के प्रारम्भ में जलवायु आर्द्र थी। इस काल के प्रारम्भ में स्वच्छ व छिछले समुद्र पाये जाते थे। यूरोप तथा रूस का अधिकांश भाग जलमग्न था। इस कल्प के अन्त में समुद्र तल के ऊपर उठने से बड़े–बड़े भूखण्डों का निर्माण हुआ।

जीवनः– इस कल्प में एम्फीबियन प्राणी अपनी विकास की चरम सीमा पर थे। इस कल्प में कोयला प्रदान करने वाले पौधों का भी अत्यधिक विकास हुआ। इस कल्प में रेप्टीलिया वर्ग के प्राणियों का उद्‌भव हुआ तथा उन्होंने स्थल पर जनन करना प्रारम्भ कर दिया। इस तरह उनकी जनन क्रिया जल पर निर्भरता समाप्त हो गई। रेप्टीलिया वर्ग के प्राणियों ने अपने पैतृक क्लोम श्वसन का भी परित्याग कर दिया एवं वायवीय श्वसन की क्रिया प्रारम्भ कर दी थी। इस कल्प में उड़ने वाले पंखयुक्त कीटों का भी विकास हुआ।

(vi) **पर्मियन (Permian):-** यह पैलियोजोइक महाकल्प का अन्तिम कल्प है। इसी के साथ पैलियोजोइक महाकल्प समाप्त हो जाता है। इस कल्प का प्रारम्भ लगभग 270 मिलियन वर्ष पूर्व हुआ था तथा इसकी अवधि 45 मिलियन वर्ष थी। इस काल का यह नाम **मरकिसन** द्वारा 1841 में दिया गया था।

भौगोलिक परिस्थितियां :– यह कल्प पेलियोजोइक महाकल्प का अन्तिम काल तथा अप्पालाशियन क्रान्ति का काल था। इस काल में पृथ्वी की सतह में बहुत परिवर्तन आये। पृथ्वी की सतह के ऊपर उठने के कारण समुद्र शुष्क भूमि में परिवर्तित हो गये। समुद्रों से झीलों का निर्माण भी हुआ। एशिया, यूरोप तथा पूर्वी संयुक्त राज्य अमेरिका में ऊँचे –ऊँचे पर्वतों का निर्माण हुआ। इस कल्प की सामान्य जलवायु शुष्क व ठण्डी थी।

जीवनः– इस कल्प में दलदली पादपों का स्थान काष्ठीय पादपों ने ले लिया था। इस कल्प में भूमि तथा समुद्र दोनों में ही रेप्टीलिया वर्ग के प्राणी प्रमुख थे। इसी कल्प में स्तनधारियों के समान थेरेप्सिड रेप्टाइल्स का विकास हुआ। इस कल्प में कई नये कीटों की उत्पत्ति हुई, जैसे मे–फलाई, भृंग तथा ड्रेगन फ्लाई। समुद्रों में अभी भी कई प्रकार की मछलियां पाई जाती थीं। लेबरिन्थोडोन्शिया नामक एम्फीबिया भी पाये जाते थे। इस कल्प में स्थलीय जन्तुओं की विविधता बढ़ती गई। अप्पालाशियन क्रान्ति के साथ ही इस महाकल्प का अन्त हुआ तथा नये महाकल्प मीसोजोइक की शुरूआत हुई।

4. मीसोजोइक महाकल्प (Mesozoic Era):- अप्पालाशियन क्रान्ति के साथ ही इस महाकल्प की शुरूआत हुई। इसमें भौगोलिक परिस्थितियों व जलवायु में स्थिरता आई तथा भौमिक क्षेत्र का आधुनिक रूप में विकास हुआ। इस महाकल्प की सामान्य जलवायु गर्म व शुष्क थी जिसने स्थलीय जीवों के विकास में सहयोग प्रदान किया। इस महाकल्प में लगभग सभी आधुनिक पादप संघों तथा जन्तु संघों का विकास हुआ। इस महाकल्प को **"सरीसृपों का स्वर्णिम युग"** भी कहा जाता हैं क्योंकि इसी काल में विशालकाय सरीसृप जैसे डानोसारों का विकास हुआ। इन विशालकाय डायनोसारों ने भूमि, जल तथा वायु में समान रूप से राज्य किया। सभी विशालकाय प्राणी एक ही वर्ग के थे। इससे पूर्व व इस काल के पश्चात ऐसे विशाल काय जन्तु कभी उत्पन्न नहीं हुए। प्राणीजात के विकास के क्रम में इस महाकल्प में निम्न घटनाएँ प्रमुख थीं। सिफेलोपोड जन्तुओं का चरमोत्कर्ष, सरीसृप वर्ग के जन्तुओं का वर्चस्व एवं चरमोत्कर्ष, पक्षीवर्ग का उद्‌भव एवं स्तनीय वर्ग के प्राणियों का उद्‌भव। इस महाकल्प को अध्ययन की सुविधा के लिए तीन

कल्पों में विभक्त किया जा सकता है :–

(i) **ट्राऐसिक (Triassic)** :- इस कल्प का यह नाम जर्मनी में प्राप्त तत्कालीन चट्टानों के त्रिपर्ती विभाजन के कारण पड़ा । यह नाम जर्मन भू वैज्ञानिक **वॉन अलबर्टी** द्वारा दिया गया था। इस कल्प का प्रारम्भ लगभग 225 मिलियन वर्षों पूर्व हुआ था तथा इस कल्प की अवधि लगभग 45 मिलियन वर्ष थी।

भौगोलिक परिस्थितियां :– इस कल्प की जलवायु गर्म व शुष्क थी केवल अन्तिग चरण में कुछ नमी हुई थी। इस कल्प में अधिकांश भूमि पर मरूस्थल या पर्वत थे। बालू पत्थरों तथा चूना पत्थरों का जमाव भी इसी कल्प में शुरू हुआ।

जीवन :– इस कल्प में जिम्नोस्पर्म पादपों का आधिक्य था। इस कल्प में आदिम एम्फिबिया विलुप्त हो गये। विशालकाय समुद्री डायनोसोर जैसे इक्थियोसोरस तथा प्लीसोरस का विकास हुआ। टेरोसोरस ;च्जमतवेंनतेंद्ध नामक वायवीय डायनासोर का भी उद्भव इसी कल्प में हुआ। इस कल्प की सबसे महत्वपूर्ण विशेषता यह थी कि इस कल्प मे अण्डे देने वाले स्तनधारी प्राणियों का उदभव हुआ। इनके अलावा उड़न मछली, लॉबस्टर, मक्षिकाएँ तथा दीमकों का विकास भी इसी कल्प में हुआ।

(ii) **जुरेसिक** (Jurassic):- इस कल्प का नामकरण फ्रांस तथा स्विटजरलैण्ड के मध्य पाये जाने वाले जुरा पर्वतों के आधार पर किया गया था। इस कल्प का यह नाम 1799 में **वॉन हम्बोल्ट (Von Humboldt)** ने दिया था। इस कल्प का आरम्भ आज से लगभग 180 मिलियन वर्ष पूर्व हुआ था तथा इसकी अवधि लगभग 45 मिलियन वर्ष थी।

भौगोलिक परिस्थितियां :– इस कल्प की जलवायु ट्राएसिक कल्प की तुलना में मृदुल थी। जलवायु ठण्डी एवं आर्द्र थी। उपयुक्त वर्षा के कारण वनस्पति सुविकसित थी। अधिकांश भूमि पर वन, दलदल, झीलें व नदियां थी। इस कल्प में चूने के पत्थर का बड़े पैमाने पर निर्माण हुआ। पर्वत श्रंखलाएं छोटी–छोटी पहाड़ियों में बदल गईं।

जीवन :– इस कल्प में जिम्नोस्पर्म पादप पूर्ण विस्तार में पाये जाते थे । एन्जियोस्पर्म पादपों का विकास इसी कल्प में हुआ। प्राणियों में विशालकाय डायनोसोर का प्रभुत्व था। जल में इक्थियोसोरस, थल पर डिप्लोड्युकस व अन्य विशालकाय डायनोसोर प्रमुख थे। वायु में टेरोसोरस पाये जाते थे। इस कल्प में पक्षियों का विकास हुआ। इसी कल्प से आर्कियोप्टेरिक्स नामक प्राणी का महत्वपूर्ण जीवाश्म प्राप्त हुआ है जो सरीसृप वर्ग एवं पक्षी वर्ग के लक्षण प्रदर्शित करता है। इसी कल्प में छिपकलियों व मगरमच्छों का भी उद्भव हुआ। चूहों के समान छोटे–छोटे स्तनी प्राणी भी इस कल्प में पाये जाते थे।

(iii) **क्रिटेशियस (Cretaceous)**:- इस कल्प का नामकरण चॉक शैल समूह के विस्तृत निर्माण के कारण हुआ। इस कल्प का नामकरण जे जे डी ऑमोलियस डी हैलाय (J.J.d'omalius d' Halloy) ने 1882 में किया था। चॉकशैल समूह इंग्लैण्ड में डोवर ;क्वअमतद्ध तथा डॉरसेट (Dorset) में देखा जा सकता हैं।

इसके अतिरिक्त उत्तरी अमेरिका, उत्तरी पश्चिमी कनाडा, अलास्का तथा मैक्सिको में भी चॉक शैल समूह पाये जाते थे। इस कल्प का प्रारम्भ लगभग 135 मिलियन वर्ष पूर्व आरम्भ हुआ था। इस कल्प की अवधि लगभग 65 मिलियन वर्ष थी।

भौगोलिक परिस्थितियां :– इस कल्प की जलवायु ऊष्ण एवं मृदुल थी। इस कल्प में चॉक शैलों का निर्माण के अलावा पर्वत श्रंखलाओं का भी निर्माण हुआ। इस कल्प में आस्ट्रेलिया के कुछ भाग हिमनदी से ढके हुए थे। तटवर्ती भू भाग पर दलदल फैले हुए थे।

जीवन :– आदिम पादप जातियों का विलोप तथा पुष्पी पौधों का प्रसार इस कल्प की विशेषता थी। इस कल्प में घने जंगलों का विकास हुआ। समुद्रों में शार्क व अस्थिल मछलियों के साथ–साथ विशाल कछुए, समुद्री सर्प जैसे लम्बे मोसासोर तथा इक्थियोसोर प्रभावी थे। इस काल में पहली बार सर्पो का उद्भव हुआ। पक्षी वर्ग में नये पक्षियों का उद्भव हुआ। स्तनधारी प्राणी छोटे व अपेक्षाकृत कम थे। अण्डे देने वाले स्तनधारी पाये जाते थे। मार्सुपिएल व यूथीरियन स्तनध ाारी प्राणियों का उद्भव हुआ। इस कल्प की समाप्ति की ओर विशालकाय डायनोसोर विलुप्त हो गये थे। इस कल्प तथा मीसोजोइक महाकल्प का अन्त लारामाइड क्रान्ति द्वारा हुआ। इस महाकल्प के अन्त में अत्यन्त महत्वपूर्ण भौमिक परिवर्तन हुए तथा विशालकाय सरीसृप वर्ग में प्राणियों का विलोपन हुआ तथा स्तनध ाारी वर्ग के प्राणियों के विकास का मार्ग प्रशस्त हुआ।

5. सीनोजोइक महाकल्प रू. इस महाकल्प की शुरूआत लारामाइड क्रान्ति के साथ हुई। इस महाकल्प में लगभग सभी विशालकाय सरीसृप प्राणी विलृप्त हो चुके थे। स्तनधारी वर्ग के प्राणियों का द्रुतगति से विकास हुआ तथा उन्होंने सरीसृप वर्ग के प्राणियों का स्थान ले लिया था। अतः इस महाकल्प को **"स्तनधारी प्राणियों का युग"** भी कहते हैं। हालांकि स्तनधारी प्राणियों का उद्भव मीसोजोइक महाकल्प के ट्राएसिक कल्प में हो चुका था परन्तु इसका अध िाक प्रसार इस महाकल्प में हुआ। इस महाकल्प में एन्जियोस्पर्म पादपों का विकास चरम सीमा तक पहुंच गया था तथा पक्षी वर्ग व कीट वर्ग के प्राणी भी प्रभावी रूप से विकसित हुए। इस महाकल्प को 2 कल्पों में बांटा गया है:–

(1) तृतीयक कल्प :– इस कल्प का नामकरण 1960 में जिआवनी अदुईना ने किया था। इस कल्प में आधुनिक प्राणी ही पाये जाते थे। अध्ययन की सुविध ाा के लिए इस कल्प को पाँच युगों में बाँटा गया है :–

(a) पेलियोसीन :– यह सीनोजोइक महाकल्प का प्रारम्भिक काल माना जाता है। इस युग के बारे में जानकारी बहुत कम प्राप्त है। अतः इस युग के बारे में विवाद है। इस युग में डायनोसोर विलुप्त हो चुके थे तथा स्तनधारी प्राणी प्रभावी जन्तुओं के रूप में स्थापित हो चुके थे।

(b) इओसीन रू. इस युग का अर्थ है– आधुनिक जीवों का उदय। इस युग का प्रारम्भ लगभग 70 मिलियन वर्ष पूर्व हुआ था तथा इसकी अवधि लगभग 30 मिलियन वर्ष थी। इस युग में स्तनधारी प्राणियों का विस्तार हुआ।

भौगोलिक परिस्थितियां :– इस कल्प की शुरूआत लारामाइड क्रान्ति के साथ हुई इस क्रान्ति के दौरान उत्पन्न भू वैज्ञानिक परिवर्तनों के परिणाम स्वरूप यह युग प्रकट हुआ। इस युग मे नये पर्वतों का निर्माण हुआ। हिन्द महासागर तथा अन्धमहासागर का विकास हुआ। ज्वालामुखी पर्वतों की क्रियाशीलता के फलस्वरूप दक्षिण भारत, आर्कटिक, स्काटलैण्ड, आयरलैण्ड जैसे प्रदेशों में लावा फैला तथा यूरोप में समुद्रों का प्रसार हुआ। इस युग की जलवायु उष्ण कटिबन्धीय थी हालांकि उत्तरी अमेरिका में पर्वत श्रंखलाएँ ग्लेशियर से आच्छादित थी।

जीवन :– विशालकाय समुद्री रेप्टाइल विलुप्त हो चुके थे। उनके स्थान पर व्हेल तथा वालरस जैसे स्तनधारी समुद्र में विकसित हो गये थे। इस युग में एन्जियोस्पर्म पादप बहुतायत में पाये जाते थे। इस युग में जरायुज स्तनियों का अत्यधिक प्रसार हुआ। आधुनिक स्तनी प्राणियों का जैसे सुअर, घोड़े, चूहों, बन्दरों आदि का उदभ्व हुआ। वायवीय स्तनधारियों में चमगादडों का विकास महत्वपूर्ण रहा। इस युग में विशालकाय सरीसृपों का तो विलोपन हो गया था परन्तु समुद्री कछुओं तथा मगरमच्छों का विकास जारी था। इसी युग में प्राक बन्दर तथा गिब्बन प्रकट हुए थे। इस युग में आधुनिक चिडियाएँ तथा कीट भी स्थापित हो चुके थे।

(c) आलिगोसीन :- इस युग का नाम लेटिन भाषा से लिया गया है। जिसका अर्थ होता है, अल्प नूतन। यह यु ा आज से लगभग 40 मिलियन वर्ष पूर्व प्रारम्भ हुआ था तथा इसकी अवधि लगभग 15 मिलियन वर्ष रही।

भौगोलिक परिस्थितियां :– इस युग की जलवायु मृदुल थी। इस युग में भूमि के क्षेत्रफल में वृद्धि हुई। इस युग में अमेरिका, यूरोप व एशिया के बीच भूमि की उथल–पुथल रही तथा यूरोप में आल्प्स पर्वत का निर्माण हुआ।

जीवन:– अधिकांश पादप व जन्तु इओसीन युग की तरह के ही थे। इस युग में एकबीजपत्री पादपों की संख्या में बढ़ोतरी हुई तथा एन्जियोस्पर्म पादपों का प्रसार हुआ। यूथीरियन स्तनधारी प्राणियों की संख्या में काफी बढ़ोतरी हुई। इस युग में केकड़ों, घोंघों तथा सीपियों की नयी जातियों का भी विकास हुआ। स्थलीय स्तनधारी प्राणियों में बिल्ली, कुत्ता व भालू के पूर्वजों का विकास हुआ। इस युग में खुर वाले स्तनधारी तथा विषमपादागुंलि खुरीय प्राणियों तथा गेंडों की प्रमुखता थी। इसी युग में पूंछ रहित प्राक् कपि का उदभव हुआ।

(d) मायोसीन :- यह युग स्तनधारी प्राणियों के विकास का मध्य युग कहलाता है। इस युग का प्रारम्भ लगभग 25 मिलियन वर्ष पूर्व हुआ था तथा इसकी अवधि लगभग 14 मिलियन वर्ष थी।

भौगोलिक परिस्थितियां :– इस युग में भू–हलचल के कारण भू–मध य सागर का विकास हुआ। यूरोपीय तथा एशियाई भूखण्ड परस्पर मिल गये, आल्प्स पर्वत का निर्माण पूरा हुआ तथा हिमालय पर्वत का निर्माण प्रारम्भ हुआ। इस युग में ज्वाला मुखी भी अत्यन्त सक्रिय रहे।

जीवन:– इस युग में शार्क अथा अस्थिल मछलियों की विविधता में बढ़ोतरी हुई। स्तनधारियों का विकास जारी था। भूमि पर हाथी, चूहों व खुरचारी

प्राणियों का विकास जारी था। जल में व्हेल, डालफिन एवं वालरस काफी अच्छी तरह विकसित हो चुके थे। वायु में चमगादड़ काफी विकसित हो गये थे। इस युग में गिब्बन समान **प्लिओपिथिकस** दक्षिणी यूरोप के बनों में तथा प्राक् कपि प्राकन्सल एशिया व यूरोप में पाया जाता था। इसी युग में तीन खुर वाले मेरिकहिप्पस नामक घोडे के पूर्वज का विकास हुआ। इस युग में पेलिकन व पेंगुइन नामक पक्षियों का भी विकास हुआ।

(e) प्लायोसीन :– इस युग को तृतीय कल्प के अन्तिम युग के रूप में जाना जाता है। इसे अतिनूतन युग भी कहा जाता हैं। इस युग का आरम्भ लगभग 11 मिलियन वर्ष पूर्व हुआ था तथा इसकी अवधि लगभग 10 मिलियन वर्ष थी।

भौगोलिक परिस्थितियां :– इस युग में भूमि के धंसने से उत्तरी सागर, काला सागर, केस्पियन सागर तथा अरब सागर का निर्माण हुआ। इस युग में महाद्वीपों की आधुनिक रूपरेखा बनने लग गई थी। इस युग की जलवायु आध ुनिक जलवायु के समान ही थी।

जीवन:–इस युग में घास के मैदान काफी विस्तृत थे। इस युग में हाथियों, हिरनों व बारहसिंगों की बहुतायत थी। इस युग में गेंण्डों, दरियाई घोड़ों, ऊंटों तथा तापिर के अवशेष प्राप्त हुए हैं। इस युग में एक अंगुली वाले घोड़े प्लायोहिप्पस का विकास हुआ। इस युग में घास के मैदानों में सीधा चलने वाला आस्ट्रेलोपिथिकस भी पाया जाता था जो संभवतः मनुष्य का पूर्वज था।

(ii) चतुर्थ कल्प :– इस कल्प के अन्तर्गत केवल एक युग आता है और वह है प्लीस्टोसीन युग। इस कल्प या युग का प्रारम्भ लगभग 1 मिलियन वर्ष पूर्व हुआ था तथा इसकी अवधि लगभग 1 मिलियन वर्ष है। प्लीस्टोसीन युग को अत्यन्त नूतन युग भी कहते हैं। इस कल्प को "मानव युग" भी कहा जाता है।

भौगोलिक परिस्थितियां :– इस युग में यूरोप, अमेरिका, दक्षिणी ध ्रुव हिमालय का अधिकांश भाग बर्फ से ढका हुआ था। बर्फ के पिघलने से समुद्र की सतह ऊपर की ओर उठी। वहीं बर्फ के दाब से दबी यूरोप व अमेरिका की भूमि ऊपर उठी। बर्फ के पिघलने से उत्तरी अमेरिका, स्विटजरलैण्ड, उत्तरी इटली तथा इंग्लैण्ड में बड़ी– बड़ी झीलों का निर्माण हुआ।

जीवन:– इस युग में भूमि पर कपि (ape) सदृश्य जीव पत्थर के औजार बनाने लगे थे। जिसने प्राक् मानव के पाषाण युग (stone age) सभ्यता को जन्म दिया। यह एक महत्वपूर्ण विकासीय कदम था। इसी युग में हाथी, घोड़े, मेमथ, भेड़िया, बैल, टाइगर आदि जन्तु विकसित हुए। प्राक् मानव पूरे एशिया व यूरोप में फैल गया। प्लीस्टोसीन युग बड़े पैमाने पर विलोप का युग था जब, अनेक प्राणियों की जातियां लुप्त हो गईं परन्तु मानव जाति अपनी श्रेष्ठता के कारण जीवित रह सकी। इस युग की चट्टानों से अनेक पूर्वज मानव व कपि के जीवाश्म प्राप्त हुए हैं।

6. साइकोजोइक महाकल्प :– इस महाकल्प की शुरूआत लगभग 10 हजार वर्ष पूर्व हुई थी। इस महाकल्प को आधुनिक मानव युग के नाम से भी जाना

जाता हैं। इस महाकल्प में ग्लेशियर के समापन के साथ–साथ ही मानव युग की शुरूआत हुई। भूवैज्ञानिक दृष्टि से अभी इस महाकाल का आरम्भ है क्योंकि भू–वैज्ञानिकों की दृष्टि से 10 हजार वर्ष कोई बहुत बड़ा समय नहीं होता है। अभी शैलों के निर्माण की प्रक्रिया जारी है। अतः इस महाकल्प का विभाजन नहीं किया जा सकता है। इसे होलोसीन युग या "नूतनतम युग" कहते हैं। इस महाकल्प में मानव अपने विकास के शिखर पर है। इस युग में मनुष्य की प्रधानता उसके शरीर के आकार या शारीरिक बल के कारण नहीं, बल्कि उसकी बुद्धि के कारण है। इस युग में मनुष्य ने जानवरों को पालना तथा खेती करना सीखा। सर्वप्रथम स्क्लेटर ने 1857 में प्राणियों के वितरण के आधार पर भूमण्डल को 6 क्षेत्रों में विभक्त किया था – 1. पेलिआर्कटिक क्षेत्र 2. ईथियोपी क्षेत्र 3. भारतीय क्षेत्र 4. आस्ट्रेलियाई क्षेत्र 5. निआर्कटिक क्षेत्र 6. निओट्रोपिकल क्षेत्र स्क्लेटर का विभाजन मुख्य रूप से पक्षियों के वितरण पर आधारित था। मरे (Murray) ने 1866 में स्तनधारी प्राणियों के वितरण के आधार पर भूमण्डल को केवल चार क्षेत्रों में विभेदित किया था :– 1. पेलिआर्किटक क्षेत्र 2. हिन्द–अफ्रीकी क्षेत्र 3. आस्ट्रेलियाई क्षेत्र 4. अमेरिकी क्षेत्र परन्तु आधुनिक मान्यता के अनुसार सभी कशेरुकी प्राणियों के वितरण के आधार पर भूमण्डल को 6 क्षेत्रों में बांटा जा सकता है। 1962 में वैलेस ने सर्वमान्य प्राणी–भौगोलिक क्षेत्रों का वर्णन किया इनके अनुसार पक्षियों व स्तनियों के वितरण में समान अवरोध आते हैं अतः स्कलेटर द्वारा प्रस्तावित विभाजन काफी उपयुक्त है। इनके द्वारा प्रस्तावित विभाजन न केवल प्राणियों बल्कि पादपों के लिए भी वैध हैं। वैलेस के अनुसार भूमण्डल को निम्न 6 प्राणी–भौगौलिक क्षेत्रों या परिमण्डलों में बांटा जा सकता है :– 1. पेलिआर्कटिक क्षेत्र 2. निआर्कटिक क्षेत्र 3. नियोट्रोपिकल क्षेत्र 4. ईथियोपी क्षेत्र 5. ओरिएन्टल क्षेत्र 6. आस्ट्रेलियाई क्षेत्र

1. पेलिआर्कटिक क्षेत्र

भौगोलिक सीमाएं :- यह क्षेत्र अन्य सभी क्षेत्रों की तुलना में बड़ा है। इस क्षेत्र का क्षेत्रफल लगभग एक करोड़ चालीस लाख वर्गमील है। इस क्षेत्र में सम्पूर्ण यूरोप, चीन, जापान, अफ्रीका, उत्तरी सहारा, साईबेरिया, एशिया माइनर, ईरान, अफगानिस्तान, बलूचिस्तान आदि आते हैं। यह क्षेत्र पूर्व में जापान पश्चिम में एजोरिस तथा केनेरी द्वीप समूह तक तथा दक्षिण में हिमालय पर्वत तक फैला हुआ है। पूर्व, पश्चिम व उत्तर में इसकी सीमाएं महासागरों द्वारा निर्धारित होती हैं जबकि दक्षिण में हिमालय पर्वत इसे ओरिएन्टल क्षेत्र से तथा सहारा मरुस्थल इसे इथियोपी क्षेत्र से अलग करते हैं।

जलवायु :- इस क्षेत्र की जलवायु विविधताओं को प्रदर्शित करती है। इस क्षेत्र में तापमान की विशाल सीमाएं पायी जाती हैं एवं वर्षा में भी काफी विभिन्नता पाई जाती है। इसके उत्तर में शीत प्रदेश, ठंडा पाया जाता है, दक्षिण में सघन वन पाये जाते हैं तथा मध्य में एशियाई मरुभूमि पायी जाती है।

जन्तुजात :- जलवायु, वर्षा व तापमान में पायी जाने वाली विविधता के कारण इस क्षेत्र के जन्तुजात में भी अनेक विविधताएं पायी जाती हैं। यह क्षेत्र अपने

जन्तुजात में निआर्कटिक क्षेत्र से काफी समानता प्रदर्शित करता है। इस क्षेत्र में स्थलीय कशेरुकियों के कुल 135 कुल पाये जाते हैं, जिसमें से 33 स्तनधारियों के, 68 एवीज के 24 रेप्टीलिया के, तथा 10 एम्फिबिया के हैं। इस क्षेत्र का कोई विशिष्ट जन्तुजात नहीं है, परन्तु इनमें से 9 कुल ऐसे है जो केवल इस क्षेत्र तथा निआर्कटिक क्षेत्र में ही पाये जाते हैं। ये नौ कुल हैं – टाल्पिडी, ऑकोटोनिड़ी तथा केस्टोरिडी, स्तनधारी वर्ग के, रेगुलिडी, कोलम्बिडी, तथा टेट्राओनिडी, पक्षी वर्ग के तथा प्रोटीडी, हाइनोबीडी तथा एम्फीयुमा कुल एम्फिबिया वर्ग के। इनके अलावा इस क्षेत्र में 13 कुल स्वच्छ जलीय मछलियों के भी पाये जाते हैं।

मत्स्य वर्ग :– इस क्षेत्र में स्वच्छ जलीय मछलियां पायी जाती हैं। इनमें से अधिकांश मछलियां सायप्रिनिडी कुल की हैं। इस क्षेत्र में पायी जाने वाली कुछ मछलियां निम्न प्रकार हैं :– कार्प, साल्मन, स्टर्जियन, केट मछलियां, पेडल मछलियां, डालिया आदि।

एम्फीबिया वर्ग :– इस क्षेत्र का एम्फीबियन जन्तुजात अधिक संख्या में पाया जाता है। इस क्षेत्र में अधिकांशतः पूँछ युक्त उभयचर पाये जाते हैं। इस क्षेत्र में पाये जाने वाले कुछ प्रमुख उभयचर निम्न प्रकार हैं:– नेक्टुरस, सेलामेण्डर, प्रोटीयस, साइरन, एम्फियुमा, बूफ़ो, राना, हाइला व रेकोफ़ोरस आदि।

रेप्टीलिया वर्ग :– इस क्षेत्र में रेप्टीलिया वर्ग के अधिक प्राणी नहीं पाये जाते है। कुछ प्रमुख निम्न प्रकार है :– कछुए (स्थलीय एवं जलीय) घड़ियाल, वेरेनस, केमेलियोन, गेको, टिफ़लोप्स, वाइपर तथा पिटवाइपर आदि।

एवीज़ वर्ग :– इस क्षेत्र में 17 कुल सम्पूर्ण क्षेत्र में फैले हुए पाये जाते हैं तथा अन्य पक्षी प्रवासी होते हैं। इस क्षेत्र में पायी जाने वाली मुख्य चिडियाएँ निम्न प्रकार हैं:– किंग फ़िशर, कुक्कू, कठफोड़वा, लवा पक्षी (लार्क) बस्टर्ड, बाज़, बगुला, कौए, सारस, फिन्च, बतखें, गोल्ड क्रेस्ट तथा डाइवर्स आदि।

मैमेलिया वर्ग :– इस क्षेत्र में निम्न महत्वपूर्ण स्तनी जन्तु पाए जाते हैं :– चमगादड़, टाल्पा, ऊदबिलाव (बीवर) छछुँन्दर, गिलहरी, पांडा, हेज़होग, सूअर, खरगोश, चूहे, हिरण, कुत्ते, बिल्ली, बारहसिंगा, आदि। इस क्षेत्र को चार उप क्षेत्रों में विभक्त किया जा सकता है :– (i) **यूरोपियन उप क्षेत्र** :- इस उप क्षेत्र में उत्तरी व मध्य यूरोप, काला सागर, तथा कॉकेशस सम्मिलित किये गये हैं। (ii) **मेडिटरेनियन उप क्षेत्र** :- यह उप क्षेत्र शेष यूरोप, अफ्रीका, अरब, एशिया माइनर, अफगानिस्तान, बलूचिस्तान एवं पर्सिया से मिल कर बना है। (iii) **साइबेरियन उप क्षेत्र** :– इस उप क्षेत्र में हिमालय के उत्तर का उत्तरी एशिया आता है। (iv) **मन्चूरियन उप क्षेत्र** :– यह उप क्षेत्र मंगोलिया, मंचूरिया, जापान व कोरिया से मिलकर बना है।

2. निआर्कटिक क्षेत्र

भौगोलिक सीमाएं :- इस क्षेत्र में उत्तरी अमेरिका, मैक्सिको, ग्रीनलैण्ड तथा आर्कटिक द्वीप आते हैं।

जलवायु :- इस क्षेत्र का उत्तरी भाग ध्रुवीय तथा उसके नीचे का कुछ भाग शीतोष्ण है। पैलिआर्कटिक क्षेत्र के समकक्षीय क्षेत्रों की तुलना में अधिक ठण्डा रहता है। पैलिआर्कटिक क्षेत्र की तरह इस क्षेत्र में भी तापमान व जलवायु में विविधता पाई जाती है। इस क्षेत्र के पश्चिम में पर्वत श्रृखलाऐं पाई जाती हैं जो उत्तर दक्षिण तक फैली हुई हैं। उत्तरी भाग पूरा बर्फ़ से ढका हुआ है फ़िर भी इस क्षेत्र में कुछ घने जंगल, घास के मैदान, मरूस्थल आदि पाये जाते हैं।

जन्तु जात :- इस क्षेत्र में स्थलीय कशेरुकी प्राणियों के 120 कुल मिलते हैं। इसमें से 24 स्तनधारी वर्ग के, 49 पक्षी वर्ग के, 21 रेप्टीलिया वर्ग के तथा 14 एम्फीबिया वर्ग के कुल पाये जाते हैं। इनके अलावा 24 कुल मत्स्य वर्ग के और पाये जाते हैं।

मत्स्य वर्ग :— इस क्षेत्र में निम्न मुख्य मछलियां पाई जाती हैं :— पॉलिडॉन, केट मछली, लेपिडोस्टेयस, एमिया, स्टर्जिओन, कुल सिप्रिनीडी के 13 वंश एवं चूषक मछली आदि।

एम्फीबिया वर्ग :— इस क्षेत्र में पुच्छीय एम्फीबिया बहुतायत से पाये जाते हैं। इस क्षेत्र में पाये जाने वाले कुछ प्रमुख एम्फीबिया निम्न प्रकार हैं :— एम्फीयुमा, एम्बायोस्टोमा, एक्सोलोटल लार्वा, साइरन, नेक्टुरस, सेलामेण्डर, बूफो, राना, हाइला आदि।

रेप्टीलिया वर्ग :— रेप्टीलिया वर्ग के प्राणी इस क्षेत्र में बहुतायत में पाये जाते हैं। इस क्षेत्र में पाये जाने वाले प्रमुख रेप्टीलिया वर्ग के प्राणी निम्न प्रकार है : ट्रायोनिक्स, मस्क कछुआ, घड़ियाल, मगरमच्छ, गेको, ऑफीयोसॉरस, फ्राइनोसोमा, हीलोडर्मा, पिट वाइपर, कोरल सर्प, रेटल सर्प आदि। फ्राइनोसोमा, मस्क कछुआ तथा हीलोडर्मा, जो कि एक मात्र जहरीली छिपकली होती हैं, इस क्षेत्र में बहुतायत में पाये जाते हैं।

एवीज़ वर्ग:— इस क्षेत्र का पक्षीजात पैलिआर्कटिक तथा नियोट्रोपिकल क्षेत्रों का मिश्रण है। इस क्षेत्र में पाये जाने वाले कुछ प्रमुख पक्षी निम्न प्रकार है :— पेलिकन, बाज़, बगुले, गिद्ध बतख, सारस, कुक्कू, लार्क, सेण्डपाइपर, कबूतर, उल्लू, किंग फिशर वुडपेकर, हमिंग चिड़िया, फ्लाईकेचर, मोकिंग चिड़िया, पेरू पक्षी आदि।

मैमेलिया वर्ग :— स्तनधारी प्राणी इस क्षेत्र में विस्तार पूर्वक फैले हुए है। गण प्राइमेट्स तथा मोनोट्रीमेटा वर्ग के प्राणी इस क्षेत्र में नहीं पाये जाते हैं। इस क्षेत्र में मैमेलिया वर्ग के निम्न मुख्य प्राणी पाये जाते हैं :— ओपोसम, मोल, शूज, आर्मेडिलो, रेनडियर, अमेरिकी बाइसन, खरगोश, गिलहरी, ऊदबिलाव, बिल्ली, चमगादड़, सूअर हिरण, कूदने वाला चूहा, सेही, उड़न गिलहरी आदि। इस क्षेत्र को फिर चार उप क्षेत्रों में बांटा गया है :—

(i) केलिफोर्नियन उप क्षेत्र :- सम्पूर्ण केलिफोर्निया इस उप क्षेत्र में सम्मिलित किया जाता है। **(ii) रॉकी पर्वतीय उप क्षेत्र** :- यह उप क्षेत्र केलिफोर्निया के पूर्व से शुरू होता है। इसमें सम्पूर्ण सूखा व भूमि का उठा हुआ

भाग सम्मिलित होता है। यह उप क्षेत्र रॉकी पर्वत के पूर्व में उत्तरी उमेरिका तक फैला हुआ है। ;पपपद्ध **एलाघेनी उप क्षेत्र** :- यह उप क्षेत्र रॉकी पर्वतीय उप क्षेत्र से पूर्वी तट तक फैला हुआ है। (iv) **कनाडियन उप क्षेत्र** :– इस उप क्षेत्र में पूर्व में वर्णित उप क्षेत्रों का उत्तरी भाग आता है। इसमें कनाडा, आर्कटिक द्वीप तथा ग्रीनलैण्ड आते हैं।

3. नियोट्रोपिकल क्षेत्र

भौगोलिक सीमाएं :– इस क्षेत्र के अन्तर्गत सम्पूर्ण दक्षिणी अमेरिका, मेक्सिको, मध्य अमेरिका, वेस्ट इण्डीज, गेलापेगोस व फाकलैण्ड द्वीप आते हैं।

जलवायु :- यह क्षेत्र प्राणीजात के लिए अधिकतम आवास स्थान उपलब्ध करता है। इस क्षेत्र में अन्य क्षेत्रों की तुलना में अनुपयुक्त आवासीय क्षेत्र बहुत कम पाये जाते हैं। इस क्षेत्र का अधिकांश भाग उष्ण कटिबंधीय है। इस क्षेत्र में पश्चिम की तरफ इण्डीज पर्वत श्रृंखला पाई जाती हैं तथा दक्षिण में शीतोष्ण कटिबन्धीय क्षेत्र पाया जाता है। इस क्षेत्र में विशाल घास के मैदान व उष्ण कटिबन्धीय वन पाये जाते हैं। कहीं–कही इस क्षेत्र में मरूस्थल भी छोटे–छोटे भागों में पाया जाता है। घने जंगल तथा विस्तृत घास के मैदान इस क्षेत्र की विशेषता है।

जन्तु जात :- इस क्षेत्र का जन्तु–जात विशिष्ठ एवं विविध प्रकार का होता है। हालांकि नियोट्रोपिकल व निआर्कटिक क्षेत्रों के मध्य कोई विशिष्ठ अवरोध नहीं पाया जाता है, परन्तु फिर भी दोनों क्षेत्रों के जन्तु–जात में बहुत अन्तर पाया जाता है। इस क्षेत्र में स्थलीय कशेरुकी प्राणियों के कुल 155 कुल पाये जाते है। जिनमें से 39 कुल केवल इसी क्षेत्र में पाये जाते है तथा अन्यत्र किसी भी क्षेत्र में नहीं जाते हैं। इसी क्षेत्र में पाये जाने वाले 39 में से 10 कुल स्तनधारी प्राणियों के, 23 कुल एवीज के, 2 कुल रेप्टीलिया वर्ग के तथा 4 कुल एम्फीबिया कुल के है।

मत्स्य वर्ग :– इस क्षेत्र में स्वच्छ जलीय मछलियां अधिक पाई जाती हैं। महत्वपूर्ण बात यह है कि सिप्रिनीडी कुल की सदस्य कार्प मछलियां इस क्षेत्र में बिल्कुल नहीं पायी जाती हैं। इस क्षेत्र में पाई जाने वाली कुछ प्रमुख मछलियां निम्न प्रकार हैं :– केट मछलियां, विद्युत मछलियां, लेपिडोस्टेयस, तथा एक वंश की फेफड़े वाली मछलियां व लेपिडोसाइरन भी पायी जाती है।

एम्फीबिया वर्ग :– इस क्षेत्र में सामान्य एम्फीबिया प्राणियों के अलावा चार कुल ऐसे हैं, जो केवल इसी क्षेत्र में पाये जाते हैं। वे निम्न हाइलेप्लेसिडी प्लेक्टोमेन्डिटी व पाइपिडी। इस क्षेत्र के कुछ प्रमुख एम्फीबिया प्राणी निम्न प्रकार हैं :– मैंढ़क (राना) टोड़, हाइला, पाइपा, न्यूट आदि।

रेप्टीलिया वर्ग :– इस क्षेत्र में रेप्टीलिया वर्ग के निम्न मुख्य प्राणी पाये जाते हैं :– कछुए, मगरमच्छ, घड़ियाल, जलीय कछुए, गेडा, इग्वाना, टिफ़लोप्स, कोरल सर्प, पिटवाइपर, बोआ आदि।

एवीज वर्ग :– इस क्षेत्र का पक्षीजात इतना विशिष्ट है कि इसे चिड़ियाओं का प्रदेश कहा जा सकता है। इस क्षेत्र में एवीज वर्ग के कुल 67 कुल पाये जाते हैं, जिनमें से 23 कुल ऐसे हैं जो केवल इसी क्षेत्र में पाये जाते हैं। इस क्षेत्र में

पायी जाने वाली प्रमुख चिड़ियाऐं निम्न प्रकार हैं :— बगुले, सारस, बतख़, कबूतर, तोते, वुडपेकर, किंग—फिशर, स्वेलो, प्लोवर, आईबिस आदि। रिया तथा टिनेमस नामक न उड़ने वाली चिड़ियाएँ बहुतायत में पायी जाती हैं। बहुतायत में पायी जाने वाली कुछ चिड़ियाएँ निम्न प्रकार हैं : पफ़ चिड़िया, ज़ेकाना, ऑइल चिड़िया, शुगर चिड़िया, पादप कटर आदि।

मैमेलिया वर्ग :— इस क्षेत्र का स्तनी प्राणी जात विविध एवं विशिष्ट प्रकार का होता है। इस क्षेत्र में स्तनी प्राणियों के कुल 32 कुल पाये जाते हैं। इनमें से 10 कुल ऐसे हैं जो केवल इसी क्षेत्र में बहुतायत से पाये जाते हैं। इस क्षेत्र में — हेजहॉग, मोल, बीवर्स, हाईना, घोड़े आदि अनुपस्थित होते हैं। इस क्षेत्र में पाये जाने वाले प्रमुख स्तनी प्राणी निम्न प्रकार हैं :— ऑपोसम, मार्सुपिएल्स, स्लोथ, आर्मेडिलो, टपिर, नई दुनियां के बन्दर, खरगोश, हिरण, गिलहरियां, सेही आदि। बहुतायत में पाये जाने वाले स्तनी प्राणियों के प्रमुख कुल निम्न प्रकार हैं :— सेबिडी, हेपालिडी, चिन्चिलिफडी, केबिडी, ऑक्टोडोस्टिडी, इकिमिडी, ब्रेडीपोडिडी, मिरमेकोफेगिडी, डाइडेलफिडी तथा सीनो लेस्टिडी। इस क्षेत्र को चार उप क्षेत्रों में बांटा जा सकता है :— (i) **चिलियन उप क्षेत्र** :- इस उप क्षेत्र में दक्षिणी अमेरिका का पश्चिमी तटवर्ती प्रदेश तथा दक्षिणी शीतोष्ण भाग आता है। (ii) **ब्राजीलियन उप क्षेत्र** :- इस उप क्षेत्र में सम्पूर्ण दक्षिण अमेरिका आता है। इसमें घने हरे भरे जंगल व विस्तृत मैदान पाये जाते हैं। (iii) **मैक्सिकन उप क्षेत्र** :- इस उप क्षेत्र में दक्षिणी मैक्सिको तथा मध्य अमेरिका आते है। (iv) **एन्टीलियन उप क्षेत्र** :- इस उप क्षेत्र में वेस्ट इण्डीज तथा निकटवर्ती द्वीप समूह आते है।

4. इथियोपियन क्षेत्र

भौगोलिक सीमाएं :- इस क्षेत्र में सहारा मरूस्थल के दक्षिण से समस्त अफ्रीका मेडागास्कर तथा दक्षिण अरब आते है। कुछ वैज्ञानिक इसका विस्तार एटलस पर्वत तक मानते हैं परन्तु वैलेस के अनुसार यह क्षेत्र कर्क रेखा तक ही सीमित होना चाहिए।

जलवायु :- अफ्रीका मुख्य रूप से एक उष्ण कटिबन्धीय देश है। इसमें बड़ी—बड़ी नदियां पाई जाती है। सहारा मरूस्थल, उष्ण कटिबन्धीय वन, हिमाच्छादित पर्वत तथा खुले मैदान इस क्षेत्र की विशेषता हैं। सहारा मरूस्थल इसे पैलिआर्कटिक क्षेत्र से पृथक करता है। जलवायु में मिलने वाली विभिन्नताओं के कारण इस क्षेत्र में विभिन्न प्रकार के जन्तु व पादप पाये जाते हैं।

जन्तुजात :- इस क्षेत्र का जन्तुजात बहुत विशाल हैं। इस क्षेत्र में कुछ कुल तथा वंश बहुतायत से पाये जाते हैं। इस क्षेत्र में स्थलीय कशेरुकी प्राणियों के कुल 161 कुल पाये जाते हैं। इनमें से 9 कुल स्तनधारियों के, 6 कुल पक्षियों के, 4 कुल रेप्टीलिया के, 1 कुल एम्फीबिया का तथा 3 कुल अलवणीय मत्स्य वर्ग के ऐसे हैं जो केवल इसी क्षेत्र में ही पाये जाते हैं।

मत्स्य वर्ग:— इस क्षेत्र में पायी जाने वाली कुछ प्रमुख मछलियां निम्न प्रकार हैं—सिप्रिनिड कुल की कुछ मछलियां, केट मछलियां, सिप्रिनोडोन्ट कुल की

कुछ मछलियां , प्रोटोप्टेरस, शल्क विहिन मछली आदि।

एम्फीबिया वर्ग:— इस क्षेत्र में इस वर्ग के बहुत कम प्राणी पाये जाते हैं फिर भी इस क्षेत्र में पाये जाने वाले कुछ मुख्य एम्फीबिया प्राणी निम्न प्रकार हैं— इक्थियोफिस, तथा अन्य सीसिलियन कृमि, जीनोपास, रेकोफोरस आदि। पूंछ युक्त एम्फीबिया इस क्षेत्र में नहीं पाये जाते है।

रेप्टीलिया वर्ग :— इस क्षेत्र में निम्न प्राणी प्रमुख रूप से पाये जाते हैं— मगरमच्छ व जलीय कछुए बहुतायत में से पाये जाते है। इनके अलावा इग्वाना, केमेलियोन, वेरेनस, अजगर, टिफलोप्स, वाइपर, क्रेत आदि भी पाये जाते हैं।

एवीज वर्ग :— इस क्षेत्र में पायी जाने वाली चिडियाएँ ओरिएण्टल क्षेत्र के पक्षीजात से मिलती जुलती होती हैं। इस वर्ग के 67 कुल इस क्षेत्र में पाये जाते हैं। इस क्षेत्र में पायी जाने वाली कुछ प्रमुख चिडियाऐं निम्न प्रकार हैं— हार्नबिल, बगुले, कुक्कू, वीवर्स, सारस, लार्क, तोते, कबूतर, स्वेलो, बस्टर्ड, शुतुरमुर्ग आदि।

मैमेलिया वर्ग :— इस क्षेत्र में पाये जाने वाले प्रमुख स्तनधारी प्राणी निम्न प्रकार हैं— छछूंदर, खरगोश, गिलहरी, हाथी, पेन्गोलिन, जिराफ, गधा, गोरिल्ला, चिम्पान्जी, बबून, गेंडा, जेबरा, दरियाई घोड़ा, हिरण, बकरी, भेड़, सिंह, चीता, लोमडी, बिल्ली, जंगली घोड़े, हेजहॉग, सेही, हाइना, लोरिस आदि। इस क्षेत्र में स्तनधारियों के लगभग 38 कुल पाये जाते हैं, इनमें से 12 कुल ऐसे हैं जो केवल इसी क्षेत्र में पाये जाते है। इन कुलों में आने वाले मुख्य प्राणी निम्न प्रकार है— जिराफ, दरियाई घोडा, तीन कुल इन्सेक्टीवोरा गण के तथा 6 कुल गण रोडेन्ट्स के हैं। इस क्षेत्र को चार उप क्षेत्रों में बांटा जा सकता है— (i) **पूर्वी अफ्रीकन उप क्षेत्र** :- इस उप क्षेत्र में उष्ण कटिबन्धीय अफ्रीका तथा उष्ण कटिबन्धीय अरब आते हैं अर्थात् सहारा मरूस्थल का कुछ भाग पूर्वी अफ्रीका एवं पश्चिमी तट का कुछ भाग मिलकर इस उप क्षेत्र का निर्माण करते है। (ii) **पश्चिमी अफ्रीकन उप क्षेत्र** :-इस उप क्षेत्र में अफ्रीका के पश्चिमी तट से लगाकर कॉन्गों तक का भाग आता है। इस उप क्षेत्र में घने जंगल पाये जाते है। (iii) **दक्षिणी अफ्रीकन उप क्षेत्र** :- इस उप क्षेत्र में सम्पूर्ण दक्षिणी अफ्रीका का भाग आता है। (iv) **मेलागासी उप क्षेत्र** :- इस उप क्षेत्र में मेडागास्कर, मॉरीशस, मास्करीन तथा नजदीकी द्वीप समूह आते हैं।

5. ओरिएन्टल क्षेत्र

भौगोलिक सीमाएं :- इस क्षेत्र में हिमालय पर्वत श्रृंखला के दक्षिण का उष्ण कटिबन्धीय एशिया, दक्षिणी पूर्वी चीन, श्रीलंका, सुमात्रा, जावा, बोर्निओ, फिलीपीन्स तथा भारत आते है। पाकिस्तान के उत्तर पश्चिमी मरूस्थल इस क्षेत्र को पेलिआर्कटिक व इथियोपी क्षेत्र से, तथा हिमालय पेलिआर्कटिक क्षेत्र से पृथक करता है।

जलवायु :- यह क्षेत्र अपनी भौतिक विविधता के कारण जाना जाता है। इस क्षेत्र में उष्ण कटिबन्धीय वन, मरूभूमि, सूखे पठार, पाये जाते है। इस क्षेत्र के

इन्डोनेशिया तथा उत्तरी पूर्वी एशिया में वर्षा वन पाये जाते हैं। पश्चिमी प्रायद्वीप में मरूस्थल भारत के दक्षिणी भाग में, श्रीलंका, इन्डोनेशिया तथा मलाया में उष्ण कटिबन्धीय वन तथा घने जंगल पाये जाते हैं। भारत के उत्तर की सिंधु गंगा घाटी, पश्चिम का थार मरूस्थल, मध्य का पठार, तथा दक्षिण के वर्षावन विभिन्न प्रकार के प्राणियों को प्रश्रय देते हैं।

जन्तुजात :- इस क्षेत्र का जन्तुजात काफी कुछ इथियोपी क्षेत्र से मिलता जुलता होता है। इन दोनों क्षेत्रों में इतनी अधिक समानता पाई जाती है कि कुछ वैज्ञानिकों ने इन्हें एक क्षेत्र पैलिओट्रोपिकल (Palaeotropical) क्षेत्र में सम्मिलित किया है।

इस क्षेत्र में स्थलीय कशेरुकी प्राणियों के 153 कुल पाये जाते हैं। इनमें से 10 कुल ऐसे हैं जो केवल इसी क्षेत्र में पाये जाते हैं। इनमें से 4 स्तनधारी वर्ग के, 1 एवीज वर्ग का व 5 रेप्टीलिया वर्ग के हैं।

मत्स्य वर्ग :– इस क्षेत्र में कार्प एवं केट मछलियां प्रभावी रूप से पायी जाती हैं। इस क्षेत्र में स्वच्छ जलीय मछलियां निम्न कुलों की पाई जाती हैं। सिप्रिनीडी, सिप्रिनोडोन्टिडी, सिल्यूरिडी, एनाबेटिडी, केबिटिडी, ऑफियोसिफेलिडी, नोटोप्टेरिडी, आस्टियोग्लोसिडी, आदि। होमालोप्टेरिडी तथा प्रिस्टोलेपिडी कुल की मछलियां इसी क्षेत्र में पायी जाती हैं।

एम्फीबिया वर्ग :– इस क्षेत्र में पूंछ युक्त एम्फीबिया अपेक्षाकृत कम संख्या में पाये जाते हैं, परन्तु पूंछ विहीन प्राणी अधिक संख्या में पाये जाते हैं। इस क्षेत्र में पाये जाने वाले कुछ प्रमुख एम्फीबिया प्राणी निम्न प्रकार हैं– मेंढक (राना), बूफो (टोड), हाइला, रेकोफोरस, पेलियोबेटस आदि। इनके अलावा कुछ सेलामेन्डर तथा सीसिलियन प्राणी भी पाये जाते हैं।

रेप्टीलिया वर्ग :– इस क्षेत्र में रेप्टीलिया वर्ग के काफी प्राणी पाये जाते हैं। जिनमें से कुछ प्रमुख प्राणी निम्न प्रकार हैं–मगर, अजगर, वाइपर, बुंगेरस, कोबरा, धामन, छिपकलियां, कछुए, जलीय कछुए, घड़ियाल, वेरेनस, यूरोमेस्टिक्स, केलोटिस, टिफलोप्स आदि।

एवीज वर्ग :– इस क्षेत्र में पक्षी वर्ग के 66 कुल पाये जाते हैं। इनमें से कुछ प्रमुख पक्षी निम्न प्रकार हैं– मोर, वुडपेकर, होर्नबिल, सनबर्ड, कबूतर, तोते, फिन्चेज, मैना, बतख, बुलबुल, तीतर, कौआ आदि।

मैमेलिया वर्ग :– इस क्षेत्र में 30 कुल के स्तनधारी प्राणियों के पाये जाते हैं। इनमें से कुछ प्रमुख निम्न प्रकार हैं– खरगोश, गिलहरी, चूहे, कुत्ते, बिल्ली, हेजहोग, सेही सूअर, लोरिस, पान्डा, पेंगोलिन, पुरानी दुनिया के बन्दर, उड़न लीमर, गैंडा, हाथी, छछून्दर, तपीर, गिब्बन आदि।

डायनोसोरों की उत्पत्ति :- जर्मन वैज्ञानिक **डॉ. फ्रेड्रिक वॉन ह्वेन** के अनुसार डायनोसोरों की उत्पत्ति आदिम कोटिलोसोर प्राणियों से हुई थी। इन प्राणियों की उत्पत्ति सम्भवतः कार्बोनिफेरस काल में हुई तथा ट्राएसिक काल तक जीवित रहे।

डायनोसोरों के वर्तमान जीवित सम्बन्धी :— वर्तमान में पाये जाने वाले प्राणियों में से मगर तथा पक्षी डायनोसोरों के निकटतम जीवित सम्बन्धी हैं। मगर के अनेक लक्षण डायनोसोरों के लक्षणों से मिलते जुलते हैं।

विस्तार :— सबसे पहले डायनोसोर जर्मनी मे खोजे गये थे, परन्तु इसका अर्थ यह नहीं कि जर्मनी ही इनकी उत्पत्ति का स्थल है। यह माना जाता है कि उत्तरी अटलांटिक क्षेत्र, जो यूरोप तथा उत्तरी अमेरिका को जोड़ता था, डायनोसोरों का उद्भव क्षेत्र था। यहां से ये सम्पूर्ण विश्व में फैल गये तथा अपने काल में इन्होंने सम्पूर्ण विश्व पर राज्य किया। डायनोसोर न्यूजीलैण्ड के अलावा सम्पूर्ण विश्व में फैले हुए थे। संयुक्त राज्य अमेरिका, कनाडा, ब्राजील पेंटागोनिया, इंग्लैण्ड, बेल्जियम, फ्रान्स, पुर्तगाल से जर्मनी, ऑस्ट्रिया, भारत, आस्ट्रेलिया, अफ्रीका, और मंगोलिया तक इनके विस्तार के प्रमाण प्राप्त हो चुके हैं।

भौतिक परिस्थितियाँ :— जब डायनोसोरों का उद्भव हुआ तब जलवायु काफी गर्म व नमीयुक्त थी। पृथ्वी दलदली थी तथा घने जंगल पाये जाते थे। अधिकांश डायनोसोर मुख्य रूप से स्थलीय थे। इनकी उत्पत्ति एवं विकास के दौरान जलवायु अर्द्धशुष्क थी।

स्वभावः— आज के स्तनियों की तरह डायनोसोर भी अपने स्वभाव में विभिन्न के प्रकार थे। लक्षण तथा स्वभाव के आधार पर डायनोसोरों को दो समूहों में विभक्त किया जा सकता है :— 1. माँसाहारी, 2. शाकाहारी। माँसाहारी डायनोसोर तेज दौड़ने के लिए उपयुक्त थे। इनके पश्च पाद दौड़ने के लिए तथा अग्रपाद शिकार को पकड़ने व चीर फाड़ करने के लिए उपयुक्त थे। जबकि शाकाहारी डायनोसोर प्राणी अपने चारों टांगों की सहायता से चलते थे। इनका दन्त विन्यास दुर्बल था तथा भोजन को बिना चबाये ही निगल लिया करते थे।

परिमाण :— डायनोसोरों के परिमाण में बहुत भिन्नता पाई जाती थी। सबसे छोटा प्रमाणित परिमाण का डायनोसौर **काम्पसोग्नैथस** था जो लगभग 2 फुट लम्बा घरेलू बिल्ली के आकार का था। दूसरी तरफ सबसे विशालकाय डायनोसोर पूर्वी अफ्रीका का **जाइगेन्टोसौरस** था जिसकी ऊंचाई लगभग 120 फुट थी तथा अनुमानित भार 40 टन था।

वर्गीकरण :— डायनोसोरों के वर्गीकरण के बारे में काफी विवाद हैं, परन्तु प्रमुख वैज्ञानिकों ने डायनोसोरों को दो प्रमुख गणों में विभेदित किया है :—

1. सौरिस्चियाए 2. आर्निथिस्चिया .

1. सौरिस्चिया :- इस गण में वे डायनोसोर सम्मिलित किये गये जो माँस भक्षी थे। इनके कुछ प्रमुख लक्षण निम्न प्रकार हैं :— (i) ये माँसाहारी थे। (ii) इनमें दांत मुख के अग्र भाग में पाये जाते थे। (iii) दाँत दबे हुए एवं दाँतेदार किनारे सहित झुके हुए शिखर युक्त या पैंसिलाकार थे। (iv) अग्रपाद शिकार को पकड़ने व इसे चीरने फाड़ने में काम आते थे। (v) गमन द्विपादिक प्रकार का था, केवल पश्च पादों का ही गमन में प्रयोग किया जाता था। (vi) निचले जबड़े के दोनों अर्द्धांशों को जोड़ने वाली प्रीडेन्टरी अस्थि अनुपस्थित थी। (vii) नखर तीखे

नुकीले व झुके हुए थे। (viii) अस्थियां खोखली व कोमल होती थीं। (ix) श्रोणी मेखला त्रिअरिक तथा रेप्टीलियन प्रकार की पायी जाती थी। इस गण को पुनः तीन उप गणों में विभक्त किया गया है :–

(A) उप गण सीलुरोसोरिया :- इस उप गण में आने वाले डांयनोसोर आकार में सामान्यतया छोटे होते थे। ये अधिकांशतः ऊंची भूमि पर निवास करते थे। ये अधिक भंगुर होते थे। इसकी अस्थियां खोखली थीं तथा सम्पूर्ण कंकाल हल्का होता था। ये ट्राएसिक काल से क्रिटेशियस काल के अन्त तक पाये जाते थे। **उदाहरण–पोडोकेसोरस** :- एक ज्ञात प्रारूप के अनुसार इसकी लम्बाई चार फुट थी, जिसका आधा भाग पूंछ का था।

सीलूरस :- यह भी एक छोटे आकार का डायनोसोर था। इसकी अस्थियां नाजुक थीं। कशेरुकाओं की भित्ति कागज के समान पतली थी।

आर्निथोलेस्टिस :- यह एक अत्यन्त पतला डायनोसोर था जो लगभग 5–7 फुट लम्बा था। यह आकार में शिकारी कुत्ते से बड़ा नहीं था। इसकी अंगुलियां पतली थीं तथा इनमें नखरों का अभाव था। यह पक्षियों का शिकार करता था अतः इसे "पक्षी लुटेरा" नाम से भी जाना जाता है।

टायरेनोसोरस रू. यह एक विशालयकाय डायनोसोर था। इसकी लम्बाई लगभग 47 फुट थी यह बड़े पश्च पादों पर शरीर का भार सम्भालता था तथा खड़ी अवस्था में लगभग 18 से 20 फुट ऊंचा था। सिर लगभग 4 फुट लम्बा होता था तथा शक्तिशाली जबड़ों में लगभग 6 इन्च लम्बे दांत पाये जाते थे। अग्र पादों की अंगुलियों में 6 से 8 इन्च लम्बे नखर पाये जाते थे। इसका वजन 6–8 टन था।

(B) उप गण कार्नोसोरिया :– इस उपगण के सदस्य मेगालोसोरस कहलाते थे तथा ट्राएसिक काल से आगे के कालों तक फैले हुए थे। उदाहरण :– इसमें एंकीलोसोरस तथा येलीओसोरस हैं। इनके कन्नेक्टीकट ट्राइएस में लगभग् सम्पूर्ण कंकाल ज्ञात है। इनके तीन पूर्ण अवशेष मैनचेस्टर शहर से प्राप्त हुए हैं। इनका परिमाण 5 से 8 फुट तक है तथा बाद के प्राणियों की तुलना में इनका हाथ बड़ा तथा पांच अंगुलियों युक्त था इनके कंकाल अभी भी येल में परिरक्षित हैं।

एल्लोसोरस :- यह सबसे अधिक बड़े ज्ञात माँस भक्षी डायनोसोरों में से एक है। इसका पूर्ण कंकाल प्रकृति विज्ञान के अमरीकी संग्रहालय में रखा हुआ है। यह लगभग 34 फुट लम्बा तथा 8 फुट ऊंचा है। इसका शरीर व पूंछ दृढ़ थे तथा ये कम गतिशील थे। दांत दबे हुए तथा पीछे की तरफ घूमे हुए थे। हाथ तथा पैरों में शक्तिशाली मुड़े हुए नखर पाये जाते थे।

सेरेटोसोरस :- इसका भी कंकाल संयुक्त राष्ट्र नेशनल म्यूजियम में रखा हुआ है। इसके नाक पर एक दबा हुए श्रृंग सदृश्य प्रवर्ध पाया जाता था। यह चारों पादों की सहायता से चलता था।

(C) उपगण सौरोपोडा इस उपगण के प्राणी चतुष्पादिक गमन करते थे। पाद स्तम्भों के समान थे। सम्भवतः ये उभयचारी प्राणी थे। ये अत्यधिक भार

वाले प्राणी होते थे। 1936 में विशाल सौरोपोडा प्राणी के पद चिन्ह पैल्क्सी नदी टेक्सस के तल में पाये गये हैं। दाँतों के तीक्ष्ण किनारे विलुप्त हो गये थे तथा दाँत चम्मचाकार व पैंसिल आकार के होते थे। नखर पार्श्वतः सम्पीड़ित होते थे तथा पकड़ने की क्षमता खो चुके थे। पाद में कम से कम तीन नखर पाये जाते थे तथा हाथ में केवल एक नखर पाया जाता था। उदहारण – **ब्रोन्टोसोरस** :- इनकी लम्बाई लगभग 66 फुट 8 इन्च थी तथा वजन लगभग 38 टन था। इनके नमूने अमेरिका के प्रकृति विज्ञान संग्रहालय में तथा येल में उपस्थित हैं।

डिप्लोडोकस :- ब्रोन्टोसोरस की तुलना में यह अधिक पतला था। यह लम्बाई में 87 फुट था परन्तु ब्रोन्टोसोरस की तरह भारी नहीं था। शरीर हाथी के समान था। पूंछ व गर्दन लम्बी व पतली होती थी। पूँछ का अन्तिम भाग 10 फुट लम्बा व चाबुक के समान था।

जाइगैन्टोसोरस रू. यह प्राणी लगभग 120 फुट लम्बा था। इसकी गर्दन जिराफ़ की तरह लम्बी थी। इसके अग्रपाद भी अधिक लम्बे होते थे। ये जल में रहते थे तथा स्थलीय माँसाहारी प्राणियों की पहुंच से दूर रहते थे।

2. गण– ऑर्निथिस्चिया या चन्चुमान डायनोसोर

ये डायनोसोर सौरेस्चिया की तरह पेरासुचियन वंश से व्युत्पन्न हुए थे। इनका मुख चोंच के समान था। इनमें दांत जबड़ों के पिछले भाग में पाये जाते थे। ये शाहकारी प्राणी थे। ये चतुष्पादी थे। इनके नखर दबे हुए थे तथा कभी–कभी खुर के समान होते थे। पेल्विस चतुर्अरिक थी। इस तरह की श्रोणी मेखला पक्षियों के समान थी। इनके प्रथम प्रमाण कन्नेक्टी घाटी के उत्तर में ट्राएसिक पत्थरों पर जीवश्मीय पद चिन्हों के रूप में प्राप्त हुए हैं। इस गण को तीन उप गणों में बांटा जा सकता है :–

(A) उप गण ऑर्निथोपोडा :– इस उप गण में वे डायनोसोर आते थे जिनके पाद पक्षियों के समान थे। ये कवचरहित थे तथा द्विपादिक गमन करते थे। कभी–कभी आराम करने या भोजन ग्रहण करते समय ये चतुष्पादी आसन ग्रहण कर लेते थे। ये सभी ट्राएसिक काल में पाये जाते थे। **उदाहरण– लाओसोरस** रू. इस जाति के सदस्य पतले होते थे। इसके सदस्य साढ़े छः फुट से अधिक लम्बे नहीं होते थे।

केम्प्टोसोरस :- ये लगभग 7 फुट से 17 फुट लम्बे होते थे। इनके अनेक कंकाल जीवाश्म के रुप में वोमिंग से प्राप्त हुए थे।

इग्वानोडोन :- इनके जीवाश्म बेल्जियम स्थित बर्निसार्ट कोयला खानों से प्राप्त हुए थे। इसके कंकाल प्रकृति विज्ञान के ब्रुसेल्स म्यूजियम में देखने के लिए रखे हैं। यह लगभग 34 फुट लम्बा एवं 20 फुट ऊंचा था। मुख चौड़ी व चपटी चोंच सदृश्य था। जबड़ों के पश्च भाग में दांत उपस्थित थे। ग्रीवा लम्बी व मोटी होती थी।

एनेटोसोरस :- इसके जीवाश्म व्योमिंग तथा मोन्टाना से प्राप्त हुए थे तथा ये येल एवं संयुक्त राष्ट्र के संग्रहालयों में रखे हुए हैं। यह सर्वाधिक विख्यात वंश है। यह लगभग 30 फुट लम्बा था तथा दौड़ने के लिए उपयुक्त था। इसमें

एक शक्तिशाली पूंछ भी पायी जाती थी। पूंछ तैरने के लिए अनुकूलित थी। यह अपनी सुरक्षा के लिए जल में चला जाता था। एनेटोसोरस के व्योमिंग से जो जीवाश्म प्राप्त हुए हैं, उनमें कंकाल के साथ–साथ त्वचा, पेशियां व कण्डराएँ भी परिरक्षित हैं। त्वचा रक्षककवच रहित परन्तु शल्कों से ढकी रहती थी। हाथ में चार अंगुलियां पाई जाती थीं तथा झिल्ली दार पंजे पाये जाते थे।

(B) उप गण–स्टेगौसोरिया :- इस उप गण में आने वाले डायनोसोर कवचयुक्त तथा चतुष्पादी थे। इनके शरीर पर अतिविकसित आर्मामेन्ट पाये जाते थे जिसके कारण ये बहुत भारी होते थे। कवच बड़ी उच्च शिखर युक्त पट्टिकाओं या कटकों का होता था। कवच पट्टिकाऐं कभी–कभी जुड़कर नितंबों पर एक चौड़ी पट्टी बनाती थीं। इनमें शत्रुओं के विरुद्ध प्रतिरक्षा के लिए कवच का विकास हुआ। कवच की पूर्णता के बाद के प्राणी आकमणों के प्रति सुरक्षित हो गये थे। अनेक कवच युक्त डायनोसोरों के प्रमाण इंग्लैण्ड तथा निकटवर्ती देशों से मिले हैं। **उदाहरण :– स्केलिडोसोरस** :- यह एक प्राचीनतम ज्ञात स्टीगोसोर प्रकार का डायनोसोर है। इसके जीवाश्म अधः जुरैसिक काल की चट्टानों से प्राप्त हुआ था जो इंग्लैण्ड के प्रकृति विज्ञान म्युज़ियम में परिरक्षित रखा हुआ है। यह साढ़े बारह फुट लम्बा है तथा इसके कवच में अण्डाकार अस्थिल प्रशल्कों की दो कतारें पायी जाती हैं। इनके अलावा कंधों पर बड़े कटकों का एक जोड़ा पाया जाता है। **पौलेकैन्थस** :- यह लगभग 12 फुट लम्बा तथा 3 फुट ऊंचा था। **स्टेगोसोरस** :- यह एक उत्तर जुरेसिक काल का प्राणी था। इसी के नाम पर इस उपगण का नाम रखा गया है। यह एक विरूपी, भद्दा व कोणीय प्राणी था। यह पीठ पर बहुत ऊंचा तथा सिरों पर नीचा था। इसकी पीठ पर बड़ी खड़ी पट्टिकाओं की दो कतारें सज्जित थीं। इसकी पूंछ के अन्तिम सिरे पर 25 इन्च लम्बे डरावने श्रृंग सदृश्य कंटक पाये जाते थे। येल में उपस्थित कंकाल तथा वांशिगटन में उपस्थित जीवाश्म के आधार पर यह अनुमान लगाया जाता है कि पश्च पादों तथा पूंछ में मांसल शक्ति पाई जाती थीं। इनका मस्तिष्क बहुत छोटा होता था। इनकी पीठ, नितम्ब तथा पूंछ के आधार पर बड़ी–बड़ी पट्टिकाऐं थी। इनकी कपाल गुहा का आयतन सिर्फ 50 घन से.मी. था। इनके मस्तिष्क का अनुमानित वजन ढाई औंस से अधिक नहीं था जबकि इनके शरीर का वजन हाथी के बराबर होता था।

(C) उप गण सीरेटोप्सिया :- ये श्रृंग युक्त प्रकार के डायनोसोर थे। इनके अवशेष मंगोलिया, उत्तरी अमेरिका तथा इनसे भी अधिक अलबर्टा से न्यू मैक्सिको तक रॉकी पहाड़ियों से प्राप्त हुए हैं। ये उत्तरी क्रिटेशियस युग में पाये जाते थे। **उदाहरण** :– ट्राइसीरेटोप्स :- यह एक गैंडे सदृश्य आकृति का विशाल प्राणी था। यह आकार में 20 से 25 फुट लम्बा था। सिर काफी बड़ा था जबकि अन्य डायनोसोरों में सिर काफी छोटा होता था। सिर पर तीन बड़े–बड़े सींग पाये जाते थे। गर्दन की सुरक्षा के लिए तथा गर्दन के पृष्ठ भाग की शक्तिशाली पेशियों के जुड़ने के लिए खोपड़ी के पिछले भाग में कपाल झालर के शिखर के रूप में फैला हुआ था। शरीर पर मजबूत एवं सुगठित आर्मामेन्ट पाया जाता था। मुख आगे की तरफ कछुए समान तेज काटने वाली चोंच से सुसज्जित था।

विलुप्त होने के कारण

पृथ्वी पर लगभग 130 करोड़ वर्षों तक एकाधिकार पूर्ण आधिपत्य जमाये रहने के उपरान्त डायनोसोर एवं इनके सम्बन्धी अचानक ही विलुप्त हो गये। यह क्रिया क्रिटेशियस काल के अन्त में अर्थात् लगभग 100 करोड़ वर्ष पूर्व हुई। इस क्रिया के अन्तर्गत सरीसृपों के 14 गणों में से 10 गणों के जन्तु विलुप्त हो गये। इस क्रिया के लिए अलग–अलग वैज्ञानिकों ने मिल जुल कर विचार प्रकट किये हैं। लगभग सभी वैज्ञानिकों के विचारों का सारांश निम्न प्रकार से प्रस्तुत किया जा सकता है :– 1. पृथ्वी की जलवायु सदैव एक समान नहीं रहती है। कुछ वैज्ञानिकों के अनुसार डायनोसोरों के विलुप्त होने का मुख्य कारण वातावरणीय परिवर्तन थे। एक समय मौसम अधिक ठंडा व सूखा होने लगा तथा जलाशय सूख गये तथा इनमें भूतल उभर आये थे। समुद्र का स्तर नीचे गिर गया तथा मैदानों में वर्षा कम होने लगी थी। 2. विलुप्त होने वाले जन्तु अत्यन्त विशाल, भारी भरकम थे। अतः वातावरणीय परिवर्तनों के साथ स्वयं को नहीं ढाल सके। 3. अधिकतर डायनोसोर भारी भरकम शीतरक्त के, छोटे मस्तिष्क व कमजोर दांत वाले प्राणी थे जो जीवन संघर्ष में उसी समय विकसित हो रहे स्तनियों से पिछड़ गये। 4. डायनोसोर सम्भवतः इस काल में अन्य मांसाहारी जन्तुओं के द्वारा अथवा भोजन विषाक्तता (food poisoning) अथवा अन्तर या अन्तराजातीय संघर्ष के दौरान विलुप्त हो गये। 5. इसी समय छोटे प्राथमिक स्तनी विकसित हो गये जो देह के तापक्रम को मौसम के बदलाव के अनुरूप अनुकूलित कर सकते थे (उष्णरक्त प्राणि) डायनोसोर इन से स्पर्द्धा में पिछड़ने लगे। यह एक निर्विवाद सत्य है कि पक्षियों का उद्भव रेप्टीलिया वर्ग के प्राणियों से हुआ है, क्योंकि इन वर्गों के प्राणियों में काफी समानताएं पायी जाती है। जैसे पक्षियों में रेप्टीलिया की तरह कपाल में एक ऑक्सीपिटल कोन्डाइल पाया जाता है, रेप्टीलिया वर्ग के प्राणियों की तरह इनके निचले जबड़े में मेन्डीबल चलायमान क्वाडरेट अस्थि से जुड़ते हैं। रेप्टीलिया की तरह ही इनके कर्ण में एक ही छड़ाकार कोलूमेला नामक अस्थि पायी जाती है। परन्तु इससे भी महत्वपूर्ण प्रमाण जीवाश्म विज्ञान से प्राप्त हुआ है। यह प्रमाण है – आर्कियोप्टेरिक्स नामक प्राणी का जीवाश्म जो रेप्टीलिया एवं एवीज वर्ग के बीच की **योजक कड़ी** माने जाते हैं। जीवाश्मिकी विज्ञान के अभिलेखों में पक्षी वर्ग का सबसे पुरातन जीवाश्म *आर्कियोप्टेरिक्स लिथोग्राफिका* है। इस तरह के प्राणी आज से लगभग 140 मिलियन वर्ष पूर्व जुरेसिक काल में पाये जाते थे। आर्कियोप्टेरिक्स वंश के अब तक आठ जीवाश्म प्राप्त हुए हैं जिनमें से प्रथम एक पंख का जीवाश्म है तथा शेष सम्पूर्ण जीव या उसके कुछ भागों के जीवाश्म हैं। आर्कियोप्टेरिक्स का सर्वप्रथम जीवाश्मीय अवशेष 1860 में जर्मनी के बोवेरिया शहर में सोलेनहोफ के नजदीक स्लेट की चट्टानों से परों के छाप चिन्हों के अवशेष के रूप में प्राप्त हुआ था। इसके एक वर्ष बाद 1861 में इसका एक और जीवाश्म मिला था जो अब ब्रिटिश म्यूजियम में रखा हुआ है। 1877 में इसका तीसरा जीवाश्म प्राप्त हुआ, जिसमें इसका सम्पूर्ण कंकाल स्पष्ट था। यह जीवाश्म अब बर्लिन संग्रहालय में रखा हुआ है। चौथा जीवाश्म 1958 में सम्पूर्ण कंकाल के रूप में प्राप्त हुआ था। वर्ष

1992 के बाद से इस जीवाश्म की सही स्थिति व मिल्कियत के विषय में कोई प्रामाणिक जानकारी नहीं है। आर्कियोप्टेरिक्स का एक स्पेसिमेन 1855 में रीडेनबर्ग जर्मनी से प्राप्त हुआ था जिस s वर्षों तक टेरोडेक्टाइलस समझा जाता रहा। 1970 में ऑस्ट्राम ने इसे आर्कियोप्टेरिक्स के रूप में पहचाना। आर्कियोप्टेरिक्स का छठा जीवाश्म भी 1951 में जर्मनी से प्राप्त हुआ। इसका वर्णन 1974 में किया गया। यह अन्य जीवाश्मों की तुलना में दो–तिहाई आकार था। आर्कियोप्टेरिक्स का एक अन्य जीवाश्म आइक्स्टेट जर्मनी से प्राप्त हुआ जिसे पहले कॉम्प्सोग्नेथस समझा गया तथा बाद में वेल्नहॉफर ने 1988 में आर्कियोप्टेरिक्स माना। यह सम्भव है कि भविष्य में यह स्पेसिमेन एक अलग ही वंश के रूप में जाना जाए। आर्कियोप्टेरिक्स का 1990 के दशक में वर्णित एक स्पेसिमेन आर्कियोप्टेरिक्स की एक नई जाति *आ. बोवेरिका* नाम से जाना जाता है। यह विलुप्त पक्षी लगभग कौए के आकार का (लगभग 45 से. मी. लम्बा व 300 ग्राम तक वजनी) प्राणी था। इसका शरीर परों से ढका हुआ था किन्तु छिपकली की तरह लम्बा था। यह उद्‌विकास की एक संक्रमी या मध्यवर्ती अवस्था को प्रदर्शित करता है। हीलमैन **(Heilmann, 1927)** तथा डि बीर **(De bear, 1959)** ने 1861 तथा 1877 में प्राप्त जीवाश्मों का पराबैंगनी किरणों तथा ग किरणों की सहायता से विस्तृत अध्ययन कर यह बताया कि आर्कियोप्टेरिक्स रेप्टीलिया की तुलना में एक पक्षी अधिक था। इसका कंकाल स्पंजी परन्तु वायु गुहाओं रहित था। कपाल बड़ा था तथा एवीज एवं रेप्टीलिया वर्ग के लक्षणों को प्रदर्शित करता था। कपालीय अस्थियां पक्षियों की तरह समेकित थीं। कपाल यह प्रदर्शित करता था कि प्रमस्तिष्क गोलार्द्ध बड़े व लम्बे थे, दृक पालियां पृष्ठ सतह की तरफ पायी जाती थीं तथा अनुमष्तिष्क छोटा होता था। मुख एक चोंच के रूप में पाया जाता था। चोंच में दाँत पाये जाते थे। आंखें बड़ी थीं तथा नेत्र ऑरबिट में स्क्लेरोटिक अस्थिल वलय पाया जाता था। इसके कशेरुक दण्ड में 10 ग्रीवा कशेरुकाएं, 12 वक्षीय एवं लम्बर कशेरुकाऐं, 6 सेकल तथा 20 पुच्छीय कशेरुकाऐं पायी जाती थीं। कशेरुकायें उभयगर्ती प्रकार की थीं। पुच्छीय कशेरुकायें रेप्टलिया वर्ग की तरह स्वतंत्र थी। कशेरुकाओं पर पतली व एकशीर्षी पसलियां पायी जाती थीं जिनमें अंकुशी प्रवर्ध **(uncinate process)** नहीं पाये जाते थे। पसलियां स्टरनम से नहीं जुड़ी होती थीं। स्टरनम छोटा व चौड़ा था इसमें नोतल का अभाव था। ग्रीवा व वक्ष की पसलियों के अतिरिक्त उदर की दीवार में 12 जोड़ी उदरीय पसलियां अथवा गेस्ट्रेलिया पायी जाती थी। अंसमेखला में कोराकोइड व स्केपुला अस्थियां पायी जाती थीं। इनके अलावा क्लेविकल अस्थियां आपस में जुड़कर पक्षियों की तरह श्टश के आकृति की फर्कुला अस्थि का निर्माण करती थीं। श्रोणी मेखला की अस्थियां समेकित होकर ऑस इनोमिनेटम **(os innominatum)** का निर्माण नहीं करती थीं। इसकी तीनों अस्थियां, इलियम, इश्चियम तथा प्युबिस, अलग–अलग थीं। प्यूबिस अस्थि पक्षी प्रकार की लम्बी तथा पीछे की तरफ रुख किये हुए थी तथा अपनी साथी

प्यूबिस से पीछे की तरफ जुड़ी हुई थी। अग्र पाद पंखों के रूप में रूपान्तिरित हो गये थे परन्तु इनमें अंगुलियां तथा नखर पाये जाते थे। अग्रपाद, पश्च पाद की तरह लम्बे होते थे। अग्रपाद में ह्यूमरस, अल्ना की तुलना में लम्बी थी तथा अल्ना, रेडियस की तुलना में लम्बी थी। कलाई में पांच कार्पल पाये जाते थे तथा हस्त में 3 मेटाकार्पल पाये जाते थे। मेटाकार्पल से जुड़ी हुई तीन अंगुलियां पायी जाती थीं, जिन पर मुड़े हुए नखर पाये जाते थे। पश्च पाद में फिबुला अस्थि टिबिया से बिल्कुल अलग थी तथा यह टिबिया के साथ–साथ ऐड़ी तक फैली हुई थी। टिबिया व फिबुला अस्थियां फीमर की तुलना में लम्बी थीं। समीपस्थ टारसल मुक्त थी परन्तु दूरस्थ टारसल समेकित होकर टार्सो–मेटाटार्सस का निर्माण करती थीं। पश्च पाद में 4 नखर युक्त अंगुलियां पायी जाती थीं। पक्षियों की तरह शरीर पर **(feathers)** पाये जाते थे। जीवाश्मीय चिन्हों का ध्यानपूर्वक अध्ययन करने पर पता चलता है कि आध ुनिक उड़ने वाली चिड़ियाओं की तरह अग्र पाद पर रेमिज़ेज़ प्रकार के पर पाये जाते थे। अग्र पाद पर 8 प्राइमरी तथा 10 सेकण्ड्री पर पाये जाते थे। इनके अलावा अल्ना पर कवर्ट प्रकार के पर भी पाये जाते थे। आर्कियोप्टेरिक्स की पूंछ हालांकि रेप्टीलिया वर्ग की तरह की थी परन्तु प्रत्येक पुच्छीय कशेरुकाओं के साथ रेक्ट्रिसेस तथा कवर्ट प्रकार के पर पाये जाते थे। इनके अलावा प्राप्त अवशेषों से भी यह सिद्ध होता है कि गर्दन तथा टागो पर भी पर पाये जाते थे। आर्कियोप्टेरिक्स एक आदिम प्रकार की चिड़िया थी जो रेप्टीलिया तथा एवीज वर्ग के प्राणियों के मध्य योजक कड़ी का कार्य करती है तथा दोनों वर्गों के लक्षणों का प्रदर्शन करती है, जिनका वर्णन निम्न प्रकार है :–

रेप्टीलियन लक्षण :– आर्कियोप्टेरिक्स में निम्न प्रमुख सरीसृपी लक्षण पाये जाते थे :– (1) शरीर पर शल्क पाये जाते थे। (2) अस्थियां वातिल नहीं थीं। (3) मुंह में दाँत पाये जाते थे। दाँत समदन्ती तथा गर्तदन्ती प्रकार के होते थे। (4) पूंछ रेप्टीलियन प्रकार की लम्बी होती थी। (5) पाइगोस्टाइल का अभाव होता था। (6) कशेरुकाऐं उभयगर्ती प्रकार की होती थीं। (7) स्टर्नम कम विकसित थी तथा नौतल ;ममसद्ध का अभाव था। (8) अग्रपाद में तीन अंगुलियां तथा अंगुलियों पर नखर पाये जाते थे। (9) कार्पल तथा मेटाकार्पल स्वतंत्र होते थे। (10) स्वतंत्र ग्रीवा व उदरीय पसलियां पायी जाती थीं। (11) वक्षीय पसलियां एक सिर वाली होती थीं तथा अंकुशी प्रवर्ध का अभाव होता था।

पक्षी समान लक्षण:– आर्कियोप्टेरिक्स में निम्न पक्षी समान लक्षण पाये जाते थे :– (1) शरीर पर पर पाये जाते थे। (2) अग्रपाद उड़ने के लिए पंखों में रूपान्तरित हो चुके थे। (3) पंखों में रेमिजेज तथा पूंछ में रेक्ट्रिसेस प्रकार के पर पाये जाते थे। (4) कपाल बड़ा तथा मोनोकोन्डाइलिक प्रकार का था। (5) मुख में जबड़े चोंच के समान होते थे। (6) मेखलाओं की अस्थियां पक्षियों के समान होती थीं। (7) दोनों क्लेविकल अस्थियां जुड़ कर फर्कुला अस्थि का निर्माण करती थीं। (8) पश्च पाद में टिबिया व फिबुला स्वतंत्र होती थीं।

अभ्यास प्रश्न

बहुचयनात्मक प्रश्नोत्तर

1. ऐसी पुस्तक जिसमें विलुप्ति का खतरा झेल रहे वन्य जीवों की सूची है कहलाती है?
   (अ) ग्रीन डाटा बुक (ब) रेड डाटा बुक
   (स) व्हाईट डाटा बुक (द) ब्ल्यू डाटा बुक
2. निम्न में से किसको पारिस्थितिकीय संतुलन का सूचक माना गया है?
   (अ) हिरण (ब) बाघ
   (स) हाथी (द) चिंकारा
3. भारत का तापस्थल है?
   (अ) थार राष्ट्रीय उद्यान (ब) केवलादेव राष्ट्रीय उद्यान
   (स) ताल छापर अभ्यारण्य (द) पश्चिमी घाट
4. भारत में विरल श्रेणी के प्राणियों की संख्या किस गर्व की सर्वाधिक है?
   (अ) स्तनपायी (ब) पक्षी
   (स) मत्स्य (द) अकशेरुकी
5. राजस्थान का राज्य पक्षी कौनसा?
   (अ) घूसर तीतर (ब) सारस क्रोंच
   (स) नीलकंड (द) गोडावण
6. जैवविविधता शब्द का प्रयोग किस वैज्ञानिक ने किया?
   (अ) ए. ई. टॉम्स (ब) ई. ए. नोर्स
   (स) वाल्टर जी. रोजेन (द) ई. मैक मैनस
7. डब्ल्यू डब्ल्यू एफ (WWF) का पूरा नाम क्या है?
   (अ) World wild life fund (ब) World-wide fund
   (स) World wild fund (द) World wide fund for nature
8. जैवविविधता शब्द का प्रयोग किस वैज्ञानिक ने किया?
   (अ) उत्तर प्रदेश, 1973 (ब) राजस्थान 1970
   (स) बंगाल, 1950 (द) मणिपुर, 1977
9. निम्न में से कौनसी पक्षी की प्रजाति घना राष्ट्रीय उद्यान भरतपुर में आती है और संकटापन्न की श्रेणी में रेड डाटा बुक में सम्मिलित है?
   (अ) साइबेरियन क्रेन (ब) ब्लैक नेकेड क्रेन
   (स) भारतीय सोन चिड़िया (द) चीर फीजेन्ट
10. राजस्थान क्षेत्र में विलुप्त के खतरे से प्रभावित पादप जाति है?
    (अ) लेटेना (ब) नीम

(स) पार्थेनियम (द) गूगल

11. पृथ्वी का अस्तित्व लगभग ?

(अ) 600 करोड़ वर्ष पुराना है। (ब) 60 करोड़ वर्ष पुराना है।

(स) 450 करोड़ वर्ष पुराना (द) 160 करोड़ वर्ष पुराना है।

12. भू–वैज्ञानिक शैल अध्ययन एवं प्राणियों के प्राप्त जीवाश्मों का इतिहास?

(अ) 60 करोड़ वर्ष पुराना है। (ब) 500 करोड़ वर्ष पुराना है।

(स) 450 करोड़ वर्ष पुराना है। (द) 160 करोड़ वर्ष पुराना है।

13. पृथ्वी के इतिहास को कितने महाकाल्पों में बाँटा गया है?

(अ) चार (ब) पाँच

(स) छः (द) आठ

14. विशाल केनी क्रान्ति किन महाकल्पों के बीच हुई थी?

(अ) एजोइक व प्रोटेरोजोइक (ब) आर्कियोजोइक व प्रोटेरोजोइक

(स) प्रोटेरोजोइक व पेलियोजोइक (द) एजोइक व आर्कियोजोइक

15. पेलियोजोइक तथा मीसोजोइक महाकल्पों के मध्य कौन सी क्रान्ति हुई थी?

(अ) लारामाइड क्रान्ति (ब) अप्पालेशियन क्रान्ति

(स) विशाल केनी क्रान्ति (द) केस्केडियन क्रान्ति

16. पृथ्वी पर जन्तुओं के वितरण के अध्ययन को कहते हैं?

(अ) भूगोल (ब) प्राणी–भूगोल

(स) भूगर्भ विज्ञान (द) प्राणि शास्त्र

17. स्क्लेटर ने प्राणियों के वितरण के आधार पर भूमण्डल को कितने क्षेत्रों में बाँटा था?

(अ) चार (ब) पाँच

(स) छः (द) आठ

18. पक्षियों के वितरण के आधार पर भूमण्डल का विभिन्न क्षेत्रों में विभाजन किसने किया था?

(अ) स्क्लेटर (ब) मरे

(स) वेलेस (द) मेकहम

19. मरे ने भूमण्डल को कितने प्राणी भौगोलिक क्षेत्रों में बाँटा था?

(अ) आठ (ब) छः

(स) पाँच (द) चार

20. संरचनात्मक विरूपता का प्रमुख कारण है?

(अ) ऑटोकिन में परिवर्तन (ब) जीनोटाइप में परिवर्तन

(स) फीनोटाइप में परिवर्तन (द) एलोफिन में परिवर्तन

21. उत्परिवर्तन द्वारा पूर्वजों के लक्षण प्रकट होना कहलाता है?

(अ) मिलेनिज्म (ब) आर्गेनिज्म

(स) एटाविज्म (द) तीनों

22. **मिलैनिन का संश्लेषण नहीं होना कहलाता है?**
(अ) एलीलिज्म (ब) एल्बीनिज्म
(स) मेटामेरिज्म (द) कोई नहीं

23. **पुनरूद्भवन होता है?**
(अ) भ्रूणीय अवस्था में
(ब) पश्च भ्रूणीय काल में
(स) केवल वयस्क अस्था में
(द) तीनों में

24. **संघ-सीलेन्ट्रेटा में किस प्रकार का पुनरूद्भवन पाया जाता है?**
(अ) अंगान्तरण (ब) अभिरूपान्तरण
(स) विषमान्तरण (द) परापुनरुद्भवन

25. **स्तनधारियों में पुनरूद्भवन सीमित रहता है?**
(अ) अंग निर्माण तक
(ब) क्षतिग्रस्त अंग के पुनः निर्माण तक
(स) घाव भरने तक
(द) शरीर के किसी खण्ड से सम्पूर्ण प्राणि निर्माण तक

26. **कायान्तरण प्रक्रिया है?**
(अ) लार्वा के वयस्क में परिवर्तन की
(ब) भ्रूण के शिशु में परिवर्तन की
(स) युवावस्था के वृद्धावस्था में परिवर्तन की
(द) कोई नहीं।

27. **कायान्तरण के दौरान परिवर्तन होते हैं?**
(अ) पारिस्थितिक एवं व्यवहारिकीय
(ब) आकारिकीय
(स) कार्यिकीय (द) तीनों

उत्तरमाला

1. (स)	2. (स)	3. (ब)	4. (ब)	5. (अ)
6. (स)	7. (अ)	8. (द)	9. (द)	10. (द)
11. (ब)	12. (द)	13. (ब)	14. (ब)	15. (द)
16. (ब)	17. (द)	18. (स)	19. (द)	20. (अ)
21. (अ)	22. (द)	23. (स)	24. (अ)	25. (स)
26. (स)	27. (ब)			

अतिलघूत्तरात्मक प्रश्नोत्तर

प्रश्न 1. वेविलोव केन्द्र में क्या पाये जाते हैं?
प्रश्न 2. परिस्थितिकी तंत्र विविधता को किन-किन प्रकारों से नापा जाता है?
प्रश्न 3. जैव विविधता को किन से खतरा है?
प्रश्न 4. राजस्थान के तीन प्रमुख संकटग्रस्त जन्तुओं के नाम बताइये?
प्रश्न 5. आखेट पर प्रतिबद्ध से क्या लाभ होता है?
प्रश्न 6. M.A.B.का महत्त्व बतलाइये?
प्रश्न 7. राजस्थान का टाईगर मैन किसे कहा जाता है?
प्रश्न 8. ताल छापर अभ्यारण्य किसके लिए प्रसिद्ध है?
प्रश्न 9. साईबेरियन सारस राजस्थान के किस अभ्यारण्य में आते हैं?
प्रश्न 10. भारत के प्रमुख तापस्थल कौनसे हैं?
प्रश्न 11. राष्ट्रीय पार्क से क्या तात्पर्य है?
प्रश्न 12. भारत में पशु संरक्षण प्रयासों की पहली परियोजना कौनसी है?
प्रश्न 13. सुनहरा लंगूर कहां पाया जाता हैं?
प्रश्न 14. वन्य जीवों के अनुरक्षण का केवल एक उपाय लिखिए?
प्रश्न 15. रेड डाटा लिस्ट किस संस्था ने जारी की?

लघूत्तरात्मक प्रश्नोत्तर

प्रश्न 1. वन्य जीवों से क्या समझते हैं?
प्रश्न 2. जैवविविधता किसे कहते हैं?
प्रश्न 3. तापस्थल क्या होते है? भारत में तापस्थल कहां पर स्थित है?
प्रश्न 4 साइकोजोईक महाकल्प की विशेषताओं को बताइये?
प्रश्न 5 प्रणियों के वितरण के आधार पर भू–मण्डल के भागों को बताइये।

निबन्धात्मक प्रश्नोत्तर

प्रश्न 1. वन्य जीव क्या होते हैं? उनके महत्त्व पर प्रकाश डालिए?
प्रश्न 2. निम्न पर लघु टिप्पणीयां लिखिये?
प्रश्न 3. मीसोजोइक महाकल्प की विशेषताओं को बताइये?
प्रश्न 4. डायनोसोरों के विलुप्त होने के कारणों पर प्रकाश लिखिए।

□□□